教育部高等学校航空航天类专业教学指导委员会推荐教材

飞行器试验统计学

张士峰　王奕迪　白锡斌　李　钊　编著

科学出版社

北　京

内 容 简 介

本书在介绍随机现象建模的基础上，重点介绍了飞行器试验中常用的参数估计和状态估计方法。第 2 章介绍了参数估计和状态估计的相关基础理论。讲述了如何利用随机过程和系统状态模型对随机现象建模。第 3 章介绍了参数估计常用的最小二乘方法。依次介绍了批处理最小二乘方法、递推最小二乘方法、考虑线性约束的最小二乘方法、岭估计、非线性最小二乘方法等。第 4 章介绍了状态估计常用的 Kalman 滤波。针对线性系统，推导了 Kalman 滤波方程，并介绍了 Kalman 滤波和最小二乘的关系；针对动力学模型和测量模型的不同情况，介绍了 Kalman 滤波的改进形式；从贝叶斯估计的角度重新推导了 Kalman 滤波方程。第 5 章介绍了非线性 Kalman 滤波，并介绍了自适应 Kalman 滤波方法。

本书的主要读者对象为相关专业的本科高年级学生，包括飞行器设计、探测制导与控制技术以及自动化等专业。此外，本教材可帮助相关领域的研究者提供基础理论参考。

图书在版编目(CIP)数据

飞行器试验统计学/张士峰等编著. —北京：科学出版社, 2021.6

ISBN 978-7-03-068015-0

Ⅰ. ①飞… Ⅱ. ①张… Ⅲ. ①飞行器-试验统计-统计学 Ⅳ. ①V216

中国版本图书馆 CIP 数据核字(2021) 第 023965 号

责任编辑：赵敬伟 杨 探／责任校对：彭珍珍

责任印制：吴兆东／封面设计：无极书装

科学出版社 出版

北京东黄城根北街 16 号

邮政编码：100717

http://www.sciencep.com

北京凌奇印刷有限责任公司印刷

科学出版社发行 各地新华书店经销

*

2021 年 6 月第 一 版 开本: 720 × 1000 1/16

2025 年 1 月第三次印刷 印张: 14 1/2

字数: 293 000

定价: 98.00 元

(如有印装质量问题，我社负责调换)

前　言

国防科技大学自 20 世纪 80 年代起开设了“飞行器试验统计学”课程。张金槐教授于 1995 年出版了《飞行器试验统计学》教材，并于 2009 年再次印刷。教材涵盖了飞行器试验面临的静态参数估计问题和动态状态估计问题的求解方法，并详细介绍了相应方法如何应用于实际工程，被原总装备部多个基地和航天工业部门奉为经典教材。近 40 年来，飞行器研发技术高速发展。日益复杂的工程应用对分析评估飞行器试验提出了新的要求，估计理论的蓬勃发展也为处理飞行器试验的相关问题提供了新的解决途径。张士峰师从张金槐教授，长期从事飞行器试验的相关教学科研工作。经张金槐教授和蔡洪教授同意，对教材进行再版编撰。新版教材保留了原版教材的经典内容，并重新梳理了理论体系，融进了估计理论的最新进展，将飞行器试验应用中典型问题的解决方法编制成案例库以供参考。

本教材的适用对象是本科高年级学生，在介绍随机现象建模的基础上，重点介绍了飞行器试验中常用的参数估计和状态估计方法。第 2 章介绍了参数估计和状态估计的相关基础理论。讲述了如何利用随机过程和系统状态模型对随机现象建模。第 3 章介绍了参数估计常用的最小二乘方法。依次介绍了批处理最小二乘方法、递推最小二乘方法、考虑线性约束的最小二乘方法、岭估计，以及非线性最小二乘方法。第 4 章介绍了状态估计常用的 Kalman 滤波。针对线性系统，推导了 Kalman 滤波方程，并介绍了 Kalman 滤波和最小二乘的关系；针对动力学模型和测量模型的不同情况，介绍了 Kalman 滤波的改进形式；从贝叶斯估计的角度重新推导了 Kalman 滤波方程。第 5 章介绍了非线性 Kalman 滤波，并介绍了自适应 Kalman 滤波方法。

本教材由张士峰制定提纲并编写第 1、2、5 章，王奕迪编写第 3、4 章并参与编写第 5 章，白锡斌编写案例库，李钊参与编写第 2～4 章。全书由张士峰统稿和审校。本教材写作过程中参考了国内外学者的大量文献，在此表示诚挚的感谢。感谢张金槐教授、蔡洪教授、郑伟教授、杨华波副教授对教材内容选取和编排等方面提出的宝贵意见。飞行器试验统计学的理论和应用在不断的发展之中，加之作者水平有限，书中不妥之处恳请广大同行和读者斧正。

编　者

2021 年 5 月

目录

前言
第 1 章 绪论······1
1.1 飞行器试验统计学研究的对象、特点及主要问题······1
1.2 参数估计与状态估计的研究进展······3
1.2.1 估计理论的起源······3
1.2.2 线性系统下的状态估计方法······3
1.2.3 非线性系统下的状态估计方法······3
1.2.4 滤波发散的抑制······5
1.3 本教材的内容安排······6
第 2 章 随机现象建模及估计准则······7
2.1 随机过程······7
2.1.1 基本概念和分类······7
2.1.2 数学特征······17
2.1.3 向量随机过程······22
2.2 平稳随机过程······24
2.2.1 基本概念和性质······24
2.2.2 各态历经性······31
2.2.3 功率谱密度······34
2.3 系统状态模型······44
2.3.1 状态空间描述······44
2.3.2 状态空间的解······48
2.4 常用的参数估计和状态估计准则······50
2.4.1 最小方差估计准则······50
2.4.2 极大似然估计准则······57
习题······58
第 3 章 最小二乘方法······60
3.1 线性系统的参数估计······60
3.2 批处理最小二乘方法······62
3.2.1 基本算法推导······62

3.2.2 估计性质 …… 63
3.2.3 应用举例 …… 65
3.3 递推最小二乘方法 …… 67
3.3.1 基本算法推导 …… 67
3.3.2 估计性质 …… 70
3.3.3 应用举例 …… 70
3.4 考虑线性约束的最小二乘方法 …… 71
3.4.1 基本算法推导 …… 71
3.4.2 估计性质 …… 72
3.4.3 应用举例 …… 75
3.5 岭估计 …… 77
3.5.1 基本思想 …… 77
3.5.2 估计性质 …… 78
3.5.3 线性估计的改进问题 …… 79
3.5.4 岭估计的性能准则 …… 81
3.6 非线性最小二乘方法 …… 86
3.6.1 基本算法推导 …… 86
3.6.2 应用举例 …… 89
习题 …… 92
第 4 章 Kalman 滤波 …… 93
4.1 状态估计问题 …… 94
4.2 基本 Kalman 滤波 …… 96
4.2.1 Kalman 滤波的数学模型 …… 96
4.2.2 Kalman 滤波方程的推导 …… 97
4.2.3 Kalman 滤波和最小二乘之间的关系 …… 102
4.2.4 应用举例 …… 103
4.3 动力学模型噪声和测量噪声互相关情况下的 Kalman 滤波 …… 105
4.4 有色噪声下的 Kalman 滤波 …… 107
4.4.1 有色噪声的成形滤波器 …… 107
4.4.2 动力学噪声为有色噪声的滤波方法 …… 109
4.4.3 观测噪声为有色噪声的滤波方法 …… 110
4.4.4 应用举例 …… 111
4.5 连续时间 Kalman 滤波 …… 114
4.6 连续–离散 Kalman 滤波 …… 118
4.6.1 基本公式 …… 118

4.6.2 应用举例 ······ 119
4.7 基于贝叶斯估计的系统状态估计 ······ 123
4.7.1 贝叶斯估计基本概念 ······ 123
4.7.2 Kalman 滤波的贝叶斯解释 ······ 125
习题 ······ 126
第 5 章 Kalman 滤波的推广 ······ 127
5.1 Kalman 滤波在非线性系统中的局限性 ······ 127
5.2 扩展 Kalman 滤波 ······ 129
5.2.1 围绕最优状态估计的线性化 ······ 129
5.2.2 连续型扩展 Kalman 滤波方程 ······ 132
5.2.3 离散型扩展 Kalman 滤波方程 ······ 133
5.2.4 线性化滤波中的估值偏倚问题 ······ 135
5.2.5 应用举例 ······ 135
5.3 无迹 Kalman 滤波 ······ 138
5.3.1 线性最小方差估计及其近似形式 ······ 139
5.3.2 无迹变换 ······ 140
5.3.3 无迹 Kalman 滤波算法 ······ 149
5.4 滤波模型与实际系统的一致性识别及滤波发散问题 ······ 154
5.4.1 新息序列 ······ 154
5.4.2 一致性识别问题 ······ 159
5.4.3 滤波发散问题 ······ 161
5.4.4 应用举例 ······ 163
5.5 自适应 Kalman 滤波 ······ 164
5.5.1 Q 补偿 ······ 164
5.5.2 有限记忆滤波和衰减记忆滤波 ······ 165
5.6 平方根滤波 ······ 168
习题 ······ 169
参考文献 ······ 170
飞行器试验统计学典型案例库说明 ······ 177

第 1 章 绪　论

1.1 飞行器试验统计学研究的对象、特点及主要问题 [1]

顾名思义，飞行器试验统计学研究的对象是飞行器在试验 (地面试验或飞行试验) 中的随机现象。研究的目的则是要揭示出这种随机现象的统计规律性。这种统计规律性建立在观测信息的基础之上。读者已经学习了经典统计中的抽样分布理论、点估计及置信估计方法、假设检验方法、回归分析等内容。它们对于飞行器试验结果分析来说，都是基础性的知识，是非常有用的。然而，对飞行器试验来说，还有它的特点。比如，飞行器的各系统技术复杂，而且价值昂贵，研制与试验的周期较长，且每批次的试验数少。并且飞行试验中的弹道 (轨道) 特性分析必须结合飞行弹道 (轨道) 进行。因此，本课程的学习不同于一般的数理统计。除了必须掌握的基本的理论以外，还需注重实际，结合专业中工程实践的问题来学习。就统计推断的思想方法来说，与经典统计也是不尽相同的。例如，在某些试验场合，不能如常规的统计处理那样，可以任意抽样，因此人们习惯运用的大样本理论 (中心极限定理、大数定理等) 就受到限制。又如在飞行试验中，我们运用光学、雷达等测量设备，对飞行器进行观测，得到的观测量是随时间而变化的量，而这种观测，在一次飞行试验中是不能再现的，即是说不能进行重复测量。这样一来，常规的统计处理遇到了困难。由此可知，在飞行器试验统计学中，常用的统计方法需要进一步发展，而飞行器试验中提出的新问题，又要求我们作进一步的深入研究。我们编写本教材就是为了这个目的。

就我国飞行器试验统计分析来说，大致有下列十个方面的工作。

(1) 飞行器各分系统试验结果分析。这种分析包括地面试验、飞行试验中特性参数的分析。例如，对于弹道式导弹来说，包括动力装置系统试验结果分析 (如发动机推力、液体火箭发动机的秒耗量、比推力、燃烧室压力等的试验结果分析)、制导系统误差分析 (如惯性制导系统中的仪表误差分离)、弹体结构强度分析、头部 (烧腐) 试验、分离机构试验中的结果分析等。如果将地面试验结果应用于高空，那么还必须考虑相关分析。

(2) 飞行过程中，弹道 (轨道) 运动参数的估计。在导弹飞行试验中，弹道运动参数 (如位置、速度) 的估计及其分析是必须的。这种评估，对于导弹飞行性能的分析是至关重要的。飞行试验中对导弹的跟踪、预报、飞行中的安全控制等就属于这种工作。而飞行试验后的重建弹道也是一项经常性的工作。

(3) 导航和全球卫星定位系统 (GPS) 中运动参数的实时估计 (所谓滤波问题)。

(4) 故障检测。主要是运用统计学中的检验理论，发现试验中的故障，以便研究设计部门改进飞行器的性能。例如，试验中安全控制的故障检测等，是试验场地的一项重要的工作。

(5) 飞行器定型试射中的精确度和密集度评估、最大射程评定、可靠性评定等工作。武器系统的定型，包括常规飞行器甚至战略武器的定型，是当前相当热门的课题。

(6) 弹道 (轨道) 仿真研究。仿真技术，是国内外广泛重视的技术，不论是数字仿真，或是半实物、实物仿真，对于飞行器的研制和性能分析，都是一种重要的工具，例如，进行弹体和控制回路的设计分析、优选参数、进行全弹道仿真试验等。一般的仿真过程包括建立模型、录入仿真参数及干扰源的统计特性和仿真计算。在仿真结果分析过程中，包括模型的检测、参数精度分析、仿真的可信性分析等，统计分析方法是一个基本的有力的工具。

(7) 测控设备的精度评定。对于测控设备来说，在出厂时都有产品合格的履历表，其中记载着设备的精度指标。但是飞行器试验时的外场条件与工厂不同，因此测控设备的精度未必与记载的精度一致。为此，必须在现场试验条件下作出合理的精度评定。这个工作，是做好试验结果分析的重要前提。

(8) 多种测量信息下的数据融合问题。在飞行器现场试验过程中，运用了多种观测设备对飞行器进行观测，例如，光学测量、雷达测量、遥测等。如何综合利用这些观测信息，以便对飞行器的性能参数进行检测、估计，这是一项重要的工作。国外靶场试验中运用的所谓误差模型的最佳弹道估算 (error modeling ballistic estimation technique, EMBET) 方法，就是属于这类研究工作。

(9) 小子样统计推断方法研究。这是由飞行器试验的特点所决定的。如前文所述，飞行器的试验不能大量地进行，因此，统计推断方法必须与这种特点相适应。我们在本教材中论述的贝叶斯 (Bayes) 方法，就是一种考虑小子样场合的统计分析的有效方法。

(10) 试验法研究。它包括试验中达到的要求、项目、试验程序、批次发射数、定型状态下的最佳发射数以及定型验收方案。对于试验分析的技术人员来说，在满足评估精度要求的前提下节省试验数，具有重要意义。试验法研究对于试验决策人员和总体研究、设计部门都是迫切需要的。

本教材不可能对上述问题一一进行详细讨论，特别是具体的技术细节问题。我们将着重讨论上述问题中广为运用的试验统计分析的理论和方法。一些具体应用，将以示例的形式给出。

1.2 参数估计与状态估计的研究进展

1.2.1 估计理论的起源

系统由于内部复杂的结构以及所处环境的影响，不可避免地会受到扰动以及噪声干扰，如何从受到扰动以及噪声干扰的系统中获得原始系统的状态估计成了一个非常重要的研究点。所谓滤波就是从混合在一起的诸多信号中提取出所需要的信号 [2]，即研究人员希望通过构造合适的滤波器以求得系统状态或真实信号。早在 1795 年，高斯 (Karl Gauss) 为测定行星运动轨道而提出了最小二乘 (least square, LS) 法，可以看作是滤波思想的启蒙。该方法不需要考虑观测信号的统计特性，只需要保证测量残差的平方和最小，所以通常情况下该估计方法的性能较差。但由于最小二乘法具有算法简便 (只需要建立测量模型) 并且收敛性能好等优点，所以仍广泛地应用于很多领域 [3,4]。

1.2.2 线性系统下的状态估计方法

20 世纪 40 年代，科尔莫戈罗夫 (Kolmogorov) 和维纳 (Wiener) 相继独立地提出了维纳滤波。所谓维纳滤波，是在最小均方误差 (mean square error, MSE) 准则下、白色噪声背景中平稳随机过程的一种滤波 [5]。维纳滤波能够充分利用输入信号和量测信号的统计特性，得到线性最小方差，是一种频域滤波方法。维纳滤波的使用前提是精确已知随机过程的概率结构。严格地讲，维纳问题并不是真正研究统计学范畴问题，而是研究概率论范畴问题。在某些方面它类似于大数定律与中心极限定理。维纳滤波只能针对一维平稳随机信号并且非递推，因而不便于实时应用。

1960 年，卡尔曼 (R. E. Kalman) 提出的 Kalman 滤波理论，标志着现代滤波理论的建立 [6]。Kalman 利用状态空间模型和射影理论，用状态方程描述系统动态模型 (状态转移模型)，用量测方程描述系统观测模型。对于具有高斯分布噪声的线性系统，Kalman 滤波可以得到系统状态的递推最小方差估计，是一种时域方法。使用该方法的前提比较苛刻，从定义中可以看出标准的 Kalman 滤波只能对线性系统进行估计，并且要求系统和噪声的统计特性满足高斯分布。

1.2.3 非线性系统下的状态估计方法

非线性系统状态估计在工程领域广泛存在，若要获得非线性系统状态估计问题的最优解需要得到系统状态后验概率分布的完整描述，然而只有在很少的情况下才能精确描述，为此在过去的几十年里人们提出了大量的次优滤波方法。次优滤波可分为基于函数近似滤波、基于确定性采样滤波和基于随机采样滤波三类：第一类基于函数近似滤波的典型代表是扩展 Kalman 滤波 [7]；第二类基于确定性采样滤波的典型代表是无迹 Kalman 滤波 [8]；第三类基于随机采样滤波的典型代表是粒子滤波 [9]。

为了将 Kalman 滤波器应用于非线性系统，Bucy、Sunahara 等提出了扩展 Kalman 滤波 (extended Kalman filtering，EKF)。EKF 的基本思想是：通过泰勒 (Taylor) 级数展开，将非线性系统进行线性化，再进行 Kalman 滤波。EKF 采用的是线性变换方法，其优点是便于实现。由于在线性泰勒级数展开时，截断了高阶项 (存在截断误差)，只保留一阶项，因此 EKF 是一种次优滤波。EKF 是工程中应用广泛、最早且最著名的非线性滤波方法，自从 1968 年在美国“阿波罗登月计划”中第一次成功运用以来，EKF 已被人们广泛应用于处理许多实际系统中的非线性滤波问题。因为 EKF 的基本思想是线性化状态方程和量测方程后使用 Kalman 滤波算法，所以当无法对非线性系统的状态方程和量测方程求偏导时，EKF 则不能使用；当系统遇到高度非线性情况时，EKF 可能产生较大的滤波误差，容易发散。随后，有学者提出迭代 EKF 及其改进算法，通过对状态估计的反复迭代，充分利用观测值，以得到较好的估计结果，但是，这种方法不可避免地增加了滤波的计算量，也有相关文献指出，当滤波算法所取初始值误差较大时，迭代 EKF 对状态估计的精度提升不大。还有相关学者提出二阶 EKF 算法，通过考虑非线性函数泰勒展开的二阶项，减小一阶线性化截断带来的误差的影响，从而达到提高估计精度的目的，但和迭代 EKF 算法类似，都存在增加计算量的问题 [10-14]。

为了有效克服 EKF 具有截断误差的不足，S. J. Julier 和 J. K. Uhlmann 提出了无迹 Kalman 滤波 (unscented Kalman filtering，UKF)。UKF 延续了线性 Kalman 滤波的基本框架，采用无迹变换 (unscented transformation，UT) 取代局部线性化 [15-23]。UT 是一种非线性变换方法，即通过一组 (共 $2n+1$ 个，n 为系统状态量个数) 具有不同权值的确定性对称采样点 (即 Sigma 点)，经非线性函数直接逼近高斯状态分布的均值和方差。因为“对概率分布进行近似要比对非线性函数近似容易很多”，所以 UKF 不是像 EKF 那样直接对非线性函数进行近似，而是对状态的概率密度分布进行近似。Rhudy 等对 EKF 和 UKF 进行了对比。相对于 EKF，UKF 具有以下优点：① 对函数非线性程度无要求，可用于不连续、不可微的系统，增大了系统的适用范围；② 不需计算状态方程与量测方程的雅可比矩阵，简化了计算的复杂程度；③ 所采用的采样点数量较少，具有和 EKF 同阶的计算量；④ 对状态均值和协方差的估计精度可以达到三阶泰勒级数甚至四阶，滤波精度高。UKF 应用广泛，但是 UKF 在高维非线性系统中采样点集的聚集性会变差，容易出现非局部效应的问题。同时，由于中心采样点权值为负值，UKF 算法在滤波过程中可能会出现协方差非正定的情况，导致滤波数值稳定性变差甚至发散。

粒子滤波 (particle filtering，PF) 是一种基于蒙特卡罗 (Monte Carlo) 积分方法和贝叶斯采样估计的滤波方法。蒙特卡罗方法最早用于统计学和物理学，随后用于自动控制领域 [24-34]。在 20 世纪 50 年代 Hammersley 等提出了基本的顺序重要采样方法，该方法在 20 世纪 60 年代得到了进一步发展，但当时未能解决粒子数匮乏和计算量制约等问题。直到 21 世纪 Doucet 等提出了基于蒙特卡罗仿真和序贯重要性采样 (sequential important sampling，SIS) 的非线性滤波方法，上述问题才得以解决 [35-47]。PF 通过将状态空间中随机搜索的概念引入滤波中，不仅实现了理论上的最优，而且适用于非线性、非高斯的一般情况。其基本思路是用一些独立的带有权重的随机采样“粒子”去近似后验概率密度。其关键技术是如何选取重要性采样密度和如何得到后验概率分布样本，以解决粒子退化问题。常用的重要性采样密度 (也叫建议密度) 选取方法有先验密度、最优密度、退火先验分布、似然函数、分割采样、基于梯度的传递密度、局部线性化方法等；常用的重采样方法有多项式重采样、留数重采样、正则重采样、最小方差重采样、残差重采样、拒绝方法、系统重采样及分层重采样。此外，通过采用增加移动步骤、先验编辑、人工免疫、辅助方法、进化规划、混合退火、粒子群优化、组合技术优化等改进措施来增加粒子多样性、改善粒子匮乏问题；通过 Rao-Blackwellization 方法和 Kullback-Leibler 方法来减少计算量 [48-60]。PF 通过将状态空间中随机搜索的概念引入滤波中，不仅实现了理论上的最优，而且适用于非线性、非高斯的一般情况。PF 在理论与应用上得到了不断的发展，并与其他滤波方法相结合，产生了一些新方法，如高斯粒子滤波和无迹粒子滤波 [60-65]。

1.2.4 滤波发散的抑制

Kalman 滤波算法假设系统模型残差及未知干扰等均为符合特定统计特性的高斯白噪声序列，即均值和协方差都是已知的 [48]。如果关于这些分布假设的参数与实际值有较大出入，则会导致 Kalman 滤波算法输出较大估计误差，甚至导致滤波发散 [66-72]。为了应对噪声协方差参数不精确问题，鲁棒理论滤波方法如 H_∞ 滤波器对协方差参数的准确度约束较小，可输出较为鲁棒的状态估计量，但其需要选取合适的噪声衰减参数并且无法给出最小二乘意义上的最优估计。自适应渐消因子方法中，将 Kalman 滤波器中的相关参数乘以特定形式的渐消因子，可以在线缩放滤波器的过程噪声协方差参数或者先验误差协方差参数，而渐消因子可以是标量或者矩阵形式 [73-87]。然而该种方法的弊端在于多变量系统问题中渐消因子的确定方法往往为启发式，其收敛性有待进一步理论证明。在基于最大似然估计理论的协方差匹配方法中，噪声方差矩阵的估计实际上是采用了前 N 个历元的新息序列二次型项的统计均值。然而上述方法估计得来的协方差矩阵可能出现负定矩阵情况，存在时间窗口 N 的选择依靠经验，在实际试验中不容易确定等问题[88-111]。

1.3　本教材的内容安排

本教材主要介绍了飞行器试验中常用的、基本的参数估计和状态估计方法，具体内容如下。

第 2 章介绍了参数估计和状态估计的相关基础理论。首先，介绍了随机过程和平稳随机过程的基本概念、数学特征和性质，重点阐述了如何利用随机过程理论构建有色噪声。在此基础上，介绍了系统状态模型的描述方法以及系统状态模型的解。最后，介绍了常用的估计准则，重点介绍了后续章节将采用的最小方差估计准则和极大似然估计准则。

第 3 章介绍了参数估计常用的最小二乘方法。首先，针对线性系统的最优参数估计问题，依次介绍了批处理最小二乘方法、递推最小二乘方法。其次，针对待估参数受约束的情况，推导了考虑线性约束的最小二乘方法。再次，为了提高最小二乘方法解算的数值稳定性，介绍了岭估计。最后，将最小二乘方法推广到非线性系统，并且介绍了非线性最小二乘方法在卫星定轨中的应用。

第 4 章介绍了状态估计中常用的 Kalman 滤波。针对线性系统的状态估计问题，推导了 Kalman 滤波方程，介绍了 Kalman 滤波和最小二乘的关系。针对动力学模型噪声和测量噪声互相关、有色噪声等实际应用问题，介绍了相应的 Kalman 滤波改进形式。在此基础上，介绍了动力学模型和测量模型同为连续时间系统或动力学模型为连续时间系统、测量模型为离散时间系统等情况下的 Kalman 滤波。最后，从贝叶斯估计的角度重新推导了 Kalman 滤波方程，以便读者可以在贝叶斯估计框架中理解 Kalman 滤波。

第 5 章一方面将适用于线性系统的 Kalman 滤波推广到了非线性系统，介绍了 EKF 和 UKF。另一方面，针对 Kalman 滤波发散问题，介绍了滤波模型与实际模型的一致性识别方法，并介绍了自适应 Kalman 滤波方法。最后，为了提高 Kalman 滤波的计算稳定度，介绍了平方根滤波。

第 2 章　随机现象建模及估计准则

概率论与随机过程是飞行器试验统计方法的基础，用于描述对象的随机特性。概率论研究的是静态的随机现象，表征试验结果的不确定性，例如导弹落点散布、抛硬币出现的正反面等；而随机过程研究的是动态的随机现象，表征试验过程的不确定性，例如飞行器的飞行轨迹、一年四季的温度变化等。从逻辑关系上讲，试验结果的不确定性来源于试验过程的不确定性，试验过程的不确定性本质上是各种随机因素作用的表现。

2.1　随机过程

2.1.1　基本概念和分类

1. 随机过程的基本概念

事物变化的过程一般可以分为两类。

第一类：变化过程具有确定的形式、必然的变化规律，即确定性过程，可以用关于时间 t 的确定性函数来描述，如匀速圆周运动或者匀速直线运动等。但严格的确定性过程是不存在的。

$$\begin{cases} x = r\cos\omega t \\ y = r\sin\omega t \end{cases}, \quad x = x_0 + v_0 t \tag{2.1}$$

第二类：变化过程不具有确定的形式，没有必然的变化规律，不能用关于时间 t 的确定性函数来描述。确定性过程只是忽略实际过程中不确定性的因素而得到的一种理想化描述。例如，飞行器的飞行具有一定的规律，但各种不确定性因素的干扰，使得飞行器的运动具有不确定性，因此飞行器的飞行轨迹在试验前是不可准确预知的，进行多次试验也不可能有任何两次完全相同的结果出现。单次试验结果仅是无限次可能结果中的一次，一次飞行试验得到的飞行器飞行轨迹是时间的函数，是随机过程的一次表现，称为样本函数，所有样本函数的集合称为随机过程，如图 2.1 所示。

定义　随机过程是依赖于时间 t 的一族随机变量，记为 $\{X(t), t \in T\}$，其中，T 是时间 t 的变化范围，对于每一个固定的时刻 $t_1 \in T$，$X(t_1)$ 是随机变量。$X(t)$ 的每一次表现 $x(t)$ 为时间的确定性函数，称为样本函数。

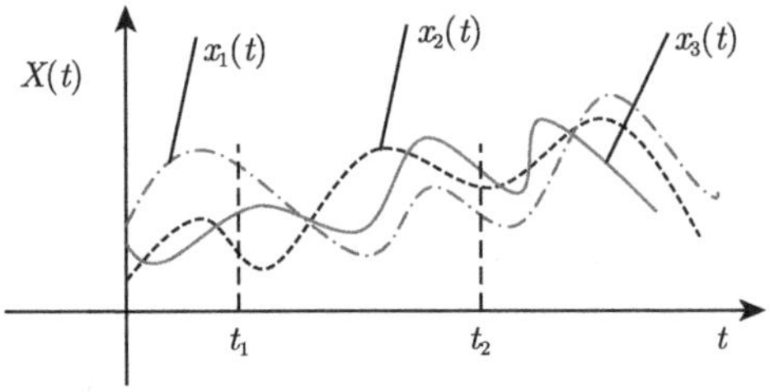

图 2.1　随机过程样本函数示意

例如，随机相位余弦波 $X(t) = a\cos(\omega t + \theta)$，其中，$a, \omega$ 为常数，θ 是 $[0, 2\pi]$ 上服从均匀分布的随机变量，显然 $X(t)$ 是一个随机过程。

随机过程是概率论的"动力学"部分，即它的研究对象是随时间演变的随机现象，它是从多维随机变量向一族 (无限多个) 随机变量的自然推广。

那么如何来研究随机过程呢？一般而言有以下几种方法：

(1) 通过分析由测量得到的样本函数集合，掌握它们随时间变化的统计规律；

(2) 采用概率分布来表征随机过程的特性；

(3) 采用数字特征进行研究；

(4) 针对特殊随机过程，如平稳过程，在后续章节介绍专门的研究方法。

从统计上讲，前三种研究方法往往需要进行大量试验，获取相应的样本函数，由此得到概率分布或数字特征。但是对于飞行器试验，特别是对于武器系统试验，由于成本、时间及国际影响等多种因素，很难实施大量试验。解决这一问题有两种途径：一是发展基于多源信息融合的小子样理论，如贝叶斯方法，这一部分内容有专门的文献进行阐述；二是限定随机过程的范围，研究一类工程上常用的平稳随机过程，或可以转化为平稳随机过程的特殊随机过程，利用平稳随机过程的性质加以处理。

随机过程按状态取值可分为：连续型随机过程和离散型随机过程。连续型随机过程的状态，任意给定时刻均为连续型随机变量；离散型随机过程的状态，任意给定时刻均为离散型随机变量。

随机过程按时间参数集 T 的性质可分为连续时间随机过程和离散时间随机过程。连续时间随机过程的时间参数集 T 为连续时间集合；离散时间随机过程的时间参数集 T 为离散时间集合，亦称随机序列。

随机过程举例如下。

1) 时间连续、状态连续

例 2.1　设 $X(t) = V\cos\omega t, t \in (-\infty, +\infty)$，其中，$\omega$ 是常数，V 在 $[0, 1]$ 上服从均匀分布，则 $X(t)$ 是一个随机过程，如图 2.2 所示。

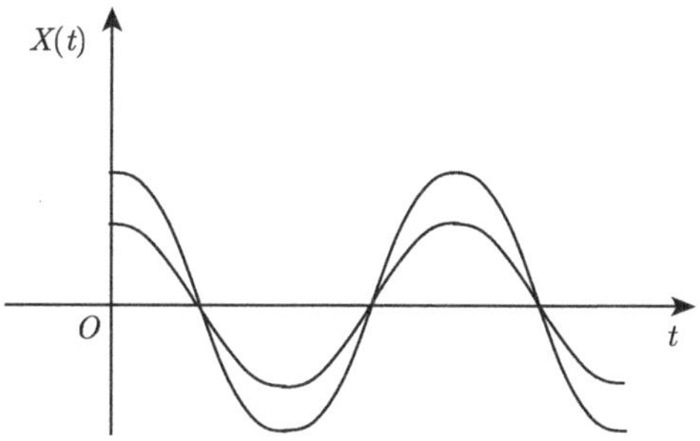

图 2.2 时间连续、状态连续的随机过程

图中曲线为 $X(t)$ 的两条样本函数

2) 时间连续、状态离散

例 2.2 设某城市的 120 急救中心电话台在一段时间内一定会接到用户的呼叫，以 $X(t)$ 表示时间间隔 $(0,t]$ 内接到的呼叫次数，于是 $\{X(t),t\geqslant 0\}$ 是一个随机过程，且它的状态空间是 $\{0,1,2,\cdots\}$。

3) 时间离散、状态连续

例如，飞行器控制系统中的计算机采样分系统，采样时间是离散的，而采样得到的系统状态却是连续的。

例如，对于随机相位正弦波，若只在时间参数集 $T=\{\Delta t,2\Delta t,\cdots,n\Delta t,\cdots\}$ 上观察 $X(t)$，就得到随机序列 $\{X_1,X_2,\cdots,X_n,\cdots\}$，则 $X_n=X(n\Delta t)$ 是连续型随机变量。

4) 时间离散、状态离散

例 2.3 考虑投掷骰子的试验，设 X_n 是第 n 次 $(n\geqslant 1)$ 抛掷的点数，因而 $\{X_n,n\geqslant 1\}$ 构成一随机过程，称为伯努利过程或伯努利随机序列，其状态空间为 $\{1,2,3,4,5,6\}$，如图 2.3 所示。

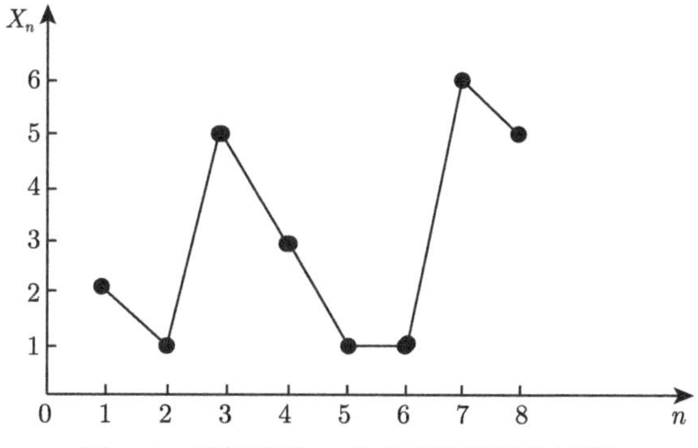

图 2.3 时间离散、状态离散的随机过程

2. 随机过程的概率分布

随机过程是依赖时间的一族随机变量，可以定义其概率分布函数和概率密度函数。

设 $X(t)$ 是一随机过程，对于固定时间 $t_1 \in T$，$X(t_1)$ 是一随机变量，它的分布函数一般与 t_1 有关，$F_1(x_1, t_1) = P\{X(t_1) \leqslant x_1\}$ 称为随机过程 $X(t)$ 的一维分布函数。

若 $F_1(x_1, t_1)$ 关于 x_1 的偏导数存在，记 $f_1(x_1, t_1) = \dfrac{\partial F_1(x_1, t_1)}{\partial x_1}$，称为随机过程 $X(t)$ 的一维概率密度函数。一维分布函数或一维概率密度函数族完全描述了随机过程在单个时刻的统计特性。

例如，考虑随机过程 $X(t) = Y\cos\omega t$，ω 为常数，$Y \sim N(0,1)$。在给定时刻 t_1，随机变量 $X(t_1)$ 的一维概率密度函数为

$$f_1(x_1, t_1) = \frac{1}{|\cos\omega t_1|}\frac{1}{\sqrt{2\pi}}\exp\left\{-\frac{1}{2}\left(\frac{x_1}{\cos\omega t_1}\right)^2\right\} \tag{2.2}$$

一维分布只表征随机过程在单时刻 t_1 的统计特性，不能反映随机过程各个时刻之间的内在联系。因此，需引入随机过程 $X(t)$ 的二维分布。

给定两个时刻 t_1 和 t_2，随机变量 $X(t_1)$ 和 $X(t_2)$ 的联合概率分布与 t_1 及 t_2 有关，记为

$$F_2(x_1, x_2; t_1, t_2) = P\{X(t_1) \leqslant x_1, X(t_2) \leqslant x_2\} \tag{2.3}$$

称为随机过程 $X(t)$ 的二维分布函数。

如果 $F_2(x_1, x_2; t_1, t_2)$ 关于 x_1 和 x_2 的二阶混合偏导数存在，记为

$$f_2(x_1, x_2; t_1, t_2) = \frac{\partial^2 F_2(x_1, x_2; t_1, t_2)}{\partial x_1 \partial x_2} \tag{2.4}$$

称为随机过程 $X(t)$ 的二维概率密度函数。

随机过程的二维概率分布比一维概率分布包含了更多的信息，但还不能完整反映出随机过程的全部特性。类似地，可以定义 n 维概率分布函数和 n 维概率密度函数。

事实上，要确定随机过程的全部统计特性，需要描述无穷维概率分布和概率密度函数。在工程实践中，常用分布的某些局部特征/数字特征去刻画随机过程的主要性质。

下面介绍两个随机过程的联合分布。

设有两个随机过程 $X(t)$ 和 $Y(t)$，时刻 $t_1, \cdots, t_n$ 和 $\tau_1, \cdots, \tau_m$ 是任意两组实数，考虑 $n+m$ 个随机变量 $X(t_1), \cdots, X(t_n); Y(\tau_1), \cdots, Y(\tau_m)$ 的联合分布

函数

$$F_{n,m}(x_1,\cdots,x_n;t_1,\cdots,t_n:y_1,\cdots,y_m;\tau_1,\cdots,\tau_m) \tag{2.5}$$

为随机过程 $X(t)$ 和 $Y(t)$ 的 $n+m$ 维联合分布函数。

同样可以定义其概率密度函数。如果

$$\begin{aligned}&F_{n,m}(x_1,\cdots,x_n;t_1,\cdots,t_n:y_1,\cdots,y_m;\tau_1,\cdots,\tau_m)\\=&F_{X_n}(x_1,\cdots,x_n;t_1,\cdots,t_n)\cdot F_{Y_m}(y_1,\cdots,y_m;\tau_1,\cdots,\tau_m)\end{aligned} \tag{2.6}$$

称随机过程 $X(t)$ 和 $Y(t)$ 相互独立。

例 2.4 投掷一枚硬币，定义一随机过程

$$X(t)=\begin{cases}\cos\pi t, & H\\ t, & T\end{cases},\quad t\in(-\infty,+\infty) \tag{2.7}$$

设 $P(H)=P(T)=\dfrac{1}{2}$，试确定 $X(t)$ 的：

(1) 一维分布函数 $F(x;0),F(x;1)$；

(2) 二维分布函数 $F(x_1,x_2;0,1)$。

解 (1) $X(0)=\begin{cases}1, & H\\ 0, & T\end{cases}$，故

$$F(x;0)=\begin{cases}0, & x<0\\ \dfrac{1}{2}, & 0\leqslant x<1\\ 1, & x\geqslant 1\end{cases}$$

$$X(1)=\begin{cases}-1, & H\\ 1, & T\end{cases},$$

故

$$F(x;1)=\begin{cases}0, & x<-1\\ \dfrac{1}{2}, & -1\leqslant x<1\\ 1, & x\geqslant 1\end{cases}$$

(2) $(X(0),X(1))=\begin{cases}(1,-1), & H\\ (0,\ 1), & T\end{cases}$，故

$$F(x_1,x_2;0,1)=\begin{cases}0, & x_1<1\text{ 且 }x_2<1\\ & x_1<-1\text{ 或 }x_2<0\\ 1, & x_1\geqslant 1\text{ 且 }x_2\geqslant 1\\ \dfrac{1}{2}, & \text{其他}\end{cases}$$

二维分布函数 $F(x_1, x_2; 0, 1)$ 如图 2.4 所示。

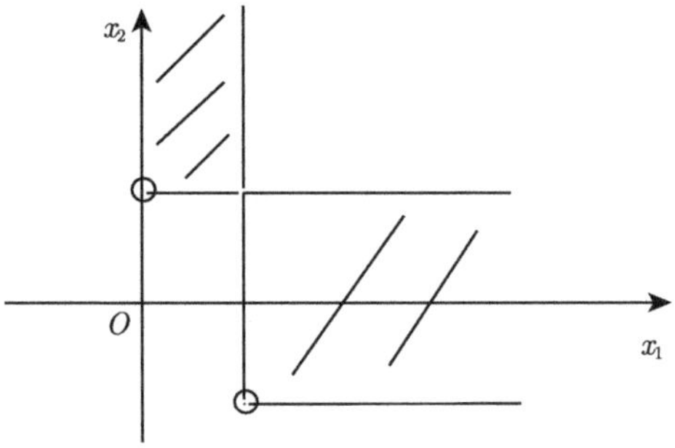

图 2.4　二维分布函数 $F(x_1, x_2; 0, 1)$

例 2.5　设随机过程 $X(t) = \varepsilon \cos \omega t, t \in (-\infty, +\infty)$，$\varepsilon$ 在 $[0,1]$ 上均匀分布，求在 $t = 0, \dfrac{\pi}{4\omega}, \dfrac{3\pi}{4\omega}, \dfrac{\pi}{\omega}, \dfrac{\pi}{2\omega}$ 时 $X(t)$ 的概率密度函数。

解　对于给定的 t，若 $\cos \omega t \neq 0$，记 $a = \cos \omega t$，则 $\varepsilon(t) = a\varepsilon$ 的概率密度函数为

$$f_X(x;t) = f_\varepsilon\left(\frac{x}{a}\right) \cdot \frac{1}{|a|} = \begin{cases} \dfrac{1}{|a|}, & 0 < \dfrac{x}{a} < 1 \\ 0, & \text{其他} \end{cases}$$

$$a = \cos(\omega \cdot 0) = 1, \quad f_X(x;0) = \begin{cases} 1, & 0 < x < 1 \\ 0, & \text{其他} \end{cases}$$

$$a = \cos\left(\omega \cdot \frac{\pi}{4\omega}\right) = \frac{\sqrt{2}}{2}, \quad f_X\left(x; \frac{\pi}{4\omega}\right) = \begin{cases} \sqrt{2}, & 0 < x < \dfrac{\sqrt{2}}{2} \\ 0, & \text{其他} \end{cases}$$

$$a = \cos\left(\omega \cdot \frac{3\pi}{4\omega}\right) = -\frac{\sqrt{2}}{2}, \quad f_X\left(x; \frac{3\pi}{4\omega}\right) = \begin{cases} \sqrt{2}, & -\dfrac{\sqrt{2}}{2} < x < 0 \\ 0, & \text{其他} \end{cases}$$

$$a = \cos\left(\omega \cdot \frac{\pi}{\omega}\right) = -1, \quad f_X\left(x; \frac{\pi}{\omega}\right) = \begin{cases} 1, & -1 < x < 0 \\ 0, & \text{其他} \end{cases}$$

$$a = \cos\left(\omega \cdot \frac{\pi}{2\omega}\right) = 0, \quad P\left\{X\left(\frac{\pi}{2\omega}\right) = 0\right\} = 1$$

3. 随机过程的分类

按统计特征分类，随机过程可分为平稳随机过程和非平稳随机过程。平稳随机过程是指随机过程的统计特性不随时间的平移而变化。严格地，其 n 维分布函

数满足关系式

$$F_n(x_1, \cdots, x_n; t_1, \cdots, t_n) = F_n(x_1, \cdots, x_n; t_1 + \tau, \cdots, t_n + \tau) \tag{2.8}$$

例如，稳态下电路的热噪声就是典型的平稳随机过程。

非平稳随机过程是指随机过程的统计特性随时间的平移而变化的过程。事实上，模拟物理现象的多数随机过程都是非平稳的，特别是一切具有瞬态特性或某种阻尼性质的实际过程都是非平稳的，如强烈地震产生的地面运动、飞行器在大气中的飞行等。

按记忆特征分类，随机过程可分为独立随机过程、马尔可夫过程、独立增量过程等。

独立随机过程是指没有记忆的随机过程，过程在任一时刻的状态和任何其他时刻的状态之间是互不影响的。严格地，其随机过程的 n 维分布函数可以表示为

$$F_n(x_1, \cdots, x_n; t_1, \cdots, t_n) = \prod_{k=1}^{n} F_1(x_k, t_k) \tag{2.9}$$

即不同时刻的随机变量是相互独立的。因此，独立随机过程的一维分布函数包含了该过程的全部统计信息。但是连续参数的独立随机过程从物理观点来看是不存在的，仅是一种理想化的随机过程，在数学处理上有简单方便的特点，例如白噪声。实际中，独立随机变量序列是存在的，如抛硬币等。

马尔可夫过程是指统计信息完全包含在二维概率分布函数中的过程。当过程在时刻 t_0 所处的状态为已知的条件下，过程在时刻 $t(> t_0)$ 所处的状态与过程在 t_0 时刻之前的状态无关，这个特性称为无后效性。用概率分布函数来描述

$$F(x_n; t_n | x_{n-1}, \cdots, x_1; t_{n-1}, \cdots, t_1) = F(x_n; t_n | x_{n-1}; t_{n-1}) \tag{2.10}$$

称 $X(t)$ 为马尔可夫过程或马氏过程。

条件分布函数 $F(x_j; t_j | x_i; t_i) = P\{\boldsymbol{X}(t_j) \leqslant x_j | \boldsymbol{X}(t_i) = x_i\}, t_j > t_i$，称为马尔可夫过程的转移概率。

如果条件概率密度 f 存在，那么

$$f(x_n; t_n | x_{n-1}, \cdots, x_1; t_{n-1}, \cdots, t_1) = f(x_n; t_n | x_{n-1}; t_{n-1}) \tag{2.11}$$

并由此可以证明 $X(t)$ 的 n 维概率密度为

$$f_n(x_1, \cdots, x_n; t_1, \cdots, t_n) = f_1(x_1, t_1) \prod_{i=1}^{n-1} f(x_{i+1}; t_{i+1} | x_i, t_i) \tag{2.12}$$

当取 t_1 为初始时刻时，$f_1(x_1,t_1)$ 表示初始分布密度。因此，马尔可夫过程的统计特性完全由初始分布和转移概率所确定。

独立增量过程是指在任一时间间隔上过程状态的改变并不影响未来任一时间间隔上状态的改变。对于随机过程 $X(t)$，构造随机变量

$$Y_i = X(t_i) - X(t_{i-1}) \tag{2.13}$$

若 $Y_2,\cdots,Y_n$ 是相互独立的，称 $X(t)$ 是一个独立增量随机过程。独立增量随机过程是一类特殊的马尔可夫过程。

按概率分布特征分类，随机过程可分为高斯随机过程和其他分布的随机过程。

高斯随机过程/正态随机过程的 n 维概率密度服从正态分布，即

$$f_n(x_1,\cdots,x_n;t_1,\cdots,t_n) = (2\pi)^{-\frac{n}{2}}\left|\boldsymbol{C}\right|^{-\frac{1}{2}}\exp\left[-\frac{1}{2}(\boldsymbol{x}-\boldsymbol{m})^{\mathrm{T}}\boldsymbol{C}^{-1}(\boldsymbol{x}-\boldsymbol{m})\right] \tag{2.14}$$

其中，

$$\begin{gathered}\boldsymbol{x} = [x_1,\cdots,x_n], \quad \boldsymbol{m} = [m_X(t_1),\cdots,m_X(t_n)] \\ \boldsymbol{C} = \begin{bmatrix} C_X(t_1,t_1) & \cdots & C_X(t_1,t_n) \\ \vdots & \vdots & \vdots \\ C_X(t_n,t_1) & \cdots & C_X(t_n,t_n)\end{bmatrix}\end{gathered} \tag{2.15}$$

可见，正态随机过程的均值和自协方差函数完全确定了它的概率密度族。特别地，如果正态过程又是独立随机过程，其概率密度函数完全由均值和方差决定。

4. 典型随机过程举例

1) 泊松过程

以 $N(t),t\geqslant 0$ 表示在时间间隔 $(0,t]$ 内出现的事件数，$\{N(t),t\geqslant 0\}$ 是一状态取非负整数、时间连续的随机过程，称为计数过程。

记 $N(t_0,t)=N(t)-N(t_0),0\leqslant t_0<t$ 表示时间间隔 $(t_0,t]$ 内出现的事件数，其概率记为 $P_k(t_0,t)=P\left\{N(t_0,t)=k\right\},k=0,1,2,\cdots$。

定义 计数过程 $N(0)=0$ 满足如下条件，称作强度为 λ 的泊松过程。

(1) 在不相重叠的区间上的增量具有独立性；

(2) 对于充分小的 Δt，$P_1(t,t+\Delta t)=P\left\{N(t,t+\Delta t)=1\right\}=\lambda\Delta t+o(\Delta t)$；

(3) 对于充分小的 Δt，$\displaystyle\sum_{j=2}^{\infty}P_j(t,t+\Delta t)=\sum_{j=2}^{\infty}P\left\{N\left(t,t+\Delta t\right)=j\right\}=o(\Delta t)$；

(4) $N(0)=0$。

设 $N(t)$ 是强度为 λ 的泊松过程，W_n 是第 n 个事件出现的等待时间，下面给出 W_n 的概率密度 $f_{W_n}(t)$。

W_n 的分布函数为

$$F_{W_n}(t) = P(W_n \leqslant t) = P(N(t) \geqslant n) \tag{2.16}$$

于是

$$F_{W_n}(t) = \begin{cases} \sum_{k=n}^{\infty} P(N(t)=k) = \sum_{k=n}^{\infty} \frac{(\lambda t)^k}{k!} \mathrm{e}^{-\lambda t}, & t \geqslant 0 \\ 0, & t < 0 \end{cases} \tag{2.17}$$

因此，W_n 的概率密度为

$$f_{W_n}(t) = \begin{cases} \frac{\mathrm{d}F_{W_n}(t)}{\mathrm{d}t} = \sum_{k=n}^{\infty} \frac{k\lambda^k t^{k-1}}{k!} \mathrm{e}^{-\lambda t} - \sum_{k=n}^{\infty} \frac{\lambda^{k+1} t^k}{k!} \mathrm{e}^{-\lambda t} = \frac{\lambda (\lambda t)^{n-1}}{(n-1)!} \mathrm{e}^{-\lambda t}, & t > 0 \\ 0, & t \leqslant 0 \end{cases} \tag{2.18}$$

即 W_n 服从 $\Gamma(n,\lambda)$ 分布。

特别地，事件首次出现的等待时间 W_1 服从指数分布

$$f_{W_1}(t) = \begin{cases} \lambda \mathrm{e}^{-\lambda t}, & t > 0 \\ 0, & t \leqslant 0 \end{cases} \tag{2.19}$$

记 $T_i = W_i - W_{i-1}(i = 1, 2, \cdots, W_0 = 0)$，称为相继出现第 $i-1$ 和第 i 个事件的时间间隔，下面来求 T_i 的分布。

$$F_{T_i}(t) = \begin{cases} P(T_i \leqslant t) = P[N(t_{i-1}+t) - N(t_{i-1}) \geqslant 1] = 1 - \mathrm{e}^{-\lambda t}, & t > 0 \\ 0, & t \leqslant 0 \end{cases} \tag{2.20}$$

于是 T_i 的概率密度为

$$f_{T_i}(t) = \begin{cases} \lambda \mathrm{e}^{-\lambda t}, & t > 0 \\ 0, & t \leqslant 0 \end{cases} \tag{2.21}$$

即时间间隔序列 $\{T_i, i = 1, 2, \cdots\}$ 服从同一个指数分布。这一结论可应用于飞行器可靠性分析中的故障时间预测和评估。

2) 维纳过程

研究布朗运动的数学模型，以 $W(t)$ 表示运动中一微粒从时刻 t=0 到时刻 t>0 的位移的横坐标，且设 $W(0)$=0。由于微粒的运动是受到大量随机的、相互独立的分子碰撞的结果，于是:

(1) 粒子在时段 $(s,t]$ 上的位移可看作是许多微小位移的和，根据中心极限定理，假设位移 $W(t)-W(s)$ 服从正态分布是合理的。

(2) 粒子的运动完全由液体分子不规则碰撞而引起，在不相重叠的时间间隔内，碰撞的次数、大小和方向可假设相互独立。因此，$W(t)$ 具有独立增量，同时 $W(t)$ 的增量具有平稳性，如图 2.5 所示。

图 2.5 布朗运动示意

定义 给定二阶矩过程 $\{W(t),t\geqslant 0\}$，若满足下列条件，则称此过程为维纳过程。

(1) 具有独立增量；

(2) 对任意 $t>s\geqslant 0$，增量 $W(t)-W(s)\sim N(0,\sigma^2(t-s))$ 且 $\sigma>0$；

(3) $W(0)=0$。

维纳过程是齐次的独立增量过程，也是正态过程，其分布完全由均值函数和自相关函数确定。

3) 马尔可夫过程 (链)

泊松过程是时间连续、状态离散的马氏过程，维纳过程是时间、状态都连续的马氏过程。

例 2.6 某计算机机房的一台计算机经常出故障，研究者每隔 15min 观察一次计算机的运行状态，收集了 24h 的数据 (共作 97 次观察)，用 1 表示正常状态，用 0 表示不正常状态，所得的数据序列如下：

1110010011111110011110111111001111111110001101101111011011010111110
1110111101111110011011111100111

设 X_n 为第 $n(n=1,2,\cdots,97)$ 个时段的计算机状态，可以认为它是一个齐次马氏链。求：

(1) 一步转移概率矩阵；

(2) 已知计算机在某一时段 (15min) 的状态为 0，问在此条件下，从此时段起，该计算机能连续正常工作 45min (3 个时段) 的条件概率。

解 (1) 设 X_n 为第 $n(n=1,2,\cdots,97)$ 个时段的计算机状态，可以认为它是一个齐次马氏链，状态空间 $I=\{0,1\}$，96 次状态转移情况是 $0\to 0$：8 次；$0\to 1$：18 次；$1\to 0$：18 次；$1\to 1$：52 次。

因此一步转移概率可用频率近似地表示为

$$P_{00}=P(X_{n+1}=0|X_n=0)\approx\frac{8}{8+18}=\frac{8}{26}$$
$$P_{01}=P(X_{n+1}=0|X_n=1)\approx\frac{18}{8+18}=\frac{18}{26}$$
$$P_{10}=P(X_{n+1}=1|X_n=0)\approx\frac{18}{18+52}=\frac{18}{70}$$
$$P_{11}=P(X_{n+1}=1|X_n=1)\approx\frac{52}{18+52}=\frac{52}{70}$$

即

$$P=\begin{bmatrix}\frac{8}{26} & \frac{18}{26}\\ \frac{18}{70} & \frac{52}{70}\end{bmatrix}$$

(2) 某一时段的状态为 0，定义其为初始状态，即 $X_0=0$，所求概率为

$$P(X_1=1,X_2=1,X_3=1|X_0=0)=P_{01}P_{11}P_{11}=\frac{18}{26}\times\frac{52}{70}\times\frac{52}{70}\approx 0.382$$

2.1.2 数学特征

1. *数学期望与方差函数*

由概率论知识可知，一维随机变量可以用数学期望和方差来表征，二维随机变量可以用相关矩和相关系数来表征。而随机过程是一族随机变量，自然可以采用数学期望、方差、自相关函数/自协方差函数、功率谱密度、高阶矩/高阶谱、N 阶密度等来表征，如图 2.6 所示。

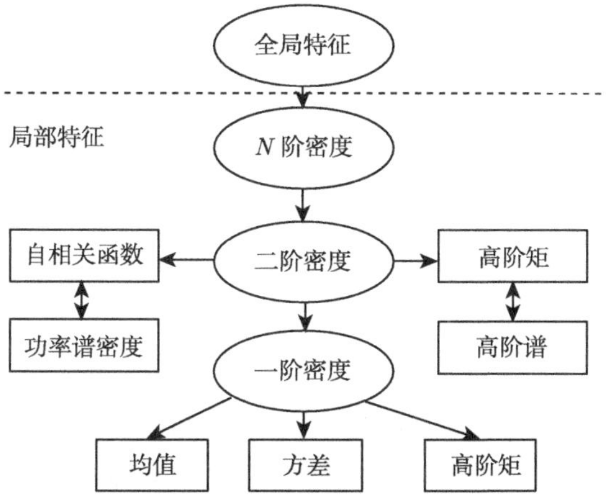

图 2.6 随机过程的数字特征

1) 均值/数学期望

设 $X(t)$ 是一随机过程，固定 t_1，$X(t_1)$ 是一随机变量，数学期望一般与 t_1 有关，记为 $m_X(t_1)=\int_{-\infty}^{\infty}x_1f_1(x_1,t_1)\mathrm{d}x_1$，是随机过程 $X(t)$ 的所有样本函数在时刻 t_1 的函数值的平均。均值函数 $m_X(t)$ 表示随机过程 $X(t)$ 在各个时刻的摆动中心。

2) 方差函数

随机过程 $X(t)$ 的方差为

$$\sigma_X^2(t)=E\{[X(t)-m_X(t)]^2\} \tag{2.22}$$

方差 $\sigma_X^2(t)$ 是时间 t 的确定性函数，表示样本函数偏离均值函数 $m_X(t)$ 的分散程度。方差为二阶中心矩，二阶原点矩为 $\psi_X^2(t)=E[X^2(t)]$，称为均方值。

2. 自相关函数和互相关函数

1) 自相关函数/自协方差函数

给定两个随机变量 $X(t_1),X(t_2)$，可以由相关函数 $E[X(t_1)X(t_2)]$ 来描述它们之间的线性关系。由于 t_1,t_2 可能为任意时间值，故相关值可能随 t_1,t_2 的值发生变化，定义自相关函数为

$$R_X(t_1,t_2)=E[X(t_1)X(t_2)],\quad R_X(t_1,t_2)=R_X(t_2,t_1) \tag{2.23}$$

自协方差函数定义为

$$C_X(t_1,t_2)=E[(X(t_1)-m_X(t_1))(X(t_2)-m_X(t_2))] \tag{2.24}$$

归一化自协方差函数定义为

$$\rho_X(t_1,t_2)=\frac{C_X(t_1,t_2)}{(C_X(t_1,t_1)C_X(t_2,t_2))^{1/2}} \tag{2.25}$$

$$R_X(t_1,t_2)=C_X(t_1,t_2)+m_X(t_1)m_X(t_2) \tag{2.26}$$

$$\sigma_X^2(t)=C_X(t,t) \tag{2.27}$$

$$\psi_X^2(t)=R_X(t,t)=C_X(t,t)+m_X^2(t) \tag{2.28}$$

定义 随机过程 $\{X(t),t\in T\}$，如果对每一 $t\in T$，$E[X^2(t)]$ 存在且有限，称 $X(t)$ 是二阶矩过程，二阶矩过程的均值函数和相关函数总是存在的。

设 $\{X(t),t\in T\}$ 是一随机过程，若它的每一个有限维分布都是正态分布，即对任意整数 $n\geqslant 1$ 及任意 $t_1,t_2,\cdots,t_n\in T$，$(X(t_1),X(t_2),\cdots,X(t_n))$ 服从 n 维

正态分布，则称 $\{X(t), t \in T\}$ 是正态过程，正态过程的全部统计特性完全由它的均值函数和自协方差函数所确定。

2) 互相关函数/互协方差函数

二维随机过程的互相关函数定义为

$$\begin{aligned} R_{XY}(t_1,t_2) &= E[X(t_1)Y(t_2)], \quad t_1,t_2 \in T \\ R_{YX}(t_1,t_2) &= E[Y(t_1)X(t_2)], \quad t_1,t_2 \in T \end{aligned} \tag{2.29}$$

互协方差函数定义为

$$\begin{aligned} C_{XY}(t_1,t_2) &= E\left\{[X(t_1)-\mu_X(t_1)][Y(t_2)-\mu_Y(t_2)]\right\} \\ &= R_{XY}(t_1,t_2)-\mu_X(t_1)\mu_Y(t_2), \quad t_1,t_2 \in T \\ C_{YX}(t_1,t_2) &= R_{YX}(t_1,t_2)-\mu_Y(t_1)\mu_X(t_2), \quad t_1,t_2 \in T \end{aligned} \tag{2.30}$$

如果二维随机过程 $(X(t),Y(t))$ 对任意的 $t_1,t_2 \in T$，恒有 $C_{XY}(t_1,t_2)=0$，称 $X(t)$ 和 $Y(t)$ 是不相关的。

可以证明，两个随机过程 $(X(t),Y(t))$ 相互独立，那么它们必然不相关，反之未必成立，但对于正态随机过程而言，相互独立和不相关是等价的。

3. 应用举例

例 2.7 设随机相位余弦波 $X(t)=a\cos(\omega t+\theta)$，其中，$\theta \sim U(0,2\pi)$，$a,\omega$ 为常数。

θ 的概率密度函数为

$$f(\theta)=\begin{cases} \dfrac{1}{2\pi}, & 0 \leqslant \theta \leqslant 2\pi \\ 0, & \text{其他} \end{cases} \tag{2.31}$$

故 $X(t)$ 的均值为 $m_X(t)=E[a\cos(\omega t+\theta)]=\displaystyle\int_0^{2\pi} a\cos(\omega t+\theta)\frac{1}{2\pi}\mathrm{d}\theta=0$

自协方差函数为

$$\begin{aligned} C_X(t_1,t_2) &= a^2E[\cos(\omega t_1+\theta)\cos(\omega t_2+\theta)] \\ &= a^2\int_0^{2\pi}\cos(\omega t_1+\theta)\cos(\omega t_2+\theta)\frac{1}{2\pi}\mathrm{d}\theta=\frac{a^2}{2}\cos\omega(t_1-t_2) \end{aligned} \tag{2.32}$$

方差为 $\sigma_X^2(t)=C_X(t,t)=\dfrac{a^2}{2}$。

例 2.8 设 X 和 Y 是均值为 0、方差为 1 的相互独立的随机变量，设 $Z(t)=X+Yt$，显然 $Z(t)$ 是一随机过程。

$$m_Z(t)=E[Z(t)]=E[X+Yt]=E[X]+tE[Y]=0 \tag{2.33}$$

$$
\begin{aligned}
C_Z(t_1,t_2) &= E[Z(t_1)Z(t_2)] = E[(X+Yt_1)(X+Yt_2)] \\
&= E[X^2] + (t_1+t_2)E[XY] + t_1t_2E[Y^2] \\
&= 1 + t_1t_2
\end{aligned} \tag{2.34}
$$

$$
\sigma_X^2(t) = C_Z(t,t) = 1 + t^2 \tag{2.35}
$$

在随机过程理论中形成了以研究均值和自协方差函数为主要内容的一个分支。

例 2.9　设 A，B 是两个随机变量，试求随机过程 $X(t)=At+3B, t\in T=(-\infty,+\infty)$ 的均值函数和自相关函数。如果 A，B 相互独立，且 $A\sim N(1,4), B\sim U(0,2)$，问 $X(t)$ 的均值函数和自相关函数是怎样的？

解　可知

$$
\begin{aligned}
\mu_X(t) &= E[X(t)] \\
&= tE(A) + 3E(B)
\end{aligned}
$$

$$
\begin{aligned}
R_X(t_1,t_2) &= E[X(t_1)X(t_2)] \\
&= t_1t_2E(A^2) + 3(t_1+t_2)E(AB) + 9E(B^2), \quad t_1,t_2\in T
\end{aligned}
$$

当 $A\sim N(1,4), B\sim U(0,2)$ 时，有

$$
E(A)=1,\quad E(A^2)=5,\quad E(B)=1,\quad E(B^2)=\frac{4}{3}
$$

又因为 A,B 独立，故

$$
E(AB)=E(A)E(B)=1
$$

所以

$$
\begin{gathered}
\mu_X(t) = t+3, \\
R_X(t_1,t_2) = 5t_1t_2 + 3(t_1+t_2) + 12, \quad t_1,t_2\in T
\end{gathered}
$$

例 2.10　设 $X(t)=A+Bt+Ct^2, t\in(-\infty,+\infty)$，其中，$A,B,C$ 是相互独立的，且都是服从正态分布 $N(0,\sigma^2)$ 的随机变量，证明 $X(t)$ 是正态过程，并求它的均值函数和自相关函数。

解　$X(t)$ 是正态过程 $\Leftrightarrow$ 对任意一组实数 $t_1,t_2,\cdots,t_n\in T$，$\left(X(t_1), X(t_2),\cdots,X(t_n)\right)$ 服从 n 维正态分布 $\Leftrightarrow$ 对任意一组数 $u_1,u_2,\cdots,u_n$，$u_1X(t_1)+u_2X(t_2)+\cdots+u_nX(t_n)$ 服从一维正态分布而

$$
u_1X(t_1)+u_2X(t_2)+\cdots+u_nX(t_n) = A\sum_{i=1}^{n}u_i + B\sum_{i=1}^{n}u_it_i + C\sum_{i=1}^{n}u_it_i^2
$$

因为 A,B,C 是相互独立的正态变量，故 (A,B,C) 是三维正态变量。

$A\sum_{i=1}^{n}u_i+B\sum_{i=1}^{n}u_it_i+C\sum_{i=1}^{n}u_it_i^2$ 是 A,B,C 的线性组合，因此它服从一维正态分布，所以 $X(t)$ 是正态过程。

下面计算均值函数和自相关函数，因为

$$E(A)=E(B)=E(C)=E(AB)=E(AC)=E(BC)=0,$$
$$E(A^2)=E(B^2)=E(C^2)=\sigma^2$$

故

$$\mu_X(t)=E\left\{A+Bt+Ct^2\right\}=E(A)+E(B)t+E(C)t^2=0$$

$$\begin{aligned}C_X(t_1,t_2)=R_X(t_1,t_2)&=E[(A+Bt_1+Ct_1^2)(A+Bt_2+Ct_2^2)]\\&=\sigma^2(1+t_1t_2+t_1^2t_2^2)\end{aligned}$$

例 2.11 随机过程 $W(t)$ 是三个随机过程 $X(t),Y(t),Z(t)$ 之和，已知 $\mu_X(t)$, $\mu_Y(t),\mu_Z(t),R_X(t_1,t_2),R_Y(t_1,t_2),R_Z(t_1,t_2),R_{XY}(t_1,t_2),R_{YZ}(t_1,t_2),R_{ZX}(t_1,t_2)$，求 $\mu_W(t),R_W(t_1,t_2)$。

解

$$W(t)=X(t)+Y(t)+Z(t)$$
$$\mu_W(t)=\mu_X(t)+\mu_Y(t)+\mu_Z(t)$$

$$\begin{aligned}R_W(t_1,t_2)=&R_X(t_1,t_2)+R_Y(t_1,t_2)+R_Z(t_1,t_2)+R_{XY}(t_1,t_2)\\&+R_{YX}(t_1,t_2)+R_{XZ}(t_1,t_2)\\&+R_{ZX}(t_1,t_2)+R_{YZ}(t_1,t_2)+R_{ZY}(t_1,t_2)\end{aligned}$$

特别地，若 $\mu_X(t)=\mu_Y(t)=\mu_Z(t)=0$，则 $X(t),Y(t),Z(t)$ 两两不相关。即

$$R_{XY}(t_1,t_2)=\mu_X(t_1)\mu_Y(t_2)=0,\quad R_{XZ}(t_1,t_2)=0,\quad R_{YZ}(t_1,t_2)=0$$

则

$$R_W(t_1,t_2)=R_X(t_1,t_2)+R_Y(t_1,t_2)+R_Z(t_1,t_2)$$

例 2.12 设 $\{W(t),t\geqslant 0\}$ 是一个维纳过程，求 $X(t)=W(t+1)-W(t)$ 的均值函数和自相关函数。

解

$$\mu_X(t)=E[X(t)]=E[W(t+1)]-E[W(t)]=0$$

$$
\begin{aligned}
R(s,t) &= E[W(s+1)-W(s)][W(t+1)-W(t)] \\
&= E[W(s+1)W(t+1)] \\
&\quad - E[W(s)W(t+1)] - E[W(s+1)W(t)] + E[W(s)W(t)] \\
&= D(\min(s+1,t+1)) - D(\min(s,t+1)) \\
&\quad - D(\min(s+1,t)) + D(\min(s,t))
\end{aligned}
$$

设 $s \leqslant t$，则

$$
D(\min(s+1,t+1)) = \sigma^2(s+1), \quad D(\min(s,t+1)) = \sigma^2 s,
$$

$$
D(\min(s,t)) = \sigma^2 s, \quad D(\min(s+1,t)) = \begin{cases} \sigma^2(s+1), & t-s>1 \\ \sigma^2 t, & t-s\leqslant 1 \end{cases}
$$

于是

$$
R(s,t) = \begin{cases} 0, & t-s>1 \\ \sigma^2(1-t+s), & t-s\leqslant 1 \end{cases}
$$

类似讨论 $s>t$ 的情况，合起来有

$$
R(s,t) = \begin{cases} 0, & |t-s|>1 \\ \sigma^2(1-|t-s|), & |t-s|\leqslant 1 \end{cases}
$$

注意到维纳过程的数字特征性质为

$$
\begin{aligned}
&\mu_W(t) = E(W(t)) = 0 \\
&D_W(t) = D(W(t)) = \sigma^2 t \\
&C_W(s,t) = R_W(s,t) = D_W[\min(s,t)] = \sigma^2 \min(s,t), \quad s,t>0
\end{aligned}
$$

2.1.3 向量随机过程

$\{\boldsymbol{X}(t), t\in T\}$ 为 m 维向量随机过程，记为

$$
\boldsymbol{X}(t) = \begin{bmatrix} X_1(t) \\ X_2(t) \\ \vdots \\ X_m(t) \end{bmatrix} \tag{2.36}
$$

$X_i(t)$ 为向量随机过程的分量。

1. 向量随机过程的概率特性

过程 $\boldsymbol{X}(t)$ 在时刻 t 的分布函数为

$$F_X(\boldsymbol{x},t)=P\{\boldsymbol{X}(t)\leqslant \boldsymbol{x}\} \tag{2.37}$$

相应的概率密度函数为

$$f_X(\boldsymbol{x},t)=\frac{\partial^m F_X(\boldsymbol{x},t)}{\partial \boldsymbol{x}}=\frac{\partial^m F_X(\boldsymbol{x},t)}{\partial \boldsymbol{x}_1\cdots\partial \boldsymbol{x}_m} \tag{2.38}$$

向量随机过程的联合概率分布函数为

$$\begin{aligned}&F_n(\boldsymbol{x}^{(1)},\boldsymbol{x}^{(2)},\cdots,\boldsymbol{x}^{(n)};t_1,\cdots,t_n)\\&=P\{\boldsymbol{X}(t_1)\leqslant \boldsymbol{x}^{(1)},\boldsymbol{X}(t_2)\leqslant \boldsymbol{x}^{(2)},\cdots,\boldsymbol{X}(t_n)\leqslant \boldsymbol{x}^{(n)}\}\end{aligned} \tag{2.39}$$

其中，

$$\boldsymbol{x}^{(i)}=\begin{bmatrix}\boldsymbol{x}_1^{(i)}\\ \vdots\\ \boldsymbol{x}_m^{(i)}\end{bmatrix},\quad i=1,2,\cdots,n \tag{2.40}$$

相应的联合概率密度函数为

$$\begin{aligned}&f_n(\boldsymbol{x}^{(1)},\boldsymbol{x}^{(2)},\cdots,\boldsymbol{x}^{(n)};t_1,\cdots,t_n)\\&=\frac{\partial^{mn}F_n(\boldsymbol{x}^{(1)},\boldsymbol{x}^{(2)},\cdots,\boldsymbol{x}^{(n)};t_1,\cdots,t_n)}{\partial \boldsymbol{x}_1^{(1)}\cdots\partial \boldsymbol{x}_m^{(1)}\partial \boldsymbol{x}_1^{(2)}\cdots\partial \boldsymbol{x}_m^{(2)}\cdots\partial \boldsymbol{x}_1^{(n)}\cdots\partial \boldsymbol{x}_m^{(n)}}\end{aligned} \tag{2.41}$$

2. 向量随机过程的数字特征

m 维向量随机过程的均值向量函数为

$$m_X(t)=E[\boldsymbol{X}(t)]=\begin{bmatrix}E[\boldsymbol{X}_1(t)]\\ \vdots\\ E[\boldsymbol{X}_m(t)]\end{bmatrix} \tag{2.42}$$

其中，

$$E[\boldsymbol{X}_i(t)]=\int_{-\infty}^{\infty}\int_{-\infty}^{\infty}x_i f_X(\boldsymbol{x},t)\mathrm{d}\boldsymbol{x}_1\cdots\mathrm{d}\boldsymbol{x}_m \tag{2.43}$$

$\boldsymbol{X}(t)$ 的协方差函数矩阵为

$$\boldsymbol{C}_X(t_1,t_2)=E[\tilde{\boldsymbol{X}}(t_1)\tilde{\boldsymbol{X}}^{\mathrm{T}}(t_2)] \tag{2.44}$$

其中，

$$\tilde{\boldsymbol{X}}(t) = \boldsymbol{X}(t) - \boldsymbol{m}_X(t) \tag{2.45}$$

方差矩阵为

$$\boldsymbol{P}_X(t) = \boldsymbol{C}_X(t,t) = E[\tilde{\boldsymbol{X}}(t)\tilde{\boldsymbol{X}}^{\mathrm{T}}(t)] \tag{2.46}$$

互协方差函数矩阵为

$$\boldsymbol{C}_{XY}(t_1,t_2) = E[\tilde{\boldsymbol{X}}(t_1)\tilde{\boldsymbol{Y}}^{\mathrm{T}}(t_2)] \tag{2.47}$$

3. 向量随机过程的独立与不相关

若向量随机过程的联合概率分布函数满足

$$F_n(\boldsymbol{x}^{(1)},\boldsymbol{x}^{(2)},\cdots,\boldsymbol{x}^{(n)};t_1,t_2,\cdots,t_n) = \prod_{i=1}^{n} F(\boldsymbol{x}^{(i)},t_i) \tag{2.48}$$

则称此向量随机过程为独立向量随机过程。例如，正态白噪声向量。

相互独立的两个向量随机过程 $\{\boldsymbol{X}(t),t\in T\},\{\boldsymbol{Y}(t),t\in T\}$，则对于任意的 n 和 r，有

$$\begin{aligned}&F(\boldsymbol{x}^{(1)},\cdots,\boldsymbol{x}^{(n)};t_1,\cdots,t_n:\boldsymbol{y}^{(1)},\cdots,\boldsymbol{y}^{(r)};\tau_1,\cdots,\tau_r)\\&=F_X(\boldsymbol{x}^{(1)},\cdots,\boldsymbol{x}^{(n)};t_1,\cdots,t_n)\cdot F_Y(\boldsymbol{y}^{(1)},\cdots,\boldsymbol{y}^{(r)};\tau_1,\cdots,\tau_r)\end{aligned} \tag{2.49}$$

向量随机过程不相关，则

$$\boldsymbol{C}_X(t_1,t_2) = 0, \quad t_1 \neq t_2 \tag{2.50}$$

两个向量随机过程不相关，则

$$\boldsymbol{C}_{XY}(t_1,t_2) = 0 \tag{2.51}$$

2.2 平稳随机过程

2.2.1 基本概念和性质

1. 平稳随机过程的基本概念

本节介绍工程中常用的一类特殊随机过程——平稳随机过程。

平稳随机过程指的是统计特性和参数的平移没有显著的依从关系的随机过程，可分为严格平稳随机过程和广义平稳随机过程。

对应地，非平稳随机过程指的是统计特性和参数的平移有显著的依从关系的随机过程，可分为本质非平稳过程和非本质非平稳过程，其中非本质非平稳过程

可以转化为平稳随机过程进行处理，如一年之内的温度虽然是非平稳过程，但扣除趋势项后可以看作平稳随机过程，而本质非平稳过程则不能转化为平稳过程。

1) 严格平稳随机过程

定义　$\{\boldsymbol{X}(t), t \in T\}$ 是一平稳随机过程，对任意的 $n\,(n=1,2,\cdots)$，t_1, $t_2,\cdots t_n \in T$ 和任意的实数 h，当 $t_1+h, t_2+h,\cdots,t_n+h \in T$ 时，$(X(t_1), X(t_2), \cdots, X(t_n))$ 和 $\big(X(t_1+h), X(t_2+h), \cdots, X(t_n+h)\big)$ 具有相同的分布函数，即

$$F(x_1,x_2,\cdots,x_n;t_1,t_2,\cdots,t_n)=F(x_1,x_2,\cdots,x_n;t_1+h,t_2+h,\cdots,t_n+h)$$

则称随机过程 $\{\boldsymbol{X}(t), t \in T\}$ 具有平稳性，称此过程为严格平稳随机过程。

若随机过程 $\{\boldsymbol{X}(t), t \in T\}$ 的概率密度函数存在，则严格平稳条件等价于

$$f_n(x_1,\cdots,x_n;t_1,\cdots,t_n)=f_n(x_1,\cdots,x_n;t_1+\tau,\cdots,t_n+\tau) \tag{2.52}$$

设 $\boldsymbol{X}(t)$ 是一平稳随机过程，令 $\tau=-t_1$，则一维概率密度函数有

$$f_1(x_1,t_1)=f_1(x_1,t_1+\tau)=f_1(x_1,0) \tag{2.53}$$

即 $f_1(x,t)=f_1(x)$，平稳随机过程的一维概率密度函数与时间无关。

在数字特征方面，平稳随机过程 $\boldsymbol{X}(t)$ 的均值为 $E[\boldsymbol{X}(t)]=\displaystyle\int_{-\infty}^{\infty} x f_1(x)\mathrm{d}x = m_X$，即 $\boldsymbol{X}(t)$ 的均值是一个不随时间变化的常数。均方值 ψ_X^2 和方差 σ_X^2 也为常数，即

$$\psi_X^2=E[\boldsymbol{X}^2(t)]=\int_{-\infty}^{\infty} x^2 f_1(x)\mathrm{d}x \tag{2.54}$$

$$\sigma_X^2=E[(x-m_X)^2]=\int_{-\infty}^{\infty}(x-m_X)^2 f_1(x)\mathrm{d}x \tag{2.55}$$

令 $\tau=-t_1$，二维概率密度函数有

$$f_2(x_1,x_2;t_1,t_2)=f_2(x_1,x_2;t_1+\tau,t_2+\tau)=f_2(x_1,x_2;0,t_2-t_1) \tag{2.56}$$

二维概率密度仅依赖于时间间隔 t_2-t_1，而与时间起点或终点无关，则

$$f_2(x_1,x_2;t_1,t_2)=f_2(x_1,x_2,\tau) \tag{2.57}$$

$\boldsymbol{X}(t)$ 的自协方差函数仅是单变量 τ 的函数，即

$$C_X(\tau)=\int_{-\infty}^{\infty}\int_{-\infty}^{\infty}(X_1-m_X)(X_2-m_X)f_2(x_1,x_2,\tau)\mathrm{d}x_1\mathrm{d}x_2 \tag{2.58}$$

令 $\tau=0$，得方差 $\sigma_X^2=C_X(0)$。

严格平稳随机过程要求其有限维分布函数满足平稳性条件，过于严格且难于实现，因此在工程中常常只在二阶矩范围内考虑平稳性条件，即广义平稳随机过程。

2) 广义平稳随机过程

定义　给定二阶矩过程 $\{X(t), t \in T\}$，如果对任意的 $t, t+\tau \in T$，有

$$\begin{aligned} E[X(t)] &= \mu_X \\ E[X(t)X(t+\tau)] &= R_X(\tau) \end{aligned} \tag{2.59}$$

称 $\{\boldsymbol{X}(t), t \in T\}$ 为广义平稳随机过程。也就是说，二阶矩存在的严格平稳随机过程必然是广义平稳随机过程，反之则不成立。

定义　$\boldsymbol{X}(t)$ 和 $\boldsymbol{Y}(t), t \in T$ 是两个平稳过程，如果它们的互相关函数也只是时间差的函数，记为 $R_{XY}(\tau)$，即 $R_{YX}(t, t+\tau) = E[X(t)X(t+\tau)] = R_{XY}(\tau)$，称 $\boldsymbol{X}(t)$ 和 $\boldsymbol{Y}(t)$ 是平稳相关的，或称这两个过程是联合宽平稳的。

对于高斯随机过程，由于其概率密度函数完全由均值和自协方差函数确定，因此严格平稳随机过程和广义平稳随机过程是等价的。

2. 平稳随机过程的性质

1) 平稳随机过程自相关函数的性质

设 $\boldsymbol{X}(t)$ 和 $\boldsymbol{Y}(t)$ 是平稳相关过程，$R_X(\tau), R_Y(\tau)$ 和 $R_{XY}(\tau)$ 分别是它们的自相关函数和互相关函数。则有：

(1) $R_X(-\tau) = R_X(\tau)$，即 $R_X(\tau)$ 是 τ 的偶函数；$R_{XY}(-\tau) = R_{YX}(\tau)$，即互相关函数既不是奇函数，也不是偶函数。

(2) $|R_X(\tau)| \leqslant R_X(0) = \psi_X^2, |C_X(\tau)| \leqslant C_X(0) = \sigma_X^2$，即自相关 (自协方差) 函数在 $\tau = 0$ 处取得最大值。同时有

$$|R_{XY}(\tau)|^2 \leqslant R_X(0)R_Y(0), \quad |C_{XY}(\tau)|^2 \leqslant C_X(0)C_Y(0) \tag{2.60}$$

(3) $R_X(\tau)$ 是非负定的，即对任意数组 $t_1, t_2, \cdots, t_n \in T$ 和任意 n 个不全为零的实数 $a_1, a_2, \cdots, a_n$，都有 $\sum\limits_{i,j=1}^{n} R_X(t_i - t_j)a_i a_j \geqslant 0$。证明过程如下：

$$\begin{aligned} \sum_{i,j=1}^{n} R_X(t_i - t_j)a_i a_j &= \sum_{i,j=1}^{n} E[X(t_i)X(t_j)]a_i a_j \\ &= E\left[\sum_{i,j=1}^{n} X(t_i)X(t_j)a_i a_j\right] \end{aligned} \tag{2.61}$$

$$= E\left\{\left[\sum_{i=1}^{n} X(t_i)\, a_i\right]^2\right\} \geqslant 0$$

自相关函数的非负定性是平稳过程最本质的特性。可以证明：任一连续函数，只要具有非负定性，那么该函数必是某平稳过程的自相关函数。

(4) 实际中通常有下式成立 $\lim\limits_{\tau\to\infty} C_X(\tau) = C_X(\infty) = 0$，即平稳过程时间间隔充分大的两个状态可以认为是不相关的。

(5) 如果平稳随机过程 $\boldsymbol{X}(t)$ 满足 $\boldsymbol{X}(t) = \boldsymbol{X}(t+T)$，则称为周期平稳过程，$T$ 为过程的周期。周期平稳过程的自协方差函数也是周期函数，其周期与过程的周期相同。

2) 平稳随机过程互相关函数的性质

(1) $C_{XY}(-\tau) = C_{YX}(\tau)$。

$$C_{XY}(-\tau) = E[(\boldsymbol{X}(t) - m_X)(\boldsymbol{Y}(t-\tau) - m_Y)] = C_{YX}(\tau) \tag{2.62}$$

(2) $|C_{XY}(\tau)|^2 \leqslant \sigma_X^2\sigma_Y^2$。

利用柯西–施瓦茨不等式 $E^2[XY] \leqslant E[X^2]E[Y^2]$，得

$$\begin{aligned}|C_{XY}(\tau)|^2 &= E^2[(X(t) - m_X)(Y(t+\tau) - m_Y)]\\ &\leqslant E[(X(t) - m_X)^2]E[(Y(t+\tau) - m_Y)^2]\\ &= \sigma_X^2\sigma_Y^2\end{aligned} \tag{2.63}$$

(3) 若随机过程 $\boldsymbol{X}(t)$ 和 $\boldsymbol{Y}(t)$ 是平稳相关的，则 $\boldsymbol{X}(t)$ 和 $\boldsymbol{Y}(t)$ 的任一线性函数 $\boldsymbol{Z}(t) = a\boldsymbol{X}(t) + b\boldsymbol{Y}(t)$ 是一平稳过程，其中，a 为任意确定性常数。如果 $\boldsymbol{X}(t)$ 和 $\boldsymbol{Y}(t)$ 互不相关，则有 $C_Z(\tau) = a^2C_X(\tau) + b^2C_Y(\tau)$。

例 2.13 设随机过程 $\boldsymbol{X}(t) = t\boldsymbol{Y}$，其中，$\boldsymbol{Y}$ 为均匀分布于 $[0,1]$ 上的随机变量，$\boldsymbol{X}(t)$ 是否平稳？

解

$$m_X(t) = E[X(t)] = E[tY] = tE[Y] = \frac{t}{2}$$

$$R_X(t_1,t_2) = E[X(t_1)X(t_2)] = t_1t_2E[Y^2] = \frac{1}{3}t_1t_2$$

因此，$\boldsymbol{X}(t)$ 不是平稳的。

例 2.14 设随机相位余弦波 $X(t) = \cos(\omega t + \theta)$，其中，$\omega$ 为常数

$$f(\theta) = \begin{cases}\dfrac{1}{2\pi}, & 0 \leqslant \theta \leqslant 2\pi\\ 0, & \text{其他}\end{cases} \tag{2.64}$$

判断过程 $\boldsymbol{X}(t)$ 的平稳性。

解

$$\begin{aligned}
E[\boldsymbol{X}(t)] &= E[\cos(\omega t+\theta)] \\
&= E[\cos\omega t\cos\theta - \sin\omega t\sin\theta] \\
&= \cos\omega t\cdot E[\cos\theta] - \sin\omega t\cdot E[\sin\theta] = 0 \\
C_X(t_1,t_2) &= E[\cos(\omega t_1+\theta)\cos(\omega t_2+\theta)] \\
&= E\left[\frac{1}{2}\cos(\omega t_2-\omega t_1)+\frac{1}{2}\cos(2\theta+\omega t_2+\omega t_1)\right] \\
&= \frac{1}{2}\cos\omega(t_2-t_1)+\frac{1}{2}E[\cos(2\theta+\omega t_2+\omega t_1)] \\
&= \frac{1}{2}\cos\omega(t_2-t_1) \\
&= C_X(t_2-t_1)
\end{aligned}$$

因此，随机相位余弦波是平稳随机过程。

例 2.15　设 $\{X_k, k=0,\pm1,\pm2,\cdots\}$ 是互不相关的随机变量序列，且 $E(X_k)=0, E(X_k^2)=\sigma^2$。证明：$\{X_k, k=0,\pm1,\pm2,\cdots\}$ 是宽平稳的随机序列。

证明

$$E(X_k)=0,\quad R_X(k,l)=E[X_kX_l]=\begin{cases}\sigma^2, & k=l\\ 0, & k\neq l\end{cases}$$

即自相关函数只与 $k-l$ 有关，所以它是宽平稳的随机序列，也称为离散白噪声。

例 2.16　设 $\{X_k, k=0,\pm1,\pm2,\cdots\}$ 是例 2.15 中的随机序列，作

$$Y_n=\sum_{k=0}^{N}a_kX_{n-k},\quad n=0,\pm1,\pm2,\cdots \tag{2.65}$$

其中，N 是自然数，而 $a_0,a_1,\cdots,a_N$ 是常数，证明：$\{Y_n, n=0,\pm1,\pm2,\cdots\}$ 是平稳序列。

证明

$$E[Y_n]=\sum_{k=0}^{N}a_kE(X_{n-k})=0$$

又相关系数

$$\begin{aligned}
R_Y(n,n+m) &= E[Y_nY_{n+m}] \\
&= E\left[\left(\sum_{k=0}^{N}a_kX_{n-k}\right)\left(\sum_{j=0}^{N}a_jX_{n+m-j}\right)\right]
\end{aligned}$$

$$= \sum_{\substack{k=0 \\ 0\leqslant m+k\leqslant N}}^{N} a_k a_{m+k}\sigma^2$$

其与 n 无关，所以 Y_n 是平稳序列。

例 2.17　设 $S(t)$ 是一周期为 T 的函数，θ 是在 $(0,T)$ 上服从均匀分布的随机变量，称 $X(t)=S(t+\theta)$ 为随机相位周期过程，试讨论它的平稳性。

解　由假设可知，θ 的概率密度为

$$f(\theta)=\begin{cases}\dfrac{1}{T}, & 0<\theta<T\\ 0, & 其他\end{cases}$$

于是

$$\begin{aligned}E[X(t)] &= E[S(t+\theta)]\\ &= \int_0^T S(t+\theta)\frac{1}{T}\mathrm{d}\theta\\ &= \frac{1}{T}\int_t^{t+T} S(\varphi)\,\mathrm{d}\varphi\\ &\xlongequal{周期性} \frac{1}{T}\int_0^T S(\varphi)\,\mathrm{d}\varphi \quad (常数)\\ R_X(t,t+\tau) &= E[S(t+\theta)S(t+\tau+\theta)]\\ &= \int_0^T S(t+\theta)S(t+\tau+\theta)\frac{1}{T}\mathrm{d}\theta\\ &= \frac{1}{T}\int_t^{t+T} S(\varphi)S(\varphi+\tau)\,\mathrm{d}\varphi\\ &\xlongequal{周期性} \frac{1}{T}\int_0^T S(\varphi)S(\varphi+\tau)\,\mathrm{d}\varphi\\ &\triangleq R_X(\tau)\end{aligned}$$

所以随机相位周期过程是平稳的。

例 2.18　考虑随机电报信号 $X(t)$ 由只取 $+I$ 或 $-I$ 的电流给出。

$$P(X(t)=\pm I)=\frac{1}{2} \tag{2.66}$$

而正负号在区间 $(t,t+\tau)$ 内变化的次数 $N(t,t+\tau)$ 是随机的，且假设 $N(t,t+\tau)$ 服从泊松分布，即

$$P\{N(t,t+\tau)=k\}=\frac{(\lambda\tau)^k\mathrm{e}^{-\lambda\tau}}{k!},\quad k=0,1,2,\cdots \tag{2.67}$$

其中，$\lambda>0$ 是单位时间内变号次数的数学期望，试讨论 $X(t)$ 的平稳性。

解

$$E[X(t)]=I\cdot P\{X(t)=I\}-I\cdot P\{X(t)=-I\}=\frac{I}{2}-\frac{I}{2}=0$$

设 $\tau>0$，则

$$\begin{aligned}R_X(t,t+\tau)&=E[X(t)X(t+\tau)]\\&=I^2P\left\{X(t)X(t+\tau)=I^2\right\}-I^2P\left\{X(t)X(t+\tau)=-I^2\right\}\end{aligned}$$

事件 $\{X(t)X(t+\tau)=I^2\}$ 等价于电流在 $(t,t+\tau)$ 内变号偶数次，因此

$$\begin{aligned}P\left\{X(t)X(t+\tau)=I^2\right\}&=\sum_{k=0}^{\infty}P\{N(t,t+\tau)=2k\}\\&=\sum_{k=0}^{\infty}\frac{(\lambda\tau)^{2k}\mathrm{e}^{-\lambda\tau}}{(2k)!}\end{aligned}$$

同理

$$\begin{aligned}P\left\{X(t)X(t+\tau)=-I^2\right\}&=\sum_{k=0}^{\infty}P\{N(t,t+\tau)=2k+1\}\\&=\sum_{k=0}^{\infty}\frac{(\lambda\tau)^{2k+1}\mathrm{e}^{-\lambda\tau}}{(2k+1)!}\end{aligned}$$

所以

$$\begin{aligned}R_X(t,t+\tau)&=I^2\left\{\sum_{k=0}^{\infty}\frac{(\lambda\tau)^{2k}\mathrm{e}^{-\lambda\tau}}{(2k)!}-\sum_{k=0}^{\infty}\frac{(\lambda\tau)^{2k+1}\mathrm{e}^{-\lambda\tau}}{(2k+1)!}\right\}\\&=I^2\mathrm{e}^{-\lambda\tau}\sum_{k=0}^{\infty}\frac{(-\lambda\tau)^k}{k!}=I^2\mathrm{e}^{-2\lambda\tau}\end{aligned}$$

此结果与 t 无关，若 $\tau<0$，只要令 $t'=t+\tau$，则有

$$R_X(t,t+\tau)=E[X(t')X(t'-\tau)]=I^2\mathrm{e}^{2\lambda\tau}$$

综合得，$R_X(t,t+\tau)=I^2\mathrm{e}^{-2\lambda|\tau|}$ 仅与 τ 有关，故是平稳过程。

例 2.19 假设接收机输出电压中的信号和噪声过程的自相关函数分别为

$$R_S(\tau)=\frac{a^2}{2}\cos\omega\tau,\quad R_N(\tau)=b^2\mathrm{e}^{-a|\tau|}\quad(a>0)\tag{2.68}$$

且噪声平均功率 $R_N(0)=b^2$ 远大于信号平均功率 $R_S(0)=\dfrac{a^2}{2}$，则

$$R_V(\tau)=\frac{a^2}{2}\cos\omega\tau+b^2\mathrm{e}^{-a|\tau|}\approx\frac{a^2}{2}\cos\omega\tau$$

当 τ 充分大时，自相关分析仪记录到的自相关函数 $R_V(\tau),\tau>0$ 的图形如图 2.7 所示。可以看出，当 τ 充分大后呈现出正弦曲线，即从强噪声中检测到微弱的正弦信号。

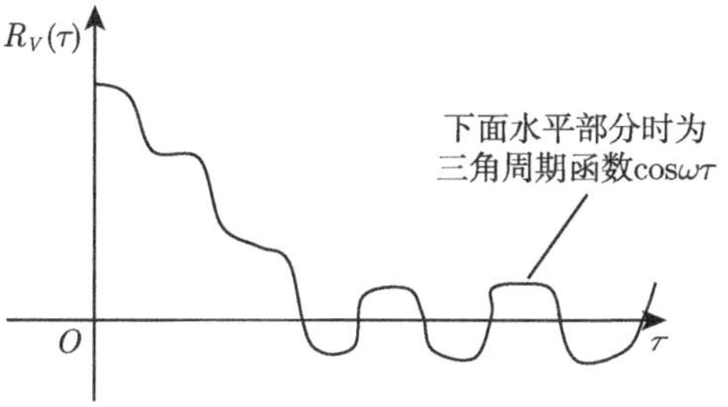

图 2.7 自相关分析仪从强噪声中检测信号

2.2.2 各态历经性

研究随机过程的数字特征，按照定义需要大量样本函数的集合 (随机过程一族样本函数)，或一维、二维概率密度函数。但是这些特征在实际问题中难以获得。为了确定这些特征，可以用统计实验的方法，例如，可以把平稳随机过程的均值函数和自协方差函数分别近似地表示为

$$m_X\approx\frac{1}{N}\sum_{k=1}^{N}x_k(t),\quad C_X(t_2-t_1)\approx\frac{1}{N}\sum_{k=1}^{N}(x_k(t_1)-m_X)(x_k(t_2)-m_X)\tag{2.69}$$

按这种方法，需要对一个平衡过程进行大量重复观测。但是平稳过程的统计特性是与时间原点无关的，因此我们希望在一个很长时间内观测得到一个样本曲线，并利用该样本曲线作为得到这个过程的数字特征的充分依据。

各态历经定理表明：对于平稳随机过程，只要满足一些较宽的条件，那么样本平均实际上可以用一个样本函数在整个时间轴上的平均值来代替。

下面介绍时间平均的概念，$x(t)$ 为 $X(t)$ 的一个样本函数，称

$$\begin{aligned}&\langle x(t)\rangle\triangleq\lim_{T\to\infty}\frac{1}{2T}\int_{-T}^{T}x(t)\mathrm{d}t,\\&\langle(x(t)-m_X)(x(t+\tau)-m_X)\rangle\triangleq\lim_{T\to\infty}\frac{1}{2T}\int_{-T}^{T}(x(t)-m_X)(x(t+\tau)-m_X)\mathrm{d}t\end{aligned}\tag{2.70}$$

分别为样本函数 $x(t)$ 的时间均值和时间协方差函数。

通常，随机过程对于不同的样本函数具有不同的时间均值和时间协方差函数，考虑随机过程的所有样本函数集合，则有相应的时间均值集合和时间协方差函数集合，分别记为

$$\langle X(t)\rangle \triangleq \lim_{T\to\infty}\frac{1}{2T}\int_{-T}^{T}X(t)\mathrm{d}t$$

$$\langle (X(t)-m_X)(X(t+\tau)-m_X)\rangle \triangleq \lim_{T\to\infty}\frac{1}{2T}\int_{-T}^{T}(X(t)-m_X)(X(t+\tau)-m_X)\mathrm{d}t \tag{2.71}$$

下面研究时间平均和样本平均之间的关系。

考虑随机相位余弦波 $X(t)=\cos(wt+\theta)$，有

$$\langle X(t)\rangle = \lim_{T\to\infty}\frac{1}{2T}\int_{-T}^{T}\cos(\omega t+\theta)\mathrm{d}t = \lim_{T\to\infty}\frac{\cos\theta\sin\omega T}{\omega T}=0$$

$$\begin{aligned}&\langle (X(t)-m_X)(X(t+\tau)-m_X)\rangle\\ =&\lim_{T\to\infty}\frac{1}{2T}\int_{-T}^{T}\cos(\omega t+\theta)\cos[\omega(t+\tau)+\theta]\mathrm{d}t=\frac{1}{2}\cos\omega\tau\end{aligned} \tag{2.72}$$

注意到样本平均为 $m_X=0, C_X(\tau)=\dfrac{1}{2}\cos\omega\tau$，因此时间平均等于样本平均。

定义 设 $X(t)$ 是一平稳过程，有：

(1) 如果 $\langle X(t)\rangle = E[X(t)]=\mu_X$ 以概率 1 成立，则称过程 $X(t)$ 的均值具有各态历经性；

(2) 如果对任意实数 $\tau, \langle X(t)X(t+\tau)\rangle = E[X(t)X(t+\tau)] = R_X(\tau)$ 以概率 1 成立，则称过程 $X(t)$ 的自相关函数具有各态历经性，特别当 $\tau=0$ 时，称均方值具有各态历经性；

(3) 如果 $X(t)$ 的均值和自相关函数都具有各态历经性，则称 $X(t)$ 是各态历经过程。

并不是任何一个平稳随机过程都是各态历经的，例如平稳随机过程 $X(t)=Y$，Y 为方差不为 0 的随机变量，就不是各态历经的。

根据定义来判断各态历经性往往很困难，下面不加证明地给出两个判别定理。

定理 2.1 (均值各态历经) 平稳随机过程 $\{X(t)\}$ 的均值具有各态历经性的充要条件为

$$\lim_{T\to\infty}\frac{1}{T}\int_{0}^{2T}\left(1-\frac{\tau}{2T}\right)C_X(\tau)\mathrm{d}\tau=0 \tag{2.73}$$

定理 2.2 (自协方差函数各态历经) 平稳随机过程 $\{X(t)\}$ 的自协方差函数 $C_X(\tau)$ 具有各态历经性的充要条件为

$$\lim_{T\to\infty}\frac{1}{T}\int_0^{2T}\left(1-\frac{\tau_1}{2T}\right)[B(\tau_1)-C_X^2(\tau)]\mathrm{d}\tau_1=0 \tag{2.74}$$

其中,$B(\tau_1)=E[(X(t)-m_X)(X(t+\tau)-m_X)(X(t+\tau_1)-m_X)(X(t+\tau_1+\tau)-m_X)]$。

各态历经定理的条件是比较宽的，工程上遇到的平稳过程大多数都能满足这些条件。但是要去检验它们是否成立却十分困难。具体应用时，通常先假定研究的平稳过程具有各态历经性，然后根据试验来检验其合理性。

例 2.20 $X(t)=X,t\in(-\infty,+\infty)$，$X$ 是随机变量，$P(X=\pm1)=\dfrac{1}{2}$，试确定 $X(t)$ 的均值是否具有各态历经性。

解 $X(t)=X$ 是平稳过程，因为

$$\mu_X(t)=E[X(t)]=EX=0$$
$$R_X(t,t+\tau)=E[X(t)X(t+\tau)]=E\left(X^2\right)=1$$

其与 t 无关。

时间均值

$$\langle X(t)\rangle=\lim_{T\to+\infty}\frac{1}{2T}\int_{-T}^{T}X(t)\,\mathrm{d}t=\lim_{T\to+\infty}\frac{1}{2T}\int_{-T}^{T}X\mathrm{d}t=X$$

即

$$P\{\langle X(t)\rangle=\mu_X\}=P(X=0)=0$$

由定义知，$X(t)$ 的均值不具有各态历经性。

例 2.21 证明正弦波 $X(t)=A\cos(\omega t+\theta),-\infty<t<+\infty$，其中，$\omega$ 是常数，A 与 θ 相互独立，$A\sim f(x)=\begin{cases}2x, & 0<x<1\\ 0, & \text{其他}\end{cases}$，$\theta$ 在 $(0,2\pi)$ 上均匀分布，是平稳过程，并判断其是否为各态历经过程。

证明

$$\begin{aligned}\mu_X(t)&=E[X(t)]\\&=E[A\cos(\omega t+\theta)]\\&=E(A)E[\cos(\omega t+\theta)]\\&=0\end{aligned}$$

$$R_X(t_1,t_2)=E[X(t_1)X(t_2)]$$

$$\begin{aligned}
&= E[A^2]E[\cos(\omega t_1+\theta)\cos(\omega t_2+\theta)] \\
&= E[A^2]\int_0^{2\pi}\cos(\omega t_1+\theta)\cos(\omega t_2+\theta)\cdot\frac{1}{2\pi}\mathrm{d}\theta \\
&= \frac{1}{4}\cos\omega(t_2-t_1)=\frac{1}{4}\cos\omega\tau\quad(\tau=t_2-t_1)
\end{aligned}$$

所以 $X(t)$ 是平稳随机过程。

$$\begin{aligned}
\langle X(t)\rangle &= \lim_{T\to+\infty}\frac{1}{2T}\int_{-T}^{T}A\cos(\omega t+\theta)\,\mathrm{d}t \\
&= \lim_{T\to+\infty}\frac{A[\sin(\omega T+\theta)-\sin(-\omega T+\theta)]}{2T\omega} \\
&= \lim_{T\to+\infty}\frac{A\cos\theta\sin\omega T}{\omega T}=0=E[X(t)]\quad(A,\theta\ \text{定值})
\end{aligned}$$

即 $X(t)$ 的均值具有各态历经性。

$$\begin{aligned}
&\langle X(t)X(t+\tau)\rangle \\
&= \lim_{T\to+\infty}\frac{1}{2T}\int_{-T}^{T}A^2\cos(\omega t+\theta)\cos[\omega(t+\tau)+\theta]\,\mathrm{d}t \\
&= \lim_{T\to+\infty}\frac{A^2}{4T}\int_{-T}^{T}[\cos(2\omega t+\omega\tau+2\theta)+\cos\omega\tau]\,\mathrm{d}t \\
&= \lim_{T\to+\infty}\frac{A^2}{4T}\frac{\sin(2\omega T+\omega\tau+2\theta)-\sin(-2\omega T+\omega\tau+2\theta)}{2\omega}+\frac{A^2\cos\omega\tau}{2} \\
&= \frac{A^2}{2}\cos\omega\tau\neq\frac{1}{4}\cos\omega\tau=R_X(t,t+\tau)
\end{aligned}$$

$X(t)$ 的相关函数不具有各态历经性，所以 $X(t)$ 不是各态历经过程。

2.2.3 功率谱密度

1. 功率谱密度概念

1) 确定性信号的功率谱密度

对于确定性信号 $x(t), -\infty<t<+\infty$，它是时间函数，现作频谱分析。$x(t)$ 的傅里叶变换存在或者说具有频谱

$$F_x(\omega)=\int_{-\infty}^{+\infty}x(t)\,\mathrm{e}^{-\mathrm{i}\omega t}\mathrm{d}t,\quad -\infty<\omega<+\infty \tag{2.75}$$

且同时有傅里叶逆变换

$$x(t)=\frac{1}{2\pi}\int_{-\infty}^{+\infty}\mathrm{e}^{\mathrm{i}\omega t}F_x(\omega)\,\mathrm{d}\omega,\quad -\infty<t<+\infty \tag{2.76}$$

说明信号 $x(t)$ 可表示为谐分量 $\frac{1}{2\pi}F_x(\omega)\mathrm{e}^{\mathrm{i}\omega t}$ 的无限叠加，其中，ω 称为圆频率。

$F_x(\omega)$ 一般是复函数，称为信号 $x(t)$ 的频谱，其共轭函数 $F_x^*(\omega)=F_x(-\omega)$。在信号 $x(t)$ 与 $F_x(\omega)$ 之间有 Parseval 等式成立：

$$\int_{-\infty}^{+\infty} x^2(t)\,\mathrm{d}t=\frac{1}{2\pi}\int_{-\infty}^{+\infty}|F_x(\omega)|^2\,\mathrm{d}\omega \tag{2.77}$$

等式左边表示 $x(t)$ 在 $(-\infty,+\infty)$ 上的总能量，而右边的被积函数 $|F_x(\omega)|^2$ 在频率域中表示圆频率 ω 处的能谱密度。

但在工程技术中，通常总能量 $\int_{-\infty}^{+\infty} x^2(t)\,\mathrm{d}t=\infty$，而平均功率 $\lim\limits_{T\to+\infty}\frac{1}{2T}\int_{-T}^{+T} x^2(t)\,\mathrm{d}t<\infty$，为此利用傅里叶变换给出平均功率的谱表达式。

作 $x(t)$ 的截尾函数

$$x_T(t)=\begin{cases} x(t), & |t|\leqslant T \\ 0, & |t|>T \end{cases}$$

记 $x_T(t)$ 的傅里叶变换为

$$F_x(\omega,T)=\int_{-\infty}^{+\infty} x_T(t)\,\mathrm{e}^{-\mathrm{i}\omega t}\mathrm{d}t=\int_{-T}^{T} x(t)\,\mathrm{e}^{-\mathrm{i}\omega t}\mathrm{d}t \tag{2.78}$$

$x_T(t)$ 的 Parseval 等式为

$$\int_{-\infty}^{+\infty} x_T^2(t)\,\mathrm{d}t=\int_{-T}^{T} x^2(t)\,\mathrm{d}t=\frac{1}{2\pi}\int_{-\infty}^{+\infty}|F_x(\omega,T)|^2\,\mathrm{d}\omega \tag{2.79}$$

两边除以 $2T$，再令 $T\to\infty$，得 $x(t)$ 在 $(-\infty,+\infty)$ 上的平均功率为

$$\begin{aligned}\lim_{T\to\infty}\frac{1}{2T}\int_{-T}^{T} x^2(t)\,\mathrm{d}t&=\lim_{T\to\infty}\frac{1}{4\pi T}\int_{-\infty}^{+\infty}|F_x(\omega,T)|^2\,\mathrm{d}\omega\\&=\frac{1}{2\pi}\int_{-\infty}^{+\infty}\lim_{T\to+\infty}\frac{1}{2T}|F_x(\omega,T)|^2\,\mathrm{d}\omega\end{aligned} \tag{2.80}$$

其中，$S_x(\omega)=\lim\limits_{T\to+\infty}\frac{1}{2T}|F_x(\omega,T)|^2$ 为信号 $x(t)$ 在 ω 处的功率谱密度。

2) 平稳随机过程的功率谱密度

设平稳随机过程 $X(t),-\infty<t<+\infty$，前面讨论的 $x(t)$ 可以看成它的样本函数，于是对平稳随机过程 $X(t)$ 作讨论，只要把 $x(t)$ 换成 $X(t)$ 即可，即

$$\begin{aligned}&F_X(\omega,T)=\int_{-T}^{T} X(t)\,\mathrm{e}^{-\mathrm{i}\omega t}\mathrm{d}t\\&\frac{1}{2T}\int_{-T}^{T} X^2(t)\,\mathrm{d}t=\frac{1}{2\pi}\int_{-\infty}^{+\infty}\frac{1}{2T}|F_X(\omega,T)|^2\,\mathrm{d}\omega\end{aligned} \tag{2.81}$$

等式两边取数学期望，再令 $T\to\infty$，得

$$\lim_{T\to+\infty} E\left[\frac{1}{2T}\int_{-T}^{T} X^2(t)\,\mathrm{d}t\right]=\frac{1}{2\pi}\int_{-\infty}^{+\infty}\lim_{T\to\infty}\frac{1}{2T}\left|F_X(\omega,T)\right|^2\mathrm{d}\omega \tag{2.82}$$

等式左边称为平稳随机过程 $X(t)$ 的平均功率

$$\begin{aligned}&\lim_{T\to+\infty} E\left[\frac{1}{2T}\int_{-T}^{T} X^2(t)\,\mathrm{d}t\right]\\&=\lim_{T\to+\infty}\frac{1}{2T}\int_{-T}^{T} E\left[X^2(t)\right]\mathrm{d}t\\&=\psi_X^2=R_X(0)\end{aligned} \tag{2.83}$$

即平稳过程的平均功率等于该过程的均方值或 $R_X(0)$。等式右边的被积式记为

$$S_X(\omega)=\lim_{T\to+\infty}\frac{1}{2T}E\left\{\left|F_X(\omega,T)\right|^2\right\} \tag{2.84}$$

在频率域中称为平稳过程在 ω 处的功率谱密度。利用记号 $S_X(\omega)$ 及简化结果得

$$R_X(0)=\psi_X^2=\frac{1}{2\pi}\int_{-\infty}^{+\infty} S_X(\omega)\,\mathrm{d}\omega \tag{2.85}$$

式 (2.85) 称为平稳过程 $X(t)$ 的谱表达式。

2. 功率谱密度的性质

(1) $S_X(\omega)$ 是 ω 实的、非负的偶函数。

事实上，因为 $\left|F_X(\omega,T)\right|^2=F_X(\omega,T)\,F_X(-\omega,T)$ 是 ω 实的、非负的偶函数，所以它均值的极限也必是 ω 实的、非负的偶函数。

(2) $S_X(\omega)$ 和自相关函数 $R_X(\tau)$ 是一傅里叶变换对，即

$$S_X(\omega)=\int_{-\infty}^{+\infty} R_X(\tau)\,\mathrm{e}^{-\mathrm{i}\omega\tau}\mathrm{d}\tau,\quad R_X(\tau)=\frac{1}{2\pi}\int_{-\infty}^{+\infty} S_X(\omega)\,\mathrm{e}^{\mathrm{i}\omega\tau}\mathrm{d}\omega \tag{2.86}$$

式 (2.86) 统称为维纳–欣钦公式。表 2.1 给出了一些信号的自相关函数和功率谱密度的对应关系。

定义　设 $X(t)$ 和 $Y(t)$ 是两个平稳相关的随机过程

$$S_{XY}(\omega)=\lim_{T\to+\infty}\frac{1}{2T}E\left\{F_X(-\omega,T)\,F_Y(\omega,T)\right\} \tag{2.87}$$

为平稳过程的互谱密度。

表 2.1　信号的自相关函数和功率谱密度的对应关系

	$R_X(\tau)$	$S_X(\omega)$
1	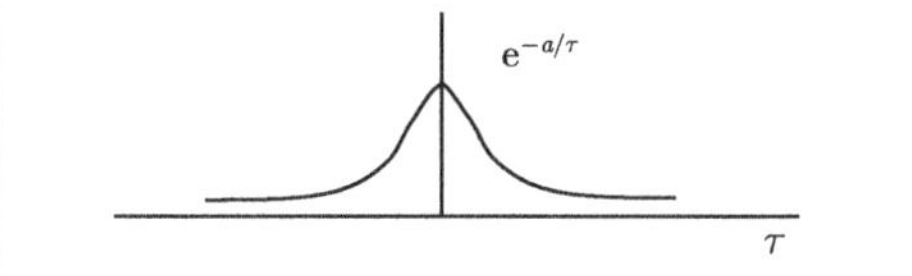	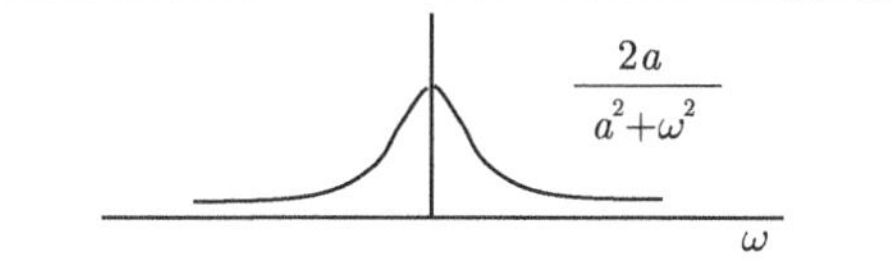
2	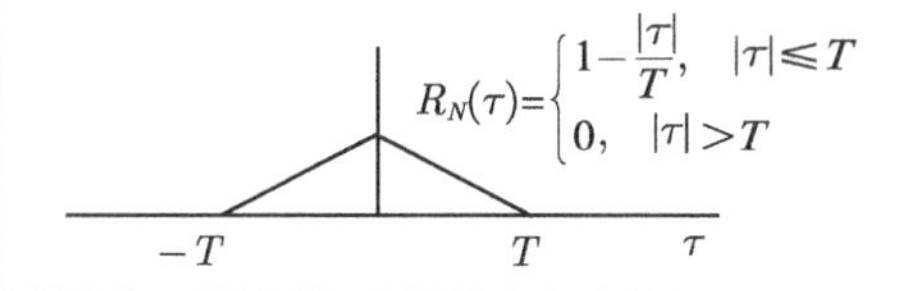	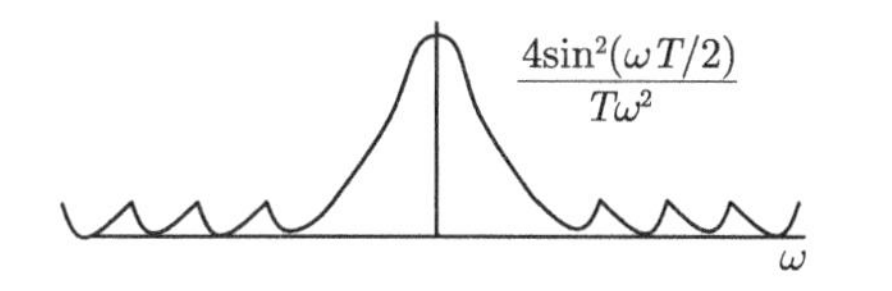
3	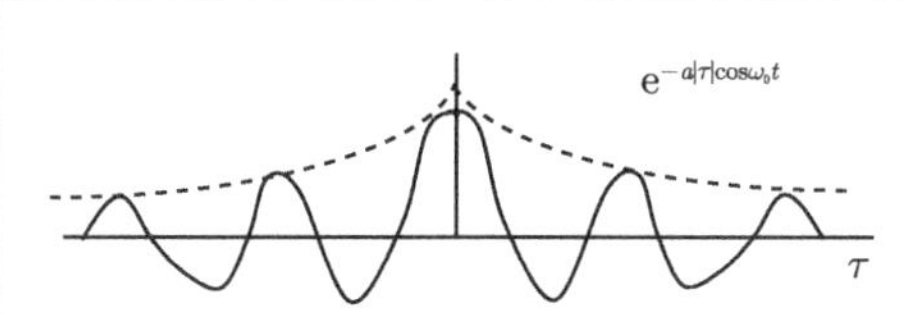	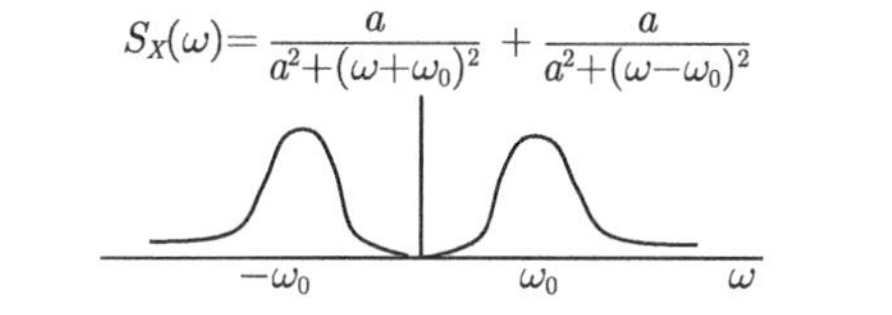
4	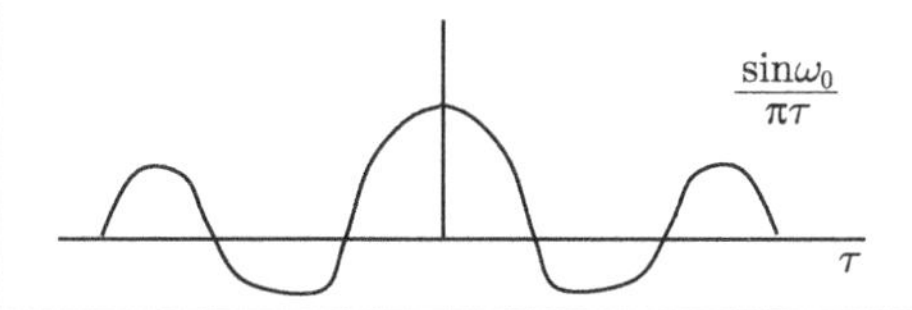	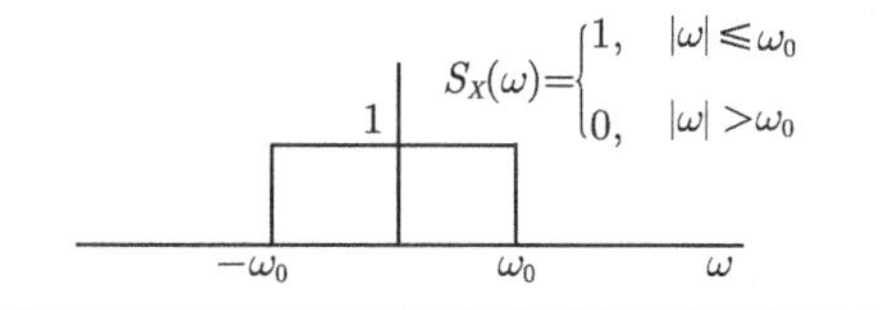
5	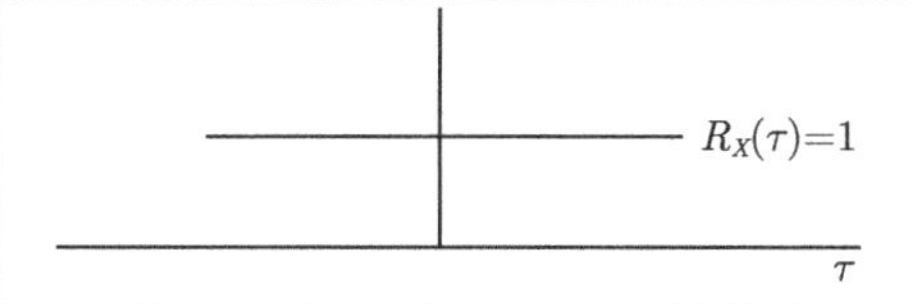	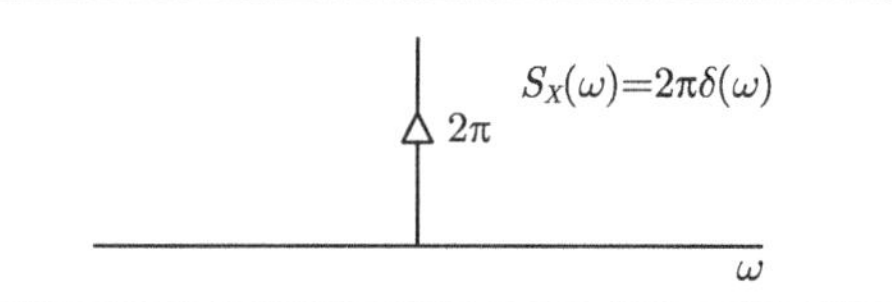
6	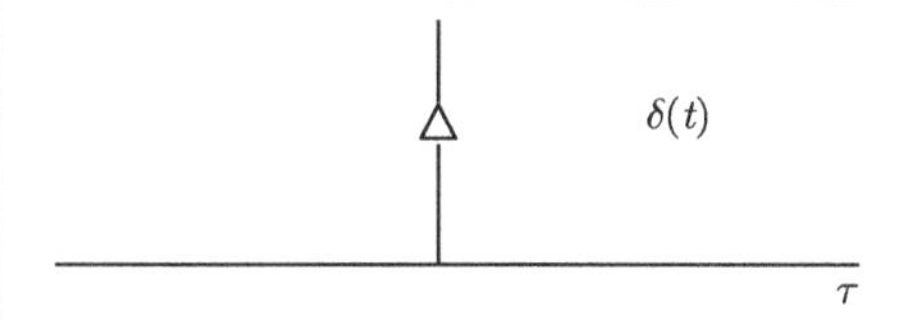	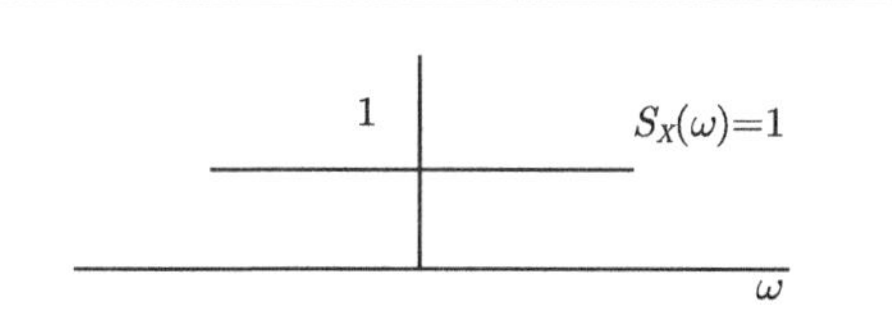
7	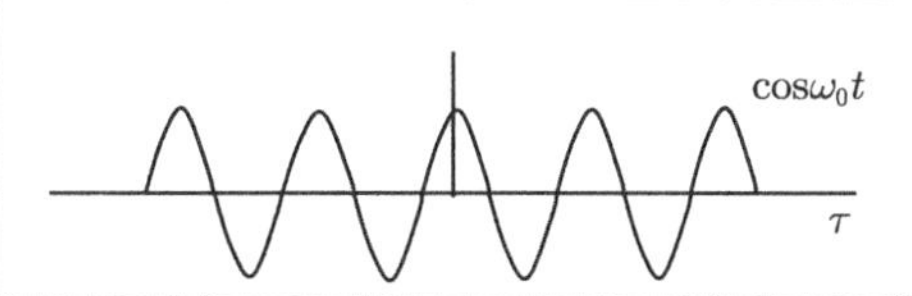	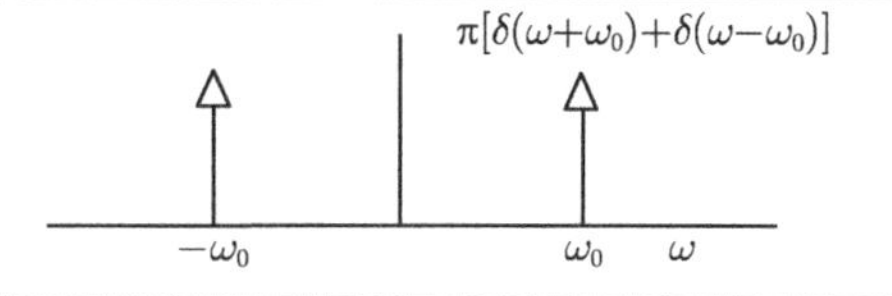

(3) $S_{XY}(\omega)=S_{YX}^*(\omega)$，即 $S_{XY}(\omega)$ 和 $S_{YX}(\omega)$ 互为共轭函数。

(4) 当 $\int_{-\infty}^{+\infty}|R_{XY}(\tau)|\,d\tau<\infty$ 时，下列维纳–欣钦公式成立

$$S_{XY}(\omega)=\int_{-\infty}^{+\infty}R_{XY}(\tau)e^{-i\omega\tau}d\tau,\quad R_{XY}(\tau)=\frac{1}{2\pi}\int_{-\infty}^{+\infty}S_{XY}(\omega)e^{i\omega\tau}d\omega \tag{2.88}$$

(5) $R_e[S_{XY}(\omega)]$ 和 $R_e[S_{YX}(\omega)]$ 是 ω 的偶函数；$I_m[S_{XY}(\omega)]$ 和 $I_m[S_{YX}(\omega)]$ 是 ω 的奇函数。

$$
\begin{aligned}
S_{XY}(\omega) &= \int_{-\infty}^{+\infty} R_{XY}(\tau)\cos\omega\tau \mathrm{d}\tau - \mathrm{i}\int_{-\infty}^{+\infty} R_{XY}(\tau)\sin\omega\tau\mathrm{d}\tau \\
R_e[S_{XY}(\omega)] &= \int_{-\infty}^{+\infty} R_{XY}(\tau)\cos\omega\tau\mathrm{d}\tau \\
R_e[S_{XY}(-\omega)] &= \int_{-\infty}^{+\infty} R_{XY}(\tau)\cos(-\omega\tau)\mathrm{d}\tau = R_e[S_{XY}(\omega)]
\end{aligned}
\tag{2.89}
$$

(6) 互谱密度和自谱密度之间有下列不等式成立

$$
|S_{XY}(\omega)|^2 \leqslant S_X(\omega)S_Y(\omega) \tag{2.90}
$$

下面给出在工程应用中常用的 δ 函数的定义及谱密度表达式。

δ 函数，即单位冲激函数，定义如下：

$$
\begin{cases}
\delta(t)=0, & t\neq 0 \\
\displaystyle\int_{-\infty}^{+\infty}\delta(t)\mathrm{d}t = 1, & t>0 \text{ 或 } t<0
\end{cases}
\tag{2.91}
$$

对任一在 $\tau=0$ 连续的函数 $f(\tau)$，有

$$
\int_{-\infty}^{+\infty}\delta(\tau)f(\tau)\mathrm{d}\tau = f(0) \tag{2.92}
$$

一般地，若函数 $f(\tau)$ 在 $\tau=\tau_0$ 处连续，则有

$$
\int_{-\infty}^{+\infty}\delta(\tau-\tau_0)f(\tau)\mathrm{d}\tau = f(\tau_0) \tag{2.93}
$$

据此，可以写出以下傅里叶变换对

$$
\begin{aligned}
&\int_{-\infty}^{+\infty}\delta(\tau)\mathrm{e}^{-\mathrm{i}\omega\tau}\mathrm{d}\tau = 1 \longleftrightarrow \delta(\tau) = \frac{1}{2\pi}\int_{-\infty}^{+\infty} 1\cdot\mathrm{e}^{\mathrm{i}\omega\tau}\mathrm{d}\omega \\
&\int_{-\infty}^{+\infty}\frac{1}{2\pi}\mathrm{e}^{-\mathrm{i}\omega\tau}\mathrm{d}\tau = \delta(\omega) \longleftrightarrow \frac{1}{2\pi} = \frac{1}{2\pi}\int_{-\infty}^{+\infty}\delta(\omega)\mathrm{e}^{\mathrm{i}\omega\tau}\mathrm{d}\omega
\end{aligned}
\tag{2.94}
$$

即当 $R_X(\tau)=1$ 时，$S_X(\omega)=2\pi\delta(\omega)$；当 $S_X(\omega)=1$ 时，$R_X(\tau)=\delta(\tau)$。

例 2.22　已知平稳过程 $X(t)$ 的自相关函数为 $R_X(\tau)=\mathrm{e}^{-a|\tau|}\cos\omega_0\tau$，求 $X(t)$ 的功率谱密度 $S_X(\omega)$。

解

$$
\begin{aligned}
S_X(\omega) &= \int_{-\infty}^{+\infty} \mathrm{e}^{-a|\tau|} \cos\omega_0\tau \cdot \mathrm{e}^{-\mathrm{i}\omega\tau}\mathrm{d}\tau \\
&= \int_{-\infty}^{+\infty} \mathrm{e}^{-a|\tau|} \frac{\mathrm{e}^{\mathrm{i}\omega_0\tau}+\mathrm{e}^{-\mathrm{i}\omega_0\tau}}{2}\mathrm{e}^{-\mathrm{i}\omega\tau}\mathrm{d}\tau \\
&= \frac{1}{2}\left[\int_{-\infty}^{+\infty} \mathrm{e}^{-a|\tau|}\mathrm{e}^{-\mathrm{i}(\omega-\omega_0)\tau}\mathrm{d}\tau + \int_{-\infty}^{+\infty} \mathrm{e}^{-a|\tau|}\mathrm{e}^{-\mathrm{i}(\omega+\omega_0)\tau}\mathrm{d}\tau\right] \\
&= \frac{1}{2}\left[\frac{2a}{a^2+(\omega-\omega_0)^2}+\frac{2a}{a^2+(\omega+\omega_0)^2}\right] \\
&= a\left[\frac{1}{a^2+(\omega-\omega_0)^2}+\frac{1}{a^2+(\omega+\omega_0)^2}\right]
\end{aligned}
$$

例 2.23 已知功率谱密度 $S_X(\omega)=\dfrac{\omega^2+4}{\omega^4+10\omega^2+9}$，求平稳随机过程 $X(t)$ 的自相关函数和均方值。

解

$$
\begin{aligned}
R_X(\tau) &= \frac{1}{2\pi}\int_{-\infty}^{+\infty} \frac{\omega^2+4}{\omega^4+10\omega^2+9}\mathrm{e}^{-\mathrm{i}\omega\tau}\mathrm{d}\omega \\
&= \frac{1}{2\pi}\left[\frac{9}{48}\int_{-\infty}^{+\infty}\frac{2}{\omega^2+1}\mathrm{e}^{-\mathrm{i}\omega\tau}\mathrm{d}\omega + \frac{5}{48}\int_{-\infty}^{+\infty}\frac{6}{\omega^2+9}\mathrm{e}^{-\mathrm{i}\omega\tau}\mathrm{d}\omega\right] \\
&= \frac{1}{48}\left(9\mathrm{e}^{-|\tau|}+5\mathrm{e}^{-3|\tau|}\right)
\end{aligned}
$$

均方值

$$
\psi_X^2 = R_X(0) = \frac{7}{24}
$$

形如 $S_X(\omega)=S_0\dfrac{\omega^{2n}+a_{2n-2}\omega^{2n-2}+\cdots+a_0}{\omega^{2m}+b_{2m-2}\omega^{2m-2}+\cdots+b_0}$ 的功率谱密度，称为有理谱密度，式中，$S_0>0$，且 $m>n$，分母无实数根。

例 2.24 求自相关函数 $R_V(\tau)=\dfrac{a^2}{2}\cos\omega_0\tau+b^2\mathrm{e}^{-a|\tau|}$ 对应的功率谱密度 $S_V(\omega)$。

解

$$
\begin{aligned}
S_V(\omega) &= \int_{-\infty}^{+\infty} R_V(\tau)\mathrm{e}^{-\mathrm{i}\omega\tau}\mathrm{d}\tau \\
&= \frac{a^2}{2}\int_{-\infty}^{+\infty}\frac{\mathrm{e}^{\mathrm{i}\omega_0\tau}+\mathrm{e}^{-\mathrm{i}\omega_0\tau}}{2}\mathrm{e}^{-\mathrm{i}\omega\tau}\mathrm{d}\tau + b^2\int_{-\infty}^{+\infty}\mathrm{e}^{-a|\tau|}\mathrm{e}^{-\mathrm{i}\omega\tau}\mathrm{d}\tau
\end{aligned}
$$

$$= \frac{a^2}{2}\left[\delta\left(\omega-\omega_0\right)+\delta\left(\omega+\omega_0\right)\right]+\frac{2ab^2}{a^2+\omega^2}$$

例 2.25　若平稳过程的功率谱密度为 $S_X(\omega)=S_0=\text{const}, -\infty<\omega<\infty$，则其自相关函数为

$$R_X(\tau)=\frac{1}{2\pi}\int_{-\infty}^{\infty}S_X(\omega)\mathrm{e}^{\mathrm{i}\omega\tau}\mathrm{d}\omega=\frac{1}{2\pi}S_0\int_{-\infty}^{\infty}\mathrm{e}^{\mathrm{i}\omega\tau}\mathrm{d}\omega=S_0\delta(\tau) \tag{2.95}$$

具有上面的 $S_X(\omega)$ 或 $R_X(\tau)$ 的平稳过程称为白噪声，是一种理想化的数学模型，谱密度为常数，方差无界，过程在任意两个不同时刻不相关。实践中，如果某种噪声在比实际考虑的有用频带宽得多的范围内具有比较平坦的谱密度，就可近似当成白噪声处理，在数学处理上具有简单、方便等优点。

例 2.26　若平稳过程的谱密度在某些有限频率范围内取异于零的常数，称其为带限白噪声，如低通白噪声，功率谱密度为

$$S_X(\omega)=\begin{cases}S_0, & |\omega|\leqslant\omega_1\\ 0, & |\omega|>\omega_1\end{cases} \tag{2.96}$$

相应的自相关函数为

$$R_X(\tau)=\frac{1}{2\pi}\int_{-\infty}^{\infty}S_X(w)\mathrm{e}^{\mathrm{i}\omega\tau}\mathrm{d}w=\frac{1}{\pi}S_0\int_{0}^{\omega_1}\cos\omega\tau\mathrm{d}\omega=\frac{S_0}{\pi\tau}\sin\omega_1\tau \tag{2.97}$$

当 $\tau=k\pi/\omega_1$ 时，$C_X(\tau)=0$，表明低通白噪声在 $t_2-t_1=k\pi/\omega_1$ 时，$X(t_1)$ 和 $X(t_2)$ 是不相关的。

例 2.27　指数衰减自相关函数 $R_X(\tau)=\sigma_X^2\mathrm{e}^{-r|\tau|}, r>0$，功率谱密度为

$$\begin{aligned}S_X(w)&=\sigma_X^2\int_{-\infty}^{0}\mathrm{e}^{r\tau}\mathrm{e}^{-\mathrm{i}\omega\tau}\mathrm{d}\tau+\sigma_X^2\int_{0}^{\infty}\mathrm{e}^{-r\tau}\mathrm{e}^{-\mathrm{i}\omega\tau}\mathrm{d}\tau\\&=\sigma_X^2\left(\frac{1}{r-\mathrm{i}\omega}+\frac{1}{r+\mathrm{i}\omega}\right)\\&=2\sigma_X^2\frac{r}{\omega^2+r^2}\end{aligned} \tag{2.98}$$

例 2.28　$R_X(\tau)=\sigma_X^2\mathrm{e}^{-\beta^2\tau^2}$，功率谱密度为

$$S_X(\omega)=\sigma_X^2\int_{-\infty}^{\infty}\mathrm{e}^{-\beta^2\tau^2}\cos\omega\tau\mathrm{d}\tau \tag{2.99}$$

式 (2.99) 为特殊函数积分，则

$$\frac{\mathrm{d}S_X(\omega)}{\mathrm{d}\omega}=-\sigma_X^2\int_{-\infty}^{\infty}\tau\mathrm{e}^{-\beta^2\tau^2}\sin\omega\tau\mathrm{d}\tau$$

$$
\begin{aligned}
&= -\sigma_X^2 \int_{-\infty}^{\infty} \frac{1}{2\beta^2} \sin \omega\tau \mathrm{d}\mathrm{e}^{-\beta^2\tau^2} \\
&= -\frac{\pi\omega}{\beta^2} \frac{\sigma_X^2}{2\pi} \int_{-\infty}^{\infty} \mathrm{e}^{-\beta^2\tau^2} \cos \omega\tau \mathrm{d}\tau \\
&= -\frac{\pi\omega}{\beta^2} S_X(\omega)
\end{aligned} \tag{2.100}
$$

因此 $S_X(\omega) = \dfrac{\sqrt{\pi}\sigma_X^2}{\beta} \mathrm{e}^{-\frac{\omega^2}{4\beta^2}}$。

3. 平稳过程通过线性系统的概率特性分析

1) 线性定常系统回顾

设有如下形式的常系数线性微分方程所描述的系统

$$
a_n \frac{\mathrm{d}^n y(t)}{\mathrm{d}t} + a_{n-1} \frac{\mathrm{d}^{n-1} y(t)}{\mathrm{d}t} + \cdots + a_0 y(t) = b_m \frac{\mathrm{d}^m x(t)}{\mathrm{d}t} + b_{m-1} \frac{\mathrm{d}^{m-1} x(t)}{\mathrm{d}t} + \cdots + b_0 x(t) \tag{2.101}
$$

假定 $n > m, -\infty < t < \infty$。对式 (2.101) 进行 Laplace 变换，有

$$
(a_n p^n + a_{n-1} p^{n-1} + \cdots + a_0) Y(p) = (b_m p^m + b_{m-1} p^{m-1} + \cdots + b_0) X(p) \tag{2.102}
$$

式中，

$$
Y(p) = \int_{-\infty}^{\infty} y(t) \mathrm{e}^{-pt} \mathrm{d}t, \quad X(p) = \int_{-\infty}^{\infty} x(t) \mathrm{e}^{-pt} \mathrm{d}t
$$

此时，

$$
Y(p) = H(p) X(p) \tag{2.103}
$$

式中，$H(p) = \dfrac{b_m p^m + b_{m-1} p^{m-1} + \cdots + b_0}{a_n p^n + a_{n-1} p^{n-1} + \cdots + a_0}$ 仅与系统特性有关，称为线性系统的传递函数。

当系统的输入为单位脉冲 $\delta(t)$ 时，输出称为系统的脉冲响应函数，记为 $h(\tau)$。$\delta(t)$ 的 Laplace 变换为 1，则 $h(\tau)$ 的 Laplace 变换为 $H(p)$，即系统的传递函数 $H(p)$ 等于脉冲响应函数 $h(\tau)$ 的 Laplace 变换，即

$$
H(p) = \int_{-\infty}^{\infty} h(\tau) \mathrm{e}^{-pt} \mathrm{d}t \tag{2.104}
$$

由 Laplace 逆变换，并由变换的卷积定理得

$$
y(t) = \int_{-\infty}^{\infty} h(\tau) x(t-\tau) \mathrm{d}\tau \tag{2.105}
$$

考虑到系统的物理可实现性

$$y(t)=\int_0^{\infty}h(\tau)x(t-\tau)\mathrm{d}\tau$$

如果系统的输入为 $x(t)=\mathrm{e}^{\mathrm{i}\omega t}$，则

$$y(t)=\int_0^{\infty}h(\tau)\mathrm{e}^{\mathrm{i}\omega(t-\tau)}\mathrm{d}\tau=\mathrm{e}^{\mathrm{i}\omega t}\int_0^{\infty}h(\tau)\mathrm{e}^{-\mathrm{i}\omega\tau}\mathrm{d}\tau=\mathrm{e}^{\mathrm{i}\omega t}H(\mathrm{i}\omega) \tag{2.106}$$

式中，$H(\mathrm{i}\omega)=\int_0^{\infty}h(\tau)\mathrm{e}^{-\mathrm{i}\omega\tau}\mathrm{d}\tau$ 称为线性系统的频率响应函数或复频传递函数。根据傅里叶变换关系

$$h(\tau)=\frac{1}{2\pi}\int_{-\infty}^{\infty}H(\mathrm{i}\omega)\mathrm{e}^{\mathrm{i}\omega\tau}\mathrm{d}\omega \tag{2.107}$$

可以通过 $H(\mathrm{i}\omega)$ 确定脉冲响应函数 $h(\tau)$。

2) 输出的概率特性分析

设有线性定常系统，其脉冲响应函数为 $h(\tau)$，当输入均值为 μ_X，自相关函数为 $R_X(\tau)$ 的平稳过程 $X(t)$ 时，其输出具有如下特性。

输出量 $Y(t)$ 的均值

$$E[Y(t)]=E\left[\int_0^{\infty}h(\tau)X(t-\tau)\mathrm{d}\tau\right]=\mu_X\int_0^{\infty}h(\tau)\mathrm{d}\tau=\mu_X H(0) \tag{2.108}$$

输出量 $Y(t)$ 的自相关函数

$$\begin{aligned}R_Y(t,t+\tau)&=E\left[\tilde{Y}(t)\tilde{Y}(t+\tau)\right]\\&=\int_0^{\infty}\int_0^{\infty}h(\lambda_1)h(\lambda_2)E[\tilde{X}(t-\lambda_1)\tilde{X}(t+\tau-\lambda_2)]\mathrm{d}\lambda_1\mathrm{d}\lambda_2\\&=\int_0^{\infty}\int_0^{\infty}h(\lambda_1)h(\lambda_2)C_X(\tau+\lambda_1-\lambda_2)\mathrm{d}\lambda_1\mathrm{d}\lambda_2\end{aligned} \tag{2.109}$$

$Y(t)$ 的自相关函数仅为 τ 的函数，记为 $R_Y(\tau)$。

当线性定常系统输入是平稳过程时，系统的输出也是平稳过程。

输出量 $Y(t)$ 的方差函数

$$D[Y(t)]=\sigma_Y^2=C_Y(0)=\int_0^{\infty}\int_0^{\infty}h(\lambda_1)h(\lambda_2)C_X(\lambda_1-\lambda_2)\mathrm{d}\lambda_1\mathrm{d}\lambda_2 \tag{2.110}$$

输出量 $Y(t)$ 的频谱密度 (注意到 $R_X(\tau)=\int_{-\infty}^{\infty}S_X(\omega)\mathrm{e}^{\mathrm{i}\omega\tau}\mathrm{d}\omega$)

$$R_X(\tau+\lambda_1-\lambda_2)=\int_{-\infty}^{\infty}S_X(\omega)\mathrm{e}^{\mathrm{i}\omega(\tau+\lambda_1-\lambda_2)}\mathrm{d}\omega=\int_{-\infty}^{\infty}S_X(\omega)\mathrm{e}^{\mathrm{i}\omega\tau}\mathrm{e}^{\mathrm{i}\omega\lambda_1}\mathrm{e}^{-\mathrm{i}\omega\lambda_2}\mathrm{d}\omega \tag{2.111}$$

$$
\begin{aligned}
R_Y(\tau) &= \int_0^{\infty}\int_0^{\infty} h(\lambda_1)h(\lambda_2)\int_{-\infty}^{\infty} S_X(\omega)\mathrm{e}^{\mathrm{i}\omega\tau}\mathrm{e}^{\mathrm{i}\omega\lambda_1}\mathrm{e}^{-\mathrm{i}\omega\lambda_2}\mathrm{d}\omega\mathrm{d}\lambda_1\mathrm{d}\lambda_2 \\
&= \int_{-\infty}^{\infty} S_X(\omega)\mathrm{e}^{\mathrm{i}\omega\tau}\left[\int_0^{\infty} h(\lambda_1)\mathrm{e}^{\mathrm{i}\omega\lambda_1}\mathrm{d}\lambda_1\right]\left[\int_0^{\infty} h(\lambda_2)\mathrm{e}^{-\mathrm{i}\omega\lambda_2}\mathrm{d}\lambda_2\right]\mathrm{d}\omega \\
&= \int_{-\infty}^{\infty} S_X(\omega)\mathrm{e}^{\mathrm{i}\omega\tau}H(-\mathrm{i}\omega)H(\mathrm{i}\omega)\mathrm{d}\omega \\
&= \int_{-\infty}^{\infty} |H(\mathrm{i}\omega)|^2 S_X(\omega)\mathrm{e}^{\mathrm{i}\omega\tau}\mathrm{d}\omega
\end{aligned}
\tag{2.112}
$$

另一方面，

$$R_Y(\tau) = \int_{-\infty}^{\infty} S_Y(\omega)\mathrm{e}^{\mathrm{i}\omega\tau}\mathrm{d}\omega$$

因此

$$S_Y(\omega) = |H(\mathrm{i}\omega)|^2 S_X(\omega) \tag{2.113}$$

例 2.29 某 RC-滤波器用于噪声的滤波，如图 2.8 所示，输入为零均值白噪声，其频谱为 $S_X(\omega) = S_0$，确定输出量 $Y(t)$ 的频谱、自相关函数和方差。

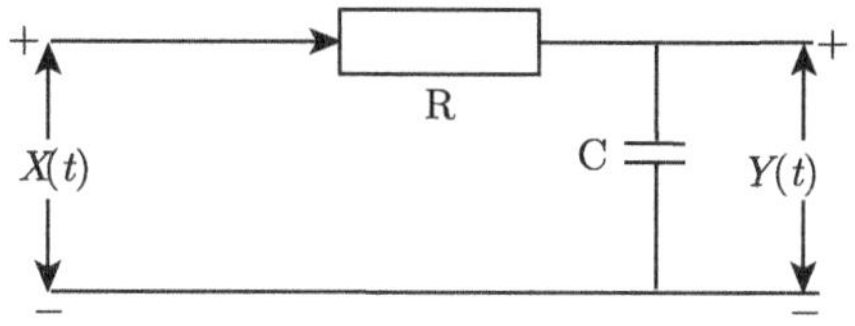

图 2.8 RC-滤波器结构示意

RC-滤波器方程为

$$RC\frac{\mathrm{d}Y(t)}{\mathrm{d}t} + Y(t) = X(t) \tag{2.114}$$

记 $T = RC$，则滤波器的传递函数为

$$H(p) = \frac{1}{Tp+1} \tag{2.115}$$

于是输出量 $Y(t)$ 的频谱为

$$S_Y(\omega) = |H(\mathrm{i}\omega)|^2 S_X(\omega) = \frac{S_0}{1+T^2\omega^2}$$

$Y(t)$ 的自相关函数为

$$
\begin{aligned}
R_Y(\tau) &= \frac{1}{2\pi}\int_{-\infty}^{\infty} S_Y(\omega)\mathrm{e}^{\mathrm{i}\omega\tau}\mathrm{d}\omega \\
&= \frac{1}{2\pi}\int_{-\infty}^{\infty} \frac{S_0}{1+T^2\omega^2}\mathrm{e}^{\mathrm{i}\omega\tau}\mathrm{d}\omega
\end{aligned}
\tag{2.116}
$$

$$= \frac{S_0}{2\pi} \int_{-\infty}^{\infty} \frac{e^{iz\tau}}{T^2\left(z+\frac{i}{T}\right)\left(z-\frac{i}{T}\right)} dz$$

应用留数定理有

$$\begin{aligned} R_Y(\tau) &= S_0 \cdot i \lim_{z\to\frac{i}{T}} \left[\left(z-\frac{i}{T}\right) \cdot \frac{e^{iz\tau}}{T^2\left(z+\frac{i}{T}\right)\left(z-\frac{i}{T}\right)}\right] \\ &= S_0 i \frac{e^{-\frac{\tau}{T}}}{2Ti} \\ &= S_0 \frac{1}{2T} e^{-\frac{\tau}{T}} \end{aligned} \tag{2.117}$$

输出随机过程的方差为

$$D_Y = R_Y(0) = \frac{S_0}{2T}$$

例 2.30 设一平稳随机过程 $v(t)$，自相关函数为 $R_v(\tau) = \sigma_v^2 e^{-\frac{\tau}{T}}, T > 0$，设计一线性滤波系统，使得输入为白噪声，系统的输出恰好为 $v(t)$。

由上例可知，当 RC-滤波器输入为白噪声时，输出的频谱为 $\dfrac{S_0}{1+T^2\omega^2}$，对应的自相关函数为指数衰减形式 $\sigma_v^2 e^{-\frac{\tau}{T}}$。因此，记 $\dfrac{S_0}{2T} = \sigma_v^2$，即 $S_0 = 2T\sigma_v^2$。于是只要输入一频谱为常量 $2T\sigma_v^2$ 的白噪声于 RC-滤波器，则输出量 $v(t)$ 的相关函数即为 $R_v(\tau)$，称这种滤波器为成形滤波器 (shaping filter)，成形滤波器广泛应用于有色噪声的建模和分析中。

2.3 系统状态模型

2.3.1 状态空间描述

物理现象总呈现出某种规律性，为了运用统计数学方法描述这种现象，首先必须建立反映这种客观规律性的模型，或者说系统的描述，如用微分方程、差分方程、偏微分方程等去描述，须在不同场合用不同的系统描述方法。

按照现代控制理论中状态空间的观点，系统“状态”由状态向量描述。所谓状态，是指为了预测系统将来的运动而必须了解的有关系统过去运动的最小的信息量，由状态变量所构成的空间称为状态空间。

对于线性动力学系统，常用微分方程来描述

$$\frac{d\boldsymbol{X}(t)}{dt} = \boldsymbol{A}(t)\boldsymbol{X}(t) + \boldsymbol{B}(t)\boldsymbol{U}(t) \tag{2.118}$$

式中，$\boldsymbol{X}(t)$ 为 n 维状态向量，$\boldsymbol{U}(t)$ 为 r 维系统输入，$\boldsymbol{A}(t)$ 为 $n\times n$ 阶系数矩阵，$\boldsymbol{B}(t)$ 为 $n\times r$ 阶矩阵，可以用图 2.9 来描述 ($1/S$ 为积分环节)。

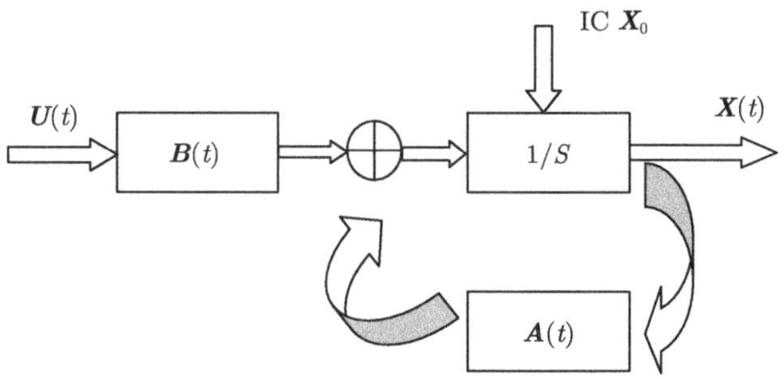

图 2.9 线性系统图示

为了求解上述方程，首先讨论齐次线性微分方程的解。设有微分方程

$$\frac{\mathrm{d}\boldsymbol{X}(t)}{\mathrm{d}t}=\boldsymbol{A}(t)\boldsymbol{X}(t) \tag{2.119}$$

初始条件 (initial condition, IC) 为 $\boldsymbol{X}(t)|_{t=t_0}=\boldsymbol{X}(t_0)$，则方程的解为

$$\boldsymbol{X}(t)=\boldsymbol{\varPhi}(t,t_0)\boldsymbol{X}(t_0) \tag{2.120}$$

其中，$\boldsymbol{\varPhi}(t,t_0)$ 为 $n\times n$ 阶非奇异矩阵，满足下列微分方程

$$\frac{\mathrm{d}\boldsymbol{\varPhi}(t,t_0)}{\mathrm{d}t}=\boldsymbol{A}(t)\boldsymbol{\varPhi}(t,t_0),\ \boldsymbol{\varPhi}(t,t_0)|_{t=t_0}=\boldsymbol{I} \tag{2.121}$$

上述转化并没有解决问题，只是初始条件不同而已。式 (2.119) 在初始条件之下的解表示一个未受外力作用的系统在任一时刻 t 所处的状态。式 (2.120) 表明，这时的状态 $\boldsymbol{X}(t)$ 可以由 t_0 时的状态左乘一个矩阵 $\boldsymbol{\varPhi}(t,t_0)$ 得到，也表示了系统在两个不同时刻的状态之间的线性关系。如当初始条件有误差时，$\boldsymbol{X}(t)|_{t=t_0}=\boldsymbol{X}(t_0)=\boldsymbol{X}_0+\boldsymbol{\varepsilon}$，$E[\boldsymbol{\varepsilon}]=\boldsymbol{0}$，$\mathrm{var}[\boldsymbol{\varepsilon}]=\boldsymbol{Q}$，状态 $\boldsymbol{X}(t)$ 的误差方差为

$$\mathrm{var}[\boldsymbol{X}(t)]=\boldsymbol{\varPhi}(t,t_0)\mathrm{var}[\boldsymbol{X}(t_0)]\boldsymbol{\varPhi}^{\mathrm{T}}(t,t_0)=\boldsymbol{\varPhi}(t,t_0)\boldsymbol{Q}\boldsymbol{\varPhi}^{\mathrm{T}}(t,t_0) \tag{2.122}$$

工程实际问题中，称 $\boldsymbol{\varPhi}(t,t_0)$ 为状态向量 $\boldsymbol{X}(t)$ 的转移矩阵，反映了动力学系统的物理特性，在滤波问题中是一个基本的特性函数。主要性质有：

(1) $\boldsymbol{\varPhi}(t_2,t_1)\boldsymbol{\varPhi}(t_1,t_0)=\boldsymbol{\varPhi}(t_2,t_0)$。

由于

$$\begin{aligned}\boldsymbol{X}(t_2)&=\boldsymbol{\varPhi}(t_2,t_1)\boldsymbol{X}(t_1)=\boldsymbol{\varPhi}(t_2,t_1)\boldsymbol{\varPhi}(t_1,t_0)\boldsymbol{X}(t_0)\\&=\boldsymbol{\varPhi}(t_2,t_0)\boldsymbol{X}(t_0)\end{aligned} \tag{2.123}$$

(2) 对于任意 t，$\boldsymbol{\Phi}(t,t_0)$ 必有逆，且

$$\boldsymbol{\Phi}(t,t_0)=\boldsymbol{\Phi}^{-1}(t_0,t) \tag{2.124}$$

$$\boldsymbol{\Phi}(t_0,t)\boldsymbol{\Phi}(t,t_0)=\boldsymbol{\Phi}(t_0,t_0)=\boldsymbol{I} \tag{2.125}$$

(3) $\dfrac{\mathrm{d}\boldsymbol{X}(t)}{\mathrm{d}t}=\boldsymbol{A}(t)\boldsymbol{X}(t)$ 的共轭系统为 $\dot{\boldsymbol{Y}}(t)=-\boldsymbol{A}^{\mathrm{T}}(t)\boldsymbol{Y}(t)$，记 $\boldsymbol{\Phi}(t,t_0)$ 为原系统的转移矩阵，则 $\boldsymbol{\Phi}^{\mathrm{T}}(t_0,t)$ 为共轭系统的转移矩阵。

注意到 $\boldsymbol{\Phi}(t,t_0)\boldsymbol{\Phi}(t_0,t)=\boldsymbol{I}$，将上式关于 t 微分，有

$$\begin{aligned}\frac{\mathrm{d}}{\mathrm{d}t}[\boldsymbol{\Phi}(t,t_0)\boldsymbol{\Phi}(t_0,t)]&=\dot{\boldsymbol{\Phi}}(t,t_0)\boldsymbol{\Phi}(t_0,t)+\boldsymbol{\Phi}(t,t_0)\dot{\boldsymbol{\Phi}}(t_0,t)\\&=\boldsymbol{A}(t)\boldsymbol{\Phi}(t,t_0)\boldsymbol{\Phi}(t_0,t)+\boldsymbol{\Phi}(t,t_0)\dot{\boldsymbol{\Phi}}(t_0,t)=\boldsymbol{0}\end{aligned} \tag{2.126}$$

即 $-\boldsymbol{A}(t)=\boldsymbol{\Phi}(t,t_0)\dot{\boldsymbol{\Phi}}(t_0,t)$，或者

$$\begin{aligned}\dot{\boldsymbol{\Phi}}(t_0,t)&=-\boldsymbol{\Phi}^{-1}(t,t_0)\boldsymbol{A}(t)=-\boldsymbol{\Phi}(t_0,t)\boldsymbol{A}(t)\\&\Rightarrow\dot{\boldsymbol{\Phi}}^{\mathrm{T}}(t_0,t)=-\boldsymbol{A}^{\mathrm{T}}(t)\boldsymbol{\Phi}^{\mathrm{T}}(t_0,t)\end{aligned} \tag{2.127}$$

说明 $\boldsymbol{\Phi}^{\mathrm{T}}(t_0,t)$ 为共轭系统的转移矩阵。

求转移矩阵的直接方法就是求解下列线性矩阵微分方程

$$\begin{cases}\dfrac{\mathrm{d}\boldsymbol{\Phi}(t,t_0)}{\mathrm{d}t}=\boldsymbol{A}(t)\boldsymbol{\Phi}(t,t_0)\\\boldsymbol{\Phi}(t_0,t_0)=\boldsymbol{I}\end{cases} \tag{2.128}$$

当 $|t-t_0|$ 较小时，常用近似方法求解。将 $\boldsymbol{\Phi}(t,t_0)$ 在 t_0 近旁展开

$$\begin{aligned}\boldsymbol{\Phi}(t,t_0)=&\boldsymbol{\Phi}(t_0,t_0)+\left.\frac{\mathrm{d}\boldsymbol{\Phi}(t,t_0)}{\mathrm{d}t}\right|_{t=t_0}\cdot(t-t_0)\\&+\left.\frac{1}{2}\frac{\mathrm{d}^2\boldsymbol{\Phi}(t,t_0)}{\mathrm{d}t^2}\right|_{t=t_0}\cdot(t-t_0)^2+\boldsymbol{0}((t-t_0)^2)\\=&\boldsymbol{I}+\boldsymbol{A}(t_0)(t-t_0)+\frac{1}{2}[\dot{\boldsymbol{A}}(t_0)+\boldsymbol{A}^2(t_0)](t-t_0)^2+\boldsymbol{0}((t-t_0)^2)\end{aligned} \tag{2.129}$$

这个公式在实际计算中经常应用。

如果 $\boldsymbol{A}$ 是常系数矩阵，有下列结果：

(1) $\boldsymbol{\Phi}(t,\tau)$ 只与时间间隔 $t-\tau$ 有关，这是定常系统的一个性质，因此对于定常系统，转移矩阵用 $\boldsymbol{\Phi}(t)$ 表示，表示状态由 $\boldsymbol{X}(0)$ 转移至 $\boldsymbol{X}(t)$ 的转移矩阵；

(2) $\boldsymbol{\Phi}(t)=\boldsymbol{I}+\boldsymbol{A}t+\dfrac{\boldsymbol{A}^2}{2!}t^2+\dfrac{\boldsymbol{A}^3}{3!}t^3+\cdots\triangleq\mathrm{e}^{\boldsymbol{A}t}$；

(3) $\boldsymbol{\Phi}(t)$ 为 $\dfrac{\mathrm{d}\boldsymbol{\Phi}(t)}{\mathrm{d}t}=\boldsymbol{A}\cdot\boldsymbol{\Phi}(t)$ 在初始条件 $\boldsymbol{\Phi}(0)=\boldsymbol{I}$ 下的解；

(4) $\boldsymbol{\Phi}(t)$ 可以由 Laplace 变换的方法获得，即 $\boldsymbol{\Phi}(t)=L^{-1}[(S\boldsymbol{I}-\boldsymbol{A})^{-1}]$。

例 2.31 设有线性方程组 $\begin{cases}\dot{x}_1=x_2\\ \dot{x}_2=0\end{cases}$，确定其转移矩阵。

解

$$\frac{\mathrm{d}\boldsymbol{X}}{\mathrm{d}t}=\frac{\mathrm{d}}{\mathrm{d}t}\begin{bmatrix}x_1\\x_2\end{bmatrix}=\begin{bmatrix}0&1\\0&0\end{bmatrix}\begin{bmatrix}x_1\\x_2\end{bmatrix}=\begin{bmatrix}0&1\\0&0\end{bmatrix}\boldsymbol{X}$$

令 $x_1(t_0)=1, x_2(t_0)=0$，得到

$$\boldsymbol{X}^{(1)}(t)=\begin{bmatrix}1\\0\end{bmatrix}$$

令 $x_1(t_0)=0, x_2(t_0)=1$，得到

$$\boldsymbol{X}^{(2)}(t)=\begin{bmatrix}t-t_0\\1\end{bmatrix}$$

将上述两组解作为列向量组成基本解矩阵，即为转移矩阵

$$\boldsymbol{\Phi}(t,t_0)=\begin{bmatrix}1&t-t_0\\0&1\end{bmatrix}$$

也可以用级数法、Laplace 变换法求解。

例 2.32 确定下列二阶环节 $\ddot{x}(t)+\dot{x}(t)=u(t)$ 的转移矩阵。

解

$$\begin{cases}\dfrac{\mathrm{d}x_1}{\mathrm{d}t}=x_2(t)\\ \dfrac{\mathrm{d}x_2}{\mathrm{d}t}=-x_2(t)+u(t)\end{cases}\Rightarrow\frac{\mathrm{d}\boldsymbol{X}(t)}{\mathrm{d}t}=\boldsymbol{A}\boldsymbol{X}(t)+\boldsymbol{U}(t)$$

$$\boldsymbol{X}(t)=\begin{bmatrix}x_1(t)\\x_2(t)\end{bmatrix},\quad \boldsymbol{A}=\begin{bmatrix}0&1\\0&-1\end{bmatrix},\quad \boldsymbol{U}(t)=\begin{bmatrix}0\\u(t)\end{bmatrix}$$

方法一：对于定常系统，有

$$\boldsymbol{\Phi}(t)=\boldsymbol{I}+\boldsymbol{A}t+\frac{\boldsymbol{A}^2}{2!}t^2+\cdots=\begin{bmatrix}1&1-\mathrm{e}^{-t}\\0&\mathrm{e}^{-t}\end{bmatrix}$$

方法二：$\boldsymbol{\Phi}(t)$ 是齐次方程 $\dfrac{\mathrm{d}\boldsymbol{\Phi}(t)}{\mathrm{d}t}=\boldsymbol{A}\boldsymbol{\Phi}(t)$ 在初始条件 $\boldsymbol{\Phi}(0)=\begin{bmatrix}1 & 0\\ 0 & 1\end{bmatrix}$ 下的解。

方法三：应用 Laplace 变换

$$S\boldsymbol{I}-\boldsymbol{A}=\begin{bmatrix}S & -1\\ 0 & S+1\end{bmatrix},\quad (S\boldsymbol{I}-\boldsymbol{A})^{-1}=\begin{bmatrix}\dfrac{1}{S} & \dfrac{1}{S}-\dfrac{1}{S+1}\\ 0 & \dfrac{1}{S+1}\end{bmatrix}$$

将上述矩阵进行 Laplace 逆变换，有

$$\boldsymbol{\Phi}(t)=L^{-1}[(S\boldsymbol{I}-\boldsymbol{A})^{-1}]=\begin{bmatrix}1 & 1-\mathrm{e}^{-t}\\ 0 & \mathrm{e}^{-t}\end{bmatrix}$$

2.3.2 状态空间的解

下面讨论非齐次状态向量方程的解的表示。

$$\begin{aligned}&\frac{\mathrm{d}\boldsymbol{X}(t)}{\mathrm{d}t}=\boldsymbol{A}(t)\boldsymbol{X}(t)+\boldsymbol{B}(t)\boldsymbol{U}(t)\\ &\text{IC.}\quad \boldsymbol{X}(t)|_{t=t_0}=\boldsymbol{X}(t_0)\end{aligned}\tag{2.130}$$

由线性微分方程的结构可知，如果能确定出线性非齐次方程的一个特解，那么上述方程的通解可由齐次方程的通解和一个非齐次方程的特解之和组成。采用常数变易法确定特解。在齐次方程的通解 $\boldsymbol{X}(t)=\boldsymbol{\Phi}(t,t_0)\boldsymbol{C}$ 中，将常向量 $\boldsymbol{C}$ 看作 t 的函数，然后将其代入非齐次方程，从而确定出 $\boldsymbol{C}$。

此时

$$\begin{aligned}&\boldsymbol{\Phi}(t,t_0)\cdot\frac{\mathrm{d}\boldsymbol{C}(t)}{\mathrm{d}t}=\boldsymbol{B}(t)\boldsymbol{U}(t)\\ &\frac{\mathrm{d}}{\mathrm{d}t}\boldsymbol{C}(t)=\boldsymbol{\Phi}^{-1}(t,t_0)\boldsymbol{B}(t)\boldsymbol{U}(t)\end{aligned}\tag{2.131}$$

于是

$$\boldsymbol{C}(t)=\boldsymbol{C}(t_0)+\int_{t_0}^{t}\boldsymbol{\Phi}^{-1}(\tau,t_0)\boldsymbol{B}(\tau)\boldsymbol{U}(\tau)\mathrm{d}\tau\tag{2.132}$$

注意到 $\boldsymbol{C}(t)=\boldsymbol{\Phi}^{-1}(t,t_0)\boldsymbol{X}(t)$，因此

$$\boldsymbol{C}(t_0)=\boldsymbol{X}(t_0)$$

$$\boldsymbol{X}(t)=\boldsymbol{\Phi}(t,t_0)\left[\boldsymbol{X}(t_0)+\int_{t_0}^{t}\boldsymbol{\Phi}^{-1}(\tau,t_0)\boldsymbol{B}(\tau)\boldsymbol{U}(\tau)\mathrm{d}\tau\right]$$

$$= \boldsymbol{\Phi}(t,t_0)\boldsymbol{X}(t_0) + \int_{t_0}^{t} \boldsymbol{\Phi}(t,t_0)\boldsymbol{\Phi}(t_0,\tau)\boldsymbol{B}(\tau)\boldsymbol{U}(\tau)\mathrm{d}\tau \tag{2.133}$$

$$= \boldsymbol{\Phi}(t,t_0)\boldsymbol{X}(t_0) + \int_{t_0}^{t} \boldsymbol{\Phi}(t,\tau)\boldsymbol{B}(\tau)\boldsymbol{U}(\tau)\mathrm{d}\tau$$

这样确定了非齐次方程的一个特解。式 (2.133) 由两部分组成，第一部分 $\boldsymbol{\Phi}(t,t_0)\times \boldsymbol{X}(t_0)$ 表示了线性动力系统在初始条件下的响应 (过渡过程)；第二部分 $\int_{t_0}^{t}\boldsymbol{\Phi}(t,\tau)\times \boldsymbol{B}(\tau)\boldsymbol{U}(\tau)\mathrm{d}\tau$ 表示系统的输入 $\boldsymbol{B}(t)\boldsymbol{U}(t)$ 所引起的响应。

在数字控制系统中，常将式 (2.133) 离散化，记 $t=t_k, t_0=t_{k-1}$，当 $\Delta t_k = t_k - t_{k-1}$ 很小时，可认为 $\boldsymbol{U}(t)$ 在 $t_{k-1}\leqslant t< t_k$ 上保持常值，此时

$$\begin{aligned} X(t_k) &= \boldsymbol{\Phi}(t_k,t_{k-1})\boldsymbol{X}(t_{k-1}) + \int_{t_{k-1}}^{t_k} \boldsymbol{\Phi}(t_k,\tau)\boldsymbol{B}(\tau)\boldsymbol{U}(\tau)\mathrm{d}\tau \\ &= \boldsymbol{\Phi}(t_k,t_{k-1})\boldsymbol{X}(t_{k-1}) + \int_{t_{k-1}}^{t_k} \boldsymbol{\Phi}(t_k,\tau)\boldsymbol{B}(\tau)\mathrm{d}\tau \boldsymbol{U}(t_{k-1}) \\ &= \boldsymbol{\Phi}(t_k,t_{k-1})\boldsymbol{X}(t_{k-1}) + \boldsymbol{\Gamma}(t_k,t_{k-1})\boldsymbol{U}(t_{k-1}) \end{aligned} \tag{2.134}$$

式中，$\boldsymbol{\Gamma}(t_k,t_{k-1}) = \int_{t_{k-1}}^{t_k} \boldsymbol{\Phi}(t_k,\tau)\boldsymbol{B}(\tau)\mathrm{d}\tau$。

方便起见，记 $\boldsymbol{X}_k = \boldsymbol{\Phi}_{k,k-1}\boldsymbol{X}_{k-1} + \boldsymbol{\Gamma}_{k,k-1}\boldsymbol{U}_{k-1}$ 为线性动力学系统的离散表达形式。

例 2.33 设有下列线性方程组描述的系统

$$\begin{cases} \dfrac{\mathrm{d}x_1}{\mathrm{d}t} = x_2 \\ \dfrac{\mathrm{d}x_2}{\mathrm{d}t} = -x_2 + u^*(t) \end{cases}$$

其中，$u^*(t)$ 是控制量，$u^*(t) = u(kT), kT\leqslant t<(k+1)T$，$T$ 为采样周期。

引入状态向量 $\boldsymbol{X}(t) = [x_1(t), x_2(t)]^{\mathrm{T}}$，记

$$\boldsymbol{A} = \begin{bmatrix} 0 & 1 \\ 0 & -1 \end{bmatrix},\quad \boldsymbol{U}(t) = \begin{bmatrix} 0 \\ u^*(t) \end{bmatrix}$$

于是线性系统的状态方程为

$$\frac{\mathrm{d}\boldsymbol{X}}{\mathrm{d}t} = \boldsymbol{A}\boldsymbol{X} + \boldsymbol{U}(t)$$

且

$$\boldsymbol{\Phi}(T) = \begin{bmatrix} 1 & 1-\mathrm{e}^{-T} \\ 0 & \mathrm{e}^{-T} \end{bmatrix}$$

T 为时间间隔，于是

$$\boldsymbol{X}(t_{k+1})=\boldsymbol{\Phi}(T)\boldsymbol{X}(t_k)+\boldsymbol{\Gamma}(T)\boldsymbol{U}(t_k)$$

式中，

$$\boldsymbol{\Gamma}(T)=\int_{t_k}^{t_{k+1}}\boldsymbol{\Phi}(t_{k+1},\tau)\mathrm{d}\tau=\begin{bmatrix} T & T-1+\mathrm{e}^{-T} \\ 0 & 1-\mathrm{e}^{-T}\end{bmatrix}$$

2.4 常用的参数估计和状态估计准则

2.4.1 最小方差估计准则

1. 最小方差估计与条件均值

设 $\boldsymbol{X}$ 为随机向量，$\boldsymbol{Z}$ 为 $\boldsymbol{X}$ 的量测向量，即 $\boldsymbol{Z}=\boldsymbol{h}(\boldsymbol{X})+\boldsymbol{\varepsilon}$，求 $\boldsymbol{X}$ 的估计 $\hat{\boldsymbol{X}}$ 就是根据 $\boldsymbol{Z}$ 解算出 $\boldsymbol{X}$，显然 $\hat{\boldsymbol{X}}$ 是 $\boldsymbol{Z}$ 的函数，由于 $\boldsymbol{\varepsilon}$ 是随机误差，所以 $\boldsymbol{X}$ 无法从 $\boldsymbol{Z}$ 的函数关系式中直接求取，必须按统计意义的最优标准求取。

最小方差估计是使下述指标达到最小的估计 $\hat{\boldsymbol{X}}_{\mathrm{MV}}(\boldsymbol{Z})$:

$$J=E_{X,Z}\{[\boldsymbol{X}-\hat{\boldsymbol{X}}(\boldsymbol{Z})]^{\mathrm{T}}[\boldsymbol{X}-\hat{\boldsymbol{X}}(\boldsymbol{Z})]\}|_{\hat{\boldsymbol{X}}(\boldsymbol{Z})=\hat{\boldsymbol{X}}_{\mathrm{MV}}(\boldsymbol{Z})}=\min \tag{2.135}$$

式中，$\boldsymbol{X}-\hat{\boldsymbol{X}}$ 为估计误差。对于 $\boldsymbol{Z}$ 的某一个实现，$\hat{\boldsymbol{X}}(\boldsymbol{Z})$ 是与之对应的某一具体样本，所以式 (2.135) 中求均值是对 $\boldsymbol{X}$ 和 $\boldsymbol{Z}$ 同时进行的。

定理 2.3 最小方差估计为量测的条件均值

$$\hat{\boldsymbol{X}}_{\mathrm{MV}}(\boldsymbol{Z})=E[\boldsymbol{X}|\boldsymbol{Z}] \tag{2.136}$$

下面详细证明这一定理。

证明

$$\begin{aligned}J&=E_{\boldsymbol{X},\boldsymbol{Z}}\{[\boldsymbol{X}-\hat{\boldsymbol{X}}_{\mathrm{MV}}(\boldsymbol{Z})]^{\mathrm{T}}[\boldsymbol{X}-\hat{\boldsymbol{X}}_{\mathrm{MV}}(\boldsymbol{Z})]\}\\&=\int_{-\infty}^{\infty}\int_{-\infty}^{\infty}[\boldsymbol{x}-\hat{\boldsymbol{X}}_{\mathrm{MV}}(\boldsymbol{z})]^{\mathrm{T}}[\boldsymbol{x}-\hat{\boldsymbol{X}}_{\mathrm{MV}}(\boldsymbol{z})]p(\boldsymbol{x},\boldsymbol{z})\mathrm{d}\boldsymbol{x}\mathrm{d}\boldsymbol{z}\end{aligned}$$

式中，$p(\boldsymbol{x},\boldsymbol{z})$ 为 $\boldsymbol{X}$ 和 $\boldsymbol{Z}$ 的联合分布密度，是关于 $\boldsymbol{x}$ 和 $\boldsymbol{z}$ 的标量函数。根据贝叶斯定理

$$p(\boldsymbol{x},\boldsymbol{z})=p_{\boldsymbol{z}}(\boldsymbol{z})\cdot p(\boldsymbol{x}|\boldsymbol{z})$$

式中，$p_{\boldsymbol{z}}(\boldsymbol{z})$ 为 $\boldsymbol{Z}$ 的边缘分布，$p(\boldsymbol{x}|\boldsymbol{z})$ 为 $\boldsymbol{X}$ 关于 $\boldsymbol{Z}$ 的条件分布。所以

$$J=\int_{-\infty}^{\infty}p_{\boldsymbol{z}}(\boldsymbol{z})\left\{\int_{-\infty}^{\infty}[\boldsymbol{x}-\hat{\boldsymbol{X}}_{\mathrm{MV}}(\boldsymbol{z})]^{\mathrm{T}}[\boldsymbol{x}-\hat{\boldsymbol{X}}_{\mathrm{MV}}(\boldsymbol{z})]p(\boldsymbol{x}|\boldsymbol{z})\mathrm{d}\boldsymbol{x}\right\}\mathrm{d}\boldsymbol{z} \tag{2.137}$$

由于 $\hat{\boldsymbol{X}}_{\rm MV}$ 的选择对 J 的影响只体现在式 (2.137) 的内层积分中，又因 $p_{\boldsymbol{z}}(\boldsymbol{z})$ 恒大于零，所以要使 J 达到最小，只须使式 (2.137) 中的内层积分达到最小即可，即

$$g=\int_{-\infty}^{\infty}[\boldsymbol{x}-\hat{\boldsymbol{X}}_{\rm MV}(\boldsymbol{z})]^{\rm T}[\boldsymbol{x}-\hat{\boldsymbol{X}}_{\rm MV}(\boldsymbol{z})]p(\boldsymbol{x}|\boldsymbol{z}){\rm d}\boldsymbol{x}=\min$$

对 g 作恒等变形，并注意到：$E[\boldsymbol{X}|\boldsymbol{z}]$ 和 $\hat{\boldsymbol{X}}(\boldsymbol{z})$ 都是确定量，$\boldsymbol{x}$ 是 $\boldsymbol{X}$ 样本空间内的所有样本，而 $\boldsymbol{z}$ 是 $\boldsymbol{Z}$ 样本空间内的某一样本，所以，$E[\boldsymbol{X}|\boldsymbol{z}]$, $\hat{\boldsymbol{X}}(\boldsymbol{z})$ 与 $\boldsymbol{x}$ 无关，因此

$$\begin{aligned}
g=&\int_{-\infty}^{\infty}\left[\boldsymbol{x}-E(\boldsymbol{X}|\boldsymbol{z})+E(\boldsymbol{X}|\boldsymbol{z})-\hat{\boldsymbol{X}}_{\rm MV}(\boldsymbol{z})\right]^{\rm T}\\
&\times\left[\boldsymbol{x}-E(\boldsymbol{X}|\boldsymbol{z})+E(\boldsymbol{X}|\boldsymbol{z})-\hat{\boldsymbol{X}}_{\rm MV}(\boldsymbol{z})\right]p(\boldsymbol{x}|\boldsymbol{z}){\rm d}\boldsymbol{x}\\
=&\int_{-\infty}^{\infty}[\boldsymbol{x}-E(\boldsymbol{X}|\boldsymbol{z})]^{\rm T}[\boldsymbol{x}-E(\boldsymbol{X}|\boldsymbol{z})]p(\boldsymbol{x}|\boldsymbol{z}){\rm d}\boldsymbol{x}\\
&+[E(\boldsymbol{X}|\boldsymbol{z})-\hat{\boldsymbol{X}}_{\rm MV}(\boldsymbol{z})]^{\rm T}[E(\boldsymbol{X}|\boldsymbol{z})-\hat{\boldsymbol{X}}_{\rm MV}(\boldsymbol{z})]\int_{-\infty}^{\infty}p(\boldsymbol{x}|\boldsymbol{z}){\rm d}\boldsymbol{x}\\
&+\int_{-\infty}^{\infty}[\boldsymbol{x}-E(\boldsymbol{X}|\boldsymbol{z})]^{\rm T}p(\boldsymbol{x}|\boldsymbol{z}){\rm d}\boldsymbol{x}[E(\boldsymbol{X}|\boldsymbol{z})-\hat{\boldsymbol{X}}_{\rm MV}(\boldsymbol{z})]\\
&+[E(\boldsymbol{X}|\boldsymbol{z})-\hat{\boldsymbol{X}}_{\rm MV}(\boldsymbol{z})]^{\rm T}\int_{-\infty}^{\infty}[\boldsymbol{x}-E(\boldsymbol{X}|\boldsymbol{z})]p(\boldsymbol{x}|\boldsymbol{z}){\rm d}\boldsymbol{x}
\end{aligned}$$

由于

$$\int_{-\infty}^{\infty}p(\boldsymbol{x}|\boldsymbol{z}){\rm d}\boldsymbol{x}=1$$

$$\int_{-\infty}^{\infty}[\boldsymbol{x}-E(\boldsymbol{X}|\boldsymbol{z})]p(\boldsymbol{x}|\boldsymbol{z}){\rm d}\boldsymbol{x}=0$$

所以

$$\begin{aligned}
g=&\int_{-\infty}^{\infty}[\boldsymbol{x}-E(\boldsymbol{X}|\boldsymbol{z})]^{\rm T}[\boldsymbol{x}-E(\boldsymbol{X}|\boldsymbol{z})]p(\boldsymbol{x}|\boldsymbol{z}){\rm d}\boldsymbol{x}\\
&+[E(\boldsymbol{X}|\boldsymbol{z})-\hat{\boldsymbol{X}}_{\rm MV}(\boldsymbol{z})]^{\rm T}[E(\boldsymbol{X}|\boldsymbol{z})-\hat{\boldsymbol{X}}_{\rm MV}(\boldsymbol{z})]
\end{aligned}$$

上式中，第一项与 $\hat{\boldsymbol{X}}_{\rm MV}(\boldsymbol{z})$ 的选取无关，第二项为向量的内积，总是大于或等于零，所以要使 g 达到最小，必须使该项内积为零，而要使内积为零，必须使该向量为零，即

$$\hat{\boldsymbol{X}}_{\rm MV}(\boldsymbol{z})=E[\boldsymbol{X}|\boldsymbol{z}]$$

注意到是式 (2.137) 中的积分变量，积分区间为 $\boldsymbol{Z}$ 的整个样本空间，所以在 $\boldsymbol{Z}$ 的整个样本空间内上式均成立，即

$$\hat{\boldsymbol{X}}_{\mathrm{MV}}(\boldsymbol{Z}) = E[\boldsymbol{X}|\boldsymbol{Z}]$$

2. 最小方差估计的无偏性

定理 2.4　最小方差估计是 $\boldsymbol{X}$ 的无偏估计，即

$$E[\boldsymbol{X} - \hat{\boldsymbol{X}}_{\mathrm{MV}}(\boldsymbol{Z})] = 0 \tag{2.138}$$

或

$$E[\hat{\boldsymbol{X}}_{\mathrm{MV}}(\boldsymbol{Z})] = E[\boldsymbol{X}] \tag{2.139}$$

证明　由式 (2.136) 可知，最小方差估计为 $\hat{\boldsymbol{X}}_{\mathrm{MV}}(\boldsymbol{Z}) = E[\boldsymbol{X}|\boldsymbol{Z}]$，其中求均值是对 $\boldsymbol{X}$ 求均值，所以 $\hat{\boldsymbol{X}}_{\mathrm{MV}}(\boldsymbol{Z})$ 是关于 $\boldsymbol{Z}$ 的函数，对 $\hat{\boldsymbol{X}}_{\mathrm{MV}}(\boldsymbol{Z})$ 求均值实质上是对 $\boldsymbol{Z}$ 求均值，即

$$\begin{aligned}
E\left[\hat{\boldsymbol{X}}_{\mathrm{MV}}(\boldsymbol{Z})\right] &= E_{\boldsymbol{Z}}\left[\hat{\boldsymbol{X}}_{\mathrm{MV}}(\boldsymbol{Z})\right] = E_{\boldsymbol{Z}}\left[E_{\boldsymbol{X}}(\boldsymbol{X}|\boldsymbol{Z})\right] \\
&= \int_{-\infty}^{\infty}\left[\int_{-\infty}^{\infty}\boldsymbol{x}p(\boldsymbol{x}|\boldsymbol{z})\mathrm{d}\boldsymbol{x}\right]p_{\boldsymbol{z}}(\boldsymbol{z})\mathrm{d}\boldsymbol{z}
\end{aligned}$$

应用贝叶斯定理，得

$$\begin{aligned}
E\left[\hat{\boldsymbol{X}}_{\mathrm{MV}}(\boldsymbol{Z})\right] &= \int_{-\infty}^{\infty}\int_{-\infty}^{\infty}\boldsymbol{x}p(\boldsymbol{x},\boldsymbol{z})\mathrm{d}\boldsymbol{z}\mathrm{d}\boldsymbol{x} \\
&= \int_{-\infty}^{\infty}\boldsymbol{x}\left[\int_{-\infty}^{\infty}p(\boldsymbol{x},\boldsymbol{z})\mathrm{d}\boldsymbol{z}\right]\mathrm{d}\boldsymbol{x} \\
&= \int_{-\infty}^{\infty}\boldsymbol{x}p_{\boldsymbol{x}}(\boldsymbol{x})\mathrm{d}\boldsymbol{x} \\
&= E[\boldsymbol{X}]
\end{aligned}$$

3. 正态随机向量的最小方差估计

定理 2.5　若被估计向量 $\boldsymbol{X}_{n\times 1}$ 和量测向量 $\boldsymbol{Z}_{m\times 1}$ 都服从正态分布，且

$$\begin{gathered}
E[\boldsymbol{X}] = \boldsymbol{m}_{\boldsymbol{X}},\quad E[\boldsymbol{Z}] = \boldsymbol{m}_{\boldsymbol{Z}} \\
\mathrm{cov}[\boldsymbol{X},\boldsymbol{Z}] = E\left[(\boldsymbol{X}-\boldsymbol{m}_{\boldsymbol{X}})(\boldsymbol{Z}-\boldsymbol{m}_{\boldsymbol{Z}})^{\mathrm{T}}\right] = \boldsymbol{C}_{\boldsymbol{XZ}} \\
\mathrm{var}[\boldsymbol{Z}] = E\left[(\boldsymbol{Z}-\boldsymbol{m}_{\boldsymbol{Z}})(\boldsymbol{Z}-\boldsymbol{m}_{\boldsymbol{Z}})^{\mathrm{T}}\right] = \boldsymbol{C}_{\boldsymbol{Z}}
\end{gathered}$$

则 $\boldsymbol{X}$ 的最小方差估计为

$$\hat{\boldsymbol{X}}_{\mathrm{MV}}(\boldsymbol{Z}) = \boldsymbol{m_X} + \boldsymbol{C_{XZ}}\boldsymbol{C_Z^{-1}}(\boldsymbol{Z} - \boldsymbol{m_Z}) \tag{2.140}$$

该估计的均方误差为

$$\mathrm{var}[\boldsymbol{X} - \hat{\boldsymbol{X}}_{\mathrm{MV}}(\boldsymbol{Z})] = \boldsymbol{P} = \boldsymbol{C_X} - \boldsymbol{C_{XZ}}\boldsymbol{C_Z^{-1}}\boldsymbol{C_{ZX}} \tag{2.141}$$

证明 构造随机向量

$$\boldsymbol{Y} = \begin{bmatrix} \boldsymbol{X} \\ \boldsymbol{Z} \end{bmatrix}$$

则

$$E[\boldsymbol{Y}] = \boldsymbol{m_Y} = \begin{bmatrix} \boldsymbol{m_X} \\ \boldsymbol{m_Z} \end{bmatrix}, \quad \mathrm{var}[\boldsymbol{Y}] = \boldsymbol{C_Y} = \begin{bmatrix} \boldsymbol{C_X} & \boldsymbol{C_{XZ}} \\ \boldsymbol{C_{ZX}} & \boldsymbol{C_Z} \end{bmatrix}$$

$\boldsymbol{X}$ 和 $\boldsymbol{Z}$ 的联合分布密度为

$$\begin{aligned} p(\boldsymbol{y}) &= p(\boldsymbol{x}, \boldsymbol{z}) \\ &= \frac{1}{(2\pi)^{\frac{m+n}{2}} |\boldsymbol{C_Y}|^{\frac{1}{2}}} \exp\left\{-\frac{1}{2}\begin{bmatrix} \boldsymbol{x}^{\mathrm{T}} - \boldsymbol{m}_{\boldsymbol{X}}^{\mathrm{T}} & \boldsymbol{z}^{\mathrm{T}} - \boldsymbol{m}_{\boldsymbol{Z}}^{\mathrm{T}} \end{bmatrix} \boldsymbol{C_Y^{-1}} \right. \\ &\quad \left. \times \begin{bmatrix} \boldsymbol{x}^{\mathrm{T}} - \boldsymbol{m}_{\boldsymbol{X}}^{\mathrm{T}} & \boldsymbol{z}^{\mathrm{T}} - \boldsymbol{m}_{\boldsymbol{Z}}^{\mathrm{T}} \end{bmatrix}^{\mathrm{T}} \right\} \end{aligned} \tag{2.142}$$

$\boldsymbol{Z}$ 的边缘分布密度为

$$p(\boldsymbol{z}) = \frac{1}{(2\pi)^{\frac{m}{2}} |\boldsymbol{C_Z}|^{\frac{1}{2}}} \exp\left\{-\frac{1}{2}(\boldsymbol{z} - \boldsymbol{m_Z})^{\mathrm{T}} \boldsymbol{C_Z^{-1}} (\boldsymbol{z} - \boldsymbol{m_Z})\right\} \tag{2.143}$$

根据贝叶斯定理，$\boldsymbol{X}$ 对 $\boldsymbol{Z}$ 的条件分布密度为

$$p(\boldsymbol{x}|\boldsymbol{z}) = \frac{p(\boldsymbol{x}, \boldsymbol{z})}{p(\boldsymbol{z})} \tag{2.144}$$

由于 $\boldsymbol{X}$ 满足正态分布，所以从 $p(\boldsymbol{x}|\boldsymbol{z})$ 中可获得 $\boldsymbol{X}$ 对于 $\boldsymbol{Z}$ 的条件均值 $E[\boldsymbol{X}|\boldsymbol{Z}]$，也就求得 $\boldsymbol{X}$ 的最小方差估计。下面根据 $p(\boldsymbol{y}), p(\boldsymbol{z})$ 和贝叶斯公式求出 $p(\boldsymbol{x}|\boldsymbol{z})$，其中，$\boldsymbol{C_Y^{-1}}$ 和 $|\boldsymbol{C_Y}|$ 的求解如下。

(1) $\boldsymbol{C_Y^{-1}}$ 的求解。由于

$$\begin{aligned} &\begin{bmatrix} \boldsymbol{I} & -\boldsymbol{C_{XY}}\boldsymbol{C_Z^{-1}} \\ \boldsymbol{0} & \boldsymbol{I} \end{bmatrix} \begin{bmatrix} \boldsymbol{C_X} & \boldsymbol{C_{XZ}} \\ \boldsymbol{C_{ZX}} & \boldsymbol{C_Z} \end{bmatrix} \begin{bmatrix} \boldsymbol{I} & \boldsymbol{0} \\ -\boldsymbol{C_Z^{-1}}\boldsymbol{C_{XZ}^{\mathrm{T}}} & \boldsymbol{I} \end{bmatrix} \\ &= \begin{bmatrix} \boldsymbol{C_X} - \boldsymbol{C_{XY}}\boldsymbol{C_Z^{-1}}\boldsymbol{C_{ZX}} & \boldsymbol{0} \\ \boldsymbol{0} & \boldsymbol{C_Z} \end{bmatrix} \end{aligned} \tag{2.145}$$

式中，

$$\begin{bmatrix} \boldsymbol{C_X} & \boldsymbol{C_{XZ}} \\ \boldsymbol{C_{ZX}} & \boldsymbol{C_Z} \end{bmatrix} = \boldsymbol{C_Y}$$

所以对上式两边分别求逆,再左乘 $\begin{bmatrix} \boldsymbol{I} & \boldsymbol{0} \\ -\boldsymbol{C_Z^{-1}C_{XZ}^{\mathrm{T}}} & \boldsymbol{I} \end{bmatrix}$,右乘 $\begin{bmatrix} \boldsymbol{I} & -\boldsymbol{C_{XZ}C_Z^{-1}} \\ \boldsymbol{0} & \boldsymbol{I} \end{bmatrix}$,得

$$\boldsymbol{C_Y^{-1}} = \begin{bmatrix} \boldsymbol{I} & \boldsymbol{0} \\ -\boldsymbol{C_Z^{-1}C_{XZ}^{\mathrm{T}}} & \boldsymbol{I} \end{bmatrix} \begin{bmatrix} \left(\boldsymbol{C_X} - \boldsymbol{C_{XZ}C_Z^{-1}C_{ZX}}\right)^{-1} & \boldsymbol{0} \\ \boldsymbol{0} & \boldsymbol{C_Z^{-1}} \end{bmatrix} \times \begin{bmatrix} \boldsymbol{I} & -\boldsymbol{C_{XZ}C_Z^{-1}} \\ \boldsymbol{0} & \boldsymbol{I} \end{bmatrix} \tag{2.146}$$

(2) $|\boldsymbol{C_Y}|$ 的求解。对式 (2.145) 两边分别求取行列式，得

$$\begin{vmatrix} \boldsymbol{I} & -\boldsymbol{C_{XZ}C_Z^{-1}} \\ \boldsymbol{0} & \boldsymbol{I} \end{vmatrix} \cdot |\boldsymbol{C_Y}| \cdot \begin{vmatrix} \boldsymbol{I} & \boldsymbol{0} \\ -\boldsymbol{C_Z^{-1}C_{XZ}^{\mathrm{T}}} & \boldsymbol{I} \end{vmatrix} = \begin{vmatrix} \boldsymbol{C_X} - \boldsymbol{C_{XZ}C_Z^{-1}C_{ZX}} & \boldsymbol{0} \\ \boldsymbol{0} & \boldsymbol{C_Z} \end{vmatrix}$$

按 Laplace 法对各行列式作展开，得

$$|\boldsymbol{C_Y}| = |\boldsymbol{C_X} - \boldsymbol{C_{XZ}C_Z^{-1}C_{ZX}}| \cdot |\boldsymbol{C_Z}| \tag{2.147}$$

将式 (2.146) 和式 (2.147) 代入式 (2.142)，其中指数部分为

$$\begin{aligned} E &= \begin{bmatrix} \boldsymbol{x}^{\mathrm{T}} - \boldsymbol{m_X^{\mathrm{T}}} & \boldsymbol{z}^{\mathrm{T}} - \boldsymbol{m_Z^{\mathrm{T}}} \end{bmatrix} \boldsymbol{C_Y^{-1}} \begin{bmatrix} \boldsymbol{x}^{\mathrm{T}} - \boldsymbol{m_X^{\mathrm{T}}} & \boldsymbol{z}^{\mathrm{T}} - \boldsymbol{m_Z^{\mathrm{T}}} \end{bmatrix}^{\mathrm{T}} \\ &= \left\{ \begin{bmatrix} (\boldsymbol{x} - \boldsymbol{m_X})^{\mathrm{T}} & (\boldsymbol{z} - \boldsymbol{m_Z})^{\mathrm{T}} \end{bmatrix} \begin{bmatrix} \boldsymbol{I} & \boldsymbol{0} \\ -\boldsymbol{C_Z^{-1}C_{XZ}^{\mathrm{T}}} & \boldsymbol{I} \end{bmatrix} \right. \\ &\quad \left. \times \begin{bmatrix} \left(\boldsymbol{C_X} - \boldsymbol{C_{XZ}C_Z^{-1}C_{ZX}}\right)^{-1} & \boldsymbol{0} \\ \boldsymbol{0} & \boldsymbol{C_Z^{-1}} \end{bmatrix} \right\} \\ &\quad \times \left\{ \begin{bmatrix} \boldsymbol{I} & -\boldsymbol{C_{XZ}C_Z^{-1}} \\ \boldsymbol{0} & \boldsymbol{I} \end{bmatrix} \begin{bmatrix} \boldsymbol{x} - \boldsymbol{m_X} \\ \boldsymbol{z} - \boldsymbol{m_Z} \end{bmatrix} \right\} \\ &= \left[\left\{ (\boldsymbol{x} - \boldsymbol{m_X})^{\mathrm{T}} - (\boldsymbol{z} - \boldsymbol{m_Z})^{\mathrm{T}} \boldsymbol{C_Z^{\mathrm{T}}C_{XZ}^{\mathrm{T}}} \right\} \right. \\ &\quad \left. \times \left(\boldsymbol{C_X} - \boldsymbol{C_{XZ}C_Z^{-1}C_{ZX}}\right)^{-1} \quad (\boldsymbol{z} - \boldsymbol{m_Z})^{\mathrm{T}} \boldsymbol{C_Z^{-1}} \right] \\ &\quad \times \begin{bmatrix} \boldsymbol{x} - \boldsymbol{m_X} - \boldsymbol{C_{XZ}C_Z^{-1}}(\boldsymbol{z} - \boldsymbol{m_Z}) \\ \boldsymbol{z} - \boldsymbol{m_Z} \end{bmatrix} \end{aligned}$$

令 $\bar{\boldsymbol{m}}_{\boldsymbol{X}}=\boldsymbol{m}_{\boldsymbol{X}}+\boldsymbol{C}_{\boldsymbol{XZ}}\boldsymbol{C}_{\boldsymbol{Z}}^{-1}(\boldsymbol{z}-\boldsymbol{m}_{\boldsymbol{Z}})$，得

$$\begin{aligned}E&=\left[\begin{array}{cc}(\boldsymbol{x}^{\mathrm{T}}-\bar{\boldsymbol{m}}_{\boldsymbol{X}}^{\mathrm{T}})\left(\boldsymbol{C}_{\boldsymbol{X}}-\boldsymbol{C}_{\boldsymbol{XZ}}\boldsymbol{C}_{\boldsymbol{Z}}^{-1}\boldsymbol{C}_{\boldsymbol{ZX}}\right)^{-1} & (\boldsymbol{z}-\boldsymbol{m}_{\boldsymbol{Z}})^{\mathrm{T}}\boldsymbol{C}_{\boldsymbol{Z}}^{-1}\end{array}\right]\left[\begin{array}{c}\boldsymbol{x}-\bar{\boldsymbol{m}}_{\boldsymbol{X}}\\ \boldsymbol{z}-\boldsymbol{m}_{\boldsymbol{Z}}\end{array}\right]\\&=(\boldsymbol{x}^{\mathrm{T}}-\bar{\boldsymbol{m}}_{\boldsymbol{X}}^{\mathrm{T}})\left(\boldsymbol{C}_{\boldsymbol{X}}-\boldsymbol{C}_{\boldsymbol{XZ}}\boldsymbol{C}_{\boldsymbol{Z}}^{-1}\boldsymbol{C}_{\boldsymbol{ZX}}\right)^{-1}(\boldsymbol{x}-\bar{\boldsymbol{m}}_{\boldsymbol{X}})\\&\quad+(\boldsymbol{z}-\boldsymbol{m}_{\boldsymbol{Z}})^{\mathrm{T}}\boldsymbol{C}_{\boldsymbol{Z}}^{-1}(\boldsymbol{z}-\boldsymbol{m}_{\boldsymbol{Z}})\end{aligned}$$

所以

$$\begin{aligned}p(\boldsymbol{x},\boldsymbol{z})=&\frac{1}{(2\pi)^{\frac{m+n}{2}}\left|\boldsymbol{C}_{\boldsymbol{X}}-\boldsymbol{C}_{\boldsymbol{XZ}}\boldsymbol{C}_{\boldsymbol{Z}}^{-1}\boldsymbol{C}_{\boldsymbol{ZX}}\right|^{\frac{1}{2}}\left|\boldsymbol{C}_{\boldsymbol{Z}}\right|^{\frac{1}{2}}}\\&\times\exp\left\{-\frac{1}{2}(\boldsymbol{x}-\bar{\boldsymbol{m}}_{\boldsymbol{X}})^{\mathrm{T}}\left(\boldsymbol{C}_{\boldsymbol{X}}-\boldsymbol{C}_{\boldsymbol{XZ}}\boldsymbol{C}_{\boldsymbol{Z}}^{-1}\boldsymbol{C}_{\boldsymbol{ZX}}\right)^{-1}(\boldsymbol{x}-\bar{\boldsymbol{m}}_{\boldsymbol{X}})\right\}\\&\times\exp\left\{-\frac{1}{2}(\boldsymbol{z}-\boldsymbol{m}_{\boldsymbol{Z}})^{\mathrm{T}}\boldsymbol{C}_{\boldsymbol{Z}}^{-1}\cdot(\boldsymbol{z}-\boldsymbol{m}_{\boldsymbol{Z}})\right\}\end{aligned}\tag{2.148}$$

将式 (2.143) 和式 (2.148) 代入式 (2.144)，得

$$\begin{aligned}p(\boldsymbol{x}|\boldsymbol{z})=&\frac{1}{(2\pi)^{\frac{n}{2}}\left|\boldsymbol{C}_{\boldsymbol{X}}-\boldsymbol{C}_{\boldsymbol{XZ}}\boldsymbol{C}_{\boldsymbol{Z}}^{-1}\boldsymbol{C}_{\boldsymbol{ZX}}\right|^{\frac{1}{2}}}\\&\times\exp\left\{-\frac{1}{2}(\boldsymbol{x}-\bar{\boldsymbol{m}}_{\boldsymbol{X}})^{\mathrm{T}}\left(\boldsymbol{C}_{\boldsymbol{X}}-\boldsymbol{C}_{\boldsymbol{XZ}}\boldsymbol{C}_{\boldsymbol{Z}}^{-1}\boldsymbol{C}_{\boldsymbol{ZX}}\right)^{-1}(\boldsymbol{x}-\bar{\boldsymbol{m}}_{\boldsymbol{X}})\right\}\end{aligned}\tag{2.149}$$

从式 (2.149) 得 $\boldsymbol{X}$ 关于 $\boldsymbol{Z}$ 的条件均值为

$$E[\boldsymbol{X}|\boldsymbol{Z}]=\bar{\boldsymbol{m}}_{\boldsymbol{X}}=\boldsymbol{m}_{\boldsymbol{X}}+\boldsymbol{C}_{\boldsymbol{XZ}}\boldsymbol{C}_{\boldsymbol{Z}}^{-1}(\boldsymbol{Z}-\boldsymbol{m}_{\boldsymbol{Z}})\tag{2.150}$$

$\boldsymbol{X}$ 偏离 $\bar{\boldsymbol{m}}_{\boldsymbol{X}}$ 的方差阵为

$$\boldsymbol{P}=\boldsymbol{C}_{\boldsymbol{X}}-\boldsymbol{C}_{\boldsymbol{XZ}}\boldsymbol{C}_{\boldsymbol{Z}}^{-1}\boldsymbol{C}_{\boldsymbol{ZX}}\tag{2.151}$$

根据定理 2.3，上述两式分别为 $\boldsymbol{X}$ 的最小方差估计和估计的均方误差阵的计算公式。

定理 2.5 说明，当被估计量 $\boldsymbol{X}$ 和量测量 $\boldsymbol{Z}$ 都服从正态分布时，$\boldsymbol{X}$ 的最小方差估计不必通过对条件概率密度的积分求取，而只需知道 $\boldsymbol{X}$ 及 $\boldsymbol{Z}$ 的一阶和二阶矩。又从式 (2.140) 知，$\hat{\boldsymbol{X}}_{\mathrm{MV}}(\boldsymbol{Z})$ 是关于量测量 $\boldsymbol{Z}$ 的线性函数，所以 $\hat{\boldsymbol{X}}_{\mathrm{MV}}(\boldsymbol{Z})$ 是一种线性估计。

若量测量 $\boldsymbol{Z}$ 与被估计量 $\boldsymbol{X}$ 间具有线性关系，则式 (2.140) 和式 (2.141) 中的互协方差阵 $\boldsymbol{C}_{\boldsymbol{XZ}}$ 和 $\boldsymbol{C}_{\boldsymbol{ZX}}$ 可简化成 $\boldsymbol{X}$ 和 $\boldsymbol{Z}$ 各自的一、二阶矩，这给计算带来更大的方便。

设

$$\boldsymbol{Z} = \boldsymbol{H}\boldsymbol{X} + \boldsymbol{\varepsilon} \tag{2.152}$$

式中 $\boldsymbol{\varepsilon}$ 为量测噪声，$E[\boldsymbol{\varepsilon}] = \boldsymbol{0}$，$\text{var}[\boldsymbol{\varepsilon}] = \boldsymbol{C}_{\boldsymbol{\varepsilon}}$，$E[\boldsymbol{X}] = \boldsymbol{m}_{\boldsymbol{X}}$，$\text{var}[\boldsymbol{X}] = \boldsymbol{C}_{\boldsymbol{X}}$，$\boldsymbol{X}$ 和 $\boldsymbol{\varepsilon}$ 互不相关，$\boldsymbol{H}$ 为量测阵，是确定性矩阵。

由式 (2.152) 得

$$\boldsymbol{m}_{\boldsymbol{Z}} = \boldsymbol{H}\boldsymbol{m}_{\boldsymbol{X}}$$

$$\boldsymbol{C}_{\boldsymbol{XZ}} = E\left[(\boldsymbol{X} - \boldsymbol{m}_{\boldsymbol{X}})(\boldsymbol{Z} - \boldsymbol{m}_{\boldsymbol{Z}})^{\mathrm{T}}\right] = \boldsymbol{C}_{\boldsymbol{X}}\boldsymbol{H}^{\mathrm{T}}$$

$$\boldsymbol{C}_{\boldsymbol{ZX}} = \boldsymbol{C}_{\boldsymbol{XZ}}^{\mathrm{T}} = \boldsymbol{H}\boldsymbol{C}_{\boldsymbol{X}}$$

$$\boldsymbol{C}_{\boldsymbol{Z}} = E\left[(\boldsymbol{Z} - \boldsymbol{m}_{\boldsymbol{Z}})(\boldsymbol{Z} - \boldsymbol{m}_{\boldsymbol{Z}})^{\mathrm{T}}\right] = \boldsymbol{H}\boldsymbol{C}_{\boldsymbol{X}}\boldsymbol{H}^{\mathrm{T}} + \boldsymbol{C}_{\boldsymbol{\varepsilon}}$$

将上述诸式代入式 (2.140) 和式 (2.141)，得

$$\hat{\boldsymbol{X}}_{\mathrm{MV}}(\boldsymbol{Z}) = \boldsymbol{m}_{\boldsymbol{X}} + \boldsymbol{C}_{\boldsymbol{X}}\boldsymbol{H}^{\mathrm{T}}\left(\boldsymbol{H}\boldsymbol{C}_{\boldsymbol{X}}\boldsymbol{H}^{\mathrm{T}} + \boldsymbol{C}_{\boldsymbol{\varepsilon}}\right)^{-1}(\boldsymbol{Z} - \boldsymbol{H}\boldsymbol{m}_{\boldsymbol{X}}) \tag{2.153}$$

$$\boldsymbol{P} = \boldsymbol{C}_{\boldsymbol{X}} - \boldsymbol{C}_{\boldsymbol{X}}\boldsymbol{H}^{\mathrm{T}}\left(\boldsymbol{H}\boldsymbol{C}_{\boldsymbol{X}}\boldsymbol{H}^{\mathrm{T}} + \boldsymbol{C}_{\boldsymbol{\varepsilon}}\right)^{-1}\boldsymbol{H}\boldsymbol{C}_{\boldsymbol{X}} \tag{2.154}$$

上述两式的另一种表达式为

$$\hat{\boldsymbol{X}}_{\mathrm{MV}}(\boldsymbol{Z}) = \left(\boldsymbol{C}_{\boldsymbol{X}}^{-1} + \boldsymbol{H}^{\mathrm{T}}\boldsymbol{C}_{\boldsymbol{\varepsilon}}^{-1}\boldsymbol{H}\right)^{-1}\left(\boldsymbol{H}^{\mathrm{T}}\boldsymbol{C}_{\boldsymbol{\varepsilon}}^{-1}\boldsymbol{Z} + \boldsymbol{C}_{\boldsymbol{X}}^{-1}\boldsymbol{m}_{\boldsymbol{X}}\right) \tag{2.155}$$

$$\boldsymbol{P} = \left(\boldsymbol{C}_{\boldsymbol{X}}^{-1} + \boldsymbol{H}^{\mathrm{T}}\boldsymbol{C}_{\boldsymbol{\varepsilon}}^{-1}\boldsymbol{H}\right)^{-1} \tag{2.156}$$

例 2.34 设 $\boldsymbol{X}$ 为服从正态分布的随机变量，均值为 $m_{\boldsymbol{X}}$，方差为 $\boldsymbol{C}_{\boldsymbol{X}}$，对 $\boldsymbol{X}$ 用 m 台仪器同时直接测量，测量误差都是服从正态分布的随机变量，均值为零，方差为 $\boldsymbol{C}_{\boldsymbol{\varepsilon}}$，求 $\boldsymbol{X}$ 的最小方差估计和估计的均方误差。

解 根据题意，量测方程为 $\boldsymbol{Z} = \boldsymbol{H}\boldsymbol{X} + \varepsilon$，式中，

$$\boldsymbol{Z} = \begin{bmatrix} Z_1 \\ Z_2 \\ \vdots \\ Z_m \end{bmatrix}, \quad \boldsymbol{H} = \begin{bmatrix} 1 \\ 1 \\ \vdots \\ 1 \end{bmatrix}, \quad \varepsilon = \begin{bmatrix} \varepsilon_1 \\ \varepsilon_2 \\ \vdots \\ \varepsilon_m \end{bmatrix}, \quad \text{var}[\boldsymbol{\varepsilon}] = \boldsymbol{C}_{\boldsymbol{\varepsilon}}\boldsymbol{I}$$

由式 (2.155) 和式 (2.156)，得

$$\begin{aligned}
\hat{\boldsymbol{X}}_{\mathrm{MV}} &= \left(\frac{1}{\boldsymbol{C}_{\boldsymbol{X}}} + \frac{m}{\boldsymbol{C}_{\boldsymbol{\varepsilon}}}\right)^{-1}\left(\frac{1}{\boldsymbol{C}_{\boldsymbol{\varepsilon}}}\sum_{i=1}^{m}\boldsymbol{Z}_i + \frac{\boldsymbol{m}_{\boldsymbol{X}}}{\boldsymbol{C}_{\boldsymbol{X}}}\right) \\
&= m_{\boldsymbol{X}} + \frac{m\boldsymbol{C}_{\boldsymbol{X}}}{m\boldsymbol{C}_{\boldsymbol{X}} + \boldsymbol{C}_{\boldsymbol{\varepsilon}}}\left(\frac{1}{m}\sum_{i=1}^{m}\boldsymbol{Z}_i - m_{\boldsymbol{X}}\right)
\end{aligned}$$

$$P=\left(\frac{1}{\boldsymbol{C_X}}+\frac{m}{\boldsymbol{C_\varepsilon}}\right)^{-1}=\frac{\boldsymbol{C_X C_\varepsilon}}{m\boldsymbol{C_X}+\boldsymbol{C_\varepsilon}}$$

由于 $\boldsymbol{P}=\mathrm{var}(\boldsymbol{X}-\hat{\boldsymbol{X}})$，它反映了估计误差的分散程度，所以 $\boldsymbol{P}$ 描述了估计的精度，$\boldsymbol{P}$ 越小，估计精度就越高。从 $\boldsymbol{P}$ 的表达式可看出，测量仪器越多，估计精度就越高。

2.4.2 极大似然估计准则

极大似然估计是使 $\boldsymbol{Z}$ 的条件概率密度 $p(\boldsymbol{z}|\boldsymbol{x})$ 在量测值 $\boldsymbol{Z}=\boldsymbol{z}$ 处达到最大的 $\boldsymbol{x}$ 值。

设 $\boldsymbol{X}$ 是被估计量，$\boldsymbol{Z}$ 是 $\boldsymbol{X}$ 的量测值，$p(\boldsymbol{z}|\boldsymbol{x})$ 是 $\boldsymbol{X}=\boldsymbol{x}$ 的条件下，量测量 $\boldsymbol{Z}$ 的条件概率密度，$p(\boldsymbol{z}|\boldsymbol{x})$ 称为 $\boldsymbol{X}$ 的似然函数。如果由获得的量测量 $\boldsymbol{Z}=\boldsymbol{z}$ 解算得的估计值 $\hat{\boldsymbol{X}}_{\mathrm{ML}}(\boldsymbol{Z})$ 使

$$p(\boldsymbol{z}|\boldsymbol{x})\big|_{\boldsymbol{x}=\hat{\boldsymbol{X}}_{\mathrm{ML}}(\boldsymbol{Z})}=\max \tag{2.157}$$

则 $\hat{\boldsymbol{X}}_{\mathrm{ML}}(\boldsymbol{Z})$ 称为 $\boldsymbol{X}$ 的极大似然估计。

式 (2.157) 可改写为

$$\ln p(\boldsymbol{z}|\boldsymbol{x})\big|_{\boldsymbol{x}=\hat{\boldsymbol{X}}_{\mathrm{ML}}}=\max \tag{2.158}$$

式中 $\hat{\boldsymbol{X}}_{\mathrm{ML}}$ 应满足方程

$$\left.\frac{\partial \ln p(\boldsymbol{z}|\boldsymbol{x})}{\partial \boldsymbol{x}}\right|_{\boldsymbol{x}=\hat{\boldsymbol{X}}_{\mathrm{ML}}}=\boldsymbol{0} \tag{2.159}$$

式 (2.159) 称为似然方程。

例 2.35 设 $\boldsymbol{X}$ 为 n 维随机向量，服从 $N(\boldsymbol{\mu},\boldsymbol{P})$ 分布，$\boldsymbol{Z}=\boldsymbol{HX}+\boldsymbol{\varepsilon}$，其中，$\boldsymbol{\varepsilon}$ 为 m 维随机向量，服从 $N(\boldsymbol{0},\boldsymbol{R})$ 分布，$\boldsymbol{X}$ 与 $\boldsymbol{\varepsilon}$ 相互独立，求 $\hat{\boldsymbol{X}}_{\mathrm{ML}}$。

解 由于 $\boldsymbol{X}$ 和 $\boldsymbol{\varepsilon}$ 都服从正态分布，所以 $\boldsymbol{Z}=\boldsymbol{HX}+\boldsymbol{\varepsilon}$ 也服从正态分布，$\boldsymbol{X}$ 和 $\boldsymbol{Z}$ 的联合分布 $p(\boldsymbol{x},\boldsymbol{z})$ 也是正态的。根据贝叶斯定理

$$p(\boldsymbol{z}|\boldsymbol{x})=\frac{p(\boldsymbol{x},\boldsymbol{z})}{p_{\boldsymbol{X}}(\boldsymbol{x})}$$

也是正态的。要获得 $p(\boldsymbol{z}|\boldsymbol{x})$，只须求取 $\boldsymbol{Z}$ 的条件均值和条件方差。由定理 2.3 知，$\boldsymbol{Z}$ 在 $\boldsymbol{X}=\boldsymbol{x}$ 条件下的条件均值即为 $\boldsymbol{Z}$ 的最小方差估计，根据式 (2.140) 和式 (2.141)，得 $\boldsymbol{Z}$ 的条件均值和条件方差分别为

$$E[\boldsymbol{Z}|\boldsymbol{x}]=E[\boldsymbol{Z}]+\mathrm{cov}(\boldsymbol{Z},\boldsymbol{X})\left(\mathrm{var}[\boldsymbol{X}]\right)^{-1}(\boldsymbol{x}-E[\boldsymbol{X}])$$
$$\mathrm{var}[\boldsymbol{Z}|\boldsymbol{x}]=\mathrm{var}[\boldsymbol{Z}]-\mathrm{cov}(\boldsymbol{Z},\boldsymbol{X})\left(\mathrm{var}[\boldsymbol{X}]\right)^{-1}\mathrm{cov}(\boldsymbol{X},\boldsymbol{Z})$$

而

$$E[\boldsymbol{X}] = \boldsymbol{\mu}, \quad \text{var}[\boldsymbol{X}] = \boldsymbol{P}$$
$$E[\boldsymbol{Z}] = \boldsymbol{H\mu}, \quad \text{var}[\boldsymbol{Z}] = \boldsymbol{HPH}^{\text{T}} + \boldsymbol{R}$$
$$\text{cov}(\boldsymbol{X}, \boldsymbol{Z}) = \boldsymbol{PH}^{\text{T}}$$
$$\text{cov}(\boldsymbol{Z}, \boldsymbol{X}) = [\text{cov}(\boldsymbol{X}, \boldsymbol{Z})]^{\text{T}} = \boldsymbol{HP}$$

所以

$$E[\boldsymbol{Z}|\boldsymbol{x}] = \boldsymbol{H\mu} + \boldsymbol{HPP}^{-1}(\boldsymbol{x} - \boldsymbol{\mu}) = \boldsymbol{Hx}$$
$$\text{var}[\boldsymbol{Z}|\boldsymbol{x}] = \boldsymbol{HPH}^{\text{T}} + \boldsymbol{R} - \boldsymbol{HPP}^{-1}\boldsymbol{PH}^{\text{T}} = \boldsymbol{R}$$

因此，似然函数为

$$p(\boldsymbol{z}|\boldsymbol{x}) = \frac{1}{\sqrt{(2\pi)^m |\boldsymbol{R}|}} \exp\left[-\frac{1}{2}(\boldsymbol{z} - \boldsymbol{Hx})^{\text{T}} \boldsymbol{R}^{-1} (\boldsymbol{z} - \boldsymbol{Hx})\right]$$

对数形式为

$$\ln p(\boldsymbol{z}|\boldsymbol{x}) = -\frac{m}{2}\ln(2\pi) - \frac{1}{2}\ln|\boldsymbol{R}| - \frac{1}{2}(\boldsymbol{z} - \boldsymbol{Hx})^{\text{T}} \boldsymbol{R}^{-1} (\boldsymbol{z} - \boldsymbol{Hx})$$

极大似然估计应满足

$$\left.\frac{\partial \ln p(\boldsymbol{z}|\boldsymbol{x})}{\partial \boldsymbol{x}}\right|_{\boldsymbol{x}=\hat{\boldsymbol{X}}_{\text{ML}}} = \boldsymbol{0}$$

即

$$\boldsymbol{H}^{\text{T}}\boldsymbol{R}^{-1}\left(\boldsymbol{z} - \boldsymbol{H}\hat{\boldsymbol{X}}_{\text{ML}}\right) = \boldsymbol{0}$$

所以

$$\hat{\boldsymbol{X}}_{\text{ML}} = (\boldsymbol{H}^{\text{T}}\boldsymbol{R}^{-1}\boldsymbol{H})^{-1}\boldsymbol{H}^{\text{T}}\boldsymbol{R}^{-1}\boldsymbol{z}$$

式中，$\boldsymbol{z}$ 是某一测量值。

习　　题

2-1 设有正态分布的变量平稳随机过程 $X(t)$，其相关函数为 $R(\tau)$，均值为零，$X(t)$ 能够正确测量到，试根据 $X(t)$ 用最小方差估计的方法来预测 $X(t+T)$。

2-2 设 X 和 N 为相互独立的正态随机变量，均值分别为 m_X 和 m_N，方差分别为 V_X 和 V_N，量测为 $Z = X + N$，测量得 $Z = z$，求 X 的最小方差估计 $\hat{X}_{\text{MV}}(z)$。

2-3 证明下述结论：

（1）若 $\boldsymbol{X}$ 和 $\boldsymbol{Y}$ 为两个相互独立的随机向量，则 $\boldsymbol{X}$ 和 $\boldsymbol{Y}$ 一定不相关。

（2）若 $\boldsymbol{X}$ 和 $\boldsymbol{Y}$ 是两个服从正态分布且不相关的随机向量，则 $\boldsymbol{X}$ 和 $\boldsymbol{Y}$ 一定相互独立。

2-4 设 X 是服从正态分布的随机变量，均值为 m，方差为 σ^2，其中 σ^2 已知，m 未知，对 X 作 n 次独立量测，得量测值 $\boldsymbol{X} = \begin{bmatrix} X_1 & X_2 & \cdots & X_n \end{bmatrix}^{\mathrm{T}}$，求 m 的极大似然估计 $m_{\mathrm{ML}}(\boldsymbol{X})$。

2-5 设某设备的电压是正态分布的随机变量，均值为 m_e，方差为 C_e。

(1) 用两块较好的电压表同时测量得电压 Z_1 和 Z_2，测量误差是零均值的正态分布随机变量，方差为 C_V，求最小方差估计 $\hat{E}$ 和均方误差 P_e。

(2) 如果用四块较差的电压表同时测量得的电压为 Z_1，Z_2，Z_3 和 Z_4，测量误差也都是零均值的正态分布随机变量，方差都是 $2C_V$，求最小方差估计 $\hat{E}$ 和均方误差 P_e。

(3) 比较上述两种方法的精度。

2-6 试证明独立增量过程是一类特殊的马尔可夫过程。

第 3 章 最小二乘方法

线性模型未知参数的估计，在飞行器试验统计分析中有着重要应用。对于线性估计而言，最小二乘方法已被广泛地应用于工程技术的各个领域。

最小二乘的理论基础是由高斯 (1809) 和随后的莫卡夫 (1900) 所奠定的，它本质上是一种数学优化技术，通过最小化误差的平方和找到一组数据的最佳函数拟合。

1801 年意大利天文学家皮亚齐发现了第一颗小行星谷神星，在 40 天的跟踪观测后，谷神星运行至太阳背后。皮亚齐失去了谷神星的位置。随后全世界的科学家通过皮亚齐的观测数据开始了寻找谷神星的行动。但是大多数的计算都没有结果，只有当时年仅 24 岁的高斯成功计算出了谷神星的轨道，奥地利天文学家海因里希 · 奥尔伯斯在高斯计算出的轨道上重新发现了谷神星，从此高斯闻名世界。高斯的最小二乘的方法发表在其 1809 年的著作《天体运动论》中。法国科学家勒让德也于 1806 年独立发明了最小二乘方法。1829 年，高斯提供了最小二乘方法比其他方法更优的证明：最小二乘方法在很多方面优化效果强于其他方法。该定理被称为高斯–莫卡夫定理。

3.1 线性系统的参数估计

设在 t_i 时刻的观测量为 $z_i, i=1,\cdots,n$, 且 z_i 可表示为未知参数 $\theta_1,\cdots,\theta_m$ 的线性函数和扰动项 ε_i 之和，即

$$z_i = b_{i1}\theta_1 + \cdots + b_{im}\theta_m + \varepsilon_i, \quad i=1,\cdots,n \tag{3.1}$$

假定观测之间不相关，且有 $E[\varepsilon_i]=0, \mathrm{var}[\varepsilon_i]=\sigma^2$，记

$$\boldsymbol{Z} = \begin{bmatrix} z_1 \\ \vdots \\ z_n \end{bmatrix}, \quad \boldsymbol{X} = \begin{bmatrix} \theta_1 \\ \vdots \\ \theta_m \end{bmatrix}, \quad \boldsymbol{\varepsilon} = \begin{bmatrix} \varepsilon_1 \\ \vdots \\ \varepsilon_n \end{bmatrix}, \quad \boldsymbol{H} = \begin{bmatrix} b_{11} & \cdots & b_{1m} \\ \vdots & \vdots & \vdots \\ b_{n1} & \cdots & b_{nm} \end{bmatrix} \tag{3.2}$$

则

$$\boldsymbol{Z} = \boldsymbol{H}\boldsymbol{X} + \boldsymbol{\varepsilon} \tag{3.3}$$

称 $\boldsymbol{Z}$ 为观测量，$\boldsymbol{H}$ 为已知的系数矩阵 (设计矩阵)，$\boldsymbol{X}$ 为未知参数向量，$\boldsymbol{\varepsilon}$ 为观测误差向量

$$E[\boldsymbol{\varepsilon}] = \boldsymbol{0}, \quad \operatorname{var}[\boldsymbol{\varepsilon}] = E[\boldsymbol{\varepsilon}\boldsymbol{\varepsilon}^{\mathrm{T}}] = \sigma^2 \boldsymbol{I} \tag{3.4}$$

于是，$E[\boldsymbol{Z}] = \boldsymbol{HX}, \operatorname{var}[\boldsymbol{Z}] = \sigma^2 \boldsymbol{I}$ 为线性模型基本表述，称为高斯–莫卡夫结构，问题是根据观测向量 $\boldsymbol{Z}$ 去估计未知参数向量 $\boldsymbol{X}$ 及 σ^2。

更为一般的结构为

$$E[\boldsymbol{Z}] = \boldsymbol{HX}, \quad \operatorname{var}[\boldsymbol{Z}] = \sigma^2 \boldsymbol{G}, \quad \boldsymbol{G} > \boldsymbol{0} \tag{3.5}$$

表示观测之间是相关的，其中，$\boldsymbol{G}$ 假定是已知的，即观测的相关性已知。事实上，做变换 $\boldsymbol{Y} = \boldsymbol{G}^{-\frac{1}{2}}\boldsymbol{Z}$，于是

$$\begin{aligned} E[\boldsymbol{Y}] &= \boldsymbol{G}^{-\frac{1}{2}}\boldsymbol{HX} \triangleq \boldsymbol{UX} \\ \operatorname{var}[\boldsymbol{Y}] &= E[(\boldsymbol{Y} - \boldsymbol{UX})(\boldsymbol{Y} - \boldsymbol{UX})^{\mathrm{T}}] \\ &= E\left[\boldsymbol{G}^{-\frac{1}{2}}(\boldsymbol{Z} - \boldsymbol{HX})(\boldsymbol{Z} - \boldsymbol{HX})^{\mathrm{T}}(\boldsymbol{G}^{-\frac{1}{2}})^{\mathrm{T}}\right] \\ &= \boldsymbol{G}^{-\frac{1}{2}}\sigma^2 \boldsymbol{G}\boldsymbol{G}^{-\frac{1}{2}} = \sigma^2 \boldsymbol{I} \end{aligned} \tag{3.6}$$

即

$$E[\boldsymbol{Y}] = \boldsymbol{UX}, \quad \operatorname{var}[\boldsymbol{Y}] = \sigma^2 \boldsymbol{I}$$

因此线性模型之下的参数估计问题都可以用 $(\boldsymbol{Z}, \boldsymbol{HX}, \sigma^2\boldsymbol{I}, n, m)$ 来描述。

例 3.1 设 $E[z(t)] = \theta_1 + \theta_2 t + \cdots + \theta_m t^{m-1}$，其中，$\theta_1, \cdots, \theta_{m-1}$ 是未知待定参数，在 $t_1, \cdots, t_n$ 的观测值为

$$z(t_i) \triangleq z_i = \theta_1 + \theta_2 t_i + \cdots + \theta_m t_i^{m-1} + \varepsilon_i$$

引入向量矩阵记号

$$\boldsymbol{X} = [\theta_1, \cdots, \theta_m]^{\mathrm{T}}, \quad \boldsymbol{\varepsilon} = [\varepsilon_1, \cdots, \varepsilon_n]^{\mathrm{T}}, \quad \boldsymbol{Z} = [z_1, \cdots, z_n]^{\mathrm{T}}$$

$$\boldsymbol{H} = \begin{bmatrix} 1 & t_1 & \cdots & t_1^{m-1} \\ 1 & t_2 & \cdots & t_2^{m-1} \\ \vdots & \vdots & \cdots & \vdots \\ 1 & t_n & \cdots & t_n^{m-1} \end{bmatrix}$$

则 $\boldsymbol{Z} = \boldsymbol{HX} + \boldsymbol{\varepsilon}$，为多项式拟合模型。当然曲线拟合也可以用不同于多项式的函数来进行，如 $E[z] = \theta_1 + \theta_2 \sin t + \theta_3 \mathrm{e}^{-t}$ 作为拟合曲线，此时

$$\boldsymbol{H} = \begin{bmatrix} 1 & \sin t_1 & \mathrm{e}^{-t_1} \\ \vdots & \vdots & \vdots \\ 1 & \sin t_n & \mathrm{e}^{-t_n} \end{bmatrix}$$

例 3.2　线性时变离散系统初态 $\boldsymbol{X}(0)$ 的识别问题。考虑线性离散系统 $\boldsymbol{X}(k+1)=\boldsymbol{\Phi}(k+1,k)\boldsymbol{X}(k)$，$\boldsymbol{Z}(k)=\boldsymbol{H}(k)\boldsymbol{X}(k)+\boldsymbol{\varepsilon}(k)$，于是根据

$$\boldsymbol{X}(k)=\boldsymbol{\Phi}(k,0)\boldsymbol{X}(0)$$

记

$$\boldsymbol{Z}=[\boldsymbol{Z}(1),\cdots,\boldsymbol{Z}(n)]^{\mathrm{T}},\quad \boldsymbol{\varepsilon}=[\boldsymbol{\varepsilon}(1),\cdots,\boldsymbol{\varepsilon}(n)]^{\mathrm{T}}$$

$$\boldsymbol{H}=\begin{bmatrix}\boldsymbol{H}(1)\boldsymbol{\Phi}(1,0)\\ \boldsymbol{H}(2)\boldsymbol{\Phi}(2,0)\\ \vdots\\ \boldsymbol{H}(n)\boldsymbol{\Phi}(n,0)\end{bmatrix}$$

则

$$\boldsymbol{Z}=\boldsymbol{H}\cdot\boldsymbol{X}(0)+\boldsymbol{\varepsilon}$$

此为典型的初态识别问题。

3.2　批处理最小二乘方法

3.2.1　基本算法推导

对于模型 $(\boldsymbol{Z},\boldsymbol{H}\boldsymbol{X},\sigma^2\boldsymbol{I},n,m)$，若 $\boldsymbol{b}$ 为 $\boldsymbol{X}$ 的某一估计，则以 $\boldsymbol{H}\boldsymbol{b}$ 拟合 $\boldsymbol{Z}$ 造成的残差为 $\boldsymbol{e}=\boldsymbol{Z}-\boldsymbol{H}\boldsymbol{b}$，残差的平方和为

$$\begin{aligned}S(\boldsymbol{b})&=\boldsymbol{e}^{\mathrm{T}}\boldsymbol{e}\\&=(\boldsymbol{Z}-\boldsymbol{H}\boldsymbol{b})^{\mathrm{T}}(\boldsymbol{Z}-\boldsymbol{H}\boldsymbol{b})\\&=\boldsymbol{Z}^{\mathrm{T}}\boldsymbol{Z}-2\boldsymbol{b}^{\mathrm{T}}\boldsymbol{H}^{\mathrm{T}}\boldsymbol{Z}+\boldsymbol{b}^{\mathrm{T}}\boldsymbol{H}^{\mathrm{T}}\boldsymbol{H}\boldsymbol{b}\end{aligned}\tag{3.7}$$

$\boldsymbol{S}(\boldsymbol{b})$ 越小，则以 $\boldsymbol{H}\boldsymbol{b}$ 拟合 $\boldsymbol{Z}$ 的性能越好，使得拟合的残差平方和最小的估计通常称为最小二乘估计，即

$$\frac{\partial S(\boldsymbol{b})}{\partial \boldsymbol{b}}=-2\boldsymbol{H}^{\mathrm{T}}\boldsymbol{Z}+2\boldsymbol{H}^{\mathrm{T}}\boldsymbol{H}\boldsymbol{b}=0\Rightarrow \boldsymbol{H}^{\mathrm{T}}\boldsymbol{H}\boldsymbol{b}=\boldsymbol{H}^{\mathrm{T}}\boldsymbol{Z}\tag{3.8}$$

式 (3.8) 为最小二乘估计的正则方程。

假定 $\boldsymbol{H}$ 是列满秩的，即 $\mathrm{rank}[\boldsymbol{H}]=m<n$，则 $\boldsymbol{H}^{\mathrm{T}}\boldsymbol{H}$ 的逆矩阵存在。所以，$\boldsymbol{X}$ 的最小二乘估计为

$$\hat{\boldsymbol{X}}_{\mathrm{LS}}=(\boldsymbol{H}^{\mathrm{T}}\boldsymbol{H})^{-1}\boldsymbol{H}^{\mathrm{T}}\boldsymbol{Z}\tag{3.9}$$

式 (3.9) 为等精度观测之下，$\boldsymbol{X}$ 的最小二乘估计公式。

对于更一般的模型 $(\boldsymbol{Z},\boldsymbol{HX},\boldsymbol{\Sigma},n,m)$，做变换 $\boldsymbol{Y}=\boldsymbol{\Sigma}^{-\frac{1}{2}}\boldsymbol{Z}$，模型变为 $(\boldsymbol{Y},\boldsymbol{UX},\boldsymbol{I},n,m)$，其中 $\boldsymbol{U}=\boldsymbol{\Sigma}^{-\frac{1}{2}}\boldsymbol{H}$，则 $\boldsymbol{X}$ 的最小二乘估计为

$$\begin{aligned}\hat{\boldsymbol{X}}_{\mathrm{LS}}&=(\boldsymbol{U}^{\mathrm{T}}\boldsymbol{U})^{-1}\boldsymbol{U}^{\mathrm{T}}\boldsymbol{Y}\\&=\left[\left(\boldsymbol{\Sigma}^{-\frac{1}{2}}\boldsymbol{H}\right)^{\mathrm{T}}\boldsymbol{\Sigma}^{-\frac{1}{2}}\boldsymbol{H}\right]^{-1}\left(\boldsymbol{\Sigma}^{-\frac{1}{2}}\boldsymbol{H}\right)^{\mathrm{T}}\boldsymbol{\Sigma}^{-\frac{1}{2}}\boldsymbol{Z}\\&=\left(\boldsymbol{H}^{\mathrm{T}}\boldsymbol{\Sigma}^{-\frac{1}{2}}\boldsymbol{\Sigma}^{-\frac{1}{2}}\boldsymbol{H}\right)^{-1}\boldsymbol{H}^{\mathrm{T}}\boldsymbol{\Sigma}^{-\frac{1}{2}}\boldsymbol{\Sigma}^{-\frac{1}{2}}\boldsymbol{Z}\\&=(\boldsymbol{H}^{\mathrm{T}}\boldsymbol{\Sigma}^{-1}\boldsymbol{H})^{-1}\boldsymbol{H}^{\mathrm{T}}\boldsymbol{\Sigma}^{-1}\boldsymbol{Z}\end{aligned}\tag{3.10}$$

上式为 $\boldsymbol{X}$ 的加权最小二乘估计，$\boldsymbol{\Sigma}^{-1}$ 为权系数矩阵。

残差为

$$\begin{aligned}\boldsymbol{e}&=\boldsymbol{Z}-\boldsymbol{H}\hat{\boldsymbol{X}}_{\mathrm{LS}}\\&=\boldsymbol{Z}-\boldsymbol{H}(\boldsymbol{H}^{\mathrm{T}}\boldsymbol{H})^{-1}\boldsymbol{H}^{\mathrm{T}}\boldsymbol{Z}\\&=[\boldsymbol{I}-\boldsymbol{H}(\boldsymbol{H}^{\mathrm{T}}\boldsymbol{H})^{-1}\boldsymbol{H}^{\mathrm{T}}]\boldsymbol{Z}\\&=\boldsymbol{RZ}\end{aligned}$$

其中，

$$\boldsymbol{R}=\boldsymbol{I}-\boldsymbol{H}(\boldsymbol{H}^{\mathrm{T}}\boldsymbol{H})^{-1}\boldsymbol{H}^{\mathrm{T}}$$

矩阵 $\boldsymbol{R}$ 和 $(\boldsymbol{I}-\boldsymbol{R})$ 都属于基本的投影矩阵，具有如下性质。

(1) 对称性，即 $\boldsymbol{R}^{\mathrm{T}}=\boldsymbol{R},(\boldsymbol{I}-\boldsymbol{R})^{\mathrm{T}}=\boldsymbol{I}-\boldsymbol{R}$。

(2) 幂等性，即 $\boldsymbol{R}^2=\boldsymbol{RR}=\boldsymbol{R},(\boldsymbol{I}-\boldsymbol{R})^2=\boldsymbol{I}-\boldsymbol{R}$。

最小二乘估计造成的残差平方和 (SSE) 为

$$\begin{aligned}\mathrm{SSE}=\boldsymbol{e}^{\mathrm{T}}\boldsymbol{e}&=(\boldsymbol{RZ})^{\mathrm{T}}\boldsymbol{RZ}\\&=\boldsymbol{Z}^{\mathrm{T}}\boldsymbol{R}^{\mathrm{T}}\boldsymbol{RZ}=\boldsymbol{Z}^{\mathrm{T}}\boldsymbol{RZ}\\&=\boldsymbol{Z}^{\mathrm{T}}[\boldsymbol{I}-\boldsymbol{H}(\boldsymbol{H}^{\mathrm{T}}\boldsymbol{H})^{-1}\boldsymbol{H}^{\mathrm{T}}]\boldsymbol{Z}\\&=\boldsymbol{Z}^{\mathrm{T}}\boldsymbol{Z}-\boldsymbol{Z}^{\mathrm{T}}\boldsymbol{H}(\boldsymbol{H}^{\mathrm{T}}\boldsymbol{H})^{-1}\boldsymbol{H}^{\mathrm{T}}\boldsymbol{Z}\\&=\boldsymbol{Z}^{\mathrm{T}}\boldsymbol{Z}-\boldsymbol{Z}^{\mathrm{T}}\boldsymbol{H}\hat{\boldsymbol{X}}_{\mathrm{LS}}\\&=\boldsymbol{Z}^{\mathrm{T}}\boldsymbol{e}\end{aligned}\tag{3.11}$$

3.2.2 估计性质

1) 无偏性

在模型假设之下，$\hat{\boldsymbol{X}}_{\mathrm{LS}}$ 为 $\boldsymbol{X}$ 的无偏估计。因为

$$\begin{aligned}\hat{\boldsymbol{X}}_{\text{LS}} &= (\boldsymbol{H}^{\text{T}}\boldsymbol{H})^{-1}\boldsymbol{H}^{\text{T}}\boldsymbol{Z} \\ &= (\boldsymbol{H}^{\text{T}}\boldsymbol{H})^{-1}\boldsymbol{H}^{\text{T}}(\boldsymbol{H}\boldsymbol{X}+\boldsymbol{\varepsilon}) \\ &= \boldsymbol{X}+(\boldsymbol{H}^{\text{T}}\boldsymbol{H})^{-1}\boldsymbol{H}^{\text{T}}\boldsymbol{\varepsilon}\end{aligned} \tag{3.12}$$

即

$$\boldsymbol{E}[\hat{\boldsymbol{X}}_{\text{LS}}] = \boldsymbol{X}$$

2) 估计的方差

$$\boldsymbol{P} \triangleq \text{var}[\hat{\boldsymbol{X}}_{\text{LS}}] = \sigma^2(\boldsymbol{H}^{\text{T}}\boldsymbol{H})^{-1} \tag{3.13}$$

$$\begin{aligned}\text{var}[\hat{\boldsymbol{X}}_{\text{LS}}] &= E[(\hat{\boldsymbol{X}}_{\text{LS}}-E[\hat{\boldsymbol{X}}_{\text{LS}}])(\hat{\boldsymbol{X}}_{\text{LS}}-E[\hat{\boldsymbol{X}}_{\text{LS}}])^{\text{T}}] \\ &= E[(\hat{\boldsymbol{X}}_{\text{LS}}-\boldsymbol{X})(\hat{\boldsymbol{X}}_{\text{LS}}-\boldsymbol{X})^{\text{T}}] \\ &= E[(\boldsymbol{H}^{\text{T}}\boldsymbol{H})^{-1}\boldsymbol{H}^{\text{T}}\boldsymbol{\varepsilon}\cdot\boldsymbol{\varepsilon}^{\text{T}}\boldsymbol{H}(\boldsymbol{H}^{\text{T}}\boldsymbol{H})^{-1}] \\ &= (\boldsymbol{H}^{\text{T}}\boldsymbol{H})^{-1}\boldsymbol{H}^{\text{T}}\cdot\sigma^2\boldsymbol{I}\cdot\boldsymbol{H}(\boldsymbol{H}^{\text{T}}\boldsymbol{H})^{-1} \\ &= \sigma^2(\boldsymbol{H}^{\text{T}}\boldsymbol{H})^{-1}\end{aligned} \tag{3.14}$$

加权最小二乘估计 $\hat{\boldsymbol{X}}_{\text{LS}} = (\boldsymbol{H}^{\text{T}}\boldsymbol{\Sigma}^{-1}\boldsymbol{H})^{-1}\boldsymbol{H}^{\text{T}}\boldsymbol{\Sigma}^{-1}\boldsymbol{Z}$ 的方差阵为

$$\boldsymbol{P} = (\boldsymbol{H}^{\text{T}}\boldsymbol{\Sigma}^{-1}\boldsymbol{H})^{-1} \tag{3.15}$$

3) σ^2 的估计

在等精度观测下，如果 $\boldsymbol{H}$ 满秩，则 σ^2 的无偏估计为

$$\hat{\sigma}^2 = \frac{\text{SSE}}{n-m} \tag{3.16}$$

注意到

$$\begin{aligned}\boldsymbol{e} = \boldsymbol{Z}-\boldsymbol{H}\hat{\boldsymbol{X}}_{\text{LS}} &= \boldsymbol{H}\boldsymbol{X}+\boldsymbol{\varepsilon}-\boldsymbol{H}(\boldsymbol{H}^{\text{T}}\boldsymbol{H})^{-1}\boldsymbol{H}^{\text{T}}(\boldsymbol{H}\boldsymbol{X}+\boldsymbol{\varepsilon}) \\ &= [\boldsymbol{I}-\boldsymbol{H}(\boldsymbol{H}^{\text{T}}\boldsymbol{H})^{-1}\boldsymbol{B}^{\text{T}}]\boldsymbol{\varepsilon} = \boldsymbol{R}\boldsymbol{\varepsilon}\end{aligned} \tag{3.17}$$

$$\begin{aligned}E[\text{SSE}] &= E[\boldsymbol{e}^{\text{T}}\boldsymbol{e}] = E[\boldsymbol{\varepsilon}^{\text{T}}\boldsymbol{R}\boldsymbol{\varepsilon}] = E[\text{tr}(\boldsymbol{R}\boldsymbol{\varepsilon}\boldsymbol{\varepsilon}^{\text{T}})] \\ &= \text{tr}(\boldsymbol{R}\cdot\sigma^2\boldsymbol{I}) = \sigma^2\text{tr}(\boldsymbol{R}) = \sigma^2\text{tr}(\boldsymbol{I}_n)-\sigma^2\text{tr}[\boldsymbol{H}(\boldsymbol{H}^{\text{T}}\boldsymbol{H})^{-1}\boldsymbol{H}^{\text{T}}] \\ &= \sigma^2 n-\sigma^2\text{tr}[(\boldsymbol{H}^{\text{T}}\boldsymbol{H})^{-1}\boldsymbol{H}^{\text{T}}\boldsymbol{H}] = (n-m)\sigma^2\end{aligned} \tag{3.18}$$

4) $\dfrac{\text{SSE}}{\sigma^2}$ 的分布

测量误差为正态向量时，$\dfrac{\text{SSE}}{\sigma^2}$ 为 $(n-m)$ 个自由度的 χ^2 分布，即

$$\frac{\text{SSE}}{\sigma^2} \sim \chi^2(n-m) \tag{3.19}$$

注意到 $\boldsymbol{e}=\boldsymbol{R}\boldsymbol{\varepsilon}\sim\boldsymbol{N}(0,\sigma^2\boldsymbol{R})$，利用 $\boldsymbol{Q}$ 作单位正交变换，使得 $\boldsymbol{R}$ 对角化，有

$$\boldsymbol{Q}\boldsymbol{R}\boldsymbol{Q}^{\mathrm{T}}=\sigma^2\begin{bmatrix}\boldsymbol{I}_{n-m} & 0\\ 0 & \boldsymbol{0}_m\end{bmatrix} \tag{3.20}$$

于是

$$\boldsymbol{Y}=\boldsymbol{Q}\frac{\boldsymbol{e}}{\sigma}\sim N(0,\sigma^{-2}\boldsymbol{Q}\boldsymbol{R}\boldsymbol{Q}^{\mathrm{T}})\sim N\left(0,\begin{bmatrix}\boldsymbol{I}_{n-m} & 0\\ 0 & \boldsymbol{0}_m\end{bmatrix}\right) \tag{3.21}$$

则 $\boldsymbol{Y}^{\mathrm{T}}\boldsymbol{Y}\sim\chi^2(n-m)$，即 $\dfrac{\mathrm{SSE}}{\sigma^2}=\dfrac{1}{\sigma^2}(\sigma\boldsymbol{Q}^{\mathrm{T}}\boldsymbol{Y})^{\mathrm{T}}\sigma\boldsymbol{Q}^{\mathrm{T}}\boldsymbol{Y}=\boldsymbol{Y}^{\mathrm{T}}\boldsymbol{Y}\sim\chi^2(n-m)$。

3.2.3 应用举例

例 3.3 设 x 为一维的未知量，对其进行观测

$$z_i=x+\boldsymbol{\varepsilon}_i$$

测量是等精度的，方差为 σ^2，求 x 的估计和估值方差。

解 记

$$\boldsymbol{H}=[1,1,\cdots,1]^{\mathrm{T}},\quad \boldsymbol{Z}=[z_1,z_2,\cdots,z_n]^{\mathrm{T}},\quad \boldsymbol{\varepsilon}=[\varepsilon_1,\varepsilon_2,\cdots,\varepsilon_n]^{\mathrm{T}}$$

则

$$\boldsymbol{Z}=\boldsymbol{H}x+\boldsymbol{\varepsilon},\quad E[\boldsymbol{\varepsilon}]=0,\quad \mathrm{var}[\boldsymbol{\varepsilon}]=\sigma^2\boldsymbol{I}$$

x 的最小二乘估计为

$$\hat{x}_{\mathrm{LS}}=(\boldsymbol{H}^{\mathrm{T}}\boldsymbol{H})^{-1}\boldsymbol{H}^{\mathrm{T}}\boldsymbol{Z}=\frac{1}{n}\boldsymbol{H}^{\mathrm{T}}\boldsymbol{Z}=\frac{1}{n}\sum_{i=1}^{n}z_i$$

估计的方差为

$$\boldsymbol{P}=\sigma^2(\boldsymbol{H}^{\mathrm{T}}\boldsymbol{H})^{-1}=\frac{\sigma^2}{n}$$

例 3.4 在靶场试验时，飞行器的某性能参数 a 用两种设备进行测量，且已知第一种设备的测量误差的方差为 σ_1^2，第二种设备的测量误差的方差为 σ_2^2。在同一时刻对 a 进行观测，两种设备的测量是互不相关的，确定 a 的最小二乘估计。

解 记 $z_1=a+\varepsilon_1, z_2=a+\varepsilon_2$，引入向量

$$\boldsymbol{Z}=\begin{bmatrix}z_1\\ z_2\end{bmatrix},\quad \boldsymbol{H}=\begin{bmatrix}1\\ 1\end{bmatrix},\quad \boldsymbol{\varepsilon}=\begin{bmatrix}\varepsilon_1\\ \varepsilon_2\end{bmatrix}$$

则

$$\boldsymbol{Z}=\boldsymbol{H}a+\boldsymbol{\varepsilon},\quad E[\boldsymbol{\varepsilon}]=0,\quad \mathrm{var}[\boldsymbol{\varepsilon}]=\boldsymbol{\Sigma}=\begin{bmatrix}\sigma_1^2 & 0\\ 0 & \sigma_2^2\end{bmatrix}$$

由加权最小二乘估计得

$$
\begin{aligned}
\hat{a} &= (\boldsymbol{H}^{\mathrm{T}}\boldsymbol{\Sigma}^{-1}\boldsymbol{H})^{-1}\boldsymbol{H}^{\mathrm{T}}\boldsymbol{\Sigma}^{-1}\boldsymbol{Z} \\
&= \left(\frac{1}{\sigma_1^2}+\frac{1}{\sigma_2^2}\right)^{-1}\left(\frac{1}{\sigma_1^2}z_1+\frac{1}{\sigma_2^2}z_2\right) \\
&= \frac{\sigma_2^2}{\sigma_1^2+\sigma_2^2}z_1+\frac{\sigma_1^2}{\sigma_1^2+\sigma_2^2}z_2
\end{aligned}
$$

估计的方差为

$$
\operatorname{var}[\hat{a}] = (\boldsymbol{H}^{\mathrm{T}}\boldsymbol{\Sigma}^{-1}\boldsymbol{H})^{-1} = \frac{\sigma_1^2\sigma_2^2}{\sigma_1^2+\sigma_2^2} < \sigma_1^2(\sigma_2^2)
$$

例 3.5 设未知参数向量为二维向量，有三次观测

$$
\begin{aligned}
z_1 &= 2 = x_1 + x_2 + \varepsilon_1 \\
z_2 &= 1 = 0x_1 + x_2 + \varepsilon_2 \\
z_3 &= 4 = x_1 + 2x_2 + \varepsilon_3
\end{aligned}
$$

观测方差为

$$
\operatorname{var}\begin{bmatrix}\varepsilon_1\\ \varepsilon_2\\ \varepsilon_3\end{bmatrix} = \boldsymbol{\Sigma} = \begin{bmatrix}1&0&0\\0&1&0\\0&0&1\end{bmatrix}
$$

确定 $\boldsymbol{X}=\begin{bmatrix}x_1\\x_2\end{bmatrix}$ 的估计。

解 记

$$
\boldsymbol{Z}=\begin{bmatrix}z_1\\z_2\\z_3\end{bmatrix}=\begin{bmatrix}2\\1\\4\end{bmatrix},\quad \boldsymbol{H}=\begin{bmatrix}1&1\\0&1\\1&2\end{bmatrix}
$$

此时

$$
\hat{\boldsymbol{X}} = (\boldsymbol{H}^{\mathrm{T}}\boldsymbol{H})^{-1}\boldsymbol{H}^{\mathrm{T}}Z = \begin{bmatrix}1\\ \dfrac{4}{3}\end{bmatrix}
$$

估计的方差为

$$
\operatorname{var}[\hat{\boldsymbol{X}}] = (\boldsymbol{H}^{\mathrm{T}}\boldsymbol{H})^{-1} = \begin{bmatrix}2&-1\\-1&\dfrac{2}{3}\end{bmatrix}
$$

3.3 递推最小二乘方法

3.3.1 基本算法推导

最小二乘估计的形式虽然简洁，但如果观测数据增加时，最小二乘估计需要重新计算，很不方便。当新的试验数据能够连续提供时，我们希望用这些新的信息来改进原来的参数估计，称其为递推最小二乘 (recursive least square, RLS) 估计。递推最小二乘的主要特点：估计值可以不断刷新，不必重复计算矩阵求逆，可以实现序贯估计或在线估计。

观测模型为

$$z_i = b_{i1}\theta_1 + \cdots + b_{im}\theta_m + \varepsilon_i, \quad i = 1, \cdots, n \tag{3.22}$$

且 $E[\varepsilon_i] = 0, \mathrm{var}[\varepsilon_i] = \sigma_i^2, E[\varepsilon_i \varepsilon_j] = 0, i \neq j$。

记 $\boldsymbol{X} = [\theta_1, \cdots, \theta_m]^{\mathrm{T}}, \boldsymbol{B}_i = [b_{i1}, \cdots, b_{im}]^{\mathrm{T}}$，则

$$z_i = \boldsymbol{B}_i^{\mathrm{T}} \boldsymbol{X} + \varepsilon_i, \quad i = 1, \cdots, n \tag{3.23}$$

记

$$\bar{\boldsymbol{Z}}_n = \begin{bmatrix} z_1 \\ \vdots \\ z_n \end{bmatrix}, \quad \bar{\boldsymbol{\varepsilon}}_n = \begin{bmatrix} \varepsilon_1 \\ \vdots \\ \varepsilon_n \end{bmatrix}, \quad \boldsymbol{H}_n = \begin{bmatrix} \boldsymbol{B}_1^{\mathrm{T}} \\ \vdots \\ \boldsymbol{B}_n^{\mathrm{T}} \end{bmatrix} \tag{3.24}$$

则联合观测模型为 $\bar{\boldsymbol{Z}}_n = \boldsymbol{H}_n \boldsymbol{X} + \bar{\boldsymbol{\varepsilon}}_n$，且

$$\mathrm{var}[\bar{\boldsymbol{\varepsilon}}_n] = \boldsymbol{R}_n = \begin{bmatrix} \sigma_1^2 & \cdots & 0 \\ \vdots & \ddots & \vdots \\ 0 & \cdots & \sigma_n^2 \end{bmatrix} \tag{3.25}$$

记 n 次观测后，未知参数 $\boldsymbol{X}$ 的最小二乘估计为 $\hat{\boldsymbol{X}}_n$，则

$$\hat{\boldsymbol{X}}_n = (\boldsymbol{H}_n^{\mathrm{T}} \boldsymbol{R}_n^{-1} \boldsymbol{H}_n)^{-1} \boldsymbol{H}_n^{\mathrm{T}} \boldsymbol{R}_n^{-1} \bar{\boldsymbol{Z}}_n = \left(\sum_{i=1}^{n} \frac{1}{\sigma_i^2} \boldsymbol{B}_i \boldsymbol{B}_i^{\mathrm{T}} \right)^{-1} \sum_{i=1}^{n} \frac{1}{\sigma_i^2} \boldsymbol{B}_i z_i \tag{3.26}$$

如果等精度观测，即 $\sigma_i^2 = \sigma^2$，则

$$\hat{\boldsymbol{X}}_n = \left(\sum_{i=1}^{n} \boldsymbol{B}_i \boldsymbol{B}_i^{\mathrm{T}} \right)^{-1} \sum_{i=1}^{n} \boldsymbol{B}_i z_i \tag{3.27}$$

记 $\boldsymbol{W}_n=\sum_{i=1}^{n}\frac{1}{\sigma_i^2}\boldsymbol{B}_i\boldsymbol{B}_i^{\mathrm{T}}$，则

$$\boldsymbol{W}_n=\boldsymbol{W}_{n-1}+\frac{1}{\sigma_n^2}\boldsymbol{B}_n\boldsymbol{B}_n^{\mathrm{T}},\quad \hat{\boldsymbol{X}}_{n-1}=\boldsymbol{W}_{n-1}^{-1}\sum_{i=1}^{n-1}\frac{1}{\sigma_i^2}\boldsymbol{B}_i z_i \tag{3.28}$$

即

$$\boldsymbol{W}_{n-1}\hat{\boldsymbol{X}}_{n-1}=\sum_{i=1}^{n-1}\frac{1}{\sigma_i^2}\boldsymbol{B}_i z_i$$

于是

$$\begin{aligned}\hat{\boldsymbol{X}}_n&=\boldsymbol{W}_n^{-1}\sum_{i=1}^{n}\frac{1}{\sigma_i^2}\boldsymbol{B}_i z_i=\boldsymbol{W}_n^{-1}\left(\sum_{i=1}^{n-1}\frac{1}{\sigma_i^2}\boldsymbol{B}_i z_i+\frac{1}{\sigma_n^2}\boldsymbol{B}_n z_n\right)\\&=\boldsymbol{W}_n^{-1}\left(\boldsymbol{W}_{n-1}\hat{\boldsymbol{X}}_{n-1}+\frac{1}{\sigma_n^2}\boldsymbol{B}_n z_n\right)\\&=\boldsymbol{W}_n^{-1}\left[\left(\boldsymbol{W}_n-\frac{1}{\sigma_n^2}\boldsymbol{B}_n\boldsymbol{B}_n^{\mathrm{T}}\right)\hat{\boldsymbol{X}}_{n-1}+\frac{1}{\sigma_n^2}\boldsymbol{B}_n z_n\right]\\&=\boldsymbol{W}_n^{-1}\left[\boldsymbol{W}_n\hat{\boldsymbol{X}}_{n-1}+\frac{1}{\sigma_n^2}\boldsymbol{B}_n(z_n-\boldsymbol{B}_n^{\mathrm{T}}\hat{\boldsymbol{X}}_{n-1})\right]\\&=\hat{\boldsymbol{X}}_{n-1}+\frac{1}{\sigma_n^2}\boldsymbol{W}_n^{-1}\boldsymbol{B}_n(z_n-\boldsymbol{B}_n^{\mathrm{T}}\hat{\boldsymbol{X}}_{n-1})\end{aligned} \tag{3.29}$$

综上所述，有

$$\hat{\boldsymbol{X}}_n=\hat{\boldsymbol{X}}_{n-1}+\frac{1}{\sigma_n^2}\boldsymbol{W}_n^{-1}\boldsymbol{B}_n(z_n-\boldsymbol{B}_n^{\mathrm{T}}\hat{\boldsymbol{X}}_{n-1}) \tag{3.30}$$

$$\boldsymbol{W}_n=\boldsymbol{W}_{n-1}+\frac{1}{\sigma_n^2}\boldsymbol{B}_n\boldsymbol{B}_n^{\mathrm{T}} \tag{3.31}$$

在第 $n-1$ 时刻只需存储 $\hat{\boldsymbol{X}}_{n-1},\boldsymbol{W}_{n-1}$，其他的历史数据都可以抛弃，然后根据第 n 个观测时刻的观测值及其观测误差方差即可求得 $\hat{\boldsymbol{X}}_n$ 和 $\boldsymbol{W}_n$，充分体现了“获得新的观测信息，实时刷新原有估计”这一思想。

上述递推公式中，每计算一步都要进行一次 m 阶方阵求逆运算，仍有不便之处。为此引入 $\boldsymbol{P}_n=\boldsymbol{W}_n^{-1}$，应用下列矩阵求逆引理。

引理　假设矩阵 $\boldsymbol{A},\boldsymbol{B},\boldsymbol{C},\boldsymbol{D}$ 的维数使得 $\boldsymbol{BCD},\boldsymbol{A}+\boldsymbol{BCD}$ 存在，且 $\boldsymbol{A},\boldsymbol{C}$ 为可逆的方阵，于是有

$$(\boldsymbol{A}+\boldsymbol{BCD})^{-1}=\boldsymbol{A}^{-1}-\boldsymbol{A}^{-1}\boldsymbol{B}(\boldsymbol{D}\boldsymbol{A}^{-1}\boldsymbol{B}+\boldsymbol{C}^{-1})^{-1}\boldsymbol{D}\boldsymbol{A}^{-1} \tag{3.32}$$

注意到

$$\boldsymbol{P}_n = \left(\boldsymbol{P}_{n-1}^{-1} + \boldsymbol{B}_n \frac{1}{\sigma_n^2} \boldsymbol{B}_n^{\mathrm{T}}\right)^{-1}$$

令 $\boldsymbol{A} = \boldsymbol{P}_{n-1}^{-1}, \boldsymbol{B} = \boldsymbol{B}_n, \boldsymbol{C} = 1/\sigma_n^2, \boldsymbol{D} = \boldsymbol{B}_n^{\mathrm{T}}$，则有

$$\begin{aligned}\boldsymbol{P}_n &= \boldsymbol{P}_{n-1} - \boldsymbol{P}_{n-1}\boldsymbol{B}_n(\boldsymbol{B}_n^{\mathrm{T}}\boldsymbol{P}_{n-1}\boldsymbol{B}_n + \sigma_n^2)^{-1}\boldsymbol{B}_n^{\mathrm{T}}\boldsymbol{P}_{n-1} \\ &= \boldsymbol{P}_{n-1} - \frac{\boldsymbol{P}_{n-1}\boldsymbol{B}_n\boldsymbol{B}_n^{\mathrm{T}}\boldsymbol{P}_{n-1}}{\sigma_n^2 + \boldsymbol{B}_n^{\mathrm{T}}\boldsymbol{P}_{n-1}\boldsymbol{B}_n}\end{aligned} \tag{3.33}$$

于是记

$$\begin{aligned}\boldsymbol{K}_n &\triangleq \frac{1}{\sigma_n^2}\boldsymbol{W}_n^{-1}\boldsymbol{B}_n \\ &= \frac{1}{\sigma_n^2}\boldsymbol{P}_n\boldsymbol{B}_n \\ &= \frac{1}{\sigma_n^2}\left(\boldsymbol{P}_{n-1} - \frac{\boldsymbol{P}_{n-1}\boldsymbol{B}_n\boldsymbol{B}_n^{\mathrm{T}}\boldsymbol{P}_{n-1}}{\sigma_n^2 + \boldsymbol{B}_n^{\mathrm{T}}\boldsymbol{P}_{n-1}\boldsymbol{B}_n}\right)\boldsymbol{B}_n \\ &= \frac{\boldsymbol{P}_{n-1}\boldsymbol{B}_n}{\sigma_n^2 + \boldsymbol{B}_n^{\mathrm{T}}\boldsymbol{P}_{n-1}\boldsymbol{B}_n}\end{aligned} \tag{3.34}$$

可知

$$\boldsymbol{P}_n = \boldsymbol{P}_{n-1} - \boldsymbol{K}_n\boldsymbol{B}_n^{\mathrm{T}}\boldsymbol{P}_{n-1} = (\boldsymbol{I} - \boldsymbol{K}_n\boldsymbol{B}_n^{\mathrm{T}})\boldsymbol{P}_{n-1} \tag{3.35}$$

综上有

$$\begin{aligned}\hat{\boldsymbol{X}}_n &= \hat{\boldsymbol{X}}_{n-1} + \boldsymbol{K}_n(z_n - \boldsymbol{B}_n^{\mathrm{T}}\hat{X}_{n-1}) \\ \boldsymbol{K}_n &= \frac{\boldsymbol{P}_{n-1}\boldsymbol{B}_n}{\sigma_n^2 + \boldsymbol{B}_n^{\mathrm{T}}\boldsymbol{P}_{n-1}\boldsymbol{B}_n} \\ \boldsymbol{P}_n &= (\boldsymbol{I} - \boldsymbol{K}_n\boldsymbol{B}_n^{\mathrm{T}})\boldsymbol{P}_{n-1}\end{aligned} \tag{3.36}$$

对递推最小二乘法作以下说明。

(1) 当在时刻 t_{n-1} 已经算好 $\hat{\boldsymbol{X}}_{n-1}$ 和 $\boldsymbol{P}_{n-1}$ 之后，可以很方便地获得 $\hat{\boldsymbol{X}}_n$ 和 $\boldsymbol{P}_n$。为求解 $\hat{\boldsymbol{X}}_n$，只需将第 $n-1$ 时刻的估计值 $\hat{\boldsymbol{X}}_{n-1}$ 加以修正即可，修正项为 $\boldsymbol{K}_n(z_n - \boldsymbol{B}_n^{\mathrm{T}}\hat{\boldsymbol{X}}_{n-1}) \triangleq \Delta\hat{\boldsymbol{X}}_n$，它依赖于 t_n 时刻的观测值 z_n 和观测方差 σ_n^2 以及前一时刻的估计 $\hat{\boldsymbol{X}}_{n-1}$ 和估计误差方差 $\boldsymbol{P}_{n-1}$。$\Delta\hat{\boldsymbol{X}}_n$ 的计算比非递推最小二乘估计要方便得多，避免了矩阵求逆运算，不用存储历史数据，特别适用于计算机编程，常用于实时跟踪等问题中。

(2) 递推运算中，必须首先给出初始条件 $\hat{\boldsymbol{X}}_0$ 和 $\boldsymbol{P}_0$。可以在开始几个时刻，采用非递推最小二乘法，例如已经获得观测数据 z_k 及观测方差 $\sigma_k^2, k = 1, \cdots, t_0$，

则有

$$\boldsymbol{P}(t_0)=\left(\sum_{k=1}^{t_0}\frac{1}{\sigma_k^2}\boldsymbol{B}_k\boldsymbol{B}_k^{\mathrm{T}}\right)^{-1},\quad \hat{\boldsymbol{X}}(t_0)=\boldsymbol{P}(t_0)\sum_{k=1}^{t_0}\frac{1}{\sigma_k^2}\boldsymbol{B}_k\boldsymbol{Z}_k \tag{3.37}$$

(3) 递推最小二乘估计的渐近特性。

在模型假设之下，当 $n\to\infty$ 时，$\hat{\boldsymbol{X}}_n\to\boldsymbol{X}$

$$\begin{aligned}\hat{\boldsymbol{X}}_n&=\left(\sum_{i=1}^{n}\frac{1}{\sigma_i^2}\boldsymbol{B}_i\boldsymbol{B}_i^{\mathrm{T}}\right)^{-1}\sum_{i=1}^{n}\frac{1}{\sigma_i^2}\boldsymbol{B}_i z_i\\&=\left(\sum_{i-1}^{n}\frac{1}{\sigma_i^2}\boldsymbol{B}_i\boldsymbol{B}_i^{\mathrm{T}}\right)^{-1}\left(\sum_{i=1}^{n}\frac{1}{\sigma_i^2}\boldsymbol{B}_i\boldsymbol{B}_i^{\mathrm{T}}\boldsymbol{X}+\sum_{i=1}^{n}\frac{1}{\sigma_i^2}\boldsymbol{B}_i\varepsilon_i\right)\\&=\boldsymbol{X}+\left(\frac{1}{n}\sum_{i=1}^{n}\frac{1}{\sigma_i^2}\boldsymbol{B}_i\boldsymbol{B}_i^{\mathrm{T}}\right)^{-1}\left(\frac{1}{n}\sum_{i=1}^{n}\frac{1}{\sigma_i^2}\boldsymbol{B}_i\boldsymbol{\varepsilon}_i\right)\end{aligned}\tag{3.38}$$

3.3.2　估计性质

1) 最小二乘和递推最小二乘的数学等价性

(1) 均由使得残差平方和最小准则得到；

(2) 不要求对噪声的统计特性有任何验前知识；

(3) 如果噪声为零均值白噪声，则可得渐近无偏估计；

(4) 若噪声为有色噪声，估值是有偏的，但其算法简单，仍然应用广泛；

(5) 均可推广至多维输入输出系统。

2) 最小二乘和递推最小二乘的不同

(1) 最小二乘法是一次完成算法，适于离线辨识，要记忆全部测量数据；

(2) 递推最小二乘法是递推算法，适于在线辨识和时变过程，只需要存储第 n 步数据，程序简单；

(3) 递推最小二乘法所用初值误差较大时，如若数据时段 N 较小，则估计精度不如最小二乘法。

3.3.3　应用举例

例 3.6　设未知参数向量为二维向量，有三次观测

$$\begin{aligned}z_1&=2=x_1+x_2+\varepsilon_1\\z_2&=1=0x_1+x_2+\varepsilon_2\\z_3&=4=x_1+2x_2+\varepsilon_3\end{aligned}$$

观测方差为

$$\mathrm{var}\begin{bmatrix}\varepsilon_1\\ \varepsilon_2\\ \varepsilon_3\end{bmatrix}=\boldsymbol{\Sigma}=\begin{bmatrix}1&0&0\\0&1&0\\0&0&1\end{bmatrix}$$

用递推最小二乘算法确定 $\boldsymbol{X}=\begin{bmatrix}x_1\\x_2\end{bmatrix}$ 的估计。

解 首先确定初始条件，可以用开头两次测量数据求得

$$\boldsymbol{B}_1=\begin{bmatrix}1\\1\end{bmatrix},\quad \boldsymbol{B}_2=\begin{bmatrix}0\\1\end{bmatrix}$$

$$\boldsymbol{P}_2=(\boldsymbol{B}_1\boldsymbol{B}_1^{\mathrm{T}}+\boldsymbol{B}_2\boldsymbol{B}_2^{\mathrm{T}})^{-1}=\begin{bmatrix}1&1\\1&2\end{bmatrix}^{-1}=\begin{bmatrix}2&-1\\-1&1\end{bmatrix}$$

$$\hat{\boldsymbol{X}}_2=\boldsymbol{P}_2(\boldsymbol{B}_1z_1+\boldsymbol{B}_2z_2)=\begin{bmatrix}2&-1\\-1&1\end{bmatrix}\begin{bmatrix}2\\3\end{bmatrix}=\begin{bmatrix}1\\1\end{bmatrix}$$

应用递推公式，可得

$$\begin{aligned}&\hat{\boldsymbol{X}}_3=\hat{\boldsymbol{X}}_2+\boldsymbol{K}_3(z_3-\boldsymbol{B}_3^{\mathrm{T}}\hat{\boldsymbol{X}}_2)\\&\boldsymbol{K}_3=\boldsymbol{P}_2\boldsymbol{B}_3/(\sigma_3^2+\boldsymbol{B}_3^{\mathrm{T}}\boldsymbol{P}_2\boldsymbol{B}_3)\\&\boldsymbol{P}_3=(\boldsymbol{I}-\boldsymbol{K}_3\boldsymbol{B}_3^{\mathrm{T}})\boldsymbol{P}_2\end{aligned}$$

$$\boldsymbol{K}_3=\frac{1}{3}\begin{bmatrix}0\\1\end{bmatrix},\quad \hat{\boldsymbol{X}}_3=\begin{bmatrix}1\\4/3\end{bmatrix},\quad \boldsymbol{P}_3=\begin{bmatrix}2&-1\\-1&2/3\end{bmatrix}$$

可以看出，递推算法结果和批处理结果相同，但是当观测数据较多而且不断增加时，递推算法就显示出明显的优越性，不用求逆矩阵，循环程序，运算速度加快。

3.4 考虑线性约束的最小二乘方法

3.4.1 基本算法推导

如果对于未知参数 $\boldsymbol{X}$ 具有某种约束，例如通过分析得到关于 $\boldsymbol{X}$ 的验前信息，知道 $\boldsymbol{X}$ 满足某种代数关系，那么在 $\boldsymbol{X}$ 的估计中，增加了信息量。可以设想，当最小二乘估计中考虑了这种约束，估值的性能会改善。

设有线性模型 $(\boldsymbol{Z},\boldsymbol{HX},\sigma^2\boldsymbol{I}_n)$，$\boldsymbol{Z}$ 为 n 维，$\boldsymbol{X}$ 为 m 维，此外 $\boldsymbol{X}$ 具有下列线性约束 $\boldsymbol{RX}=\boldsymbol{\gamma}$，其中，$\boldsymbol{R}$ 为 $p\times m$ 矩阵，$\mathrm{rank}(\boldsymbol{R})=p<m$。对于 $\boldsymbol{X}$ 的估值，只要使

$$\|\boldsymbol{Z}-\boldsymbol{HX}\|^2=\min \tag{3.39}$$

利用拉格朗日 (Lagrange) 常数变异法，记

$$\begin{aligned}\boldsymbol{S} &= \|\boldsymbol{Z}-\boldsymbol{H}\boldsymbol{X}\|^2+\boldsymbol{\lambda}^{\mathrm{T}}(\gamma-\boldsymbol{R}\boldsymbol{X})\\ &= \boldsymbol{Z}^{\mathrm{T}}\boldsymbol{Z}-\boldsymbol{X}^{\mathrm{T}}\boldsymbol{H}^{\mathrm{T}}\boldsymbol{Z}-\boldsymbol{Z}^{\mathrm{T}}\boldsymbol{H}\boldsymbol{X}+\boldsymbol{X}^{\mathrm{T}}\boldsymbol{H}^{\mathrm{T}}\boldsymbol{H}\boldsymbol{X}+\boldsymbol{\lambda}^{\mathrm{T}}(\gamma-\boldsymbol{R}\boldsymbol{X})\end{aligned} \tag{3.40}$$

令 $\dfrac{\partial S}{\partial \boldsymbol{X}}=0$，$\dfrac{\partial S}{\partial \boldsymbol{\lambda}}=0$，则

$$\begin{gathered}-2\boldsymbol{H}^{\mathrm{T}}\boldsymbol{Z}+2\boldsymbol{H}^{\mathrm{T}}\boldsymbol{H}\boldsymbol{X}-\boldsymbol{R}^{\mathrm{T}}\boldsymbol{\lambda}=0\\ \gamma-\boldsymbol{R}\boldsymbol{X}=0\end{gathered} \tag{3.41}$$

将上面第一式左乘 $(\boldsymbol{H}^{\mathrm{T}}\boldsymbol{H})^{-1}$，有

$$-2(\boldsymbol{H}^{\mathrm{T}}\boldsymbol{H})^{-1}\boldsymbol{H}^{\mathrm{T}}\boldsymbol{Z}+2\boldsymbol{X}-(\boldsymbol{H}^{\mathrm{T}}\boldsymbol{H})^{-1}\boldsymbol{R}^{\mathrm{T}}\boldsymbol{\lambda}=0 \tag{3.42}$$

式 (3.42) 左乘 $\boldsymbol{R}$，有 $-2\boldsymbol{R}\hat{\boldsymbol{X}}_{\mathrm{LS}}+2\gamma-\boldsymbol{R}(\boldsymbol{H}^{\mathrm{T}}\boldsymbol{H})^{-1}\boldsymbol{R}^{\mathrm{T}}\boldsymbol{\lambda}=0$，于是

$$\boldsymbol{\lambda}=2[\boldsymbol{R}(\boldsymbol{H}^{\mathrm{T}}\boldsymbol{H})^{-1}\boldsymbol{R}^{\mathrm{T}}]^{-1}(\gamma-\boldsymbol{R}\hat{\boldsymbol{X}}_{\mathrm{LS}}) \tag{3.43}$$

$\boldsymbol{X}$ 的线性约束最小二乘估计 $\hat{\boldsymbol{X}}_R$ 为

$$\hat{\boldsymbol{X}}_R=\hat{\boldsymbol{X}}_{\mathrm{LS}}-(\boldsymbol{H}^{\mathrm{T}}\boldsymbol{H})^{-1}\boldsymbol{R}^{\mathrm{T}}[\boldsymbol{R}(\boldsymbol{H}^{\mathrm{T}}\boldsymbol{H})^{-1}\boldsymbol{R}^{\mathrm{T}}]^{-1}(\boldsymbol{R}\hat{\boldsymbol{X}}_{\mathrm{LS}}-\gamma) \tag{3.44}$$

3.4.2　估计性质

1) 无偏性

$$E[\hat{\boldsymbol{X}}_R]=\boldsymbol{X}$$

2) 有效性

$$\mathrm{var}[\hat{\boldsymbol{X}}_R]\leqslant \mathrm{var}[\hat{\boldsymbol{X}}_{\mathrm{LS}}]$$

为简便起见，记

$$\begin{aligned}&\hat{\boldsymbol{X}}_R=\hat{\boldsymbol{X}}_{\mathrm{LS}}-\boldsymbol{P}\hat{\varphi},\quad \boldsymbol{P}=(\boldsymbol{H}^{\mathrm{T}}\boldsymbol{H})^{-1}\boldsymbol{R}^{\mathrm{T}}\boldsymbol{Q}^{-1}\\ &\boldsymbol{Q}=\boldsymbol{R}(\boldsymbol{H}^{\mathrm{T}}\boldsymbol{H})^{-1}\boldsymbol{R}^{\mathrm{T}},\quad \hat{\varphi}=\boldsymbol{R}\hat{\boldsymbol{X}}_{\mathrm{LS}}-\gamma\end{aligned} \tag{3.45}$$

于是

$$\mathrm{var}[\hat{\boldsymbol{X}}_R]=E[(\hat{\boldsymbol{X}}_{\mathrm{LS}}-\boldsymbol{X})-\boldsymbol{P}(\hat{\varphi}-\varphi)][(\hat{\boldsymbol{X}}_{\mathrm{LS}}-\boldsymbol{X})-\boldsymbol{P}(\hat{\varphi}-\varphi)]^{\mathrm{T}} \tag{3.46}$$

式中，$\varphi=\boldsymbol{R}\boldsymbol{X}-\gamma$。

因此

$$\hat{\varphi}-\varphi=\boldsymbol{R}(\hat{\boldsymbol{X}}_{\mathrm{LS}}-\boldsymbol{X}) \tag{3.47}$$

$$\mathrm{var}[\hat{\boldsymbol{X}}_R] = E[(\hat{\boldsymbol{X}}_{\mathrm{LS}}-\boldsymbol{X})-\boldsymbol{PR}(\hat{\boldsymbol{X}}_{\mathrm{LS}}-\boldsymbol{X})][(\hat{\boldsymbol{X}}_{\mathrm{LS}}-\boldsymbol{X})-\boldsymbol{PR}(\hat{\boldsymbol{X}}_{\mathrm{LS}}-\boldsymbol{X})]^{\mathrm{T}} \tag{3.48}$$

于是

$$\begin{aligned}\mathrm{var}[\hat{\boldsymbol{X}}_R] &= E[(\hat{\boldsymbol{X}}_{\mathrm{LS}}-\boldsymbol{X})(\hat{\boldsymbol{X}}_{\mathrm{LS}}-\boldsymbol{X})^{\mathrm{T}}] - E[(\hat{\boldsymbol{X}}_{\mathrm{LS}}-\boldsymbol{X})(\hat{\boldsymbol{X}}_{\mathrm{LS}}-\boldsymbol{X})^{\mathrm{T}}]\boldsymbol{R}^{\mathrm{T}}\boldsymbol{P}^{\mathrm{T}} \\ &\quad - \boldsymbol{PR}E[(\hat{\boldsymbol{X}}_{\mathrm{LS}}-\boldsymbol{X})(\hat{\boldsymbol{X}}_{\mathrm{LS}}-\boldsymbol{X})^{\mathrm{T}}] \\ &\quad + \boldsymbol{PR}E[(\hat{\boldsymbol{X}}_{\mathrm{LS}}-\boldsymbol{X})(\hat{\boldsymbol{X}}_{\mathrm{LS}}-\boldsymbol{X})^{\mathrm{T}}]\boldsymbol{R}^{\mathrm{T}}\boldsymbol{P}^{\mathrm{T}} \\ &= \mathrm{var}[\hat{\boldsymbol{X}}_{\mathrm{LS}}] - \sigma^2(\boldsymbol{H}^{\mathrm{T}}\boldsymbol{H})^{-1}\boldsymbol{R}^{\mathrm{T}}\boldsymbol{P}^{\mathrm{T}} \\ &\quad - \sigma^2\boldsymbol{PR}(\boldsymbol{H}^{\mathrm{T}}\boldsymbol{H})^{-1} + \sigma^2\boldsymbol{PR}(\boldsymbol{H}^{\mathrm{T}}\boldsymbol{H})^{-1}\boldsymbol{R}^{\mathrm{T}}\boldsymbol{P}^{\mathrm{T}} \\ &= \mathrm{var}[\hat{\boldsymbol{X}}_{\mathrm{LS}}] - \sigma^2\boldsymbol{PQP}^{\mathrm{T}}\end{aligned} \tag{3.49}$$

式 (3.49) 应用了 $(\boldsymbol{H}^{\mathrm{T}}\boldsymbol{H})^{-1}\boldsymbol{R}^{\mathrm{T}} = \boldsymbol{PQ}$，$\boldsymbol{R}(\boldsymbol{H}^{\mathrm{T}}\boldsymbol{H})^{-1} = \boldsymbol{QP}^{\mathrm{T}}$。

由于 $\boldsymbol{PQP}^{\mathrm{T}} \geqslant 0$，因此 $\mathrm{var}[\hat{X}_R] \leqslant \mathrm{var}[\hat{X}_{\mathrm{LS}}]$，即引入了关于 X 的约束，提高了估值的精度。

3) 残差平方和分解

$$\begin{aligned}\mathrm{SSE}(\hat{\boldsymbol{X}}_R) &= \left\|\boldsymbol{Z}-\boldsymbol{H}\hat{\boldsymbol{X}}_R\right\|^2 \\ &= \left\|\boldsymbol{Z}-\boldsymbol{H}\hat{\boldsymbol{X}}_{\mathrm{LS}}\right\|^2 + \left\|\boldsymbol{H}(\hat{\boldsymbol{X}}_{\mathrm{LS}}-\hat{\boldsymbol{X}}_R)\right\|^2 \\ &= \mathrm{SSE}(\hat{\boldsymbol{X}}_{\mathrm{LS}}) + \left\|\boldsymbol{H}(\hat{\boldsymbol{X}}_{\mathrm{LS}}-\hat{\boldsymbol{X}}_R)\right\|^2\end{aligned} \tag{3.50}$$

由此可见，引入了线性约束，虽然估计方差减小了，但拟合的残差平方和却增加了。

4) 残差平方和的均值

$$E[\mathrm{SSE}(\hat{\boldsymbol{X}}_R)] = (n-m+p)\sigma^2 \tag{3.51}$$

因此将

$$\hat{\sigma}_R^2 = \frac{\mathrm{SSE}(\hat{\boldsymbol{X}}_R)}{n-m+p} \tag{3.52}$$

作为 σ^2 的无偏估计。

在应用中，验前信息的正确与否需要进行检验，否则不能保证估计的优良性。为此引入统计假设

$$H_0:\varphi=0 \leftrightarrow H_1:\varphi\neq 0 \tag{3.53}$$

运用多元统计中的似然比检验方法，记

$$\boldsymbol{O} = \frac{\max\limits_{\boldsymbol{X}} L(\boldsymbol{X},\hat{\sigma}^2)}{\max\limits_{\boldsymbol{X}:\boldsymbol{\varphi}=0} L(\boldsymbol{X},\hat{\sigma}_R^2)} = \frac{L(\hat{\boldsymbol{X}}_{\mathrm{LS}},\hat{\sigma}^2)}{L(\hat{\boldsymbol{X}}_R,\hat{\sigma}_R^2)} \tag{3.54}$$

检验的临界域为 $O > C$，C 由检验的水平 α 来确定。

当 O 很大时，$\text{SSE}(\hat{\boldsymbol{X}}_R)/\text{SSE}(\hat{\boldsymbol{X}}_{\text{LS}})$ 较大，此处

$$\text{SSE}(\hat{\boldsymbol{X}}_R) = \left\|\boldsymbol{Z} - \boldsymbol{H}\hat{\boldsymbol{X}}_R\right\|^2, \quad \text{SSE}(\hat{\boldsymbol{X}}_{\text{LS}}) = \left\|\boldsymbol{Z} - \boldsymbol{H}\hat{\boldsymbol{X}}_{\text{LS}}\right\|^2 \tag{3.55}$$

因此可用 $\text{SSE}(\hat{\boldsymbol{X}}_R)/\text{SSE}(\hat{\boldsymbol{X}}_{\text{LS}}) > C_1$ 作为临界域，且 $\text{SSE}(\hat{\boldsymbol{X}}_R)$ 的计算公式如下

$$\begin{aligned}\text{SSE}(\hat{\boldsymbol{X}}_R) &= \left\|\boldsymbol{Z} - \boldsymbol{H}\hat{\boldsymbol{X}}_R\right\|^2 \\ &= [\boldsymbol{Z} - \boldsymbol{H}(\hat{\boldsymbol{X}}_{\text{LS}} - \boldsymbol{P}\hat{\boldsymbol{\varphi}})]^{\text{T}}[\boldsymbol{Z} - \boldsymbol{H}(\hat{\boldsymbol{X}}_{\text{LS}} - \boldsymbol{P}\hat{\boldsymbol{\varphi}})] \\ &= \left\|\boldsymbol{Z} - \boldsymbol{H}\hat{\boldsymbol{X}}_{\text{LS}}\right\|^2 + \hat{\boldsymbol{\varphi}}^{\text{T}}\boldsymbol{P}^{\text{T}}\boldsymbol{H}^{\text{T}}\boldsymbol{Z} - \hat{\boldsymbol{\varphi}}^{\text{T}}\boldsymbol{P}^{\text{T}}\boldsymbol{B}^{\text{T}}\boldsymbol{H}\hat{\boldsymbol{X}}_{\text{LS}} \\ &\quad + \boldsymbol{Z}^{\text{T}}\boldsymbol{H}\boldsymbol{P}\hat{\boldsymbol{\varphi}} - \hat{\boldsymbol{X}}_{\text{LS}}^{\text{T}}(\boldsymbol{H}^{\text{T}}\boldsymbol{H})\boldsymbol{P}\hat{\boldsymbol{\varphi}} + \hat{\boldsymbol{\varphi}}^{\text{T}}\boldsymbol{P}^{\text{T}}\boldsymbol{H}^{\text{T}}\boldsymbol{H}\boldsymbol{P}\hat{\boldsymbol{\varphi}} \\ &= \text{SSE}(\hat{\boldsymbol{X}}_{\text{LS}}) + \hat{\boldsymbol{\varphi}}^{\text{T}}\boldsymbol{P}^{\text{T}}\boldsymbol{R}^{\text{T}}\boldsymbol{Q}^{-1}\hat{\boldsymbol{\varphi}} \\ &= \text{SSE}(\hat{\boldsymbol{X}}_{\text{LS}}) + \hat{\boldsymbol{\varphi}}^{\text{T}}\boldsymbol{Q}^{-1}\hat{\boldsymbol{\varphi}}\end{aligned} \tag{3.56}$$

式 (3.56) 应用

$$\begin{aligned}&\boldsymbol{H}^{\text{T}}\boldsymbol{H}\hat{\boldsymbol{X}}_{\text{LS}} = \boldsymbol{H}^{\text{T}}\boldsymbol{Z},\ \boldsymbol{H}^{\text{T}}\boldsymbol{H}\boldsymbol{P} = \boldsymbol{R}^{\text{T}}\boldsymbol{Q}^{-1} \\ &\boldsymbol{P}^{\text{T}}\boldsymbol{R}^{\text{T}} = \boldsymbol{Q}^{-1}\boldsymbol{R}(\boldsymbol{H}^{\text{T}}\boldsymbol{H})\boldsymbol{R}^{\text{T}} = \boldsymbol{Q}^{-1}\boldsymbol{Q} = \boldsymbol{I}\end{aligned} \tag{3.57}$$

于是，检验的临界域为

$$\frac{\text{SSE}(\hat{\boldsymbol{X}}_R)}{\text{SSE}(\hat{\boldsymbol{X}}_{\text{LS}})} = \frac{\text{SSE}(\hat{\boldsymbol{X}}_{\text{LS}}) + \hat{\boldsymbol{\varphi}}^{\text{T}}\boldsymbol{Q}^{-1}\hat{\boldsymbol{\varphi}}}{\text{SSE}(\hat{\boldsymbol{X}}_{\text{LS}})} > C_1 \tag{3.58}$$

式 (3.58) 等价于

$$\frac{\hat{\boldsymbol{\varphi}}^{\text{T}}\boldsymbol{Q}^{-1}\hat{\boldsymbol{\varphi}}}{\text{SSE}(\hat{\boldsymbol{X}}_{\text{LS}})} \geqslant C_1 - 1 \hat{=} C_2 \tag{3.59}$$

注意到

$$\frac{\hat{\boldsymbol{\varphi}}^{\text{T}}\boldsymbol{Q}^{-1}\hat{\boldsymbol{\varphi}}}{\text{SSE}(\hat{\boldsymbol{X}}_{\text{LS}})} = \frac{(\boldsymbol{R}\hat{\boldsymbol{X}}_{\text{LS}} - \boldsymbol{\gamma})^{\text{T}}[\boldsymbol{R}(\boldsymbol{H}^{\text{T}}\boldsymbol{H})^{-1}\boldsymbol{R}^{\text{T}}]^{-1}(\boldsymbol{R}\hat{\boldsymbol{X}}_{\text{LS}} - \boldsymbol{\gamma})}{\left\|\boldsymbol{Z} - \boldsymbol{H}\hat{\boldsymbol{X}}_{\text{LS}}\right\|^2} \tag{3.60}$$

而 $\text{var}(\boldsymbol{R}\hat{\boldsymbol{X}}_{\text{LS}} - \boldsymbol{\gamma}) = \text{var}(\boldsymbol{R}\hat{\boldsymbol{X}}_{\text{LS}}) = \sigma^2\boldsymbol{R}(\boldsymbol{H}^{\text{T}}\boldsymbol{H})^{-1}\boldsymbol{R}^{\text{T}}$，上式分子除以 σ^2 为 χ_p^2 变量，分母除以 σ^2 为 χ_{n-m}^2 变量。

因此

$$\boldsymbol{F} = \frac{(\boldsymbol{R}\hat{\boldsymbol{X}}_{\text{LS}} - \boldsymbol{\gamma})^{\text{T}}[\boldsymbol{R}(\boldsymbol{H}^{\text{T}}\boldsymbol{H})^{-1}\boldsymbol{R}^{\text{T}}]^{-1}(\boldsymbol{R}\hat{\boldsymbol{X}}_{\text{LS}} - \boldsymbol{\gamma})/p}{\left\|\boldsymbol{Z} - \boldsymbol{H}\hat{\boldsymbol{X}}_{\text{LS}}\right\|^2 \Big/ (n-m)} \sim \boldsymbol{F}(p, n-m) \tag{3.61}$$

拒绝域为 $\boldsymbol{F} > \boldsymbol{C}$，$\boldsymbol{C}$ 由 $\boldsymbol{F}$ 分布查表得到。

由此可见，约束条件可以影响模型参数的估计，模型的观测数据又可对约束条件进行检验。

3.4.3 应用举例

例 3.7 已知某参数 y 随时间线性变化，$y = a + bt$，分别在 t= 0、1、2 时对 y 进行观测，观测值分别为 0、3、3，已知各次观测不相关且精度相同。

(1) 请用 LS 估计方法估计未知参数 a、b 以及观测误差的方差 σ^2，并给出参数估计的方差阵；

(2) 请用 RLS 估计方法估计未知参数 a、b，在已知观测误差方差为 2 的情况下计算参数估计的方差阵；

(3) 在 $a + b = 2.5$ 的约束下，估计未知参数 a、b 及观测误差的方差为 2，并给出参数估计的方差阵。

解 观测模型为

$$(\boldsymbol{Z}, \boldsymbol{HX}, \sigma^2\boldsymbol{I}, 3, 2)$$

其中，未知参数 $\boldsymbol{X} = \begin{bmatrix} a \\ b \end{bmatrix}$，观测量 $\boldsymbol{Z} = \begin{bmatrix} 0 \\ 3 \\ 3 \end{bmatrix}$，观测系数矩阵 $\boldsymbol{H} = \begin{bmatrix} 1 & 0 \\ 1 & 1 \\ 1 & 2 \end{bmatrix}$。

(1) LS 估计

$$\hat{\boldsymbol{X}}_{\mathrm{LS}} = (\boldsymbol{H}^{\mathrm{T}}\boldsymbol{H})^{-1}\boldsymbol{H}^{\mathrm{T}}\boldsymbol{Z} = [1/2, 3/2]^{\mathrm{T}}$$

即

$$\hat{a}_{\mathrm{LS}} = 1/2, \quad \hat{b}_{\mathrm{LS}} = 3/2$$

$$\boldsymbol{R} = \boldsymbol{I} - \boldsymbol{H}(\boldsymbol{H}^{\mathrm{T}}\boldsymbol{H})^{-1}\boldsymbol{H}^{\mathrm{T}} = \frac{1}{6}\begin{bmatrix} 1 & -2 & 1 \\ -2 & 4 & -2 \\ 1 & -2 & 1 \end{bmatrix}$$

$$\mathrm{SSE} = \boldsymbol{Z}^{\mathrm{T}}\boldsymbol{RZ} = 1.5$$

$$\hat{\sigma}^2 = \mathrm{SSE}/(3-2) = 1.5$$

$$\boldsymbol{P} = \sigma^2(\boldsymbol{H}^{\mathrm{T}}\boldsymbol{H})^{-1} = \frac{1}{6}\begin{bmatrix} 5 & -3 \\ -3 & 3 \end{bmatrix}\sigma^2$$

由 $\hat{\sigma}^2 = 1.5$，得

$$\boldsymbol{P} = \frac{1}{4}\begin{bmatrix} 5 & -3 \\ -3 & 3 \end{bmatrix}$$

(2) RLS 估计。

第 i 次观测可表示为

$$z_i = \boldsymbol{B}_i^{\mathrm{T}}\boldsymbol{X} + \varepsilon_i, \quad i = 1,2,3$$

其中，$E[\varepsilon_i] = 0, \mathrm{var}[\varepsilon_i] = \sigma^2, \boldsymbol{B}_1 = [1,0]^{\mathrm{T}}, \boldsymbol{B}_2 = [1,1]^{\mathrm{T}}, \boldsymbol{B}_3 = [1,2]^{\mathrm{T}}, z_1 = 0, z_2 = 0, z_3 = 3$。

使用 RLS 估计，以前两次观测的 LS 估计为递推估计初值。前两次观测的观测模型中系数矩阵 $\boldsymbol{H}_2 = \begin{bmatrix} \boldsymbol{B}_1^{\mathrm{T}} \\ \boldsymbol{B}_2^{\mathrm{T}} \end{bmatrix}$，观测量 $\bar{\boldsymbol{Z}}_2 = \begin{bmatrix} z_1 \\ z_2 \end{bmatrix}$，LS 估计为

$$\boldsymbol{P}_2 = \sigma^2(\boldsymbol{H}_2^{\mathrm{T}}\boldsymbol{H}_2)^{-1} = \sigma^2(\boldsymbol{B}_1\boldsymbol{B}_1\boldsymbol{T} + \boldsymbol{B}_2\boldsymbol{B}_2\boldsymbol{T})^{-1} = \begin{bmatrix} 1 & -1 \\ -1 & 2 \end{bmatrix}\sigma^2$$

$$\hat{\boldsymbol{X}}_2 = (\boldsymbol{H}_2^{\mathrm{T}}\boldsymbol{H}_2)^{-1}\boldsymbol{H}_2^{\mathrm{T}} = \boldsymbol{P}_2/\sigma^2 \cdot (\boldsymbol{B}_1 z_1 + \boldsymbol{B}_2 z_2) = [0,3]^{\mathrm{T}}$$

根据第三次观测的数据，应用 RLS 估计公式计算一步，可得

$$\boldsymbol{K}_3 = \boldsymbol{P}_2\boldsymbol{B}_3/(\sigma^2 + \boldsymbol{B}_3^{\mathrm{T}}\boldsymbol{P}_2\boldsymbol{B}_3) = [-1,3]^{\mathrm{T}}/6$$

$$\hat{\boldsymbol{X}}_3 = \hat{\boldsymbol{X}}_2 + \boldsymbol{K}_3(z_3 - \boldsymbol{B}_3^{\mathrm{T}}\hat{\boldsymbol{X}}_2) = [1/2, 3/2]^{\mathrm{T}}$$

$$\boldsymbol{P}_3 = (\boldsymbol{I} - \boldsymbol{K}_3\boldsymbol{B}_3^{\mathrm{T}})\boldsymbol{P}_2 = \frac{1}{6}\begin{bmatrix} 5 & -3 \\ -3 & 3 \end{bmatrix}\sigma^2$$

即 $\hat{a}_{\mathrm{RLS}} = 1/2$，$\hat{b}_{\mathrm{RLS}} = 3/2$，参数估计的方差阵 $\boldsymbol{P} = \boldsymbol{P}_3$。

(3) 线性约束 LS 估计。

线性约束为

$$\boldsymbol{C}^{\mathrm{T}}\boldsymbol{X} = r_0, \quad \boldsymbol{C} = [1,1]^{\mathrm{T}}, \quad r_0 = 2.5$$

根据前面的结果，LS 估计为

$$\hat{\boldsymbol{X}}_{\mathrm{LS}} = [1/2,\ 3/2]^{\mathrm{T}}$$

于是约束条件下的 LS 估计为

$$\hat{\boldsymbol{X}}_c = \hat{\boldsymbol{X}}_{\mathrm{LS}} - (\boldsymbol{H}^{\mathrm{T}}\boldsymbol{H})^{-1}\boldsymbol{C}[\boldsymbol{C}^{\mathrm{T}}(\boldsymbol{H}^{\mathrm{T}}\boldsymbol{H})^{-1}\boldsymbol{C}]^{-1}(\boldsymbol{C}^{\mathrm{T}}\hat{\boldsymbol{X}}_{\mathrm{LS}} - r_0) = [1, 3/2]^{\mathrm{T}}$$

$$S_c = \mathrm{SSE} + \left\|\boldsymbol{H}(\hat{\boldsymbol{X}}_{\mathrm{LS}} - \hat{\boldsymbol{X}}_c)\right\|^2 = \mathrm{SSE} + (\hat{\boldsymbol{X}}_{\mathrm{LS}} - \hat{\boldsymbol{X}}_c)^{\mathrm{T}}\boldsymbol{H}^{\mathrm{T}}\boldsymbol{H}(\hat{\boldsymbol{X}}_{\mathrm{LS}} - \hat{\boldsymbol{X}}_c) = 9/4$$

$$\hat{\sigma}_c^2 = \boldsymbol{S}_c/(3 - 2 + 1) = 9/8$$

$$\begin{aligned}\text{var}[\hat{\boldsymbol{X}}_c] &= \sigma^2(\boldsymbol{H}^{\mathrm{T}}\boldsymbol{H})^{-1} - \sigma^2(\boldsymbol{H}^{\mathrm{T}}\boldsymbol{H})^{-1}\boldsymbol{C}[\boldsymbol{C}^{\mathrm{T}}(\boldsymbol{H}^{\mathrm{T}}\boldsymbol{H})^{-1}\boldsymbol{C}]^{-1}\boldsymbol{C}^{\mathrm{T}}(\boldsymbol{H}^{\mathrm{T}}\boldsymbol{H})^{-1} \\ &= \frac{1}{2}\begin{bmatrix} 1 & -1 \\ -1 & 1 \end{bmatrix}\sigma^2\end{aligned}$$

可将 $\hat{\sigma}_c^2$ 代入，得

$$\text{var}\left[\hat{\boldsymbol{X}}_c\right] = \frac{9}{16}\begin{bmatrix} 1 & -1 \\ -1 & 1 \end{bmatrix}$$

例 3.8 采用三种不同设备：地面雷达、GPS 和机载高度计对飞机某时刻的飞行高度进行测量，已知三种设备的方差分别为 2m、5m 和 10m，测量值分别为 5000m、4950m 和 5010m，三种设备观测之间互不相关。请计算此时飞机高度的线性无偏最小方差估计，并给出估计的方差。

解 观测模型为

$$(\boldsymbol{Z},\ \boldsymbol{H}x,\ \boldsymbol{\Sigma},\ 3,\ 1)$$

其中，未知参数 x 为飞机高度，观测量 $\boldsymbol{Z} = \begin{bmatrix} 5000 \\ 4950 \\ 5010 \end{bmatrix}$，观测系数矩阵 $\boldsymbol{H} = \begin{bmatrix} 1 \\ 1 \\ 1 \end{bmatrix}$，观测误差方差阵 $\boldsymbol{\Sigma} = \begin{bmatrix} 2 & 0 & 0 \\ 0 & 5 & 0 \\ 0 & 0 & 10 \end{bmatrix}$。

根据加权 LS 估计公式

$$\hat{x}_{\mathrm{LS}} = (\boldsymbol{H}^{\mathrm{T}}\boldsymbol{\Sigma}^{-1}\boldsymbol{H})^{-1}\boldsymbol{H}^{\mathrm{T}}\boldsymbol{\Sigma}^{-1}\boldsymbol{Z} = 4988.75$$

$$\boldsymbol{P} = (\boldsymbol{H}^{\mathrm{T}}\boldsymbol{\Sigma}^{-1}\boldsymbol{H})^{-1} = 1.25$$

即飞机高度的线性无偏最小方差估计为 4988.75m，估计方差为 1.25m。

3.5 岭 估 计

3.5.1 基本思想

对于线性模型 $(\boldsymbol{Z}, \boldsymbol{H}\boldsymbol{X}, \sigma^2\boldsymbol{I}, n, m)$，当矩阵 $\boldsymbol{H}^{\mathrm{T}}\boldsymbol{H}$ 的条件数很大时，最小二乘估计 $\hat{\boldsymbol{X}}_{\mathrm{LS}}$ 的长度将严重放大，解决这个问题的一种方法就是岭 (Ridge) 估计。

对于任意给定的 X 的估值 $\hat{X}$，残差平方和可以分解为

$$\begin{aligned} S &= \left\|\boldsymbol{Z} - \boldsymbol{H}\hat{\boldsymbol{X}}\right\|^2 \\ &= (\boldsymbol{Z} - \boldsymbol{H}\hat{\boldsymbol{X}}_{\mathrm{LS}})^{\mathrm{T}}(\boldsymbol{Z} - \boldsymbol{H}\hat{\boldsymbol{X}}_{\mathrm{LS}}) + (\hat{\boldsymbol{X}}_{\mathrm{LS}} - \hat{\boldsymbol{X}})^{\mathrm{T}}\boldsymbol{H}^{\mathrm{T}}\boldsymbol{H}(\hat{\boldsymbol{X}}_{\mathrm{LS}} - \hat{\boldsymbol{X}}) \\ &= S_{\mathrm{LS}} + (\hat{\boldsymbol{X}}_{\mathrm{LS}} - \hat{\boldsymbol{X}})^{\mathrm{T}}\boldsymbol{H}^{\mathrm{T}}\boldsymbol{H}(\hat{\boldsymbol{X}}_{\mathrm{LS}} - \hat{\boldsymbol{X}}) \end{aligned} \tag{3.62}$$

式 (3.62) 第二项表示由 $\hat{\boldsymbol{X}}_{\mathrm{LS}}$ 和 $\hat{\boldsymbol{X}}$ 的差别引起的残差平方和的改变量，因此取不同于最小二乘的估计时总是要做出残差增大的“牺牲”。

如果在估计之前具有关于 $\boldsymbol{X}$ 的验前信息，这种验前信息以 $\boldsymbol{X}$ 的验前估计的均值 $\boldsymbol{X}_0$ 及方差阵 $\boldsymbol{P}_0$ 给出。这种场合下，设计出一种估计方法使估值 $\hat{\boldsymbol{X}}$ 满足约束条件 $(\hat{\boldsymbol{X}}_{\mathrm{LS}}-\hat{\boldsymbol{X}})^{\mathrm{T}}\boldsymbol{H}^{\mathrm{T}}\boldsymbol{H}(\hat{\boldsymbol{X}}_{\mathrm{LS}}-\hat{\boldsymbol{X}})=\phi_0$ (给定)，且使

$$(\hat{\boldsymbol{X}}-\boldsymbol{X}_0)^{\mathrm{T}}\boldsymbol{P}_0^{-1}(\hat{\boldsymbol{X}}-\boldsymbol{X}_0)=\min \tag{3.63}$$

用这种方法得到的估计称为 $\boldsymbol{X}$ 的岭估计。

岭估计的物理景象，如图 3.1 所示。

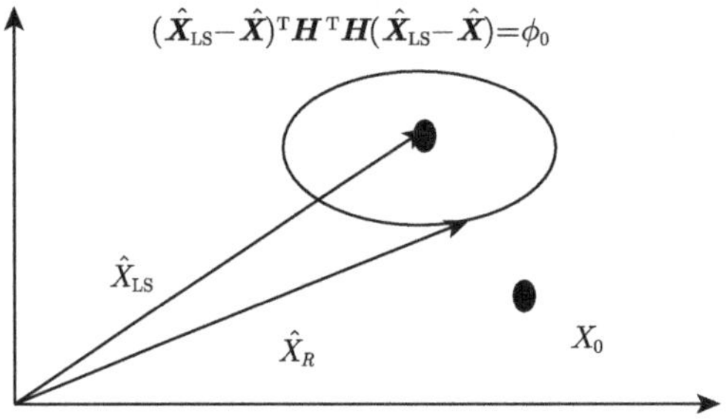

图 3.1　岭估计的物理景象

3.5.2　估计性质

运用拉格朗日乘子法，记

$$F(\boldsymbol{X},\lambda)=(\boldsymbol{X}-\boldsymbol{X}_0)^{\mathrm{T}}\boldsymbol{P}_0^{-1}(\boldsymbol{X}-\boldsymbol{X}_0)+\lambda[(\hat{\boldsymbol{X}}_{\mathrm{LS}}-\boldsymbol{X})^{\mathrm{T}}\boldsymbol{H}^{\mathrm{T}}\boldsymbol{H}(\hat{\boldsymbol{X}}_{\mathrm{LS}}-\boldsymbol{X})-\phi_0] \tag{3.64}$$

令 $\dfrac{\partial F}{\partial \boldsymbol{X}}=0,\dfrac{\partial F}{\partial \lambda}=0$，有

$$\begin{cases}\dfrac{\partial F}{\partial \boldsymbol{X}}=2\boldsymbol{P}_0^{-1}(\boldsymbol{X}-v_0)+2\lambda\boldsymbol{H}^{\mathrm{T}}\boldsymbol{H}(\boldsymbol{X}-\hat{\boldsymbol{X}}_{\mathrm{LS}})=0\\[2mm] \dfrac{\partial F}{\partial \lambda}=(\hat{\boldsymbol{X}}_{\mathrm{LS}}-\boldsymbol{X})^{\mathrm{T}}\boldsymbol{H}^{\mathrm{T}}\boldsymbol{H}(\hat{\boldsymbol{X}}_{\mathrm{LS}}-\boldsymbol{X})^{\mathrm{T}}-\phi_0=0\end{cases} \tag{3.65}$$

得到

$$\hat{\boldsymbol{X}}_R=(\lambda\boldsymbol{H}^{\mathrm{T}}\boldsymbol{H}+\boldsymbol{P}_0^{-1})^{-1}(\lambda\boldsymbol{H}^{\mathrm{T}}\boldsymbol{H}\hat{\boldsymbol{X}}_{\mathrm{LS}}+\boldsymbol{P}_0^{-1}\boldsymbol{X}_0) \tag{3.66}$$

令 $k=\dfrac{1}{\lambda}$，有

$$\hat{\boldsymbol{X}}_R=(\boldsymbol{H}^{\mathrm{T}}\boldsymbol{H}+k\boldsymbol{P}_0^{-1})^{-1}(\boldsymbol{H}^{\mathrm{T}}\boldsymbol{H}\hat{\boldsymbol{X}}_{\mathrm{LS}}+k\boldsymbol{P}_0^{-1}\boldsymbol{X}_0) \tag{3.67}$$

$$\left\|\hat{\boldsymbol{X}}_{\mathrm{LS}}-\hat{\boldsymbol{X}}_R\right\|^2_{\boldsymbol{H}^{\mathrm{T}}\boldsymbol{H}}=\phi_0 \tag{3.68}$$

岭估计有如下性质。

(1) $E[\hat{\boldsymbol{X}}_R]=\boldsymbol{X}-k(\boldsymbol{H}^{\mathrm{T}}\boldsymbol{H}+k\boldsymbol{P}_0^{-1})^{-1}\boldsymbol{P}_0^{-1}(\boldsymbol{X}-\boldsymbol{X}_0)$。

当验前均值 $\boldsymbol{X}_0\neq\boldsymbol{X}$ 时，岭估计总是有偏的。

(2) $\mathrm{var}[\hat{\boldsymbol{X}}_R]=\sigma^2(\boldsymbol{H}^{\mathrm{T}}\boldsymbol{H}+k\boldsymbol{P}_0^{-1})^{-1}\boldsymbol{H}^{\mathrm{T}}\boldsymbol{H}(\boldsymbol{H}^{\mathrm{T}}\boldsymbol{H}+k\boldsymbol{P}_0^{-1})^{-1}$。

可以看出，当 $\boldsymbol{P}_0=\infty\cdot\boldsymbol{I}$ 时，$\boldsymbol{P}_0^{-1}=0$，此时

$$\hat{\boldsymbol{X}}_R=(\boldsymbol{H}^{\mathrm{T}}\boldsymbol{H})^{-1}\boldsymbol{H}^{\mathrm{T}}\boldsymbol{Z},\quad \mathrm{var}[\hat{\boldsymbol{X}}_R]=\sigma^2(\boldsymbol{H}^{\mathrm{T}}\boldsymbol{H})^{-1}$$

即为最小二乘估计。

当 $\boldsymbol{X}_0=0,k\boldsymbol{P}_0^{-1}=\lambda_*\boldsymbol{D}^{\mathrm{T}}\boldsymbol{D}$，则岭估计为超椭球约束估计。

实际中常用的岭估计为

$$\hat{\boldsymbol{X}}_R(k)=(\boldsymbol{H}^{\mathrm{T}}\boldsymbol{H}+\boldsymbol{K}\boldsymbol{I})^{-1}\boldsymbol{H}^{\mathrm{T}}\boldsymbol{Z} \tag{3.69}$$

而广义岭估计为

$$\hat{\boldsymbol{X}}_R(\boldsymbol{K})=(\boldsymbol{H}^{\mathrm{T}}\boldsymbol{H}+\boldsymbol{Q}\boldsymbol{K}\boldsymbol{Q}^{\mathrm{T}})^{-1}\boldsymbol{H}^{\mathrm{T}}\boldsymbol{Z}=\boldsymbol{Q}(\boldsymbol{\Lambda}+\boldsymbol{K})^{-1}\boldsymbol{Q}^{\mathrm{T}}\boldsymbol{H}^{\mathrm{T}}\boldsymbol{Z} \tag{3.70}$$

其中，

$$\boldsymbol{K}=\begin{bmatrix} k_1 & & 0 \\ & \ddots & \\ 0 & & k_m \end{bmatrix},\quad k_i\geqslant 0 \tag{3.71}$$

$\boldsymbol{Q}$ 为单位正交阵，使得

$$\boldsymbol{Q}^{\mathrm{T}}\boldsymbol{H}^{\mathrm{T}}\boldsymbol{H}\boldsymbol{Q}=\boldsymbol{\Lambda}=\begin{bmatrix} \lambda_1 & & 0 \\ & \ddots & \\ 0 & & \lambda_m \end{bmatrix} \tag{3.72}$$

可以看出，式 (3.72) 是将 $\boldsymbol{H}^{\mathrm{T}}\boldsymbol{H}$ 的每个特征根都加上 k_i，其目的都是对估计的长度进行压缩。

3.5.3 线性估计的改进问题

为改进最小二乘估计，通常引入均方误差 (MSE) 作为衡量参数估计优良性的准则。$\hat{\boldsymbol{X}}$ 的均方误差定义为

$$\mathrm{MSE}(\hat{\boldsymbol{X}})\triangleq E\left[\left\|\hat{\boldsymbol{X}}-\boldsymbol{X}\right\|^2\right] \tag{3.73}$$

当 $\hat{\boldsymbol{X}}$ 是 $\boldsymbol{X}$ 的无偏估计时，$\text{MSE}(\hat{\boldsymbol{X}}) = \text{tr}[\text{var}(\hat{\boldsymbol{X}})]$，MSE 从一定角度描述了参数估计与真值的接近程度。

在线性估计类里，对于 $\boldsymbol{X}$ 的线性估计 $\boldsymbol{AZ}+\boldsymbol{b}$ 有

$$\text{MSE}(\boldsymbol{AZ}+\boldsymbol{b}) = E\left\|\boldsymbol{AZ}+\boldsymbol{b}-\boldsymbol{X}\right\|^2 = E[(\boldsymbol{AZ}+\boldsymbol{b}-\boldsymbol{X})^{\mathrm{T}}(\boldsymbol{AZ}+\boldsymbol{b}-\boldsymbol{X})] \tag{3.74}$$

如果能够确定出式 (3.74) 的下确界 $\inf\limits_{\boldsymbol{A},\boldsymbol{b}}\text{MSE}(\boldsymbol{AZ}+\boldsymbol{b})$，那么就可以根据这个下确界来讨论估计的优良性问题。

性质: (1) $\text{MSE}(\boldsymbol{AZ}+\boldsymbol{b}) = [(\boldsymbol{AH}-\boldsymbol{I})\boldsymbol{X}+\boldsymbol{b}]^{\mathrm{T}}[(\boldsymbol{AH}-\boldsymbol{I})\boldsymbol{X}+\boldsymbol{b}]+\sigma^2\text{tr}(\boldsymbol{A}^{\mathrm{T}}\boldsymbol{A})$。

(2) 对于非齐次估计，使得 $\text{MSE}=\min$ 的 $\boldsymbol{A},\boldsymbol{b}$ 为

$$\hat{\boldsymbol{A}} = 0, \hat{\boldsymbol{b}} = -(\hat{\boldsymbol{A}}\boldsymbol{H}-\boldsymbol{I})\boldsymbol{X}$$

因此

$$\hat{\boldsymbol{X}} = \hat{\boldsymbol{A}}\boldsymbol{Z}+\boldsymbol{b} = \boldsymbol{X}$$

(3) 对于 $\boldsymbol{X}$ 的齐次估计，使得 $\text{MSE}=\min$ 的 $\boldsymbol{X}$ 的估计为 $\hat{\boldsymbol{X}} = \hat{\boldsymbol{A}}\boldsymbol{Z}$，其中，$\hat{\boldsymbol{A}} = \boldsymbol{X}\boldsymbol{X}^{\mathrm{T}}\boldsymbol{H}^{\mathrm{T}}(\sigma^2\boldsymbol{I}+\boldsymbol{H}\boldsymbol{X}\boldsymbol{X}^{\mathrm{T}}\boldsymbol{H}^{\mathrm{T}})^{-1}$。

事实上

$$\text{MSE}(\boldsymbol{AZ}) = \boldsymbol{X}^{\mathrm{T}}(\boldsymbol{AH}-\boldsymbol{I})^{\mathrm{T}}(\boldsymbol{AH}-\boldsymbol{I})\boldsymbol{X}+\sigma^2\text{tr}(\boldsymbol{A}^{\mathrm{T}}\boldsymbol{A})$$

令 $\dfrac{\partial\text{MSE}(\boldsymbol{AZ})}{\partial\boldsymbol{A}} = 2\boldsymbol{AHXX}^{\mathrm{T}}\boldsymbol{H}^{\mathrm{T}} - 2\boldsymbol{XX}^{\mathrm{T}}\boldsymbol{H}^{\mathrm{T}} + 2\sigma^2\boldsymbol{A} = 0$，有

$$\boldsymbol{A}(\sigma^2\boldsymbol{I}+\boldsymbol{HXX}^{\mathrm{T}}\boldsymbol{H}^{\mathrm{T}}) = \boldsymbol{XX}^{\mathrm{T}}\boldsymbol{H}^{\mathrm{T}} \tag{3.75}$$

则使 $\text{MSE}=\min$ 的最优齐次估计为

$$\hat{\boldsymbol{X}} = \hat{\boldsymbol{A}}\boldsymbol{Z} = \boldsymbol{XX}^{\mathrm{T}}\boldsymbol{H}^{\mathrm{T}}(\sigma^2\boldsymbol{I}+\boldsymbol{HXX}^{\mathrm{T}}\boldsymbol{H}^{\mathrm{T}})^{-1}\boldsymbol{Z} \tag{3.76}$$

值得注意的是，这种最优估计在实际中是无法实现的，只能得到某种近似。

(4) 对于齐次估计 $\hat{\boldsymbol{X}}$，有

$$\text{MSE}(\hat{\boldsymbol{X}}) = (1-\boldsymbol{X}^{\mathrm{T}}\boldsymbol{H}^{\mathrm{T}}\boldsymbol{DHX})^2\left\|\boldsymbol{X}\right\|^2+\sigma^2\left\|\boldsymbol{DHX}\right\|^2\left\|\boldsymbol{X}\right\|^2 \tag{3.77}$$

其中，

$$\boldsymbol{D} = (\sigma^2\boldsymbol{I}+\boldsymbol{HXX}^{\mathrm{T}}\boldsymbol{H}^{\mathrm{T}})^{-1} \tag{3.78}$$

(5) 不存在常数矩阵 $\boldsymbol{A}$，使得 $\text{MSE}(\boldsymbol{AZ})$ 在 $\boldsymbol{X}$ 的每个值上都达到下确界

$$\text{MSE}(\hat{\boldsymbol{X}}) = (1-\boldsymbol{X}^{\mathrm{T}}\boldsymbol{H}^{\mathrm{T}}\boldsymbol{DHX})^2\left\|\boldsymbol{X}\right\|^2+\sigma^2\left\|\boldsymbol{DHX}\right\|^2\left\|\boldsymbol{X}\right\|^2 \tag{3.79}$$

下面考察齐次最优估计 $\hat{\boldsymbol{X}}_*$ 和最小二乘估计 $\hat{\boldsymbol{X}}_{\mathrm{LS}}$ 的关系。

$$\hat{\boldsymbol{X}}_* = \boldsymbol{X}\boldsymbol{X}^{\mathrm{T}}\boldsymbol{H}^{\mathrm{T}}(\sigma^2\boldsymbol{I} + \boldsymbol{H}\boldsymbol{X}\boldsymbol{X}^{\mathrm{T}}\boldsymbol{H}^{\mathrm{T}})^{-1}\boldsymbol{Z} \tag{3.80}$$

$$\hat{\boldsymbol{X}}_{\mathrm{LS}} = (\boldsymbol{H}^{\mathrm{T}}\boldsymbol{H})^{-1}\boldsymbol{H}^{\mathrm{T}}\boldsymbol{Z} \tag{3.81}$$

$$\mathrm{MSE}(\hat{\boldsymbol{X}}_*) = \min \leqslant \mathrm{MSE}(\hat{\boldsymbol{X}}_{\mathrm{LS}}) \tag{3.82}$$

由此可见，最小二乘估计偏“长”，存在优于 $\hat{\boldsymbol{X}}_{\mathrm{LS}}$ 的估计，其长度比 $\hat{\boldsymbol{X}}_{\mathrm{LS}}$ 要小，因此压缩 $\hat{\boldsymbol{X}}_{\mathrm{LS}}$ 的长度来改进估计性能是可以理解的。岭估计就是一种压缩估计，关键问题是如何选择参数 k。

3.5.4 岭估计的性能准则

考虑线性模型 $(\boldsymbol{Z}, \boldsymbol{H}\boldsymbol{X}, \sigma^2\boldsymbol{I})$，存在线性相关性时，记 $\boldsymbol{X}$ 的岭估计为

$$\hat{\boldsymbol{X}}_k = (\boldsymbol{H}^{\mathrm{T}}\boldsymbol{H} + k\boldsymbol{I})^{-1}\boldsymbol{H}^{\mathrm{T}}\boldsymbol{Z},\ k > 0 \tag{3.83}$$

岭估计 $\hat{\boldsymbol{X}}_k$ 不是 $\boldsymbol{X}$ 的无偏估计，且此时残差平方和增大。如何评价这种估值方法的好坏？放弃无偏性要求，在工程实践中有实际意义，可采用 MSE 准则进行估计。

岭估计需要解决两个问题：一是 $\hat{\boldsymbol{X}}_k$ 在 MSE 意义下是否优于最小二乘估计 $\hat{\boldsymbol{X}}_{\mathrm{LS}}$，即 $\mathrm{MSE}(\hat{\boldsymbol{X}}_k) \leqslant \mathrm{MSE}(\hat{\boldsymbol{X}}_{\mathrm{LS}})$ 是否成立；二是参数 k 如何确定。

1. *存在性问题*

注意到

$$\begin{aligned}
\mathrm{MSE}(\hat{\boldsymbol{X}}_k) &= E\left[\left\|\hat{\boldsymbol{X}}_k - \boldsymbol{X}\right\|^2\right] = \mathrm{tr}[\mathrm{var}(\hat{\boldsymbol{X}}_k) + (\mathrm{bias}\hat{\boldsymbol{X}}_k)(\mathrm{bias}\hat{\boldsymbol{X}}_k)^{\mathrm{T}}] \\
&= \sigma^2\mathrm{tr}[(\boldsymbol{H}^{\mathrm{T}}\boldsymbol{H} + k\boldsymbol{I})^{-1}\boldsymbol{H}^{\mathrm{T}}\boldsymbol{H}((\boldsymbol{H}^{\mathrm{T}}\boldsymbol{H} + k\boldsymbol{I})^{-1})^{\mathrm{T}}] \\
&\quad + \mathrm{tr}\{[(\boldsymbol{H}^{\mathrm{T}}\boldsymbol{H}+k\boldsymbol{I})^{-1}\boldsymbol{H}^{\mathrm{T}}\boldsymbol{H}\boldsymbol{X}-\boldsymbol{X}][(\boldsymbol{H}^{\mathrm{T}}\boldsymbol{H}+k\boldsymbol{I})^{-1}\boldsymbol{H}^{\mathrm{T}}\boldsymbol{H}\boldsymbol{X} - \boldsymbol{X}]^{\mathrm{T}}\} \\
&= \sigma^2\mathrm{tr}[(\boldsymbol{H}^{\mathrm{T}}\boldsymbol{H} + k\boldsymbol{I})^{-1}\boldsymbol{H}^{\mathrm{T}}\boldsymbol{H}((\boldsymbol{H}^{\mathrm{T}}\boldsymbol{H} + k\boldsymbol{I})^{-1})^{\mathrm{T}}] \\
&\quad + \mathrm{tr}\{[\boldsymbol{I}-(\boldsymbol{H}^{\mathrm{T}}\boldsymbol{H}+k\boldsymbol{I})^{-1}\boldsymbol{H}^{\mathrm{T}}\boldsymbol{H}]\boldsymbol{X}\boldsymbol{X}^{\mathrm{T}}[\boldsymbol{I}-(\boldsymbol{H}^{\mathrm{T}}\boldsymbol{H} + k\boldsymbol{I})^{-1}\boldsymbol{H}^{\mathrm{T}}\boldsymbol{H}]^{\mathrm{T}}\}
\end{aligned} \tag{3.84}$$

当 $\mathrm{rank}(\boldsymbol{H}) = m$，存在正交阵 $\boldsymbol{\varGamma}$，使得

$$\boldsymbol{X}^{\mathrm{T}}\boldsymbol{X} = \boldsymbol{\varGamma}\begin{bmatrix} \lambda_1 & & 0 \\ & \ddots & \\ 0 & & \lambda_m \end{bmatrix}\boldsymbol{\varGamma}^{\mathrm{T}} \tag{3.85}$$

式中，$\lambda_1,\cdots,\lambda_m$ 为 $\boldsymbol{X}^{\mathrm{T}}\boldsymbol{X}$ 的特征值。此时

$$k\boldsymbol{I}+\boldsymbol{H}^{\mathrm{T}}\boldsymbol{H}=\boldsymbol{\Gamma}(k\boldsymbol{I}+\boldsymbol{\Lambda})\boldsymbol{\Gamma}^{\mathrm{T}}=\boldsymbol{\Gamma}\boldsymbol{\Lambda}_1\boldsymbol{\Gamma}^{\mathrm{T}} \tag{3.86}$$

式中，

$$\boldsymbol{\Lambda}=\begin{bmatrix}\lambda_1 & & 0\\ & \ddots & \\ 0 & & \lambda_m\end{bmatrix},\quad \boldsymbol{\Lambda}_1=k\boldsymbol{I}+\boldsymbol{\Lambda}=\begin{bmatrix}k+\lambda_1 & & 0\\ & \ddots & \\ 0 & & k+\lambda_m\end{bmatrix} \tag{3.87}$$

且 $(\boldsymbol{KI}+\boldsymbol{H}^{\mathrm{T}}\boldsymbol{H})^{-1}=\boldsymbol{\Gamma}\boldsymbol{\Lambda}_1^{-1}\boldsymbol{\Gamma}^{\mathrm{T}}$，因此 $\mathrm{MSE}(\hat{\boldsymbol{X}}_k)$ 右边第一项为

$$\begin{aligned}
&\sigma^2\mathrm{tr}[\boldsymbol{\Gamma}\boldsymbol{\Lambda}_1^{-1}\boldsymbol{\Gamma}^{\mathrm{T}}\boldsymbol{\Gamma}\boldsymbol{\Lambda}\boldsymbol{\Gamma}^{\mathrm{T}}\boldsymbol{\Gamma}\boldsymbol{\Lambda}_1^{-1}\boldsymbol{\Gamma}^{\mathrm{T}}]\\
&=\sigma^2\mathrm{tr}[\boldsymbol{\Gamma}\boldsymbol{\Lambda}_1^{-1}\boldsymbol{\Lambda}\boldsymbol{\Lambda}_1^{-1}\boldsymbol{\Gamma}^{\mathrm{T}}]\\
&=\sigma^2\mathrm{tr}[\boldsymbol{\Lambda}_1^{-1}\boldsymbol{\Lambda}\boldsymbol{\Lambda}_1^{-1}]=\sigma^2\mathrm{tr}\begin{bmatrix}\dfrac{\lambda_1}{(k+\lambda_1)^2} & & 0\\ & \ddots & \\ 0 & & \dfrac{\lambda_m}{(k+\lambda_m)^2}\end{bmatrix}\\
&=\sigma^2\sum_{i=1}^{m}\frac{\lambda_i}{(k+\lambda_i)^2}
\end{aligned} \tag{3.88}$$

再看 $\mathrm{MSE}(\hat{\boldsymbol{X}}_k)$ 右边第二项为

$$\begin{aligned}
&\mathrm{tr}\{[\boldsymbol{I}-\boldsymbol{\Gamma}\boldsymbol{\Lambda}_1^{-1}\boldsymbol{\Gamma}^{\mathrm{T}}\boldsymbol{\Gamma}\boldsymbol{\Lambda}\boldsymbol{\Gamma}^{\mathrm{T}}]\boldsymbol{X}\boldsymbol{X}^{\mathrm{T}}[\boldsymbol{I}-\boldsymbol{\Gamma}\boldsymbol{\Lambda}_1^{-1}\boldsymbol{\Gamma}^{\mathrm{T}}\boldsymbol{\Gamma}\boldsymbol{\Lambda}\boldsymbol{\Gamma}^{\mathrm{T}}]^{\mathrm{T}}\}\\
&=\mathrm{tr}\{[\boldsymbol{\Gamma}\boldsymbol{\Gamma}^{\mathrm{T}}-\boldsymbol{\Gamma}\boldsymbol{\Lambda}_1^{-1}\boldsymbol{\Lambda}\boldsymbol{\Gamma}^{\mathrm{T}}]\boldsymbol{X}\boldsymbol{X}^{\mathrm{T}}[\boldsymbol{\Gamma}\boldsymbol{\Gamma}^{\mathrm{T}}-\boldsymbol{\Gamma}\boldsymbol{\Lambda}_1^{-1}\boldsymbol{\Lambda}\boldsymbol{\Gamma}^{\mathrm{T}}]^{\mathrm{T}}\}\\
&=\mathrm{tr}\{\boldsymbol{\Gamma}(\boldsymbol{I}-\boldsymbol{\Lambda}_1^{-1}\boldsymbol{\Lambda})\boldsymbol{\Gamma}^{\mathrm{T}}\boldsymbol{X}\boldsymbol{X}^{\mathrm{T}}\boldsymbol{\Gamma}(\boldsymbol{I}-\boldsymbol{\Lambda}_1^{-1}\boldsymbol{\Lambda})\boldsymbol{\Gamma}^{\mathrm{T}}\}\\
&=\mathrm{tr}\{\boldsymbol{X}^{\mathrm{T}}\boldsymbol{\Gamma}(\boldsymbol{I}-\boldsymbol{\Lambda}_1^{-1}\boldsymbol{\Lambda})\boldsymbol{\Gamma}^{\mathrm{T}}\boldsymbol{\Gamma}(\boldsymbol{I}-\boldsymbol{\Lambda}_1^{-1}\boldsymbol{\Lambda})\boldsymbol{\Gamma}^{\mathrm{T}}\boldsymbol{X}\}\\
&=\mathrm{tr}\{\boldsymbol{X}^{\mathrm{T}}\boldsymbol{\Gamma}(\boldsymbol{I}-\boldsymbol{\Lambda}_1^{-1}\boldsymbol{\Lambda})(\boldsymbol{I}-\boldsymbol{\Lambda}_1^{-1}\boldsymbol{\Lambda})\boldsymbol{\Gamma}^{\mathrm{T}}\boldsymbol{X}\}
\end{aligned} \tag{3.89}$$

而

$$\boldsymbol{I}-\boldsymbol{\Lambda}_1^{-1}\boldsymbol{\Lambda}=\begin{bmatrix}\dfrac{k}{k+\lambda_1} & & 0\\ & \ddots & \\ 0 & & \dfrac{k}{k+\lambda_m}\end{bmatrix} \tag{3.90}$$

于是

$$\begin{aligned}
\mathrm{tr}\{\boldsymbol{X}^{\mathrm{T}}\boldsymbol{\Gamma}(\boldsymbol{I}-\boldsymbol{\Lambda}_1^{-1}\boldsymbol{\Lambda})^2\boldsymbol{\Gamma}^{\mathrm{T}}\boldsymbol{X}\}&=\mathrm{tr}[(\boldsymbol{I}-\boldsymbol{\Lambda}_1^{-1}\boldsymbol{\Lambda})^2\boldsymbol{\Gamma}^{\mathrm{T}}\boldsymbol{X}\boldsymbol{X}^{\mathrm{T}}\boldsymbol{\Gamma}]\\
&=\sum_{i=1}^{m}\left(\frac{k}{k+\lambda_i}\right)^2\xi_i^2
\end{aligned} \tag{3.91}$$

其中，$\boldsymbol{\Gamma}^{\mathrm{T}}\boldsymbol{X}=\xi$。$\hat{\boldsymbol{X}}_k$ 的均方误差为

$$\mathrm{MSE}(\hat{\boldsymbol{X}}_k)=\sigma^2\sum_{i=1}^{m}\frac{\lambda_i}{(k+\lambda_i)^2}+\sum_{i=1}^{m}\left(\frac{k}{k+\lambda_i}\right)^2\xi_i^2 \tag{3.92}$$

定理 3.1 存在 $k>0$，使得 $\mathrm{MSE}(\hat{\boldsymbol{X}}_k)<\mathrm{MSE}(\hat{\boldsymbol{X}}_{\mathrm{LS}})$。

证明 记 $M_1(k)=\sigma^2\sum\limits_{i=1}^{m}\dfrac{\lambda_i}{(k+\lambda_i)^2}, M_2(k)=\sum\limits_{i=1}^{m}\left(\dfrac{k}{k+\lambda_i}\right)^2\xi_i^2$，那么

$$\frac{\mathrm{d}M_1(k)}{\mathrm{d}k}=-2\sigma^2\sum_{i=1}^{m}\frac{\lambda_i}{(k+\lambda_i)^3}<0,\quad \frac{\mathrm{d}M_2(k)}{\mathrm{d}k}=2k\sum_{i=1}^{m}\frac{\lambda_i\xi_i^2}{(k+\lambda_i)^3} \tag{3.93}$$

因此

$$\left.\frac{\mathrm{dMSE}(\hat{\boldsymbol{X}}_k)}{\mathrm{d}k}\right|_{k=0}=-2\sigma^2\sum_{i=1}^{m}\lambda_i^{-2}<0 \tag{3.94}$$

$\mathrm{MSE}(\hat{\boldsymbol{X}}_k)$ 是 k 的减函数，且 $\mathrm{MSE}(\hat{\boldsymbol{X}}_0)=\mathrm{MSE}(\hat{\boldsymbol{X}}_{\mathrm{LS}})$，所以必然存在 $k>0$，使

$$\mathrm{MSE}(\hat{\boldsymbol{X}}_k)<\mathrm{MSE}(\hat{\boldsymbol{X}}_{\mathrm{LS}}) \tag{3.95}$$

定理 3.2 当 $0<k<\dfrac{\sigma^2}{\max\xi_i^2}$ 时，有 $\mathrm{MSE}(\hat{\boldsymbol{X}}_k)\leqslant\mathrm{MSE}(\hat{\boldsymbol{X}}_{\mathrm{LS}})$。

证明

$$\begin{aligned}\mathrm{MSE}(\hat{\boldsymbol{X}}_k)&=\sigma^2\sum_{i=1}^{m}\frac{\lambda_i+k\cdot k\xi_i^2/\sigma^2}{(\lambda_i+k)^2}\leqslant\sigma^2\sum_{i=1}^{m}\frac{\lambda_i+k}{(\lambda_i+k)^2}\\&=\sigma^2\sum_{i=1}^{m}\frac{1}{\lambda_i+k}\leqslant\sigma^2\sum_{i=1}^{m}\frac{1}{\lambda_i}\\&=\mathrm{MSE}(\hat{\boldsymbol{X}}_{\mathrm{LS}})\end{aligned} \tag{3.96}$$

考虑线性模型 $(\boldsymbol{Z},\boldsymbol{HX},\sigma^2\boldsymbol{W}),\boldsymbol{W}>0$

$$\hat{\boldsymbol{\beta}}_k=(\boldsymbol{S}+k\boldsymbol{I})^{-1}\boldsymbol{H}^{\mathrm{T}}\boldsymbol{W}^{-1}\boldsymbol{Z}=\boldsymbol{D}^{-1}\boldsymbol{H}^{\mathrm{T}}\boldsymbol{W}^{-1}\boldsymbol{Z} \tag{3.97}$$

式中，$\boldsymbol{S}=\boldsymbol{H}^{\mathrm{T}}\boldsymbol{W}^{-1}\boldsymbol{H},\boldsymbol{D}=\boldsymbol{S}+k\boldsymbol{I}$。同样方法可以分析无偏性、有效性以及 MSE 特性。

定理 3.3 当 $0<k<\dfrac{2\sigma^2}{\boldsymbol{X}^{\mathrm{T}}\boldsymbol{X}}$ 时，$\mathrm{MSE}(\hat{\boldsymbol{X}}_k)\leqslant\mathrm{MSE}(\hat{\boldsymbol{X}}_{\mathrm{GLS}})$。

2. 岭估计中参数 k 的确定方法

1) 岭迹法

对于线性模型 $(\boldsymbol{Z}, \boldsymbol{HX}, \sigma^2\boldsymbol{I})$，$\boldsymbol{X}$ 的岭估计为

$$\hat{\boldsymbol{X}}(k) = (\boldsymbol{H}^{\mathrm{T}}\boldsymbol{H} + k\boldsymbol{I})^{-1}\boldsymbol{H}^{\mathrm{T}}\boldsymbol{Z} \tag{3.98}$$

给定 k 时，可以计算出 $\hat{\boldsymbol{X}}(k)$，称为岭迹。记 $\hat{\boldsymbol{X}}(k) = [\hat{\boldsymbol{X}}_1(k), \cdots, \hat{\boldsymbol{X}}_m(k)]^{\mathrm{T}}$，则 $\hat{\boldsymbol{X}}_i(k)$ 为 $\boldsymbol{X}_i$ 的岭迹。下面从图像上做一些分析。

图 3.2 表明最小二乘估计认为第 i 个回归因子影响较大，不能忽略；而从岭估计的角度出发，认为第 i 个回归因子影响很小，甚至可以忽略 (作假设检验)。

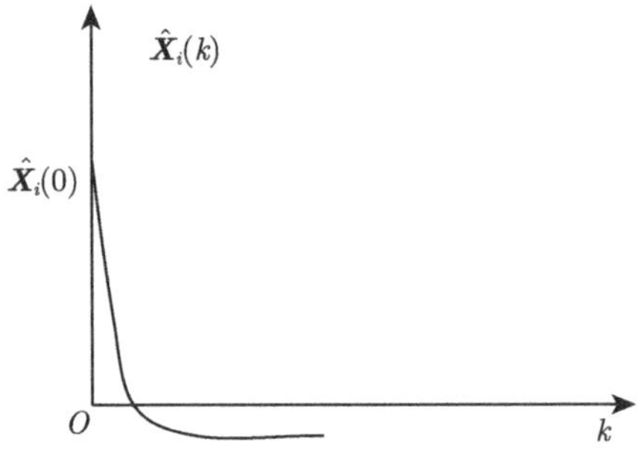

图 3.2　影响不显著因子岭迹示意

图 3.4 表明最小二乘估计认为第 i 个回归因子影响不大；但从岭回归的观点来看，第 i 个回归因子影响较大，不能忽略。

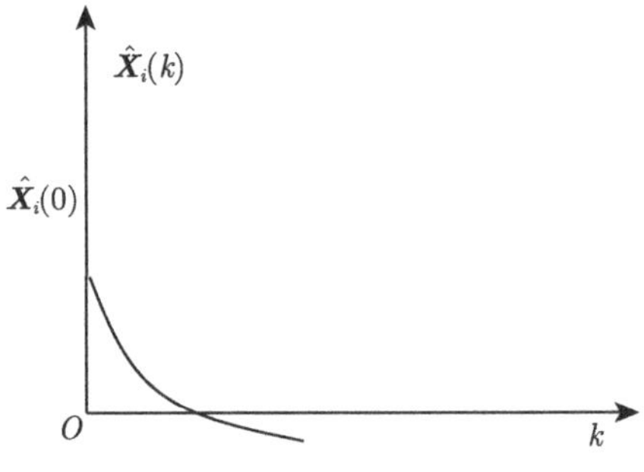

图 3.3　影响显著因子岭迹示意

图 3.4 表明，$\hat{\boldsymbol{X}}_i(k), \hat{\boldsymbol{X}}_j(k)$ 的变化均不稳定，但是 $\hat{\boldsymbol{X}}_i(k) + \hat{\boldsymbol{X}}_j(k)$ 却相当稳定，这种情况发生在 $\boldsymbol{H}_i, \boldsymbol{H}_j$ 之间具有较强相关性的场合。此时单独去估计 $\boldsymbol{X}_i$ 或 $\boldsymbol{X}_j$ 将是困难的，但 $\boldsymbol{X}_i + \boldsymbol{X}_j$ 却是可以估计的。

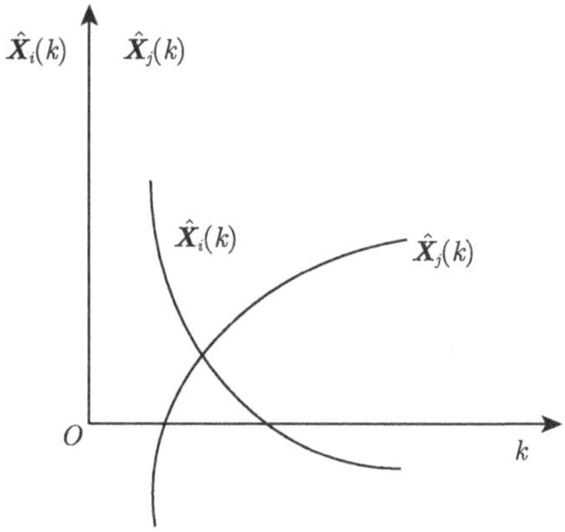

图 3.4 单项不可估联合可估岭迹示意

图 3.5 表明，岭迹稳定，最小二乘估计是良好的。图 3.6 表明，$\hat{\boldsymbol{X}}_i(k)$ 不稳定，直至 $k \geqslant k^*$ 时才较稳定，此时可选定 $k = k^*$。

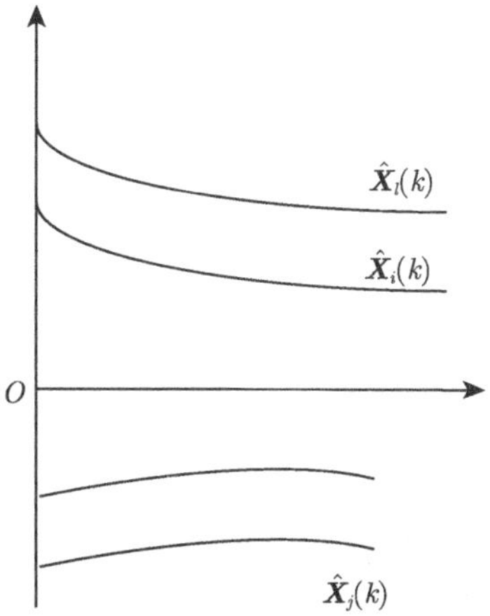

图 3.5 稳定岭迹示意

2) 迭代法

注意到 $\text{MSE}(\hat{\boldsymbol{X}}_k) = \sigma^2 \sum_{i=1}^{m} \frac{\lambda_i}{(k+\lambda_i)^2} + \sum_{i=1}^{p} \left(\frac{k}{k+\lambda_i}\right)^2 \xi_i^2$，$\sigma^2$ 和 $\xi = \boldsymbol{\Gamma}^{\mathrm{T}}\boldsymbol{X}$ 用 $\hat{\sigma}^2$ 和 $\boldsymbol{\Gamma}^{\mathrm{T}}\hat{\boldsymbol{X}}_{\mathrm{LS}}$ 代替，获得使 $\text{MSE}[\hat{\boldsymbol{X}}(k)] = \min$ 的 k 值，记为 k_1；然后计算 $\hat{\boldsymbol{X}}(k_1) = (\boldsymbol{H}^{\mathrm{T}}\boldsymbol{H} + k\boldsymbol{I})^{-1}\boldsymbol{H}^{\mathrm{T}}\boldsymbol{Z}$，再以 $\hat{\sigma}^2$ 和 $\hat{\boldsymbol{X}}(k_1)$ 代入 MSE，求出最优的 k 值，迭代数次即可得到最终的 k 值。

3) 预测残差平方和方法

确定准则为岭参数 k 使得预测残差平方和最小。将测量数据划分为建模集和预测集，利用建模集数据进行参数估计，利用预测集数据计算残差平方和。这种方法本质是兼顾模型和数据的拟合性能以及模型的泛化能力。

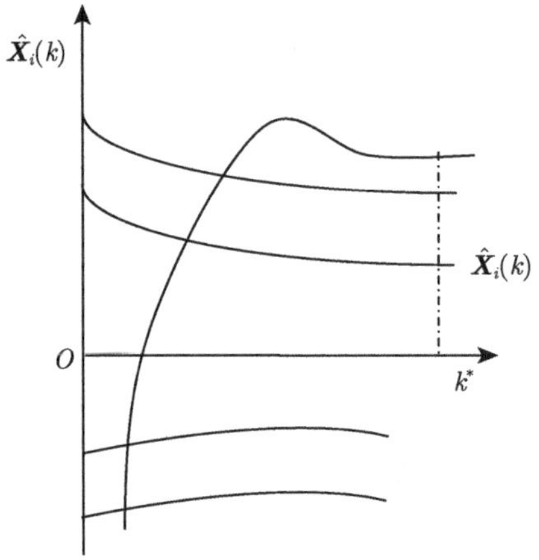

图 3.6　基于岭迹的参数确定示意

3.6　非线性最小二乘方法

事实上，现实世界中遇到的绝大多数估计问题都是非线性的，本章前述内容只能适用于现实问题中的一小部分。幸运的是，大部分非线性估计问题都可以通过适当选取连续近似的方法解决。本节将介绍应用最为广泛的连续近似方法——非线性最小二乘方法，也称为高斯最小二乘差分修正方法。该方法最初由高斯提出，他通过望远镜测量行星的视线角，以确定行星轨道。

3.6.1　基本算法推导

设有 m 个可观测量

$$y_j = f_j(x_1, x_2, \cdots, x_n), \quad j = 1, 2, \cdots, m, \quad m \geqslant n \tag{3.99}$$

式中，$f_j(x_1, x_2, \cdots, x_n) = 0$ 为 m 个以未知量 x_i 为变量的任意独立函数。这即是泛函的一般定义：给定 x_i 按照任何一个定义的过程计算得到 y_i(包括如微分方程的数值解法)。需要 $f_j(x_1, x_2, \cdots, x_n) = 0$ 函数本身及至少一阶偏微分函数单值连续，并至少一阶可微。另外，假设得到一组变量 y_j 的观测值

$$y_j \in \{y_1, y_2, \cdots, y_m\} \tag{3.100}$$

可将式的测量模型写成紧凑形式

$$\tilde{\boldsymbol{y}} = \boldsymbol{f}(\boldsymbol{x}) + \boldsymbol{\varepsilon} \tag{3.101}$$

式中，$\tilde{\boldsymbol{y}} = [\tilde{y}_1, \tilde{y}_2, \cdots, \tilde{y}_m]^{\mathrm{T}}$，为 $\boldsymbol{y}$ 测量的值；$\boldsymbol{f}(\boldsymbol{x}) = [f_1, f_2, \cdots, f_m]^{\mathrm{T}}$ 为独立函数；$\boldsymbol{x} = [x_1, x_2, \cdots, x_n]^{\mathrm{T}}$ 为 $\boldsymbol{x}$ 的真实值；$\boldsymbol{\varepsilon} = [\varepsilon_1, \varepsilon_2, \cdots, \varepsilon_m]^{\mathrm{T}}$ 为测量误差。

类似地，采用 $\hat{y}_i$ 表示 y_i 的估计值，则残差 e_j 写成如下的形式：

$$\hat{\boldsymbol{y}} = \boldsymbol{f}(\hat{\boldsymbol{x}}) \tag{3.102}$$

$$e_j = \tilde{y}_j - \hat{y}_j \equiv \Delta y \tag{3.103}$$

式中，$\hat{\boldsymbol{y}} = [\hat{y}_1, \hat{y}_2, \cdots, \hat{y}_m]^{\mathrm{T}}$，为 $\boldsymbol{y}$ 的估计值；$\boldsymbol{e} = [e_1, e_2, \cdots, e_m]^{\mathrm{T}}$，为残差；$\hat{\boldsymbol{x}} = [\hat{x}_1, \hat{x}_2, \cdots, \hat{x}_n]^{\mathrm{T}}$，为 $\boldsymbol{x}$ 的估计值。

式 (3.102) 的测量模型可以用残差 $\boldsymbol{e}$ 表示

$$\tilde{\boldsymbol{y}} = \boldsymbol{f}(\hat{\boldsymbol{x}}) + \boldsymbol{e} \tag{3.104}$$

寻找能使下式最小的估计值 $\hat{\boldsymbol{x}}$

$$J = \frac{1}{2}\boldsymbol{e}^{\mathrm{T}}\boldsymbol{W}\boldsymbol{e} = \frac{1}{2}[\tilde{\boldsymbol{y}} - \boldsymbol{f}(\hat{\boldsymbol{x}})]^{\mathrm{T}}\boldsymbol{W}[\tilde{\boldsymbol{y}} - \boldsymbol{f}(\hat{\boldsymbol{x}})] \tag{3.105}$$

式中，$\boldsymbol{W}$ 为 $m \times m$ 的加权矩阵，以给不同重要程度的测量值加权。

在大多数实际问题中，无法给出使式 (3.105) 中 J 最小的 $\hat{\boldsymbol{x}}$ 闭环形式解。$\boldsymbol{f}(\hat{\boldsymbol{x}}) = \boldsymbol{H}\hat{\boldsymbol{x}}$ 的情况则将使问题退化至标准的线性最小二乘问题，而一般的非线函数 $\boldsymbol{f}(\hat{\boldsymbol{x}})$ 通常难以得到直接解。因此，高斯将注意力转移至建立一个连续近似过程，给定起始估计，该过程收敛至准确的最小二乘估计。尽管没有一般方法可循，但如何确定足够接近的起始估计，通常都是有办法解决的。

假设 $\boldsymbol{x}$ 的当前估计为

$$\boldsymbol{x}_c = [x_{1c}, x_{2c}, \cdots, x_{nc}]^{\mathrm{T}} \tag{3.106}$$

无论 $\boldsymbol{x}$ 的未知目标值 $\hat{\boldsymbol{x}}$ 是什么，假设其和现有估计值 $\boldsymbol{x}_c$ 相差一个未知的修正 $\Delta\boldsymbol{x}$，即

$$\hat{\boldsymbol{x}} = \boldsymbol{x}_c + \Delta\boldsymbol{x} \tag{3.107}$$

如果 $\Delta\boldsymbol{x}$ 足够小，则有可能求解它们的近似值，并根据式 (3.107) 更新 $\boldsymbol{x}_c$。基于这些假设，我们利用一阶泰勒级数展开，将式 (3.102) 中的 $\boldsymbol{f}(\hat{\boldsymbol{x}})$ 在 $\boldsymbol{x}_c$ 处线性化，可得

$$\boldsymbol{f}(\hat{\boldsymbol{x}}) \approx \boldsymbol{f}(\boldsymbol{x}_c) + \boldsymbol{H}\Delta\boldsymbol{x} \tag{3.108}$$

式中，

$$\boldsymbol{H} \equiv \left.\frac{\partial \boldsymbol{f}}{\partial \boldsymbol{x}}\right|_{\boldsymbol{x}_c} \tag{3.109}$$

梯度函数 $\boldsymbol{H}$ 为雅可比矩阵。修正后的测量残差现在可线性近似为

$$\Delta \boldsymbol{y} \equiv \tilde{\boldsymbol{y}} - \boldsymbol{f}(\hat{\boldsymbol{x}}) \approx \tilde{\boldsymbol{y}} - \boldsymbol{f}(\boldsymbol{x}_c) - \boldsymbol{H}\Delta \boldsymbol{x} = \Delta \boldsymbol{y}_c - \boldsymbol{H}\Delta \boldsymbol{x} \tag{3.110}$$

其中，修正前残差为

$$\Delta \boldsymbol{y}_c \equiv \tilde{\boldsymbol{y}} - \boldsymbol{f}(\boldsymbol{x}_c) \tag{3.111}$$

目标仍是最小化由式 (3.105) 给出的加权平方和 J。确定 $\Delta \boldsymbol{x}$ 中的近似修正 (即差分修正) 的局部策略是选择能得到最小线性预测残差平方和 J_p 的修正

$$J = \frac{1}{2}\Delta \boldsymbol{y}^{\mathrm{T}} \boldsymbol{W} \Delta \boldsymbol{y} \approx \boldsymbol{J}_p \equiv \frac{1}{2}[\Delta \boldsymbol{y}_c - \boldsymbol{H}\Delta \boldsymbol{x}]^{\mathrm{T}} \boldsymbol{W} [\Delta \boldsymbol{y}_c - \boldsymbol{H}\Delta \boldsymbol{x}] \tag{3.112}$$

在最小化过程前，应注意到 (在近似过程中，式 (3.108) 所隐含的线性化过程是合理的) 最小化式 (3.112) 中的 J_p 等同于最小化式 (3.105) 中的 J。如果该过程是收敛的，那么由最小化式 (3.112) 得到的 $\Delta \boldsymbol{x}$ 在连续迭代中将逐渐减小，直到 (在最后的迭代中) 得到接近完美的近似。

任何求解加权最小方差问题的算法都可直接应用于求解式 (3.112) 中的 $\Delta \boldsymbol{x}$。因此

$$\Delta \boldsymbol{x} = \left[\boldsymbol{H}^{\mathrm{T}} \boldsymbol{W} \boldsymbol{H}\right]^{-1} \boldsymbol{H}^{\mathrm{T}} \boldsymbol{W} \Delta \boldsymbol{y}_c \tag{3.113}$$

完整的非线性最小二乘方法流程如图 3.7 所示，当然，需要一个初始的估计值 $\boldsymbol{x}_c$。利用测量残差 $\Delta \boldsymbol{y}_c$、雅可比矩阵 $\boldsymbol{H}$ 和加权矩阵 $\boldsymbol{W}$ 计算式 (3.113)，当前估计即可得到更新。

利用和精度相关的容差条件作为最小化 J 的停止准则:

$$\boldsymbol{\delta} J \equiv \frac{|J_i - J_{i-1}|}{J_i} < \frac{\varepsilon}{\|\boldsymbol{W}\|} \tag{3.114}$$

式中，ε 为预先设置的较小数值。

如果式 (3.114) 无法满足，则更新过程继续直至该过程收敛或该过程已明显无法收敛，例如，超过最大允许的迭代次数，或者 J 在其后的迭代中不断增大。

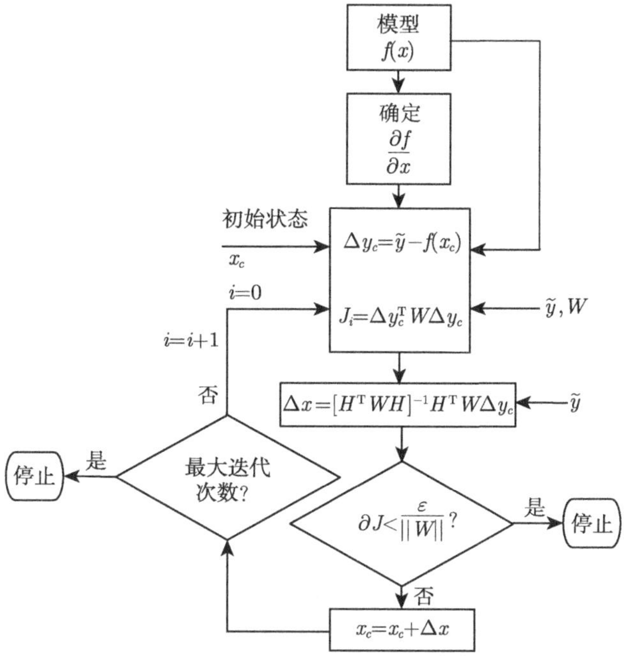

图 3.7 完整的非线性最小二乘方法流程

上述最小二乘差分修正过程，虽然远没有万无一失，但却已成功应用于许多类型的非线性估计问题中。收敛的问题通常源于以下几种原因：① 初始估计远离最优估计值 $\hat{\boldsymbol{x}}$，造成局部线性假设并不成立；② 由于两个方面的原因造成修正值 $\Delta\boldsymbol{x}$ 的计算困难，一方面是数值误差造成了计算 $\Delta\boldsymbol{x}$ 的特定算法的失效，另一方面是矩阵 $\boldsymbol{H}$ 中独立的行向量或列向量数目小于 n，即不满秩。数值误差方面原因可以由经验丰富的专家解决，然而，对应于后一种情况，最小二乘准则并不能唯一定义 $\Delta\boldsymbol{x}$，因此，须采用其他准则选择 $\Delta\boldsymbol{x}$。初始估计收敛困难的问题可以用 Levenberg-Marquardt 算法解决，该方法结合了最小二乘差分修正过程和梯度搜索。

3.6.2 应用举例

例 3.9 人造地球卫星的轨道改进问题。

轨道改进的任务是利用多圈的光学测量或无线电观测的资料，在考虑摄动的情况下，计算出某个时刻的初始轨道根数的改正量，从而获得精度较高的轨道根数。依据的方法是轨道摄动理论和最小二乘方法。观测资料一般有如下几种：光学资料；雷达测量资料，观测量为斜距 ρ、方位角 $\boldsymbol{A}$ 及高低角 E；多普勒测频资料，观测量为频率。

对于任意一种观测矢量 $\boldsymbol{Z}$ 来说，总可以表示为六个轨道根数所组成的状态向量 $\boldsymbol{X}$ 的函数，即 $\boldsymbol{Z}=h(\boldsymbol{X})$，其中，$\boldsymbol{X}=[a,e,\omega,\varOmega,i,M]^{\mathrm{T}}$，$a$ 为椭圆轨道的长半轴，e 为椭圆轨道的偏心率，ω 为升交点至近地点的角距，$\varOmega$ 为春分点至升交点的角距，i 为轨道倾角，M 为平近点角，如图 3.8 所示。

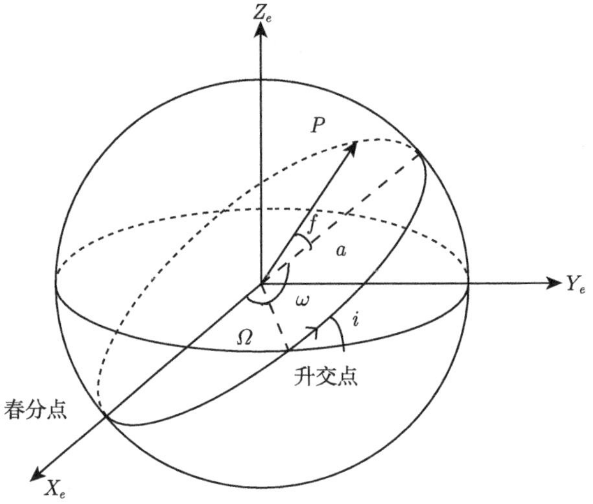

图 3.8 卫星轨道根数描述

以雷达观测为例，有

$$\begin{cases} x-X=\rho\cos\delta\cos\alpha \\ y-Y=\rho\cos\delta\sin\alpha \\ z-Z=\rho\sin\delta \end{cases}$$

其中，(x,y,z) 为卫星在地心赤道坐标系内的位置，(X,Y,Z) 为测站坐标，ρ 为卫星对于测站的斜距，α,δ 分别为赤经、赤纬，如图 3.9 所示。

于是

$$\begin{cases} \rho=\sqrt{(x-X)^2+(y-Y)^2+(z-Z)^2} \\ \alpha=\mathrm{tg}^{-1}\dfrac{y-Y}{x-X} \\ \delta=\sin^{-1}\dfrac{z-Z}{\rho} \end{cases}$$

此外，$\bar{r}=a(\cos E-e)\bar{\boldsymbol{P}}+a\sqrt{1-e^2}\sin E\bar{\boldsymbol{Q}}$，其中 $\bar{r}$ 的投影为 x,y,z，即 $\bar{r}=(x,y,z)$，而

$$\bar{\boldsymbol{P}}=\{\cos\omega\cos\varOmega-\sin\omega\sin\varOmega\cos i,\cos\omega\sin\varOmega-\sin\omega\cos\varOmega\cos i,\sin\omega\sin i\}$$

$$\bar{\boldsymbol{Q}}=\{-\sin\omega\cos\varOmega-\cos\omega\sin\varOmega\cos i,-\sin\omega\sin\varOmega+\cos\omega\cos\varOmega\cos i,\cos\omega\sin i\}$$

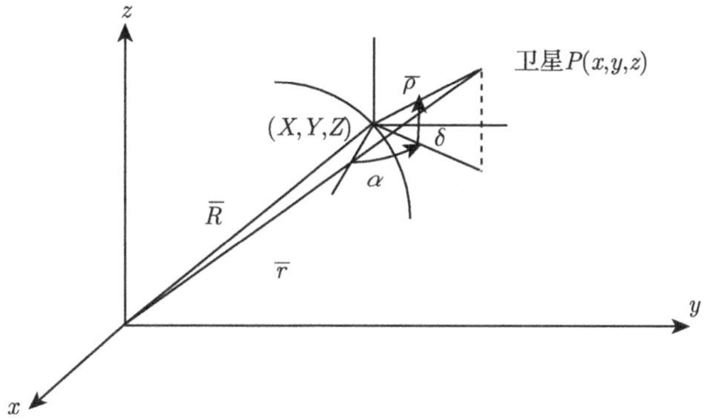

图 3.9 卫星定轨测量示意

这样，ρ,α,δ 为六个轨道根数的函数，即 $\boldsymbol{Z}=h(\boldsymbol{X})$，记观测方程为

$$\boldsymbol{Z}_i=h(\boldsymbol{X})+\boldsymbol{\varepsilon}_i,\quad i=1,\cdots,k$$

其中，$\boldsymbol{\varepsilon}_i$ 为观测误差向量，协方差矩阵为 $\boldsymbol{R}_i$。

在初轨计算中，已经得到初始轨道根数 $a_c,e_c,\omega_c,i_c,M_c,\Omega_c$，记 $\boldsymbol{X}_c=[a_c,e_c,\omega_c,\Omega_c,i_c,M_c]^{\mathrm{T}}$ 为初始轨道根数组成的状态向量。在卫星飞行过程中，实际轨道根数 $\boldsymbol{X}$ 与 $\boldsymbol{X}_c$ 是有偏差的，记为 $\Delta\boldsymbol{X}=\boldsymbol{X}-\boldsymbol{X}_c$，且认为 $\Delta\boldsymbol{X}$ 是微小偏差。

所谓轨道改进问题就是通过观测，将偏差 $\Delta\boldsymbol{X}$ 估计出来，从而对 $\boldsymbol{X}_c$ 加以改进，得出比较精确的轨道根数。

为此，先将 $h(\boldsymbol{X})$ 在 $\boldsymbol{X}_c$ 近旁线性化，有

$$h(\boldsymbol{X})=h(\boldsymbol{X}_c)+\left.\frac{\partial h}{\partial\boldsymbol{X}^{\mathrm{T}}}\right|_{\boldsymbol{X}=\boldsymbol{X}_c}\Delta\boldsymbol{X}+o(\Delta\boldsymbol{X})$$

其中，$\dfrac{\partial h}{\partial\boldsymbol{X}^{\mathrm{T}}}$ 为 h 关于 $\boldsymbol{X}$ 的雅可比矩阵，在雷达测量中

$$\frac{\partial h}{\partial\boldsymbol{X}^{\mathrm{T}}}=\begin{bmatrix}\dfrac{\partial\rho}{\partial a}&\dfrac{\partial\rho}{\partial e}&\dfrac{\partial\rho}{\partial\omega}&\dfrac{\partial\rho}{\partial\Omega}&\dfrac{\partial\rho}{\partial i}&\dfrac{\partial\rho}{\partial M}\\\dfrac{\partial\alpha}{\partial a}&\dfrac{\partial\alpha}{\partial e}&\dfrac{\partial\alpha}{\partial\omega}&\dfrac{\partial\alpha}{\partial\Omega}&\dfrac{\partial\alpha}{\partial i}&\dfrac{\partial\alpha}{\partial M}\\\dfrac{\partial\delta}{\partial a}&\dfrac{\partial\delta}{\partial e}&\dfrac{\partial\delta}{\partial\omega}&\dfrac{\partial\delta}{\partial\Omega}&\dfrac{\partial\delta}{\partial i}&\dfrac{\partial\delta}{\partial M}\end{bmatrix}$$

记 $\left.\dfrac{\partial h}{\partial\boldsymbol{X}^{\mathrm{T}}}\right|_{\boldsymbol{X}=\boldsymbol{X}_c}=\boldsymbol{H}_c$，$h(\boldsymbol{X})-h(\boldsymbol{X}_c)=\Delta\boldsymbol{Z}$，则

$$\Delta\boldsymbol{Z}_i=\boldsymbol{Z}_i-h(\boldsymbol{X}_c)=h(\boldsymbol{X})+\boldsymbol{\varepsilon}_i-h(\boldsymbol{X}_c)\approx\boldsymbol{H}_c\Delta\boldsymbol{X}+\boldsymbol{\varepsilon}_i$$

于是组成了 $\Delta\boldsymbol{Z}_i$ 关于 $\Delta\boldsymbol{X}$ 的一个线性观测模型

$$\Delta\hat{\boldsymbol{X}}=\left(\sum_{i=1}^{k}\boldsymbol{H}_c^{\mathrm{T}}\boldsymbol{R}_i^{-1}\boldsymbol{H}_c\right)^{-1}\sum_{i=1}^{k}\boldsymbol{H}_c^{\mathrm{T}}\boldsymbol{R}_i^{-1}\Delta\boldsymbol{Z}_i,\quad \boldsymbol{P}=\left(\sum_{i=1}^{k}\boldsymbol{H}_c^{\mathrm{T}}\boldsymbol{R}_i^{-1}\boldsymbol{H}_c\right)^{-1}$$

获得 $\Delta\hat{\boldsymbol{X}}$ 后，新的轨道根数 $\boldsymbol{X}=\boldsymbol{X}_c+\Delta\hat{\boldsymbol{X}}$。

习　　题

3-1 对确定性状态 $\boldsymbol{X}$ 进行了 3 次测量，测量方程为

$$Z_1=3=\begin{bmatrix}1 & 1\end{bmatrix}\boldsymbol{X}+\varepsilon_1$$

$$Z_2=1=\begin{bmatrix}0 & 1\end{bmatrix}\boldsymbol{X}+\varepsilon_2$$

$$Z_3=2=\begin{bmatrix}1 & 0\end{bmatrix}\boldsymbol{X}+\varepsilon_3$$

已知测量误差为零均值、方差为 r 的白噪声序列，试分别用一般最小二乘和递推最小二乘估计出 $\boldsymbol{X}$。

3-2 设 X 为标量随机变量，均值为 m_X，方差为 C_X，如果用同一台仪器对 X 直接测量 k 次，得测量值 $Z_1,Z_2,\cdots,Z_k$，用一般最小二乘作为 X 均值的估计，仪器测量误差的均值为零，方差为 C_V，试求均值的估计及估计的均方误差。

3-3 存在如下的线性系统

$$y=\boldsymbol{H}\boldsymbol{x}$$

式中

$$y=\begin{bmatrix}2\\1\\3\end{bmatrix},\quad \boldsymbol{H}=\begin{bmatrix}1 & 3\\2 & 2\\3 & 4\end{bmatrix}$$

对于下面 3 个加权矩阵

$$\boldsymbol{W}=\boldsymbol{I},\quad \boldsymbol{W}'=3\boldsymbol{W},\quad \boldsymbol{W}''=\boldsymbol{W}+\begin{bmatrix}\frac{1}{4} & \frac{5}{8} & -\frac{1}{2}\\ \frac{5}{8} & \frac{25}{16} & -\frac{5}{4}\\ -\frac{1}{2} & -\frac{5}{4} & 1\end{bmatrix}$$

试通过加权最小二乘估计法确定 $\boldsymbol{x}$ 的估计值以及对应的误差协方差矩阵。

第 4 章　Kalman 滤波

滤波是从被干扰的信号中确定出有效信号的一种方法，也称为信号滤波，如收音机的调频就是滤波过程，从无线电信号中取出所需要的电台频率信号。信号滤波广泛应用于通信技术中，一般以电路的形式具体体现在设备中。本教材讲授的是根据统计特性的规律，将所需信号从含有干扰的测量中确定出来的一种滤波方法，称为统计滤波，通常要求某种统计意义上误差性能最优，如“最小方差”等。

Kalman 滤波的提出，奠定了现代控制的基础。无论在理论上还是在实践的方法上，Kalman 滤波都有了很大的发展，特别在潜艇导航、飞行器导航控制器件精度鉴定及测轨、飞行试验结果分析、动力系统与工业生产中的最优控制和气象预报等方面得到了广泛的应用。如：① 对飞行器进行观测，通过观测到的量去确定飞行器在每一不同时刻的位置、速度等，对该飞行器进行导航、跟踪或拦截；② 数字计算机中的最佳控制过程，在数字控制系统中，测量装置对被控过程的内部状态 (记作向量 $\boldsymbol{X}$) 进行测量，而最佳控制规律为 $\boldsymbol{X}$ 的函数，记此规律为 $\boldsymbol{U}=\boldsymbol{U}(\boldsymbol{X})$，因此，滤波问题就是从带有噪声的测量信息 $\boldsymbol{Z}$ 中对状态向量 $\boldsymbol{X}$ 进行估计，确定出在某种意义下的 $\boldsymbol{X}$ 的最佳估值，在此基础上，数字计算机给出最佳控制规律，如图 4.1 所示。

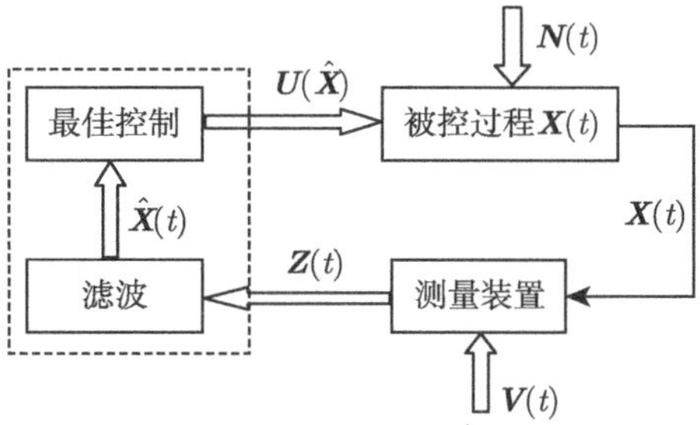

图 4.1　最佳控制过程示意

早在 1809 年，高斯为了从已知测量数据中确定天体运行的轨道，提出了一种最早的最优滤波方法，即最小二乘方法。虽然它的滤波性能较差，但因为具有不需要信号的验前统计知识的优点，所以至今仍有不少领域使用。

20 世纪 40 年代，维纳为了火力控制上的需要，提出一种线性最小方差滤波方法，称为维纳滤波。虽然这种方法充分利用了信号和测量值的统计特性，但它仅适用于平稳随机信号。在频率域范围内讨论，需要把一段时间内所获得的观测数据存储起来，然后同时处理全部信息以获得系统的最佳传递函数。因此，这种滤波理论的实用价值受到了一定的限制。尽管如此，仍在不少工程领域得到了应用。

20 世纪 60 年代，Kalman 推广了维纳滤波模型，发展了一种更为实用的滤波方法。Kalman 滤波的特点：① 不但包含信号与测量值的基本统计特性 (一、二阶矩特性)，而且由于采用了状态空间的概念，用状态方程描述系统，信号作为状态，所以既能估计平稳的一维信号随机过程，又能估计非平稳的多维信号随机过程；② Kalman 滤波采用递推计算方法，不要求存贮历史数据，只需根据当前时刻的测量值和前一时刻的估计，按照一套递推公式，实时地计算出所需信号的估计。即使被处理的状态的维数较大，在计算机上实现也不困难。因此 Kalman 滤波又称为递推线性最小方差估计，基本流程如图 4.2 所示。

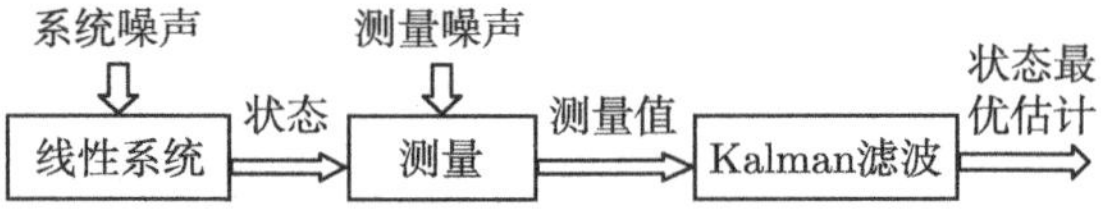

图 4.2　Kalman 滤波基本流程

Kalman 滤波的对象是用状态方程描述的随机线性系统，按照估计误差的方差最小的准则，从被测量噪声“污染”的测量值中实时估计出系统的状态值。

4.1　状态估计问题

Kalman 滤波属于状态估计，状态估计常常是动态的。对于随机量来说，动态估计就是随机过程的估计；静态估计则是随机变量的估计。状态估计问题按测量值与被估计值的时间关系分为三类：滤波、预报和平滑。

设 $\boldsymbol{X}(t)$ 为被估计的随机过程，$\boldsymbol{Z}(t)$ 为测量值，测量方程为

$$\boldsymbol{Z}(t)=\boldsymbol{H}(\boldsymbol{X}(t),\varepsilon(t),t) \tag{4.1}$$

式中，$\varepsilon(t)$ 为测量噪声，$\boldsymbol{H}(\cdot)$ 是 $\boldsymbol{X}(t)$、$\varepsilon(t)$、t 的已知函数。状态估计就是利用 t_0 到 t 过程的测量值 $\boldsymbol{Z}(t), t_0<\tau\leqslant t$，去估计 t' 时刻的状态 $\boldsymbol{X}(t')$，记为 $\hat{\boldsymbol{X}}(t'|t)$。如果 $t'=t$，则称 $\hat{\boldsymbol{X}}(t'|t)$ 为滤波 (实时估计)；如果 $t'>t$，则称 $\hat{\boldsymbol{X}}(t'|t)$ 为预报 (外推)；如果 $t'<t$，则称 $\hat{\boldsymbol{X}}(t'|t)$ 为平滑 (内插)。

状态估计就是从带有噪声的观测结果中确定出被观测系统的未知状态。一般来说，观测量与未知待估的状态之间具有某种联系，在线性观测量的情况下有

$$\boldsymbol{Z}_k=\boldsymbol{H}_k\boldsymbol{X}_k+\boldsymbol{\varepsilon}_k \tag{4.2}$$

其中，$\boldsymbol{Z}_k$ 表示 t_k 时刻的观测量；$\boldsymbol{X}_k$ 表示 t_k 时刻的状态；$\boldsymbol{\varepsilon}_k$ 表示 t_k 时刻的观测噪声；$\boldsymbol{H}_k$ 表示 t_k 时刻观测量关于状态的系数矩阵，称为观测矩阵。

对于状态估计来说，在不同的要求以及不同的估值指标下，有不同的估计方法。在线性估计类中，人们常采用无偏最小方差估计。

例如，某一飞行器在某一方向上的运动方程为

$$\frac{\mathrm{d}x}{\mathrm{d}t} = f(x,t) \tag{4.3}$$

对该飞行器进行观测，设在 $t_1,\cdots,t_k$ 时刻获得 $z_1,\cdots,z_k$，观测方程为

$$z(t) = h(x(t)) + \varepsilon(t) \tag{4.4}$$

为了说明问题方便，设 $h(x(t)) = x(t)$，称为直接观测，且 $\sigma_v = \sigma$ 为等精度测量，要求用最小方差估计方法给出 $x(t)$ 在各个观测时刻的实时估计。这一问题属于最简单的测轨问题。首先从 t_0 时刻开始，假定在 t_0 时刻已经获得关于 x_0 的某些信息，记 $\hat{x}_0$ 为 t_0 时刻的初始估值，可以采用不同方法获得。

由 $(t_0,\hat{x}_0)$ 出发，以 $\hat{x}_0$ 作为初值，解运动方程至 t_1 时刻，于是获得 t_1 时刻的积分值，记作 $\hat{x}_{1|0}$，作为 $x(t)$ 在 t_1 时刻的预测值，在 t_1 时刻观测之前得到。当进行了 t_1 时刻的观测后，获得了 z_1，组合 $\hat{x}_{1|0}$ 和 z_1，用 $\hat{x}_{1|0}$ 和 z_1 的加权线性组合作为 t_1 时刻 $x(t_1)$ 的估值，记

$$\hat{x}_1 = (1-K_1)\hat{x}_{1|0} + K_1(z_1 - \hat{x}_{1|0}) \tag{4.5}$$

式中，K_1 为待定的系数。

为了使 $\hat{x}_1$ 具有无偏最小方差特性，要求

$$\begin{aligned} &E[\hat{x}_1] = x_1, \quad E[(\hat{x}_1 - x_1)^2] = \min \\ &E[(\hat{x}_1 - x_1)^2] = D[\hat{x}_1] = (1-K_1)^2 D[\hat{x}_{1|0}] + K_1^2 D[z_1] = (1-K_1)^2\sigma_{1|0}^2 + K_1^2\sigma^2 \end{aligned} \tag{4.6}$$

其中，$\sigma_{1|0}^2 = D[\hat{x}_{1|0}]$。

于是

$$\begin{aligned} &\frac{\partial}{\partial K_1} D[\hat{x}_1] = \frac{\partial}{\partial K_1}[(1-K_1)^2\sigma_{1|0}^2 + K_1^2\sigma^2] = 0 \\ &\Rightarrow -2(1-K_1)\sigma_{1|0}^2 + 2K_1\sigma^2 = 0 \Rightarrow K_1 = \frac{\sigma_{1|0}^2}{\sigma_{1|0}^2 + \sigma^2} \end{aligned} \tag{4.7}$$

则

$$\hat{x}_1 = \hat{x}_{1|0} + \frac{\sigma_{1|0}^2}{\sigma_{1|0}^2 + \sigma^2}(z_1 - \hat{x}_{1|0}) \tag{4.8}$$

依此类推可获得各时刻的实时估值。这种估值形式为：实时估值＝预测估值＋对于预测估值的修正，在统计估值问题中是典型的。

4.2 基本 Kalman 滤波

4.2.1 Kalman 滤波的数学模型

通过观测对状态向量进行估值时，必须考虑两个问题：一是被观测对象的变化规律，以状态向量微分方程来描述；二是观测量和状态向量之间的关系。前者称为状态向量的动力学模型，后者称为观测模型。

下面对动力学模型和观测模型给定一些必要的假设，在此基础上，推导相应的滤波方程。

关于动力学模型，假设状态方程已经离散化为如下的线性向量差分方程

$$\boldsymbol{X}_{k+1}=\boldsymbol{\Phi}_{k+1,k}\boldsymbol{X}_k+\boldsymbol{\Gamma}_{k+1,k}\boldsymbol{U}_k+\boldsymbol{W}_k \tag{4.9}$$

其中，k 表示对应 t_k 的离散时刻；$\boldsymbol{X}_k$ 为 t_k 时刻的 n 维状态向量；$\boldsymbol{\Phi}_{k+1,k}$ 为 $n\times n$ 维状态转移矩阵；$\boldsymbol{U}_k$ 为 $t_k\sim t_{k+1}$ 时间间隔内取常值的 p 维控制向量；$\boldsymbol{\Gamma}_{k+1,k}$ 是 $n\times p$ 维矩阵，常称为状态向量对控制的灵敏系数矩阵。

上述模型的关键是对转移矩阵 $\boldsymbol{\Phi}_{k+1,k}$ 的计算。在时间间隔较小的场合，$\boldsymbol{\Phi}_{k+1,k}$ 的计算常用级数展开方法

$$\boldsymbol{\Phi}_{k+1,k}\cong\boldsymbol{I}+\boldsymbol{A}(t_k)\Delta t_k+\frac{1}{2!}[\dot{\boldsymbol{A}}(t_k)+\boldsymbol{A}^2(t_k)]\Delta t_k^2 \tag{4.10}$$

$\{\boldsymbol{W}_k\}$ 为作用于观测对象的随机干扰序列，假设它有下列统计特性：

$$E[\boldsymbol{W}_k]=0,\quad E[\boldsymbol{W}_k\boldsymbol{W}_j^{\mathrm{T}}]=\boldsymbol{Q}_k\delta_{kj}$$

δ_{kj} 为 δ 函数，满足

$$\delta_{kj}=\begin{cases}1, & k=j\\ 0, & k\neq j\end{cases} \tag{4.11}$$

$\boldsymbol{Q}_k$ 假定为已知的 $n\times n$ 维非负定矩阵。

观测模型为

$$\boldsymbol{Z}_k=\boldsymbol{H}_k\boldsymbol{X}_k+\boldsymbol{\varepsilon}_k \tag{4.12}$$

式中，$\boldsymbol{Z}_k$ 为 m 维向量；$\boldsymbol{H}_k$ 为已知的 $m\times n$ 维观测矩阵；$\boldsymbol{\varepsilon}_k$ 为 t_k 时刻的观测噪声，满足 $E[\boldsymbol{\varepsilon}_k]=0,E[\boldsymbol{\varepsilon}_k\boldsymbol{\varepsilon}_j^{\mathrm{T}}]=\boldsymbol{R}_k\delta_{kj}$，$\boldsymbol{R}_k$ 为 $m\times m$ 阶正定矩阵。

同时，假定随机向量序列 $\{\boldsymbol{\varepsilon}_k\},\{\boldsymbol{W}_k\},\boldsymbol{X}_0$ 彼此不相关，即

$$E[\boldsymbol{\varepsilon}_k\boldsymbol{W}_j^{\mathrm{T}}]=0,\quad E[\boldsymbol{\varepsilon}_k\boldsymbol{X}_0^{\mathrm{T}}]=0,\quad E[\boldsymbol{W}_k\boldsymbol{X}_0^{\mathrm{T}}]=0 \tag{4.13}$$

注意到，$\boldsymbol{W}_k$ 为动力学模型中的干扰项，由很多因素综合而成，如动力学模型中未加考虑的一些随机作用量，方程的简化引起的误差，方程中某些参数不确切引起的误差等。

4.2.2 Kalman 滤波方程的推导

变量记号如下。

$\hat{\boldsymbol{X}}_{k+1|k+1}$：基于观测数据 $\boldsymbol{Z}_1,\cdots,\boldsymbol{Z}_{k+1}$ 获得的状态向量 $\boldsymbol{X}(t_{k+1})$ 的最佳估计，最佳指无偏最小方差的特性。

$\hat{\boldsymbol{X}}_{k+1|k}$：$t_{k+1}$ 时刻的状态 $\boldsymbol{X}_{k+1}$ 的预测估值。

$\boldsymbol{P}_{k+1|k+1}=E[(\hat{\boldsymbol{X}}_{k+1|k+1}-\boldsymbol{X}_{k+1})(\hat{\boldsymbol{X}}_{k+1|k+1}-\boldsymbol{X}_{k+1})^{\mathrm{T}}]$ 为估值 $\hat{\boldsymbol{X}}_{k+1|k+1}$ 的方差矩阵。

$\boldsymbol{P}_{k+1|k}=E[(\hat{\boldsymbol{X}}_{k+1|k}-\boldsymbol{X}_{k+1})(\hat{\boldsymbol{X}}_{k+1|k}-\boldsymbol{X}_{k+1})^{\mathrm{T}}]$ 为预测估值 $\hat{\boldsymbol{X}}_{k+1|k}$ 的方差矩阵。

基本 Kalman 滤波的推导原则多种多样，首先介绍一种线性、无偏、最小方差、递推估计。

数学模型为

$$\begin{cases}\boldsymbol{X}_{k+1}=\boldsymbol{\Phi}_{k+1,k}\boldsymbol{X}_k+\boldsymbol{\Gamma}_{k+1,k}\boldsymbol{U}_k+\boldsymbol{W}_k\\ \boldsymbol{Z}_k=\boldsymbol{H}_k\boldsymbol{X}_k+\boldsymbol{\varepsilon}_k\end{cases}\tag{4.14}$$

根据线性估计的性质，$\hat{\boldsymbol{X}}_{k+1|k+1}$ 为 $\boldsymbol{Z}_1,\cdots\boldsymbol{Z}_k,\boldsymbol{Z}_{k+1}$ 的线性函数，$\hat{\boldsymbol{X}}_{k|k}$ 为 $\boldsymbol{Z}_1,\cdots,\boldsymbol{Z}_k$ 的线性函数，于是可知 $\hat{\boldsymbol{X}}_{k+1|k+1}$ 可以表示为 $\hat{\boldsymbol{X}}_{k|k}$ 与 $\boldsymbol{Z}_{k+1}$ 的线性组合，即

$$\hat{\boldsymbol{X}}_{k+1|k+1}=\boldsymbol{A}_{k+1}\hat{\boldsymbol{X}}_{k|k}+\boldsymbol{K}_{k+1}\boldsymbol{Z}_{k+1}+\boldsymbol{C}_{k+1}\tag{4.15}$$

其中，$\boldsymbol{A}_{k+1},\boldsymbol{K}_{k+1},\boldsymbol{C}_{k+1}$ 为与 $\hat{\boldsymbol{X}}_{k|k}$ 和 $\boldsymbol{Z}_{k+1}$ 无关的矩阵/向量。下面根据无偏最小方差准则确定 $\boldsymbol{A}_{k+1},\boldsymbol{K}_{k+1},\boldsymbol{C}_{k+1}$。

由无偏性可知，$E[\hat{\boldsymbol{X}}_{k+1|k+1}-\boldsymbol{X}_{k+1}]=0$，即

$$\begin{aligned}&E[\boldsymbol{A}_{k+1}\hat{\boldsymbol{X}}_{k|k}+\boldsymbol{K}_{k+1}(\boldsymbol{H}_{k+1}\boldsymbol{X}_{k+1}+\boldsymbol{\varepsilon}_{k+1})+\boldsymbol{C}_{k+1}-\boldsymbol{X}_{k+1}]=\boldsymbol{0}\\&E[\boldsymbol{A}_{k+1}\hat{\boldsymbol{X}}_{k|k}+(\boldsymbol{K}_{k+1}\boldsymbol{H}_{k+1}-\boldsymbol{I})(\boldsymbol{\Phi}_{k+1,k}\boldsymbol{X}_k+\boldsymbol{\Gamma}_{k+1,k}\boldsymbol{U}_k+W_k)\\&+\boldsymbol{k}_{k+1}\boldsymbol{V}_{k+1}+\boldsymbol{C}_{k+1}]=\boldsymbol{0}\end{aligned}\tag{4.16}$$

注意到 $E[\hat{\boldsymbol{X}}_{k|k}]=\boldsymbol{X}_k$，$E[\boldsymbol{W}_k]=0$，$E[\boldsymbol{\varepsilon}_{k+1}]=0$，则

$$\begin{aligned}&\boldsymbol{A}_{k+1}\boldsymbol{X}_k+(\boldsymbol{K}_{k+1}\boldsymbol{H}_{k+1}-\boldsymbol{I})\boldsymbol{\Phi}_{k+1,k}\boldsymbol{X}_k\\&+(\boldsymbol{K}_{k+1}\boldsymbol{H}_{k+1}-\boldsymbol{I})\boldsymbol{\Gamma}_{k+1,k}\boldsymbol{U}_k+\boldsymbol{C}_{k+1}=\boldsymbol{0}\end{aligned}\tag{4.17}$$

式 (4.17) 对任意的 $\boldsymbol{X}_k$ 均成立，因此

$$\begin{aligned}\boldsymbol{A}_{k+1}&=(\boldsymbol{I}-\boldsymbol{k}_{k+1}\boldsymbol{H}_{k+1})\boldsymbol{\Phi}_{k+1,k}\\ \boldsymbol{C}_{k+1}&=(\boldsymbol{I}-\boldsymbol{k}_{k+1}\boldsymbol{H}_{k+1})\boldsymbol{\Gamma}_{k+1,k}\boldsymbol{U}_k\end{aligned}\tag{4.18}$$

于是

$$\begin{aligned}\hat{\boldsymbol{X}}_{k+1|k+1} &= (\boldsymbol{I}-\boldsymbol{K}_{k+1}\boldsymbol{H}_{k+1})\boldsymbol{\Phi}_{k+1,k}\hat{\boldsymbol{X}}_{k|k} \\ &\quad + \boldsymbol{K}_{k+1}\boldsymbol{Z}_{k+1} + (\boldsymbol{I}-\boldsymbol{K}_{k+1}\boldsymbol{H}_{k+1})\boldsymbol{\Gamma}_{k+1,k}\boldsymbol{U}_k \\ &= \boldsymbol{\Phi}_{k+1,k}\hat{\boldsymbol{X}}_{k|k} + \boldsymbol{\Gamma}_{k+1,k}\boldsymbol{U}_k \\ &\quad + \boldsymbol{K}_{k+1}[\boldsymbol{Z}_{k+1} - \boldsymbol{H}_{k+1}(\boldsymbol{\Phi}_{k+1,k}\hat{\boldsymbol{X}}_{k|k} + \boldsymbol{\Gamma}_{k+1,k}\boldsymbol{U}_k)]\end{aligned} \tag{4.19}$$

注意到状态 $\boldsymbol{X}_{k+1}$ 的预测估值为

$$\hat{\boldsymbol{X}}_{k+1|k} = \boldsymbol{\Phi}_{k+1,k}\hat{\boldsymbol{X}}_{k|k} + \boldsymbol{\Gamma}_{k+1,k}\boldsymbol{U}_k \tag{4.20}$$

于是

$$\hat{\boldsymbol{X}}_{k+1|k+1} = \hat{\boldsymbol{X}}_{k+1|k} + \boldsymbol{K}_{k+1}[\boldsymbol{Z}_{k+1} - \boldsymbol{H}_{k+1}\hat{\boldsymbol{X}}_{k+1|k}] \tag{4.21}$$

式 (4.21) 体现了如下的递推估计思想：实时估值=预测估值+对于预测估值的修正。$\boldsymbol{K}_{k+1}$ 为修正系数或滤波增益，由最小方差特性即令 $\mathrm{tr}(\boldsymbol{P}_{k+1|k+1}) = \min$ 来确定。

由于 $\hat{\boldsymbol{X}}_{k+1|k+1}$ 是 $\boldsymbol{X}_{k+1}$ 的无偏估计，则

$$\boldsymbol{P}_{k+1|k+1} = E[(\hat{\boldsymbol{X}}_{k+1|k+1} - \boldsymbol{X}_{k+1})(\hat{\boldsymbol{X}}_{k+1|k+1} - \boldsymbol{X}_{k+1})^{\mathrm{T}}] \tag{4.22}$$

注意到

$$\begin{aligned}\hat{\boldsymbol{X}}_{k+1|k+1} - \boldsymbol{X}_{k+1} &= \hat{\boldsymbol{X}}_{k+1|k} + \boldsymbol{K}_{k+1}(\boldsymbol{Z}_{k+1} - \boldsymbol{H}_{k+1}\hat{\boldsymbol{X}}_{k+1|k}) - \boldsymbol{X}_{k+1} \\ &= \hat{\boldsymbol{X}}_{k+1|k} - \boldsymbol{X}_{k+1} + \boldsymbol{K}_{k+1}(\boldsymbol{H}_{k+1}\boldsymbol{X}_{k+1} \\ &\quad + \boldsymbol{\varepsilon}_{k+1} - \boldsymbol{H}_{k+1}\hat{\boldsymbol{X}}_{k+1|k}) \\ &= (\boldsymbol{I} - \boldsymbol{K}_{k+1}\boldsymbol{H}_{k+1})\tilde{\boldsymbol{X}}_{k+1|k} + \boldsymbol{K}_{k+1}\boldsymbol{\varepsilon}_{k+1}\end{aligned} \tag{4.23}$$

其中，$\tilde{\boldsymbol{X}}_{k+1|k} = \hat{\boldsymbol{X}}_{k+1|k} - \boldsymbol{X}_{k+1}$ 为预测估值误差，且

$$\begin{aligned}\tilde{\boldsymbol{X}}_{k+1|k} &= \boldsymbol{\Phi}_{k+1,k}\hat{\boldsymbol{X}}_{k|k} + \boldsymbol{\Gamma}_{k+1,k}\boldsymbol{U}_k - (\boldsymbol{\Phi}_{k+1,k}\boldsymbol{X}_k + \boldsymbol{\Gamma}_{k+1,k}\boldsymbol{U}_k + \boldsymbol{W}_k) \\ &= \boldsymbol{\Phi}_{k+1,k}\tilde{\boldsymbol{X}}_{k|k} - \boldsymbol{W}_k\end{aligned} \tag{4.24}$$

式中，$\tilde{\boldsymbol{X}}_{k|k} = \hat{\boldsymbol{X}}_{k|k} - \boldsymbol{X}_k$ 为估值误差。

于是

$$
\begin{aligned}
\boldsymbol{P}_{k+1|k+1} &= E[\tilde{\boldsymbol{X}}_{k+1|k+1}\tilde{\boldsymbol{X}}_{k+1|k+1}^{\mathrm{T}}] \\
&= E\{[(\boldsymbol{I}-\boldsymbol{K}_{k+1}\boldsymbol{H}_{k+1})\tilde{\boldsymbol{X}}_{k+1|k}+\boldsymbol{K}_{k+1}\boldsymbol{\varepsilon}_{k+1}] \\
&\quad \times[(\boldsymbol{I}-\boldsymbol{K}_{k+1}\boldsymbol{H}_{k+1})\tilde{\boldsymbol{X}}_{k+1|k}+\boldsymbol{K}_{k+1}\boldsymbol{\varepsilon}_{k+1}]^{\mathrm{T}}\} \\
&= (\boldsymbol{I}-\boldsymbol{K}_{k+1}\boldsymbol{H}_{k+1})E[\tilde{\boldsymbol{X}}_{k+1|k}\tilde{\boldsymbol{X}}_{k+1|k}^{\mathrm{T}}] \\
&\quad \times(\boldsymbol{I}-\boldsymbol{K}_{k+1}\boldsymbol{H}_{k+1})^{\mathrm{T}}+\boldsymbol{K}_{k+1}E[\boldsymbol{\varepsilon}_{k+1}\boldsymbol{\varepsilon}_{k+1}^{\mathrm{T}}]\boldsymbol{K}_{k+1}^{\mathrm{T}} \\
&\quad +(\boldsymbol{I}-\boldsymbol{K}_{k+1}\boldsymbol{H}_{k+1})E[\tilde{\boldsymbol{X}}_{k+1|k}\boldsymbol{\varepsilon}_{k+1}^{\mathrm{T}}]\boldsymbol{K}_{k+1}^{\mathrm{T}} \\
&\quad +\boldsymbol{K}_{k+1}E[\boldsymbol{\varepsilon}_{k+1}\tilde{\boldsymbol{X}}_{k+1|k}^{\mathrm{T}}](\boldsymbol{I}-\boldsymbol{K}_{k+1}\boldsymbol{H}_{k+1})^{\mathrm{T}} \\
&= (\boldsymbol{I}-\boldsymbol{K}_{k+1}\boldsymbol{H}_{k+1})\boldsymbol{P}_{k+1|k}(\boldsymbol{I}-\boldsymbol{K}_{k+1}\boldsymbol{H}_{k+1})^{\mathrm{T}} \\
&\quad +\boldsymbol{K}_{k+1}\boldsymbol{R}_{k+1}\boldsymbol{K}_{k+1}^{\mathrm{T}}
\end{aligned} \tag{4.25}
$$

将式 (4.25) 展开有

$$
\begin{aligned}
\boldsymbol{P}_{k+1|k+1} = \boldsymbol{P}_{k+1|k} &+ \boldsymbol{K}_{k+1}\boldsymbol{H}_{k+1}\boldsymbol{P}_{k+1|k}\boldsymbol{H}_{k+1}^{\mathrm{T}}\boldsymbol{K}_{k+1}^{\mathrm{T}} + \boldsymbol{k}_{k+1}\boldsymbol{R}_{k+1}\boldsymbol{K}_{k+1}^{\mathrm{T}} \\
&- \boldsymbol{K}_{k+1}\boldsymbol{H}_{k+1}\boldsymbol{P}_{k+1|k} - \boldsymbol{P}_{k+1|k}\boldsymbol{H}_{k+1}^{\mathrm{T}}\boldsymbol{K}_{k+1}^{\mathrm{T}}
\end{aligned} \tag{4.26}
$$

对式 (4.26) 求迹 (trace)，并关于 $\boldsymbol{K}_{k+1}$ 求偏导数有

$$
\begin{aligned}
\frac{\partial \mathrm{tr}(\boldsymbol{P}_{k+1|k+1})}{\partial \boldsymbol{K}_{k+1}} &= 2\boldsymbol{K}_{k+1}\boldsymbol{H}_{k+1}\boldsymbol{P}_{k+1|k}\boldsymbol{H}_{k+1}^{\mathrm{T}} \\
&\quad + 2\boldsymbol{K}_{k+1}\boldsymbol{R}_{k+1} - \boldsymbol{P}_{k+1|k}\boldsymbol{H}_{k+1}^{\mathrm{T}} - \boldsymbol{P}_{k+1|k}\boldsymbol{H}_{k+1}^{\mathrm{T}} = \boldsymbol{0}
\end{aligned} \tag{4.27}
$$

则

$$
\boldsymbol{K}_{k+1}(\boldsymbol{H}_{k+1}\boldsymbol{P}_{k+1|k}\boldsymbol{H}_{k+1}^{\mathrm{T}}+\boldsymbol{R}_{k+1}) = \boldsymbol{P}_{k+1|k}\boldsymbol{H}_{k+1}^{\mathrm{T}} \tag{4.28}
$$

于是

$$
\boldsymbol{K}_{k+1} = \boldsymbol{P}_{k+1|k}\boldsymbol{H}_{k+1}^{\mathrm{T}}(\boldsymbol{H}_{k+1}\boldsymbol{P}_{k+1|k}\boldsymbol{H}_{k+1}^{\mathrm{T}}+\boldsymbol{R}_{k+1})^{-1} \tag{4.29}
$$

下面求解 $\boldsymbol{P}_{k+1|k}$ 的表达式

$$
\begin{aligned}
\boldsymbol{P}_{k+1|k} &= E[\tilde{\boldsymbol{X}}_{k+1|k}\tilde{\boldsymbol{X}}_{k+1|k}^{\mathrm{T}}] \\
&= E[(\boldsymbol{\Phi}_{k+1,k}\tilde{\boldsymbol{X}}_{k|k}+\boldsymbol{W}_k)(\boldsymbol{\Phi}_{k+1,k}\tilde{\boldsymbol{X}}_{k|k}+\boldsymbol{W}_k)^{\mathrm{T}}] \\
&= E[\boldsymbol{\Phi}_{k+1,k}\tilde{\boldsymbol{X}}_{k|k}\tilde{\boldsymbol{X}}_{k|k}^{\mathrm{T}}\boldsymbol{\Phi}_{k+1,k}^{\mathrm{T}}] + E[\boldsymbol{W}_k\boldsymbol{W}_k^{\mathrm{T}}] \\
&= \boldsymbol{\Phi}_{k+1,k}\boldsymbol{P}_{k|k}\boldsymbol{\Phi}_{k+1,k}^{\mathrm{T}} + \boldsymbol{Q}_k
\end{aligned} \tag{4.30}
$$

注意到

$$
\boldsymbol{K}_{k+1}(\boldsymbol{H}_{k+1}\boldsymbol{P}_{k+1|k}\boldsymbol{H}_{k+1}^{\mathrm{T}}+\boldsymbol{R}_{k+1})\boldsymbol{K}_{k+1}^{\mathrm{T}} = \boldsymbol{P}_{k+1|k}\boldsymbol{H}_{k+1}^{\mathrm{T}}\boldsymbol{K}_{k+1}^{\mathrm{T}}
$$

$$\begin{aligned}\boldsymbol{P}_{k+1|k+1} &= \boldsymbol{P}_{k+1|k} + \boldsymbol{K}_{k+1}\boldsymbol{H}_{k+1}\boldsymbol{P}_{k+1|k}\boldsymbol{H}_{k+1}^{\mathrm{T}}\boldsymbol{K}_{k+1}^{\mathrm{T}} + \boldsymbol{K}_{k+1}\boldsymbol{R}_{k+1}\boldsymbol{K}_{k+1}^{\mathrm{T}} \\ &\quad - \boldsymbol{K}_{k+1}\boldsymbol{H}_{k+1}\boldsymbol{P}_{k+1|k} - \boldsymbol{P}_{k+1|k}\boldsymbol{H}_{k+1}^{\mathrm{T}}\boldsymbol{K}_{k+1}^{\mathrm{T}} \\ &= \boldsymbol{P}_{k+1|k} + \boldsymbol{P}_{k+1|k}\boldsymbol{H}_{k+1}^{\mathrm{T}}\boldsymbol{K}_{k+1}^{\mathrm{T}} - \boldsymbol{K}_{k+1}\boldsymbol{H}_{k+1}\boldsymbol{P}_{k+1|k} \\ &\quad - \boldsymbol{P}_{k+1|k}\boldsymbol{H}_{k+1}^{\mathrm{T}}\boldsymbol{K}_{k+1}^{\mathrm{T}} \\ &= (\boldsymbol{I} - \boldsymbol{K}_{k+1}\boldsymbol{H}_{k+1})\boldsymbol{P}_{k+1|k}\end{aligned} \tag{4.31}$$

综上所述，得到了 Kalman 滤波的基本方程，总结如下。

动力学模型

$$\boldsymbol{X}_{k+1} = \boldsymbol{\Phi}_{k+1,k}\boldsymbol{X}_k + \boldsymbol{\Gamma}_{k+1,k}\boldsymbol{U}_k + \boldsymbol{W}_k \tag{4.32}$$

观测模型

$$\boldsymbol{Z}_k = \boldsymbol{H}_k\boldsymbol{X}_k + \boldsymbol{\varepsilon}_k \tag{4.33}$$

$\boldsymbol{W}_k, \boldsymbol{\varepsilon}_k$ 具有如下统计特性：

$$\begin{aligned}&E[\boldsymbol{W}_k] = 0, \quad E[\boldsymbol{W}_k\boldsymbol{W}_j^{\mathrm{T}}] = \boldsymbol{Q}_k\delta_{kj} \\ &E[\boldsymbol{\varepsilon}_k] = 0, \quad E[\boldsymbol{\varepsilon}_k\boldsymbol{\varepsilon}_j^{\mathrm{T}}] = \boldsymbol{R}_k\delta_{kj}\end{aligned} \tag{4.34}$$

其中，$\boldsymbol{Q}_k$ 为非负定矩阵，$\boldsymbol{R}_k$ 为正定矩阵，并且 $\{\boldsymbol{\varepsilon}_k\}, \{\boldsymbol{W}_k\}, \boldsymbol{X}_0$ 互不相关。在上述条件之下，Kalman 滤波基本方程为

$$\hat{\boldsymbol{X}}_{k+1|k+1} = \hat{\boldsymbol{X}}_{k+1|k} + \boldsymbol{K}_{k+1}[\boldsymbol{Z}_{k+1} - \boldsymbol{H}_{k+1}\hat{\boldsymbol{X}}_{k+1|k}] \tag{4.35}$$

$$\hat{\boldsymbol{X}}_{k+1|k} = \boldsymbol{\Phi}_{k+1,k}\hat{\boldsymbol{X}}_{k|k} + \boldsymbol{\Gamma}_{k+1,k}\boldsymbol{U}_k \tag{4.36}$$

$$\boldsymbol{K}_{k+1} = \boldsymbol{P}_{k+1|k}\boldsymbol{H}_{k+1}^{\mathrm{T}}(\boldsymbol{H}_{k+1}\boldsymbol{P}_{k+1|k}\boldsymbol{H}_{k+1}^{\mathrm{T}} + \boldsymbol{R}_{k+1})^{-1} \tag{4.37}$$

$$\boldsymbol{P}_{k+1|k} = \boldsymbol{\Phi}_{k+1,k}\boldsymbol{P}_{k|k}\boldsymbol{\Phi}_{k+1,k}^{\mathrm{T}} + \boldsymbol{Q}_k \tag{4.38}$$

$$\begin{aligned}\boldsymbol{P}_{k+1|k+1} &= (\boldsymbol{I} - \boldsymbol{K}_{k+1}\boldsymbol{H}_{k+1})\boldsymbol{P}_{k+1|k}(\boldsymbol{I} - \boldsymbol{K}_{k+1}\boldsymbol{H}_{k+1})^{\mathrm{T}} + \boldsymbol{K}_{k+1}\boldsymbol{R}_{k+1}\boldsymbol{K}_{k+1}^{\mathrm{T}} \\ &= (\boldsymbol{I} - \boldsymbol{K}_{k+1}\boldsymbol{H}_{k+1})\boldsymbol{P}_{k+1|k}\end{aligned} \tag{4.39}$$

其中，$\hat{\boldsymbol{X}}_{k+1|k+1}$ 为最佳估值，$\hat{\boldsymbol{X}}_{k+1|k}$ 为状态预报，$\boldsymbol{K}_{k+1}$ 为修正系数或称滤波增益矩阵，$\boldsymbol{P}_{k+1|k}$ 为预测估值的方差矩阵，$\boldsymbol{P}_{k+1|k+1}$ 为估值方差矩阵。事实上，在噪声特性均为高斯噪声的情况下，基本 Kalman 滤波公式给出了状态的最优估值。

Kalman 滤波基本方程说明：

(1) Kalman 滤波可以用来进行状态向量 $\boldsymbol{X}(t)$ 在各观测时刻的实时估计，具体步骤如下 (图 4.3)：

(a) 首先必须给出一个初始运算条件 $\hat{\boldsymbol{X}}_{0|0}, \boldsymbol{P}_{0|0}$，即给出初始时刻 t_0 状态的无偏估计 $\hat{\boldsymbol{X}}_{0|0}$ 及估值方差矩阵 $\boldsymbol{P}_{0|0}$；

(b) 由 $\hat{\boldsymbol{X}}_{0|0}$ 即可算得 $\hat{\boldsymbol{X}}_{1|0}$，$\hat{\boldsymbol{X}}_{1|0}=\boldsymbol{\Phi}_{1,0}\hat{\boldsymbol{X}}_{0|0}+\boldsymbol{\Gamma}_{1,0}\boldsymbol{U}_0$；

(c) 由 $\boldsymbol{P}_{0|0}$ 即可算得 $\boldsymbol{P}_{1|0}$，$\boldsymbol{P}_{1|0}=\boldsymbol{\Phi}_{1,0}\boldsymbol{P}_{0|0}\boldsymbol{\Phi}_{1,0}^{\mathrm{T}}+\boldsymbol{Q}_0$；

(d) 计算滤波增益 $\boldsymbol{K}_1$，$\boldsymbol{K}_1=\boldsymbol{P}_{1|0}\boldsymbol{H}_1^{\mathrm{T}}(\boldsymbol{H}_1\boldsymbol{P}_{1|0}\boldsymbol{H}_1^{\mathrm{T}}+\boldsymbol{R}_1)^{-1}$；

(e) 在 t_1 时刻进行观测之后，获得了 $\boldsymbol{Z}_1$，计算 t_1 时刻的实时最佳估值

$$\hat{\boldsymbol{X}}_{1|1}=\hat{\boldsymbol{X}}_{1|0}+\boldsymbol{K}_1[\boldsymbol{Z}_1-\boldsymbol{H}_1\hat{\boldsymbol{X}}_{1|0}];$$

(f) 计算 $\boldsymbol{P}_{1|1}$，$\boldsymbol{P}_{1|1}=(\boldsymbol{I}-\boldsymbol{K}_1\boldsymbol{H}_1)\boldsymbol{P}_{1|0}$；

(g) 获得了 $\hat{\boldsymbol{X}}_{1|1},\boldsymbol{P}_{1|1}$ 之后，开始下一步滤波，重复上述步骤即可获得各观测时刻状态向量的最优实时估值。

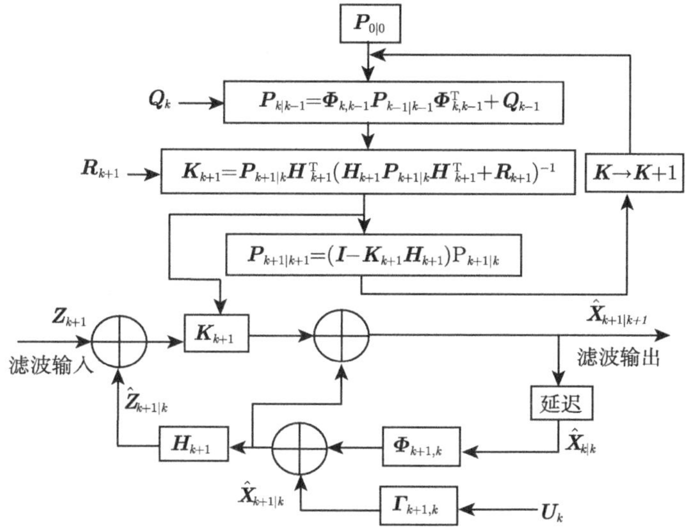

图 4.3 Kalman 滤波计算流程

(2) 关于方差更新

$$\boldsymbol{P}_{k+1|k+1}=(\boldsymbol{I}-\boldsymbol{K}_{k+1}\boldsymbol{H}_{k+1})\boldsymbol{P}_{k+1|k}(\boldsymbol{I}-\boldsymbol{K}_{k+1}\boldsymbol{H}_{k+1})^{\mathrm{T}}+\boldsymbol{K}_{k+1}\boldsymbol{R}_{k+1}\boldsymbol{K}_{k+1}^{\mathrm{T}} \quad (4.40)$$

$$\boldsymbol{P}_{k+1|k+1}=(\boldsymbol{I}-\boldsymbol{K}_{k+1}\boldsymbol{H}_{k+1})\boldsymbol{P}_{k+1|k} \quad (4.41)$$

一般说来，式 (4.40) 比式 (4.41) 要好。

(a) 在滤波计算过程中，特别是较长时间的滤波过程，由于计算的截断误差，有可能使 $\boldsymbol{P}_{k+1|k+1}$ 成为不对称的矩阵，而式 (4.40) 却不会出现这种情况；

(b) 如果 $\boldsymbol{K}_{k+1}$ 在计算中具有误差 $\delta\boldsymbol{K}_{k+1}$，利用式 (4.40) 计算 $\boldsymbol{P}_{k+1|k+1}$ 将比利用式 (4.41) 具有更高的精度。

由于

$$\begin{aligned}\delta \boldsymbol{P}_{k+1|k+1} &= [\boldsymbol{I}-(\boldsymbol{K}+\delta\boldsymbol{K})\boldsymbol{H}]\boldsymbol{P}_{k+1|k}[\boldsymbol{I}-(\boldsymbol{K}+\delta\boldsymbol{K})\boldsymbol{H}]^{\mathrm{T}} \\ &\quad+(\boldsymbol{K}+\delta\boldsymbol{K})\boldsymbol{R}(\boldsymbol{K}+\delta\boldsymbol{K})^{\mathrm{T}} \\ &\quad-[\boldsymbol{I}-\boldsymbol{K}\boldsymbol{H}]\boldsymbol{P}_{k+1|k}[\boldsymbol{I}-\boldsymbol{K}\boldsymbol{H}]^{\mathrm{T}}-\boldsymbol{K}\boldsymbol{R}\boldsymbol{K}^{\mathrm{T}} \\ &= \delta\boldsymbol{K}[\boldsymbol{R}\boldsymbol{K}^{\mathrm{T}}-\boldsymbol{H}\boldsymbol{P}_{k+1|k}(\boldsymbol{I}-\boldsymbol{K}\boldsymbol{H})^{\mathrm{T}}] \\ &\quad+[\boldsymbol{K}\boldsymbol{R}-(\boldsymbol{I}-\boldsymbol{K}\boldsymbol{H})\boldsymbol{P}_{k+1|k}\boldsymbol{H}^{\mathrm{T}}]\delta\boldsymbol{K} \\ &\quad+\delta\boldsymbol{K}[\boldsymbol{H}\boldsymbol{P}_{k+1|k}\boldsymbol{H}^{\mathrm{T}}+\boldsymbol{R}]\delta\boldsymbol{K}^{\mathrm{T}}\end{aligned} \tag{4.42}$$

注意 $\boldsymbol{K}=\boldsymbol{P}_{k+1|k}\boldsymbol{H}^{\mathrm{T}}(\boldsymbol{H}\boldsymbol{P}_{k+1|k}\boldsymbol{H}^{\mathrm{T}}+\boldsymbol{R})^{-1}$，于是

$$\boldsymbol{K}(\boldsymbol{H}\boldsymbol{P}_{k+1|k}\boldsymbol{H}^{\mathrm{T}}+\boldsymbol{R})=\boldsymbol{P}_{k+1|k}\boldsymbol{H}^{\mathrm{T}},\quad \boldsymbol{K}\boldsymbol{R}=(\boldsymbol{I}-\boldsymbol{K}\boldsymbol{H})\boldsymbol{P}_{k+1|k}\boldsymbol{H}^{\mathrm{T}} \tag{4.43}$$

或者

$$\boldsymbol{R}\boldsymbol{K}^{\mathrm{T}}=\boldsymbol{H}\boldsymbol{P}_{k+1|k}(\boldsymbol{I}-\boldsymbol{K}\boldsymbol{H})^{\mathrm{T}} \tag{4.44}$$

因此

$$\delta\boldsymbol{P}_{k+1|k+1}=\delta\boldsymbol{K}(\boldsymbol{H}\boldsymbol{P}_{k+1|k}\boldsymbol{H}^{\mathrm{T}}+\boldsymbol{R})\delta\boldsymbol{K}^{\mathrm{T}}=o(\delta\boldsymbol{K}^2) \tag{4.45}$$

利用式 (4.41) 有

$$\begin{aligned}\delta\boldsymbol{P}_{k+1|k+1} &= [\boldsymbol{I}-(\boldsymbol{K}+\delta\boldsymbol{K})\boldsymbol{H}]\boldsymbol{P}_{k+1|k}-[\boldsymbol{I}-\boldsymbol{K}\boldsymbol{H}]\boldsymbol{P}_{k+1|k} \\ &= -\delta\boldsymbol{K}\cdot\boldsymbol{H}\boldsymbol{P}_{k+1|k}=o(\delta\boldsymbol{K})\end{aligned} \tag{4.46}$$

(3) 关于初始运算条件。

一般情况下可由刚开始一段时间的数据确定滤波初值，当滤波初值具有较大不确定性时，可取较大的 $\boldsymbol{P}_{0|0}$ 值。

(4) 关于估值的无偏性。

如果初始估值 $\hat{\boldsymbol{X}}_{0|0}$ 为 $\boldsymbol{X}_0$ 的无偏估计，那么 Kalman 滤波得到的 $\hat{\boldsymbol{X}}_{k|k}$ 必为 $\boldsymbol{X}_k$ 的无偏估计。

4.2.3 Kalman 滤波和最小二乘之间的关系

下面讨论 Kalman 滤波和最小二乘之间的关系。回顾一下最小二乘问题：

$$\begin{aligned}&\boldsymbol{X}_{k+1}=\boldsymbol{I}\boldsymbol{X}_k \\ &\boldsymbol{Z}_k=\boldsymbol{H}_k\boldsymbol{X}_k+\varepsilon_k \\ &\boldsymbol{\Phi}=\boldsymbol{I},\quad \boldsymbol{Q}=\boldsymbol{0},\quad \boldsymbol{P}_0^{-1}=\boldsymbol{0}\end{aligned} \tag{4.47}$$

因此

$$\begin{aligned} \boldsymbol{P}_1^{-1} &= \boldsymbol{P}_0^{-1} + \boldsymbol{H}_1^{\mathrm{T}} \boldsymbol{R}_1^{-1} \boldsymbol{H}_1 \\ &\vdots \\ \boldsymbol{P}_k^{-1} &= \boldsymbol{P}_{k-1}^{-1} + \boldsymbol{H}_k^{\mathrm{T}} \boldsymbol{R}_k^{-1} \boldsymbol{H}_k \end{aligned} \tag{4.48}$$

则

$$\begin{gathered} \boldsymbol{P}_k^{-1} = \boldsymbol{P}_0^{-1} + \sum_{i=1}^{k} \boldsymbol{H}_i^{\mathrm{T}} \boldsymbol{R}_i^{-1} \boldsymbol{H}_i \Rightarrow \boldsymbol{P}_k = (\boldsymbol{H}_k^{\mathrm{T}} \boldsymbol{R}_k^{-1} \boldsymbol{H}_k)^{-1} \\ \hat{\boldsymbol{X}}_k = (\boldsymbol{H}_k^{\mathrm{T}} \boldsymbol{R}_k^{-1} \boldsymbol{H}_k)^{-1} \boldsymbol{H}_k^{\mathrm{T}} \boldsymbol{R}_k^{-1} \boldsymbol{Z}_k \end{gathered} \tag{4.49}$$

可以看出，最小二乘估计是 Kalman 滤波的特例。

如果某次试验结果 $\boldsymbol{Z}_1$ 获得的 $\boldsymbol{X}$ 估计为 $\hat{\boldsymbol{X}}_1$，估值方差为 $\boldsymbol{P}_1$；另一次试验结果 $\boldsymbol{Z}_2$ 获得的 $\boldsymbol{X}$ 估计为 $\hat{\boldsymbol{X}}_2$，估值方差为 $\boldsymbol{P}_2$。两次试验互不相关，则 $\boldsymbol{X}$ 的最小方差估计为

$$\begin{gathered} \hat{\boldsymbol{X}} = \boldsymbol{P}(\boldsymbol{P}_1^{-1} \hat{\boldsymbol{X}}_1 + \boldsymbol{P}_2^{-1} \hat{\boldsymbol{X}}_2) \\ \boldsymbol{P}^{-1} = \boldsymbol{P}_1^{-1} + \boldsymbol{P}_2^{-1} \end{gathered} \tag{4.50}$$

4.2.4　应用举例

例 4.1　应用 Kalman 滤波进行信息处理。

设有如下形式的信号

$$y(t) = a \cos \omega t \tag{4.51}$$

其中，ω 已知，观测方程为

$$z(t) = y(t) + \varepsilon(t) \tag{4.52}$$

此处 $\varepsilon(t)$ 为观测噪声，方差为 1。用 Kalman 滤波方程给出信号及其变化率的实时估值。

解　记状态向量为

$$\boldsymbol{X}(t) = \begin{bmatrix} y(t) \\ \dot{y}(t) \end{bmatrix} \triangleq \begin{bmatrix} x_1(t) \\ x_2(t) \end{bmatrix} \tag{4.53}$$

则

$$\begin{aligned} \dot{x}_1(t) &= -a\omega \sin \omega t = \dot{y}(t) = x_2(t) \\ \dot{x}_2(t) &= \ddot{y}(t) = -a\omega^2 \cos \omega t = -\omega^2 x_1(t) \end{aligned} \tag{4.54}$$

于是

$$\dot{\boldsymbol{X}}(t)=\begin{bmatrix}\dot{x}_1(t)\\ \dot{x}_2(t)\end{bmatrix}=\begin{bmatrix}0 & 1\\ -\omega^2 & 0\end{bmatrix}\begin{bmatrix}x_1(t)\\ x_2(t)\end{bmatrix}$$
$$z(t)=[1,0]\begin{bmatrix}x_1(t)\\ x_2(t)\end{bmatrix}+\varepsilon(t) \tag{4.55}$$

将上述方程离散化，注意

$$x_1(t)=a\cos\omega t,\quad x_2(t)=-a\omega\sin\omega t$$

当离散周期 T 很小时

$$\begin{aligned}x_1(t+T)&=a\cos\omega(t+T)=a(\cos\omega t\cos\omega T-\sin\omega t\sin\omega T)\\&\approx x_1(t)+x_2(t)T\\x_2(t+T)&=-a\omega\sin\omega(t+T)=-a\omega(\sin\omega t\cos\omega T+\cos\omega t\sin\omega T)\\&\approx-\omega^2Tx_1(t)+x_2(t)\end{aligned} \tag{4.56}$$

于是有

$$\begin{bmatrix}x_1(t_{k+1})\\ x_2(t_{k+1})\end{bmatrix}=\begin{bmatrix}1 & \Delta t\\ -\omega^2\Delta t & 1\end{bmatrix}\begin{bmatrix}x_1(t_k)\\ x_2(t_k)\end{bmatrix}$$
$$z_k=[1,0]\begin{bmatrix}x_1(t_k)\\ x_2(t_k)\end{bmatrix}+\varepsilon(t_k) \tag{4.57}$$

因此

$$\boldsymbol{\Phi}_{k+1,k}=\begin{bmatrix}1 & \Delta t\\ -\omega^2\Delta t & 1\end{bmatrix},\quad \boldsymbol{H}_k=[1,0],\quad \boldsymbol{Q}_k=\boldsymbol{0},\quad R_k=1 \tag{4.58}$$

选择适当初值 $\hat{\boldsymbol{X}}_{0|0},\boldsymbol{P}_{0|0}$，可以利用 Kalman 滤波基本方程得到各个时刻信号及其变化率的最佳实时估值。

例 4.2　设某一活动目标的某个分量 x 按二次曲线变化，对目标进行跟踪，观测模型为 $z_k=x_k+\varepsilon_k$，ε_k 为零均值观测白噪声，且 $\sigma_{v_k}^2$ 已知，用最小方差滤波方法给出各观测时刻目标的实时位置 (x)，速度 $(\dot{x})$ 和加速度 $(\ddot{x})$ 的估值。

解　这是一个最简单的测轨问题，关键问题是写出转移矩阵，为此记

$$\boldsymbol{X}(t)=[x_1(t),x_2(t),x_3(t)]^{\mathrm{T}} \tag{4.59}$$

其中，$x_1(t)$ 为 t 时刻目标的位置；$x_2(t)$ 为 t 时刻目标的速度；$x_3(t)$ 为 t 时刻目标的加速度。于是

$$\begin{cases} \dot{x}_1(t) = x_2(t) \\ \dot{x}_2(t) = x_3(t) \\ \dot{x}_3(t) = 0 \end{cases} \tag{4.60}$$

利用泰勒级数展开

$$\begin{cases} x_1(t) = x_1(t_0) + (t-t_0)\dot{x}_1(t_0) + \dfrac{1}{2}(t-t_0)^2\ddot{x}_1(t_0) \\ \qquad\quad = x_1(t_0) + (t-t_0)x_2(t_0) + \dfrac{1}{2}(t-t_0)^2 x_3(t_0) \\ x_2(t) = x_2(t_0) + (t-t_0)x_3(t_0) \\ x_3(t) = x_3(t_0) \end{cases} \tag{4.61}$$

于是

$$\begin{aligned} \boldsymbol{X}(t_k) &= \begin{bmatrix} 1 & t_k - t_0 & \dfrac{1}{2}(t_k-t_0)^2 \\ 0 & 1 & t_k - t_0 \\ 0 & 0 & 1 \end{bmatrix} \begin{bmatrix} x_1(t_0) \\ x_2(t_0) \\ x_3(t_0) \end{bmatrix} \\ &= \boldsymbol{\Phi}(t_k - t_0)\boldsymbol{X}(t_0) \end{aligned} \tag{4.62}$$

因此

$$\boldsymbol{X}_k = \boldsymbol{\Phi}_T \boldsymbol{X}_{k-1} \tag{4.63}$$

其中，$\boldsymbol{\Phi}_T = \begin{bmatrix} 1 & T & \dfrac{1}{2}T^2 \\ 0 & 1 & T \\ 0 & 0 & 1 \end{bmatrix}$，给定初始条件就可以利用 Kalman 滤波。

4.3 动力学模型噪声和测量噪声互相关情况下的 Kalman 滤波

如果动力学模型噪声与测量噪声在同一时刻互相关，则系统的滤波不能直接由基本的 Kalman 滤波公式给出。考虑

$$\begin{aligned} \boldsymbol{X}_{k+1} &= \boldsymbol{\Phi}_{k+1,k}\boldsymbol{X}_k + \boldsymbol{\Gamma}_k\boldsymbol{U}_k + \boldsymbol{W}_k \\ \boldsymbol{Z}_k &= \boldsymbol{H}_k\boldsymbol{X}_k + \boldsymbol{\varepsilon}_k \end{aligned} \tag{4.64}$$

其中，$\boldsymbol{W}_k, \boldsymbol{\varepsilon}_k$ 是相关的零均值白噪声序列，则

$$E\left\{\begin{bmatrix} \boldsymbol{W}_k \\ \boldsymbol{\varepsilon}_k \end{bmatrix} \begin{bmatrix} \boldsymbol{W}_j^{\mathrm{T}} & \boldsymbol{\varepsilon}_j^{\mathrm{T}} \end{bmatrix}\right\} = \begin{bmatrix} \boldsymbol{Q}_k & \boldsymbol{C}_k \\ \boldsymbol{C}_k^{\mathrm{T}} & \boldsymbol{R}_k \end{bmatrix}\delta_{kj} \tag{4.65}$$

由于 $\boldsymbol{W}_k$ 和 $\boldsymbol{\varepsilon}_k$ 互相关，则 $\boldsymbol{X}_{k+1}$ 和 $\boldsymbol{Z}_k$ 也是互相关。

改写系统的动力学方程为

$$\boldsymbol{X}_{k+1}=\boldsymbol{\Phi}_{k+1,k}\boldsymbol{X}_k+\boldsymbol{\Gamma}_k\boldsymbol{U}_k+\boldsymbol{W}_k+\boldsymbol{J}_k(\boldsymbol{Z}_k-\boldsymbol{H}_k\boldsymbol{X}_k-\varepsilon_k) \tag{4.66}$$

其中，$\boldsymbol{J}_k$ 为待定的系数矩阵，记

$$\boldsymbol{\Phi}^*_{k+1,k}\triangleq\boldsymbol{\Phi}_{k+1,k}-\boldsymbol{J}_k\boldsymbol{H}_k,\boldsymbol{W}^*_k\boldsymbol{W}_k-\boldsymbol{J}_k\varepsilon_k \tag{4.67}$$

则

$$\boldsymbol{X}_{k+1}=\boldsymbol{\Phi}^*_{k+1,k}\boldsymbol{X}_k+\boldsymbol{\Gamma}_k\boldsymbol{U}_k+\boldsymbol{J}_k\boldsymbol{Z}_k+\boldsymbol{W}^*_k \tag{4.68}$$

$\{\boldsymbol{W}^*_k\}$ 和 $\{\varepsilon_k\}$ 之间的协方差函数阵为

$$E[\boldsymbol{W}^*_k\boldsymbol{\varepsilon}_j^{\mathrm{T}}]=E[(\boldsymbol{W}_k-\boldsymbol{J}_k\boldsymbol{\varepsilon}_k)\boldsymbol{\varepsilon}_j^{\mathrm{T}}]=(\boldsymbol{C}_k-\boldsymbol{J}_k\boldsymbol{R}_k)\delta_{kj} \tag{4.69}$$

当 $\boldsymbol{J}_k=\boldsymbol{C}_k\boldsymbol{R}_k^{-1}$ 时，系统动力学噪声和测量噪声不相关，此时可以根据基本 Kalman 滤波方程进行状态求解。

状态的一步预测方程为

$$\begin{aligned}\hat{\boldsymbol{X}}_{k+1|k}&=\boldsymbol{\Phi}^*_{k+1,k}\hat{\boldsymbol{X}}_{k|k}+\boldsymbol{\Gamma}_k\boldsymbol{U}_k+\boldsymbol{J}_k\boldsymbol{Z}_k\\&=\boldsymbol{\Phi}_{k+1,k}\hat{\boldsymbol{X}}_{k|k}+\boldsymbol{\Gamma}_k\boldsymbol{U}_k+\boldsymbol{J}_k(\boldsymbol{Z}_k-\boldsymbol{H}_k\hat{\boldsymbol{X}}_{k|k})\end{aligned} \tag{4.70}$$

$\boldsymbol{J}_k$ 看作状态一步预测的增益阵。

状态最佳估计由基本 Kalman 滤波，有

$$\begin{aligned}\hat{\boldsymbol{X}}_{k+1|k+1}&=\hat{\boldsymbol{X}}_{k+1|k}+\boldsymbol{K}_{k+1}(\boldsymbol{Z}_{k+1}-\boldsymbol{H}_{k+1}\hat{\boldsymbol{X}}_{k+1|k})\\\boldsymbol{K}_{k+1}&=\boldsymbol{P}_{k+1|k}\boldsymbol{H}^{\mathrm{T}}_{k+1}(\boldsymbol{H}_{k+1}\boldsymbol{P}_{k+1|k}\boldsymbol{H}^{\mathrm{T}}_{k+1}+\boldsymbol{R}_{k+1})^{-1}\end{aligned} \tag{4.71}$$

推导估计的方差阵，有

$$\tilde{\boldsymbol{X}}_{k+1|k}=\boldsymbol{\Phi}^*_{k+1,k}\tilde{\boldsymbol{X}}_{k|k}-\boldsymbol{W}^*_k \tag{4.72}$$

其中，

$$\begin{aligned}\tilde{\boldsymbol{X}}_{k+1|k}&=\hat{\boldsymbol{X}}_{k+1|k}-\boldsymbol{X}_{k+1}\\\tilde{\boldsymbol{X}}_{k|k}&=\hat{\boldsymbol{X}}_{k|k}-\boldsymbol{X}_k\end{aligned} \tag{4.73}$$

注意到 $\tilde{\boldsymbol{X}}_{k|k}$ 和 $\boldsymbol{W}^*_k$ 不相关，于是

$$\begin{aligned}\boldsymbol{P}_{k+1|k}&=E[\tilde{\boldsymbol{X}}_{k+1|k}\tilde{\boldsymbol{X}}^{\mathrm{T}}_{k+1|k}]\\&=\boldsymbol{\Phi}^*_{k+1,k}\boldsymbol{P}_{k|k}\boldsymbol{\Phi}^{*\mathrm{T}}_{k+1,k}+E[\boldsymbol{W}^*_k\boldsymbol{W}^{*\mathrm{T}}_k]\\&=\boldsymbol{\Phi}^*_{k+1,k}\boldsymbol{P}_{k|k}\boldsymbol{\Phi}^{*\mathrm{T}}_{k+1,k}+E[(\boldsymbol{W}_k-\boldsymbol{J}_k\boldsymbol{\varepsilon}_k)(\boldsymbol{W}_k-\boldsymbol{J}_k\boldsymbol{\varepsilon}_k)^{\mathrm{T}}]\\&=\boldsymbol{\Phi}^*_{k+1,k}\boldsymbol{P}_{k|k}\boldsymbol{\Phi}^{*\mathrm{T}}_{k+1,k}+\boldsymbol{Q}_k+\boldsymbol{J}_k\boldsymbol{R}_k\boldsymbol{J}^{\mathrm{T}}_k-\boldsymbol{C}_k\boldsymbol{J}^{\mathrm{T}}_k-\boldsymbol{J}_k\boldsymbol{C}^{\mathrm{T}}_k\\&=(\boldsymbol{\Phi}_{k+1,k}-\boldsymbol{J}_k\boldsymbol{H}_k)\boldsymbol{P}_{k|k}(\boldsymbol{\Phi}_{k+1,k}-\boldsymbol{J}_k\boldsymbol{H}_k)^{\mathrm{T}}+\boldsymbol{Q}_k-\boldsymbol{J}_k\boldsymbol{C}^{\mathrm{T}}_k\\\boldsymbol{P}_{k+1|k+1}&=(\boldsymbol{I}-\boldsymbol{K}_{k+1}\boldsymbol{H}_{k+1})\boldsymbol{P}_{k+1|k}\end{aligned} \tag{4.74}$$

4.4 有色噪声下的 Kalman 滤波

4.4.1 有色噪声的成形滤波器

在 Kalman 滤波的基本假设中，假定了动力学模型噪声和测量噪声都是白噪声。实际情况可能并非如此。如无线电制导中制导雷达的测角误差在不同的时间具有不同的统计特性，在大气稠密处，由于对流层折射起伏形成的测角噪声其相关时间可以达到几秒，因此在运用雷达测量信息进行滤波的过程中，就需要考虑测量噪声的相关性。有色噪声是和白噪声相对应的概念，白噪声在不同时刻是不相关的，而有色噪声在不同时刻则具有相关性。

设 $Y(t)$ 是一平稳随机过程, 其自相关函数为

$$R_Y(\tau) = R_Y(0)\mathrm{e}^{-a|\tau|}, \quad a > 0 \tag{4.75}$$

其功率谱密度为

$$S_Y(\omega) = \frac{1}{\pi}\int_0^{\infty} K_Y(\tau)\cos\omega\tau\mathrm{d}\tau = \frac{R_Y(0)a}{\pi(\omega^2 + a^2)} \tag{4.76}$$

将 $S_Y(\omega)$ 进行分解

$$S_Y(\omega) = \frac{\sqrt{R_Y(0)a/\pi}}{a + \mathrm{j}\omega} \cdot \frac{\sqrt{R_Y(0)a/\pi}}{a - \mathrm{j}\omega} \tag{4.77}$$

如果设计一个线性系统，其传递函数为

$$W(p) = \frac{\sqrt{R_Y(0)a/\pi}}{a + p} = \frac{\sqrt{\dfrac{R_Y(0)}{\pi a}}}{1 + \dfrac{1}{a}p} \tag{4.78}$$

当该系统输入一个功率谱密度为 1 的白噪声时，系统的输出信号就是平稳过程 $Y(t)$，如图 4.4 所示。

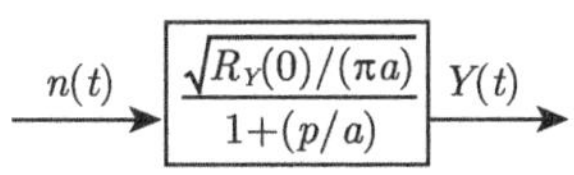

图 4.4 成形滤波器示例

输入为白噪声输出为相关噪声 $Y(t)$ 的线性系统称为成形滤波器。上例中成形滤波器是一个时间常数为 $1/a$，放大系数为 $\sqrt{R_Y(0)/(\pi a)}$ 的惯性环节，其微分方程表示为

$$\frac{\mathrm{d}Y(t)}{\mathrm{d}t} = -aY(t) + \sqrt{R_Y(0)a/\pi} \cdot n(t) = -aY(t) + \eta(t) \tag{4.79}$$

其中，$\eta(t)=\sqrt{R_Y(0)a/\pi}\cdot n(t)$ 为白噪声，且

$$E[\eta(t)\eta(\tau)]=\frac{R_Y(0)a}{\pi}2\pi\delta(t-\tau)=2R_Y(0)a\delta(t-\tau) \tag{4.80}$$

推广：设 $Y(t)$ 为平稳随机过程, 如果其频谱密度为有理谱, 且分解为如下形式：

$$S_Y(\omega)=\frac{H(\mathrm{j}\omega)H(-\mathrm{j}\omega)}{F(\mathrm{j}\omega)F(-\mathrm{j}\omega)} \tag{4.81}$$

其中，$H(\mathrm{j}\omega)$,$F(\mathrm{j}\omega)$ 为 $\mathrm{j}\omega$ 的多项式，且它们的零点都在复平面的上半平面。此时设计一个线性系统，其复频传递函数为

$$W_S(\mathrm{j}\omega)=\frac{H(\mathrm{j}\omega)}{F(\mathrm{j}\omega)} \tag{4.82}$$

当以单位强度的白噪声为输入时，系统的输出为 $Y(t)$，如图 4.5 所示。

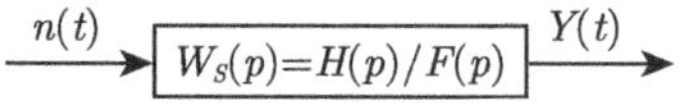

图 4.5　成形滤波器设计

对于平稳随机序列，其相关函数是指数衰减的情况，不难设计成形滤波器。如设 $\{v_K\}$ 是平稳时间序列，自相关函数为

$$D_{kj}=\sigma_v^2\mathrm{e}^{-\frac{1}{T}|t_k-t_j|} \tag{4.83}$$

其中，T 为相关时间, 此时设计成形滤波器，转移矩阵为

$$\varPsi_{k,k-1}=\mathrm{e}^{-\frac{1}{T}|t_k-t_{k-1}|} \tag{4.84}$$

当输入均值为 0，方差为 $\sigma_v^2\left(1-\mathrm{e}^{-\frac{2}{T}|t_k-t_{k-1}|}\right)$ 的白噪声序列 $\{n_k\}$ 时，线性系统的输出为 $\{v_k\}$，该系统的动力学模型为

$$v_k=\mathrm{e}^{-\frac{\Delta T}{T}}v_{k-1}+n_{k-1} \tag{4.85}$$

其中，$\Delta T=t_k-t_{k-1}$。

一般地，设 $\{\boldsymbol{V}_k\}$ 是随机向量序列，具有零均值，协方差阵为 $E[\boldsymbol{V}_k\boldsymbol{V}_j^{\mathrm{T}}]=\boldsymbol{D}_{kj}$，希望将 $\boldsymbol{V}_k$ 表示为下列动力学模型：$\boldsymbol{V}_k=\boldsymbol{\varPsi}_{k,k-1}\boldsymbol{V}_{k-1}+\boldsymbol{n}_{k-1}$(成形滤波器)，因此需要求解转移矩阵 $\boldsymbol{\varPsi}_{k,k-1}$ 以及 $\boldsymbol{n}_k$ 的方差阵。

定义　如果一个相关噪声序列 $\{\boldsymbol{\varepsilon}_k\}$ 满足下列条件：

(1) $E[\boldsymbol{\varepsilon}_k]=0$；

(2) 协方差阵 $\boldsymbol{D}_{kj}$ 满足

$$\boldsymbol{D}_{kj}\boldsymbol{D}_{jj}^{-1}\boldsymbol{D}_{ji} = \boldsymbol{D}_{ki}, \quad k \geqslant j \geqslant i \tag{4.86}$$

则称 $\{\boldsymbol{\varepsilon}_k\}$ 为顺序相关序列或广义马尔可夫序列。

对于广义马尔可夫序列，有如下定理。

定理 4.1 设广义马尔可夫序列 $\{\boldsymbol{\varepsilon}_k\}$ 的协方差阵为 $\boldsymbol{D}_{kj}$，则转移矩阵为 $\boldsymbol{\Psi}_{k,k-1} = \boldsymbol{D}_{k,k-1}\boldsymbol{D}_{k-1,k-1}^{-1}$，而 $E[\boldsymbol{n}_{k-1}\boldsymbol{n}_{k-1}^{\mathrm{T}}] = \boldsymbol{D}_{k,k} - \boldsymbol{D}_{k,k-1}\boldsymbol{D}_{k-1,k-1}^{-1} \cdot \boldsymbol{D}_{k-1,k}$。

如果 $\{\boldsymbol{W}(t)\}$ 是一个 r 维马尔可夫有色噪声，如何设计一个线性系统 (成形滤波器)，使得

$$\frac{\mathrm{d}\boldsymbol{W}(t)}{\mathrm{d}t} = \boldsymbol{G}(t)\boldsymbol{W}(t) + \boldsymbol{\xi}(t) \tag{4.87}$$

需要确定 $\boldsymbol{G}(t)$ 以及 $\boldsymbol{\xi}(t)$ 的概率特性 (前两阶矩)，使得 $\{\boldsymbol{W}(t)\}$ 具有给定的前两阶矩，$E[\boldsymbol{W}(t)] = \mu_W(t)$，$\mathrm{cov}[\boldsymbol{W}(t), \boldsymbol{W}(\tau)] = \boldsymbol{C}_W(t,\tau) > \boldsymbol{0}$。

定理 4.2 设 $\boldsymbol{W}(t)$ 是 r 维马尔可夫有色噪声过程，则

$$\boldsymbol{G}(t) = \frac{\partial \boldsymbol{C}_W(t,\tau)}{\partial t}\boldsymbol{C}_W^{-1}(t,\tau) \tag{4.88}$$

且 $\boldsymbol{\xi}(t)$ 具有如下概率特性：

$$\begin{aligned}
&\mu_{\boldsymbol{\xi}}(t) = \dot{\mu}_W(t) - \boldsymbol{G}(t)\mu_W(t) \\
&\mathrm{cov}\{\boldsymbol{\xi}(t), \boldsymbol{\xi}(\tau)\} = \boldsymbol{N}(t)\delta(t-\tau) \\
&\boldsymbol{N}(t) = \dot{\boldsymbol{P}}_W(t) - \boldsymbol{G}(t)\boldsymbol{P}_W(t) - \boldsymbol{P}_W(t)\boldsymbol{G}^{\mathrm{T}}(t) \\
&\boldsymbol{P}_W(t) = \boldsymbol{C}_W(t,t)
\end{aligned} \tag{4.89}$$

例 4.3 假设 $C_W(t,\tau) = \sigma_W^2 \mathrm{e}^{-a(t-\tau)}$，$\mu_W(t) = 0$，确定成形滤波器参数。

解 此时 $P_W(t) = \sigma_W^2$，得

$$\begin{aligned}
&G(t) = \frac{\partial C_W(t,\tau)}{\partial t}C_W^{-1}(t,\tau) = -a \\
&\mu_\xi = 0, \quad N(t) = 2a\sigma_W^2
\end{aligned} \tag{4.90}$$

成形滤波器为

$$\frac{\mathrm{d}W(t)}{\mathrm{d}t} = -aW(t) + \xi(t) \tag{4.91}$$

4.4.2 动力学噪声为有色噪声的滤波方法

采用增广状态变量的方法进行处理。设系统方程和观测方程为

$$\begin{aligned}
&\boldsymbol{X}_{k+1} = \boldsymbol{\Phi}_{k+1,k}\boldsymbol{X}_k + \boldsymbol{W}_k \\
&\boldsymbol{Z}_k = \boldsymbol{H}_k\boldsymbol{X}_k + \boldsymbol{\varepsilon}_k
\end{aligned} \tag{4.92}$$

其中，$\{\boldsymbol{\varepsilon}_k\}$ 为零均值白噪声序列，$\{\boldsymbol{W}_k\}$ 为零均值有色噪声序列，可用差分方程表示为

$$\boldsymbol{W}_{k+1}=\boldsymbol{\Psi}_{k+1,k}\boldsymbol{W}_k+\boldsymbol{\xi}_k \tag{4.93}$$

其中，$\boldsymbol{\xi}_k$ 为零均值白噪声序列。

记

$$\boldsymbol{X}^e=\begin{bmatrix}\boldsymbol{X}\\ \boldsymbol{W}\end{bmatrix} \tag{4.94}$$

则状态变量增广后的系统和观测分别为

$$\begin{aligned}\boldsymbol{X}_{k+1}^e=\begin{bmatrix}\boldsymbol{X}_{k+1}\\ \boldsymbol{W}_{k+1}\end{bmatrix}&=\begin{bmatrix}\boldsymbol{\Phi}_{k+1,k} & \boldsymbol{I}\\ 0 & \boldsymbol{\Psi}_{k+1,k}\end{bmatrix}\begin{bmatrix}\boldsymbol{X}_k\\ \boldsymbol{W}_k\end{bmatrix}+\begin{bmatrix}0\\ \boldsymbol{\xi}_k\end{bmatrix}\\ &\triangleq\boldsymbol{\Phi}_{k+1,K}^e\boldsymbol{X}_k^e+\boldsymbol{W}_k^e\\ \boldsymbol{Z}_k=\begin{bmatrix}\boldsymbol{H}_k & 0\end{bmatrix}&\begin{bmatrix}\boldsymbol{X}_k\\ \boldsymbol{W}_k\end{bmatrix}+\boldsymbol{\varepsilon}_k\triangleq\boldsymbol{H}_k^e\boldsymbol{X}_k^e+\boldsymbol{\varepsilon}_k\end{aligned} \tag{4.95}$$

此时等效系统的动力学噪声为白噪声，运用基本 Kalman 滤波方程可以解决此类问题。

4.4.3　观测噪声为有色噪声的滤波方法

设系统方程和观测方程分别为

$$\begin{aligned}\boldsymbol{X}_{k+1}&=\boldsymbol{\Phi}_{k+1,k}\boldsymbol{X}_k+\boldsymbol{W}_k\\ \boldsymbol{Z}_k&=\boldsymbol{H}_k\boldsymbol{X}_k+\boldsymbol{\varepsilon}_k\end{aligned} \tag{4.96}$$

其中，$\{\boldsymbol{W}_k\}$ 为零均值白噪声序列，协方差阵为 $\boldsymbol{Q}_k$；$\{\boldsymbol{\varepsilon}_k\}$ 为广义马尔可夫序列，可用差分方程表示为

$$\boldsymbol{\varepsilon}_{k+1}=\boldsymbol{\Psi}_{k+1,k}\boldsymbol{\varepsilon}_k+\boldsymbol{n}_k \tag{4.97}$$

其中，$\boldsymbol{n}_k$ 为零均值白噪声序列，$E[\boldsymbol{n}_k\boldsymbol{n}_k^{\mathrm{T}}]=\boldsymbol{N}_k$，$E[\boldsymbol{\varepsilon}_0\boldsymbol{\varepsilon}_0^{\mathrm{T}}]=\boldsymbol{R}_0$。

一种直观的解决方案是采用增广状态变量方法。记

$$\boldsymbol{X}_{k+1}^e=\begin{bmatrix}\boldsymbol{X}_{k+1}\\ \boldsymbol{\varepsilon}_{k+1}\end{bmatrix} \tag{4.98}$$

则

$$\begin{aligned}\begin{bmatrix}\boldsymbol{X}_{k+1}\\ \boldsymbol{\varepsilon}_{k+1}\end{bmatrix}&=\begin{bmatrix}\boldsymbol{\Phi}_{k+1,k} & 0\\ 0 & \boldsymbol{\Psi}_{k+1,k}\end{bmatrix}\begin{bmatrix}\boldsymbol{X}_k\\ \boldsymbol{\varepsilon}_k\end{bmatrix}+\begin{bmatrix}\boldsymbol{W}_k\\ \boldsymbol{n}_k\end{bmatrix}\\ \boldsymbol{Z}_{k+1}&=\begin{bmatrix}\boldsymbol{H}_{k+1} & \boldsymbol{I}\end{bmatrix}\begin{bmatrix}\boldsymbol{X}_{k+1}\\ \boldsymbol{\varepsilon}_{k+1}\end{bmatrix}\end{aligned} \tag{4.99}$$

即

$$\begin{aligned}\boldsymbol{X}_{k+1}^{e}&=\boldsymbol{\Phi}_{k+1,k}^{e}\boldsymbol{X}_{k}^{e}+\boldsymbol{W}_{k}^{e}\\ \boldsymbol{Z}_{k+1}&=\boldsymbol{H}_{k+1}^{e}\boldsymbol{X}_{k+1}^{e}\end{aligned}\tag{4.100}$$

由于没有测量噪声，所以 $\boldsymbol{R}_k^e=\boldsymbol{0}$。在基本 Kalman 滤波中，假定 $\boldsymbol{R}_k>0$，目的在于基本滤波公式中保证逆矩阵的存在。

滤波方程为

$$\begin{aligned}&\hat{\boldsymbol{X}}_{k+1|k+1}^{e}=\boldsymbol{\Phi}_{k+1,k}^{e}\hat{\boldsymbol{X}}_{k|k}^{e}+\boldsymbol{K}_{k+1}^{e}[\boldsymbol{Z}_{k+1}-\boldsymbol{H}_{k+1}^{e}\boldsymbol{\Phi}_{k+1,k}^{e}\hat{\boldsymbol{X}}_{k|k}^{e}]\\ &\boldsymbol{P}_{k+1|k}^{e}=\boldsymbol{\Phi}_{k+1,k}^{e}\boldsymbol{P}_{k|k}^{e}\boldsymbol{\Phi}_{k+1,k}^{e\mathrm{T}}+\boldsymbol{Q}_{k}^{e}\\ &\boldsymbol{P}_{k+1|k+1}^{e}=\boldsymbol{P}_{k+1|k}^{e}-\boldsymbol{P}_{k+1|k}^{e}\boldsymbol{H}_{k+1}^{e\mathrm{T}}[\boldsymbol{H}_{k+1}^{e}\boldsymbol{P}_{k+1|k}^{e}\boldsymbol{H}_{k+1}^{e\mathrm{T}}]^{-1}\boldsymbol{H}_{k+1}^{e}\boldsymbol{P}_{k+1|k}^{e}\\ &\boldsymbol{K}_{k+1}^{e}=\boldsymbol{P}_{k+1|k}^{e}\boldsymbol{H}_{k+1}^{e\mathrm{T}}[\boldsymbol{H}_{k+1}^{e}\boldsymbol{P}_{k+1|k}^{e}\boldsymbol{H}_{k+1}^{e\mathrm{T}}]^{-1}\end{aligned}\tag{4.101}$$

该方法在滤波过程中容易出现病态方程，并不是很好的解决思路。为了克服滤波过程中的病态问题，引入测量差分法。

联合考虑两步观测

$$\begin{aligned}\boldsymbol{Z}_{k+1}&=\boldsymbol{H}_{k+1}\boldsymbol{X}_{k+1}+\boldsymbol{\Psi}_{k+1,k}\boldsymbol{\varepsilon}_{k}+\boldsymbol{n}_{k}\\ \boldsymbol{Z}_{k}&=\boldsymbol{H}_{k}\boldsymbol{X}_{k}+\boldsymbol{\varepsilon}_{k}\end{aligned}\tag{4.102}$$

因此

$$\begin{aligned}\boldsymbol{Z}_{k+1}-\boldsymbol{\Psi}_{k+1,k}\boldsymbol{Z}_{k}&=\boldsymbol{H}_{k+1}\boldsymbol{X}_{k+1}+\boldsymbol{n}_{k}-\boldsymbol{\Psi}_{k+1,k}\boldsymbol{H}_{k}\boldsymbol{X}_{k}\\ &=[\boldsymbol{H}_{k+1}\boldsymbol{\Phi}_{k+1,k}-\boldsymbol{\Psi}_{k+1,k}\boldsymbol{H}_{k}]\boldsymbol{X}_{k}\\ &\quad+\boldsymbol{H}_{k+1}\boldsymbol{W}_{k}+\boldsymbol{n}_{k}\\ &\triangleq\boldsymbol{M}_{k}\boldsymbol{X}_{k}+\boldsymbol{H}_{k+1}\boldsymbol{W}_{k}+\boldsymbol{n}_{k}\end{aligned}\tag{4.103}$$

建立如下等效模型

$$\begin{aligned}\boldsymbol{X}_{k+1}&=\boldsymbol{\Phi}_{k+1,k}\boldsymbol{X}_{k}+\boldsymbol{W}_{k}\\ \boldsymbol{Y}_{k}&=\boldsymbol{M}_{k}\boldsymbol{X}_{k}+\boldsymbol{H}_{k+1}\boldsymbol{W}_{k}+\boldsymbol{n}_{k}\end{aligned}\tag{4.104}$$

$\boldsymbol{Y}_k$ 为等效观测量。此时，可以应用噪声互相关的滤波方程进行求解。测量差分滤波方法除了可能出现的病态计算条件，但在计算过程中要求存储前次测量数据并计算 $\boldsymbol{M}_k$，对数据存储量的要求提高了。

4.4.4 应用举例

例 4.4 设系统状态方程和观测方程为

$$
\begin{aligned}
\boldsymbol{X}_k &= \begin{bmatrix} 0 & 1 & 0.2 \\ 0 & 0 & 1 \\ -2 & 0 & -1 \end{bmatrix} \boldsymbol{X}_{k-1} + \begin{bmatrix} 0 \\ 0 \\ 1 \end{bmatrix} \boldsymbol{W}_{k-1} \\
\boldsymbol{Z}_k &= \begin{bmatrix} 1 & 0 & 0 \\ 0 & 1 & 0 \end{bmatrix} \boldsymbol{X}_k + \boldsymbol{\varepsilon}_k
\end{aligned} \tag{4.105}
$$

按如下已知条件写滤波方程：

(1) $\{\boldsymbol{W}_k\}$ 和 $\{\boldsymbol{\varepsilon}_k\}$ 为互不相关的零均值白噪声过程，方差分别为 2 和 $\begin{bmatrix} 2 & 0 \\ 0 & 2 \end{bmatrix}$；

(2) $\{\boldsymbol{W}_k\}$ 和 $\{\boldsymbol{\varepsilon}_k\}$ 为零均值白噪声过程，方差如 (1)，但二者相关，$E\left\{\boldsymbol{W}_k\boldsymbol{\varepsilon}_j^{\mathrm{T}}\right\} = \begin{bmatrix} 1 & 1 \end{bmatrix}\delta_{kj}$；

(3) $\{\boldsymbol{\varepsilon}_k\}$ 如 (1)，$\{\boldsymbol{W}_k\}$ 为零均值有色噪声过程，$\boldsymbol{W}_k = -\boldsymbol{W}_{k-1} + \boldsymbol{\xi}_{k-1}$，$\{\boldsymbol{\xi}_k\}$ 为零均值白噪声过程，方差为 1，且 $\{\boldsymbol{\varepsilon}_k\}$ 和 $\{\xi_k\}$ 不相关。

解　记

$$
\boldsymbol{\Phi} = \begin{bmatrix} 0 & 1 & 0.2 \\ 0 & 0 & 1 \\ -2 & 0 & -1 \end{bmatrix}, \quad \boldsymbol{H} = \begin{bmatrix} 1 & 0 & 0 \\ 0 & 1 & 0 \end{bmatrix}, \quad \boldsymbol{G} = \begin{bmatrix} 0 \\ 0 \\ 1 \end{bmatrix}
$$

(1) 噪声不相关情况。

$$
E\left[\boldsymbol{W}_k\boldsymbol{W}_k^{\mathrm{T}}\right] = 2, E\left[\boldsymbol{\varepsilon}_k\boldsymbol{\varepsilon}_k^{\mathrm{T}}\right] = 2\boldsymbol{I}_{2\times 2}
$$

滤波方程如下：

$$
\begin{aligned}
\hat{\boldsymbol{X}}_{k+1|k+1} &= \hat{\boldsymbol{X}}_{k+1|k} + \boldsymbol{K}_{k+1}(\boldsymbol{Z}_{k+1} - \boldsymbol{H}\hat{\boldsymbol{X}}_{k+1|k}) \\
\hat{\boldsymbol{X}}_{k+1|k} &= \boldsymbol{\Phi}\hat{\boldsymbol{X}}_{k|k} \\
\boldsymbol{K}_{k+1} &= \boldsymbol{P}_{k+1|k}\boldsymbol{H}^{\mathrm{T}}(\boldsymbol{H}\boldsymbol{P}_{k+1|k}\boldsymbol{H}^{\mathrm{T}} + 2\boldsymbol{I})^{-1} \\
\boldsymbol{P}_{k+1|k} &= \boldsymbol{\Phi}\boldsymbol{P}_{k|k}\boldsymbol{\Phi}^{\mathrm{T}} + 2\boldsymbol{G}\boldsymbol{G}^{\mathrm{T}} \\
\boldsymbol{P}_{k+1|k+1} &= (\boldsymbol{I} - \boldsymbol{K}_{k+1}\boldsymbol{H})\boldsymbol{P}_{k+1|k} \\
&= (\boldsymbol{I} - \boldsymbol{K}_{k+1}\boldsymbol{H})\boldsymbol{P}_{k+1|k}(\boldsymbol{I} - \boldsymbol{K}_{k+1}\boldsymbol{H})^{\mathrm{T}} + 2\boldsymbol{K}_{k+1}\boldsymbol{K}_{k+1}^{\mathrm{T}}
\end{aligned} \tag{4.106}
$$

(2) 噪声相关情况。

$$
\begin{aligned}
E\left[\boldsymbol{W}_k\boldsymbol{\varepsilon}_k^{\mathrm{T}}\right] &= \begin{bmatrix} 1 & 1 \end{bmatrix} \\
E\left[\boldsymbol{G}\boldsymbol{W}_k\boldsymbol{\varepsilon}_k^{\mathrm{T}}\right] &= \boldsymbol{G}E\left[\boldsymbol{W}_k\boldsymbol{\varepsilon}_k^{\mathrm{T}}\right] = \begin{bmatrix} 0 & 0 \\ 0 & 0 \\ 1 & 1 \end{bmatrix} \triangleq \boldsymbol{C}
\end{aligned} \tag{4.107}
$$

又由 (1) 中的条件，$\boldsymbol{Q}=E\left[\boldsymbol{G}\boldsymbol{W}_k\boldsymbol{W}_k^{\mathrm{T}}\boldsymbol{G}^{\mathrm{T}}\right]=2\boldsymbol{G}\boldsymbol{G}^{\mathrm{T}}$，$\boldsymbol{R}=E\left[\boldsymbol{\varepsilon}_k\boldsymbol{\varepsilon}_k^{\mathrm{T}}\right]=2\boldsymbol{I}_{2\times2}$ 取

$$\boldsymbol{J}=\boldsymbol{C}\boldsymbol{R}^{-1}=\begin{bmatrix}0&0\\0&0\\1/2&1/2\end{bmatrix}$$

根据噪声互相关情形下的 Kalman 滤波方法，滤波方程如下：

$$\begin{aligned}&\hat{\boldsymbol{X}}_{k+1|k+1}=\hat{\boldsymbol{X}}_{k+1|k}+\boldsymbol{K}_{k+1}(\boldsymbol{Z}_{k+1}-\boldsymbol{H}\hat{\boldsymbol{X}}_{k+1|k})\\&\hat{\boldsymbol{X}}_{k+1|k}=\boldsymbol{\Phi}\hat{\boldsymbol{X}}_{k|k}+\boldsymbol{J}\left(\boldsymbol{Z}_k-\boldsymbol{H}\hat{\boldsymbol{X}}_{k|k}\right)\\&\boldsymbol{K}_{k+1}=\boldsymbol{P}_{k+1|k}\boldsymbol{H}^{\mathrm{T}}(\boldsymbol{H}\boldsymbol{P}_{k+1|k}\boldsymbol{H}^{\mathrm{T}}+2\boldsymbol{I})^{-1}\\&\boldsymbol{P}_{k+1|k}=(\boldsymbol{\Phi}-\boldsymbol{J}\boldsymbol{H})\boldsymbol{P}_{k|k}(\boldsymbol{\Phi}-\boldsymbol{J}\boldsymbol{H})^{\mathrm{T}}+\boldsymbol{Q}-\boldsymbol{J}\boldsymbol{C}^{\mathrm{T}}\\&\boldsymbol{P}_{k+1|k+1}=(\boldsymbol{I}-\boldsymbol{K}_{k+1}\boldsymbol{H})\boldsymbol{P}_{k+1|k}\\&\qquad=(\boldsymbol{I}-\boldsymbol{K}_{k+1}\boldsymbol{H})\boldsymbol{P}_{k+1|k}(\boldsymbol{I}-\boldsymbol{K}_{k+1}\boldsymbol{H})^{\mathrm{T}}+2\boldsymbol{K}_{k+1}\boldsymbol{K}_{k+1}^{\mathrm{T}}\end{aligned}\tag{4.108}$$

(3) 系统噪声为有色噪声。

采用扩充状态向量法

$$\boldsymbol{X}^e=\begin{bmatrix}\boldsymbol{X}\\\boldsymbol{W}\end{bmatrix}$$

扩充后的状态方程和观测方程为

$$\begin{aligned}\boldsymbol{X}_k^e&=\boldsymbol{\Phi}^e\boldsymbol{X}_{k-1}^e+\boldsymbol{G}^e\xi_{k-1}\\\boldsymbol{Z}_k&=\boldsymbol{H}^e\boldsymbol{X}_k^e+\boldsymbol{\varepsilon}_k\end{aligned}\tag{4.109}$$

其中，

$$\boldsymbol{\Phi}^e=\begin{bmatrix}0&1&0.2&0\\0&0&1&0\\-2&0&-1&1\\0&0&0&-1\end{bmatrix},\quad\boldsymbol{G}^e=\begin{bmatrix}0\\0\\0\\1\end{bmatrix},\quad\boldsymbol{H}^e=\begin{bmatrix}1&0&0&0\\0&1&0&0\end{bmatrix}$$

$$E\left[\boldsymbol{\xi}_k\boldsymbol{\xi}_k^{\mathrm{T}}\right]=1,E\left[\boldsymbol{\varepsilon}_k\boldsymbol{\varepsilon}_k^{\mathrm{T}}\right]=2\boldsymbol{I}_{2\times2}$$

可用 Kalman 滤波方法进行状态估计

$$\begin{aligned}&\hat{\boldsymbol{X}}_{k+1|k+1}^e=\hat{\boldsymbol{X}}_{k+1|k}^e+\boldsymbol{K}_{k+1}(\boldsymbol{Z}_{k+1}-\boldsymbol{H}^e\hat{\boldsymbol{X}}_{k+1|k}^e)\\&\hat{\boldsymbol{X}}_{k+1|k}^e=\boldsymbol{\Phi}^e\hat{\boldsymbol{X}}_{k|k}^e\\&\boldsymbol{K}_{k+1}=\boldsymbol{P}_{k+1|k}\boldsymbol{H}^{e\mathrm{T}}(\boldsymbol{H}^e\boldsymbol{P}_{k+1|k}\boldsymbol{H}^{e\mathrm{T}}+2\boldsymbol{I})^{-1}\\&\boldsymbol{P}_{k+1|k}=\boldsymbol{\Phi}^e\boldsymbol{P}_{k|k}\boldsymbol{\Phi}^{e\mathrm{T}}+2\boldsymbol{G}^e\boldsymbol{G}^{e\mathrm{T}}\\&\boldsymbol{P}_{k+1|k+1}=(\boldsymbol{I}-\boldsymbol{K}_{k+1}\boldsymbol{H}^e)\boldsymbol{P}_{k+1|k}\\&\qquad=(\boldsymbol{I}-\boldsymbol{K}_{k+1}\boldsymbol{H}^e)\boldsymbol{P}_{k+1|k}(\boldsymbol{I}-\boldsymbol{K}_{k+1}\boldsymbol{H}^e)^{\mathrm{T}}+2\boldsymbol{K}_{k+1}\boldsymbol{K}_{k+1}^{\mathrm{T}}\end{aligned}\tag{4.110}$$

4.5　连续时间 Kalman 滤波

建立时间连续的线性无偏最小方差估计方程可以有多种方法，下面介绍从时间离散滤波方程求极限过渡的方法。

考虑动力学模型

$$\frac{\mathrm{d}\boldsymbol{X}(t)}{\mathrm{d}t}=\boldsymbol{F}(t)\boldsymbol{X}(t)+\boldsymbol{G}(t)\boldsymbol{W}(t) \tag{4.111}$$

测量模型

$$\boldsymbol{Z}(t)=\boldsymbol{H}(t)\boldsymbol{X}(t)+\boldsymbol{\varepsilon}(t) \tag{4.112}$$

式中，

$$\begin{aligned}
&E[\boldsymbol{W}(t)]=0,\quad E[\boldsymbol{W}(t)\boldsymbol{W}^{\mathrm{T}}(\tau)]=\boldsymbol{Q}(t)\delta(t-\tau)\\
&E[\boldsymbol{\varepsilon}(t)]=0,\quad E[\boldsymbol{\varepsilon}(t)\boldsymbol{\varepsilon}^{\mathrm{T}}(\tau)]=\boldsymbol{R}(t)\delta(t-\tau)\\
&E[\boldsymbol{W}(t)\boldsymbol{\varepsilon}^{\mathrm{T}}(\tau)]=0\\
&E[\boldsymbol{X}(0)]=\mu_0,\quad E[(\boldsymbol{X}(0)-\mu_0)(\boldsymbol{X}(0)-\mu_0)^{\mathrm{T}}]=\boldsymbol{P}_0\\
&E[\boldsymbol{X}(0)\boldsymbol{W}^{\mathrm{T}}(t)]=0,\quad E[\boldsymbol{X}(0)\boldsymbol{\varepsilon}^{\mathrm{T}}(t)]=0
\end{aligned} \tag{4.113}$$

已知观测 $\boldsymbol{Z}(\sigma)(0\leqslant\sigma\leqslant\tau)$ 时，确定 $\boldsymbol{X}(t)$ 的线性无偏最小方差估计 $\hat{\boldsymbol{X}}(t|\tau)$，当 $t=\tau$ 时即为滤波问题，记滤波值为 $\hat{\boldsymbol{X}}(t)$。从 t_0 开始，以 Δt 划分时间间隔，$[t_i,t_i+\Delta t],i=0,1,2,\cdots$。记

$$\begin{aligned}
\boldsymbol{W}_i&=\frac{1}{\Delta t}\int_{t_i}^{t_i+\Delta t}\boldsymbol{W}(\tau)\mathrm{d}\tau\\
\boldsymbol{\varepsilon}_i&=\frac{1}{\Delta t}\int_{t_i}^{t_i+\Delta t}\boldsymbol{\varepsilon}(\tau)\mathrm{d}\tau
\end{aligned} \tag{4.114}$$

当 $t_i<\tau<t_i+\Delta t$ 时，以 $\boldsymbol{W}_i,\boldsymbol{\varepsilon}_i$ 分别代替 $\boldsymbol{W}(t),\boldsymbol{\varepsilon}(t)$，因此白噪声过程 $\boldsymbol{W}(t),\boldsymbol{\varepsilon}(t)$ 近似转化为白噪声序列 $\{\boldsymbol{W}_i\},\{\boldsymbol{\varepsilon}_i\}$，且

$$\begin{aligned}
&E[\boldsymbol{W}_i]=0\\
&E[\boldsymbol{W}_i\boldsymbol{W}_i^{\mathrm{T}}]=\frac{1}{\Delta t^2}\int_{t_i}^{t_i+\Delta t}\mathrm{d}\tau\int_{t_j}^{t_j+\Delta t}\boldsymbol{Q}(\tau)\delta(\tau-\sigma)\mathrm{d}\sigma\\
&\qquad=\begin{cases}\dfrac{\boldsymbol{Q}(t_i)}{\Delta t}, & i=j\\ 0, & i\neq j\end{cases}=\frac{\boldsymbol{Q}(t_i)}{\Delta t}\delta_{ij}
\end{aligned} \tag{4.115}$$

同理

$$E[\boldsymbol{\varepsilon}_i]=0,\quad E[\boldsymbol{\varepsilon}_i\boldsymbol{\varepsilon}_i^{\mathrm{T}}]=\frac{\boldsymbol{R}(t_i)}{\Delta t}\delta_{ij} \tag{4.116}$$

注意到

$$\boldsymbol{X}(t)=\boldsymbol{\Phi}(t,t_0)\boldsymbol{X}(t_0)+\int_{t_0}^{t}\boldsymbol{\Phi}(t,\tau)\boldsymbol{G}(\tau)\boldsymbol{W}(\tau)\mathrm{d}\tau \tag{4.117}$$

令 $t_0=t_i, t=t_i+\Delta t$，当 $|\Delta t|$ 足够小时，近似得到离散型状态方程

$$\boldsymbol{X}(t_i+\Delta t)=\boldsymbol{\Phi}(t_i+\Delta t,t_i)\boldsymbol{X}(t_i)+\boldsymbol{\Gamma}(t_i+\Delta t,t_i)\boldsymbol{W}_i \tag{4.118}$$

其中，$\boldsymbol{\Gamma}(t_i+\Delta t,t_i)=\boldsymbol{\Phi}(t_i+\Delta t,t_i)\boldsymbol{G}(t_i)\Delta t$。

观测方程的离散形式为

$$\boldsymbol{Z}(t_i+\Delta t)=\boldsymbol{H}(t_i+\Delta t)\boldsymbol{X}(t_i+\Delta t)+\boldsymbol{\varepsilon}_{i+1} \tag{4.119}$$

因此离散 Kalman 滤波方程为

$$\begin{aligned}
&\hat{\boldsymbol{X}}(t+\Delta t|t)=\boldsymbol{\Phi}(t+\Delta t,t)\hat{\boldsymbol{X}}(t|t)\\
&\hat{\boldsymbol{X}}(t+\Delta t|t+\Delta t)=\hat{\boldsymbol{X}}(t+\Delta t|t)\\
&\qquad\qquad +\boldsymbol{K}(t+\Delta t)[\boldsymbol{Z}(t+\Delta t)-\boldsymbol{H}(t+\Delta t)\hat{\boldsymbol{X}}(t+\Delta t|t)]\\
&\boldsymbol{K}(t+\Delta t)=\boldsymbol{P}(t+\Delta t|t+\Delta t)\boldsymbol{H}^{\mathrm{T}}(t+\Delta t)\left(\frac{\boldsymbol{R}(t+\Delta t)}{\Delta t}\right)^{-1}\\
&\boldsymbol{P}(t+\Delta t|t+\Delta t)=[\boldsymbol{I}-\boldsymbol{K}(t+\Delta t)\boldsymbol{H}(t+\Delta t)]\boldsymbol{P}(t+\Delta t|t)\\
&\boldsymbol{P}(t+\Delta t|t)=\boldsymbol{\Phi}(t+\Delta t,t)\boldsymbol{P}(t|t)\boldsymbol{\Phi}^{\mathrm{T}}(t+\Delta t,t)\\
&\qquad\qquad +\boldsymbol{\Gamma}(t+\Delta t,t)\frac{\boldsymbol{Q}(t)}{\Delta t}\boldsymbol{\Gamma}^{\mathrm{T}}(t+\Delta t,t)
\end{aligned} \tag{4.120}$$

初始条件为

$$\begin{aligned}
&\hat{\boldsymbol{X}}(t_0|t_0)=E[\boldsymbol{X}(t_0)]\\
&\boldsymbol{P}(t_0|t_0)=\boldsymbol{P}_0
\end{aligned} \tag{4.121}$$

用取极限的方法，将离散滤波方程转换为时间连续的滤波方程。

$$\boldsymbol{\Phi}(t+\Delta t,t)=\boldsymbol{I}+\boldsymbol{F}(t)\Delta t+o(\Delta t)$$

$$\begin{aligned}
\frac{\mathrm{d}}{\mathrm{d}t}\hat{\boldsymbol{X}}(t|t)&=\lim_{\Delta t\to 0}\frac{\hat{\boldsymbol{X}}(t+\Delta t|t+\Delta t)-\hat{\boldsymbol{X}}(t|t)}{\Delta t}\\
&=\lim_{\Delta t\to 0}\frac{1}{\Delta t}[\boldsymbol{\Phi}(t+\Delta t,t)-\boldsymbol{I}]\hat{\boldsymbol{X}}(t|t)\\
&\quad+\lim_{\Delta t\to 0}\frac{\boldsymbol{K}(t+\Delta t)}{\Delta t}[\boldsymbol{Z}(t+\Delta t)-\boldsymbol{H}(t+\Delta t)\hat{\boldsymbol{X}}(t+\Delta t|t)]\\
&=\boldsymbol{F}(t)\hat{\boldsymbol{X}}(t|t)+\boldsymbol{P}(t|t)\boldsymbol{H}^{\mathrm{T}}(t)\boldsymbol{R}^{-1}(t)[\boldsymbol{Z}(t)-\boldsymbol{H}(t)\hat{\boldsymbol{X}}(t|t)]
\end{aligned} \tag{4.122}$$

滤波估值误差方差矩阵 $\boldsymbol{P}(t|t)$ 为

$$\begin{aligned}\boldsymbol{P}(t+\Delta t|t+\Delta t) = & [\boldsymbol{I}-\boldsymbol{K}(t+\Delta t)\boldsymbol{H}(t+\Delta t)] \\ & \times [\boldsymbol{\Phi}(t+\Delta t,t)\boldsymbol{P}(t|t)\boldsymbol{\Phi}^{\mathrm{T}}(t+\Delta t,t) \\ & +\boldsymbol{\Gamma}(t+\Delta t,t)\frac{\boldsymbol{Q}(t)}{\Delta t}\boldsymbol{\Gamma}^{\mathrm{T}}(t+\Delta t,t)]\end{aligned} \tag{4.123}$$

整理得到

$$\begin{aligned}\boldsymbol{P}(t+\Delta t|t+\Delta t) = & \boldsymbol{P}(t|t)+\boldsymbol{P}(t|t)\boldsymbol{F}^{\mathrm{T}}(t)\Delta t+\boldsymbol{F}(t)\boldsymbol{P}(t|t)\Delta t \\ & -\boldsymbol{K}(t+\Delta t)\boldsymbol{H}(t+\Delta t)\boldsymbol{P}(t|t)+\boldsymbol{G}(t)\boldsymbol{Q}(t)\boldsymbol{G}^{\mathrm{T}}(t)\Delta t+o(\Delta t)\end{aligned} \tag{4.124}$$

于是

$$\begin{aligned}\frac{\mathrm{d}}{\mathrm{d}t}\boldsymbol{P}(t|t) & = \lim_{\Delta t\to 0}\frac{1}{\Delta t}[\boldsymbol{P}(t+\Delta t|t+\Delta t)-\boldsymbol{P}(t|t)] \\ & = \boldsymbol{P}(t|t)\boldsymbol{F}^{\mathrm{T}}(t)+\boldsymbol{F}(t)\boldsymbol{P}(t|t)-\boldsymbol{P}(t|t) \\ & \quad \times\boldsymbol{H}^{\mathrm{T}}(t)\boldsymbol{R}^{-1}(t)\boldsymbol{H}(t)\boldsymbol{P}(t|t)+\boldsymbol{G}(t)\boldsymbol{Q}(t)\boldsymbol{G}^{\mathrm{T}}(t)\end{aligned} \tag{4.125}$$

初始条件为 $\boldsymbol{P}(t_0|t_0)=\boldsymbol{P}_0$。

上述非线性的矩阵微分方程，称为 Ricatti 方程。一般情况：数值解；特殊情况：解析解。

时间连续滤波方程如下：

$$\begin{aligned}& \frac{\mathrm{d}}{\mathrm{d}t}\hat{\boldsymbol{X}}(t)=\boldsymbol{F}(t)\hat{\boldsymbol{X}}(t)+\boldsymbol{K}(t)[\boldsymbol{Z}(t)-\boldsymbol{H}(t)\hat{\boldsymbol{X}}(t)] \\ & \boldsymbol{K}(t)=\boldsymbol{P}(t)\boldsymbol{H}^{\mathrm{T}}(t)\boldsymbol{R}^{-1}(t) \\ & \frac{\mathrm{d}\boldsymbol{P}(t)}{\mathrm{d}t}=\boldsymbol{P}(t)\boldsymbol{F}^{\mathrm{T}}(t)+\boldsymbol{F}(t)\boldsymbol{P}(t) \\ & \qquad -\boldsymbol{P}(t)\boldsymbol{H}^{\mathrm{T}}(t)\boldsymbol{R}^{-1}(t)\boldsymbol{H}(t)\boldsymbol{P}(t)+\boldsymbol{G}(t)\boldsymbol{Q}(t)\boldsymbol{G}^{\mathrm{T}}(t)\end{aligned} \tag{4.126}$$

初始条件为

$$\hat{\boldsymbol{X}}(t)|_{t=t_0}=E[\boldsymbol{X}(t_0)], \qquad \boldsymbol{P}(t)|_{t=t_0}=\boldsymbol{P}_0$$

称为 Kalman-Bucy 滤波，如图 4.6 所示。

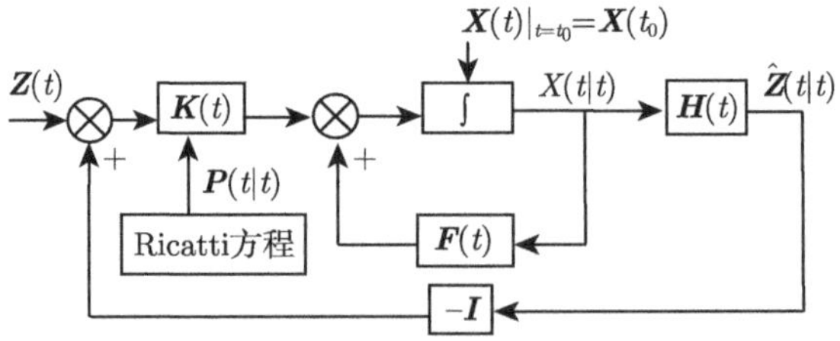

图 4.6 Kalman-Bucy 滤波计算框图

求解 Ricatti 方程是 Kalman-Bucy 滤波的关键问题。

定理 4.3 Ricatti 方程的解可以表示为下列形式

$$\boldsymbol{P}(t)=\boldsymbol{Y}(t)\cdot\boldsymbol{C}^{-1}(t) \tag{4.127}$$

其中，$\boldsymbol{Y}(t),\boldsymbol{C}(t)$ 为 $n\times n$ 阶矩阵函数，满足下列线性方程：

$$\frac{\mathrm{d}}{\mathrm{d}t}\begin{bmatrix}\boldsymbol{Y}(t)\\ \boldsymbol{C}(t)\end{bmatrix}=\begin{bmatrix}\boldsymbol{F}(t) & \boldsymbol{G}(t)\boldsymbol{Q}(t)\boldsymbol{G}^{\mathrm{T}}(t)\\ \boldsymbol{H}^{\mathrm{T}}(t)\boldsymbol{R}^{-1}(t)\boldsymbol{H}(t) & -\boldsymbol{F}^{\mathrm{T}}(t)\end{bmatrix}\begin{bmatrix}\boldsymbol{Y}(t)\\ \boldsymbol{C}(t)\end{bmatrix} \tag{4.128}$$

初始条件为

$$\boldsymbol{Y}(t_0)=\boldsymbol{P}_0,\quad \boldsymbol{C}(t_0)=\boldsymbol{I}$$

证明 假定 $\boldsymbol{Y}(t)=\boldsymbol{P}(t)\boldsymbol{C}(t)$，证明 $\boldsymbol{P}(t)$ 必为 Ricatti 方程的解。

$$\dot{\boldsymbol{Y}}(t)=\dot{\boldsymbol{P}}(t)\boldsymbol{C}(t)+\boldsymbol{P}(t)\dot{\boldsymbol{C}}(t) \tag{4.129}$$

则

$$\begin{aligned}&\boldsymbol{F}(t)\boldsymbol{Y}(t)+\boldsymbol{G}(t)\boldsymbol{Q}(t)\boldsymbol{G}^{\mathrm{T}}(t)\boldsymbol{C}(t)\\ &=\dot{\boldsymbol{P}}(t)\boldsymbol{C}(t)+\boldsymbol{P}(t)[\boldsymbol{H}^{\mathrm{T}}(t)\boldsymbol{R}^{-1}(t)\boldsymbol{H}(t)\boldsymbol{Y}(t)-\boldsymbol{F}^{\mathrm{T}}(t)\boldsymbol{C}(t)]\end{aligned} \tag{4.130}$$

因此

$$\begin{aligned}&[\dot{\boldsymbol{P}}(t)-\boldsymbol{F}(t)\boldsymbol{P}(t)-\boldsymbol{P}(t)\boldsymbol{F}^{\mathrm{T}}(t)\\ &+\boldsymbol{P}(t)\boldsymbol{H}^{\mathrm{T}}(t)\boldsymbol{R}^{-1}(t)\boldsymbol{H}(t)\boldsymbol{P}(t)-\boldsymbol{G}(t)\boldsymbol{Q}(t)\boldsymbol{G}^{\mathrm{T}}(t)]\boldsymbol{C}(t)=\boldsymbol{0}\end{aligned} \tag{4.131}$$

注意到 $\boldsymbol{C}(t)$ 是一个转移矩阵，非奇异阵，则

$$\begin{aligned}&\dot{\boldsymbol{P}}(t)-\boldsymbol{F}(t)\boldsymbol{P}(t)-\boldsymbol{P}(t)\boldsymbol{F}^{\mathrm{T}}(t)\\ &+\boldsymbol{P}(t)\boldsymbol{H}^{\mathrm{T}}(t)\boldsymbol{R}^{-1}(t)\boldsymbol{H}(t)\boldsymbol{P}(t)-\boldsymbol{G}(t)\boldsymbol{Q}(t)\boldsymbol{G}^{\mathrm{T}}(t)=\boldsymbol{0}\end{aligned} \tag{4.132}$$

即 $\boldsymbol{P}(t)$ 为 Ricatti 方程的解。

如果 $\boldsymbol{Y}(t),\boldsymbol{C}(t)$ 的转移矩阵为

$$\boldsymbol{\Psi}(t,t_0)=\begin{bmatrix}\boldsymbol{\Psi}_{11}(t,t_0) & \boldsymbol{\Psi}_{12}(t,t_0)\\ \boldsymbol{\Psi}_{21}(t,t_0) & \boldsymbol{\Psi}_{22}(t,t_0)\end{bmatrix} \tag{4.133}$$

则

$$\begin{bmatrix}\boldsymbol{Y}(t)\\ \boldsymbol{C}(t)\end{bmatrix}=\boldsymbol{\Psi}(t,t_0)\begin{bmatrix}\boldsymbol{Y}(t_0)\\ \boldsymbol{C}(t_0)\end{bmatrix}=\boldsymbol{\Psi}(t,t_0)\begin{bmatrix}\boldsymbol{P}_0\\ \boldsymbol{I}\end{bmatrix} \tag{4.134}$$

4.6　连续–离散 Kalman 滤波

4.6.1　基本公式

工程中，状态方程是时间连续的，观测模型是离散的，称为连续–离散滤波。

例如，飞行器的轨道跟踪问题，动力学方程是时间连续的，但观测方程是采样离散的。

连续状态模型

$$\frac{\mathrm{d}\boldsymbol{X}(t)}{\mathrm{d}t}=\boldsymbol{F}(t)\boldsymbol{X}(t)+\boldsymbol{G}(t)\boldsymbol{W}(t),\quad t\geqslant t_0 \tag{4.135}$$

离散观测模型为

$$\boldsymbol{Z}_k=\boldsymbol{H}_k\boldsymbol{X}_k+\boldsymbol{\varepsilon}_k,\quad k=1,2,\cdots \tag{4.136}$$

$\boldsymbol{W}(t)$ 为零均值白噪声，$E[\boldsymbol{W}(t)\boldsymbol{W}^{\mathrm{T}}(\tau)]=\boldsymbol{Q}(t)\delta(t-\tau)$，$\boldsymbol{\varepsilon}_k$ 为零均值白噪声序列，$E[\boldsymbol{\varepsilon}_k\boldsymbol{\varepsilon}_i^{\mathrm{T}}]=\boldsymbol{R}_k\delta_{ki}$，初始状态的无偏估计为 $\hat{\boldsymbol{X}}(t_0)$，协方差阵为 $\boldsymbol{P}_{0|0}$，假定 $\boldsymbol{W}(t)$, $\boldsymbol{\varepsilon}_k$, $\boldsymbol{X}_0$ 不相关。

考虑预报问题，即获得 $\boldsymbol{Z}_k$ 后预报 t_{k+1} 时刻的状态，计算预报误差的方差阵，此时在 t_k 和 t_{k+1} 之间不进行修正，在 Kalman-Bucy 滤波中令增益矩阵 $\boldsymbol{K}(t)$ 为零，则

$$\begin{aligned}\frac{\mathrm{d}\hat{\boldsymbol{X}}(t|t_k)}{\mathrm{d}t}&=\boldsymbol{F}(t)\hat{\boldsymbol{X}}(t|t_k)\\ \frac{\mathrm{d}\boldsymbol{P}(t|t_k)}{\mathrm{d}t}&=\boldsymbol{F}(t)\boldsymbol{P}(t|t_k)+\boldsymbol{P}(t|t_k)\boldsymbol{F}^{\mathrm{T}}(t)+\boldsymbol{G}(t)\boldsymbol{Q}(t)\boldsymbol{G}^{\mathrm{T}}(t)\end{aligned} \tag{4.137}$$

初始条件为

$$\hat{\boldsymbol{X}}(t|t_k)\Big|_{t=t_k}=\hat{\boldsymbol{X}}_{k|k},\quad \boldsymbol{P}(t|t_k)|_{t=t_k}=\boldsymbol{P}_{k|k} \tag{4.138}$$

从 t_k 积分至 t_{k+1}，预测估值 $\hat{\boldsymbol{X}}_{k+1|k}$ 及误差方差阵 $\boldsymbol{P}_{k+1|k}$。

当 t_{k+1} 时刻观测后，应用离散 Kalman 滤波公式

$$\begin{aligned}&\hat{\boldsymbol{X}}_{k+1|k+1}=\hat{\boldsymbol{X}}_{k+1|k}+\boldsymbol{K}_{k+1}[\boldsymbol{Z}_{k+1}-\boldsymbol{H}_{k+1}\hat{\boldsymbol{X}}_{k+1|k}]\\ &\boldsymbol{P}_{k+1|k+1}=(\boldsymbol{I}-\boldsymbol{K}_{k+1}\boldsymbol{H}_{k+1})\boldsymbol{P}_{k+1|k}\\ &\boldsymbol{K}_{k+1}=\boldsymbol{P}_{k+1|k}\boldsymbol{H}_{k+1}^{\mathrm{T}}[\boldsymbol{H}_{k+1}\boldsymbol{P}_{k+1|k}\boldsymbol{H}_{k+1}^{\mathrm{T}}+\boldsymbol{R}_{k+1}]^{-1}\end{aligned} \tag{4.139}$$

连续–离散滤波的实质是应用动力学方程对当前估值进行积分以获得预测值，应用 Ricatti 方程 (误差传播方程) 计算预测估值误差的方差阵，其他方程和离散 Kalman 滤波相同。

4.6.2 应用举例

例 4.5 假设信号 $S(t)$ 为时间 t 的线性函数，即

$$S(t) = a + bt \tag{4.140}$$

对 $S(t)$ 的噪声满足 $\ddot{S}(t) = W(t)$，此处 $W(t)$ 为具有零均值的白噪声，其协方差为

$$E[W(t)W(\tau)] = q\delta(t-\tau) \tag{4.141}$$

观测模型为

$$z(t) = S(t) + \varepsilon(t) \tag{4.142}$$

其中，$\varepsilon(t)$ 也是零均值白噪声，其协方差为 $E[\varepsilon(t)\varepsilon(\tau)] = r\delta(t-\tau)$。要求确定稳态 Kalman 滤波的增益 $\boldsymbol{K}$ 为常值增益。

解 引入状态向量 $\boldsymbol{X}(t) = \begin{bmatrix} x_1(t) \\ x_2(t) \end{bmatrix}$，其中，$\begin{array}{l} x_1(t) = S(t) = a + bt \\ x_2(t) = \dot{S}(t) = b \end{array}$，于是

$$\begin{aligned} &\dot{x}_1(t) = x_2 \\ &\dot{x}_2(t) = \ddot{S}(t) = W(t) \end{aligned} \tag{4.143}$$

因此动力学模型为

$$\dot{\boldsymbol{X}}(t) = \boldsymbol{F}\boldsymbol{X}(t) + \boldsymbol{W}(t) \tag{4.144}$$

其中，

$$\boldsymbol{F} = \begin{bmatrix} 0 & 1 \\ 0 & 0 \end{bmatrix}, \quad \boldsymbol{W}(t) = \begin{bmatrix} 0 \\ W(t) \end{bmatrix}$$

且

$$E[\boldsymbol{W}(t)] = 0, \quad E[\boldsymbol{W}(t)\boldsymbol{W}^{\mathrm{T}}(\tau)] = \begin{bmatrix} 0 & 0 \\ 0 & q \end{bmatrix} \delta(t-\tau) = \boldsymbol{Q}\delta(t-\tau)$$

同样有观测模型

$$z(t) = S(t) + \varepsilon(t) = \begin{bmatrix} 1 & 0 \end{bmatrix} \begin{bmatrix} x_1 \\ x_2 \end{bmatrix} + \varepsilon(t) = \boldsymbol{H}\boldsymbol{X}(t) + \varepsilon(t) \tag{4.145}$$

在稳态情况下，$\boldsymbol{K}$ 为常值增益，则 $\dfrac{\mathrm{d}\boldsymbol{P}}{\mathrm{d}t} = 0$，即

$$\boldsymbol{F}\boldsymbol{P} + \boldsymbol{P}\boldsymbol{F}^{\mathrm{T}} - \boldsymbol{P}\boldsymbol{H}^{\mathrm{T}}\boldsymbol{R}^{-1}\boldsymbol{H}\boldsymbol{P} + \boldsymbol{Q} = 0 \tag{4.146}$$

得到

$$\boldsymbol{P}=\begin{bmatrix}\sqrt{2r\sqrt{qr}} & \sqrt{qr}\\ \sqrt{qr} & \sqrt{2qr\sqrt{qr}}\end{bmatrix}$$

于是

$$\boldsymbol{K}=\boldsymbol{P}\boldsymbol{H}^{\mathrm{T}}\boldsymbol{R}^{-1}=\begin{bmatrix}\sqrt{2\sqrt{q/r}}\\ \sqrt{q/r}\end{bmatrix}$$

工程上称上述信号 $S(t)=a+bt$ 的稳态滤波为 α-β 滤波，称 $S(t)=a+bt+ct^2$ 的稳态滤波为 α-β-γ 滤波。

例 4.6　设有一目标的运动方程为 $s(t)=a+bt+ct^2$，其中 a、b、c 为未知参数。对目标的观测方程为 $z_k=s(t_k)\ \varepsilon_k$，其中，$\{v_k\}$ 为零均值白噪声，其方差为 σ^2，请给出用如下方法确定目标运动的计算公式：

(1) 离散形式的 Kalman 滤波；

(2) LS 估计方法；

(3) 连续–离散滤波方程。

解　取状态变量 $x_1(t)=s(t)=a+bt+ct^2$，$x_2(t)=\dot{s}(t)=b+2ct$，$x_3(t)=\ddot{s}(t)=2c$，则状态方程为

$$\begin{bmatrix}\dot{x}_1(t)\\ \dot{x}_2(t)\\ \dot{x}_3(t)\end{bmatrix}=\begin{bmatrix}0&1&0\\0&0&1\\0&0&0\end{bmatrix}\begin{bmatrix}x_1(t)\\ x_2(t)\\ x_3(t)\end{bmatrix}\tag{4.147}$$

观测方程为

$$z(t_k)=\begin{bmatrix}1&0&0\end{bmatrix}\begin{bmatrix}x_1(t_k)\\ x_2(t_k)\\ x_3(t_k)\end{bmatrix}+\varepsilon_k\tag{4.148}$$

记

$$\boldsymbol{F}=\begin{bmatrix}0&1&0\\0&0&1\\0&0&0\end{bmatrix},\quad \boldsymbol{H}=\begin{bmatrix}1&0&0\end{bmatrix}$$

(1) 用离散形式的 Kalman 滤波估计。

采样周期为 T，将状态方程离散化

$$\boldsymbol{X}_{k+1}=\boldsymbol{\varPhi}_{k+1|k}\cdot\boldsymbol{X}_k$$

观测方程

$$z_k=\boldsymbol{H}_k\cdot\boldsymbol{X}_k+\varepsilon_k$$

其中，

$$\boldsymbol{X}_k = \begin{bmatrix} x_1(t_k) & x_2(t_k) & x_3(t_k) \end{bmatrix}^{\mathrm{T}}$$

$$\begin{aligned}\boldsymbol{\Phi}_{k+1|k} = \mathrm{e}^{\boldsymbol{F}T} &= \boldsymbol{I} + \boldsymbol{F}T + \frac{\boldsymbol{F}^2}{2!}T^2 + \frac{\boldsymbol{F}^3}{3!}T^3 + \cdots \\ &= \boldsymbol{I} + \boldsymbol{F}T + \frac{\boldsymbol{F}^2}{2!}T^2 \qquad (\because \boldsymbol{F}^3 = \boldsymbol{0}) \\ &= \begin{bmatrix} 1 & T & T^2/2 \\ 0 & 1 & T \\ 0 & 0 & 1 \end{bmatrix} \\ &\triangleq \boldsymbol{\Phi}\end{aligned}$$

模型中 $\boldsymbol{H}_k = \boldsymbol{H}$，$\boldsymbol{Q}_k = \boldsymbol{0}$，$R_k = \sigma^2$ 满足 Kalman 滤波的条件，给定滤波初值后可以用如下离散形式的 Kalman 滤波公式进行递推估计：

$$\begin{aligned}&\hat{\boldsymbol{X}}_{k+1|k} = \boldsymbol{\Phi}\hat{\boldsymbol{X}}_{k|k} \\ &\hat{\boldsymbol{X}}_{k+1|k+1} = \hat{\boldsymbol{X}}_{k+1|k} + \boldsymbol{K}_{k+1}[z_{k+1} - \boldsymbol{H}\hat{\boldsymbol{X}}_{k+1|k}] \\ &\boldsymbol{K}_{k+1} = \boldsymbol{P}_{k+1|k}\boldsymbol{H}^{\mathrm{T}} / \left(\boldsymbol{H}\boldsymbol{P}_{k+1|k}\boldsymbol{H}^{\mathrm{T}} + \sigma^2\right) \\ &\boldsymbol{P}_{k+1|k} = \boldsymbol{\Phi}\boldsymbol{P}_{k|k}\boldsymbol{\Phi}^{\mathrm{T}} \\ &\boldsymbol{P}_{k+1|k+1} = (\boldsymbol{I} - \boldsymbol{K}_{k+1}\boldsymbol{H})\boldsymbol{P}_{k+1|k} \\ &\qquad\quad = (\boldsymbol{I} - \boldsymbol{K}_{k+1}\boldsymbol{H})\boldsymbol{P}_{k+1|k}(\boldsymbol{I} - \boldsymbol{K}_{k+1}\boldsymbol{H})^{\mathrm{T}} + \sigma^2\boldsymbol{K}_{k+1}\boldsymbol{K}_{k+1}^{\mathrm{T}}\end{aligned} \tag{4.149}$$

于是目标在各个时刻 t_k 的运动的估计值 $s(t_k) = \hat{x}_{1,k|k}$，即 $\hat{\boldsymbol{X}}_{k|k}$ 的第一个分量。

(2) 用 LS 法估计目标运动。

目标运动规律已知，只有三个参数 a、b、c 未知，只需要根据观测估计未知参数，就可以确定目标的运动状态。

记未知参数向量 $\boldsymbol{X} = \begin{bmatrix} a & b & c \end{bmatrix}^{\mathrm{T}}$；$t_k$ 时刻的观测方程为 $z_k = \boldsymbol{B}_k^{\mathrm{T}}\boldsymbol{X} + \varepsilon_k$，其中 $\boldsymbol{B}_k = \begin{bmatrix} 1 & t_k & t_k^2 \end{bmatrix}^{\mathrm{T}}$。

根据 t_1, t_2, $\cdots$, t_k 的观测，应用 LS 方法，有

$$\begin{aligned}\hat{\boldsymbol{X}}_k &= \left(\sum_{i=1}^{k}\boldsymbol{B}_i\boldsymbol{B}_i^{\mathrm{T}}\right)^{-1}\sum_{i=1}^{k}\boldsymbol{B}_i^{\mathrm{T}}z(t_i) \\ \boldsymbol{P}_k &= \sigma^2\left(\sum_{i=1}^{k}\boldsymbol{B}_i\boldsymbol{B}_i^{\mathrm{T}}\right)^{-1}\end{aligned} \tag{4.150}$$

获得 $\hat{\boldsymbol{X}}_k = [\hat{a}_k, \hat{b}_k, \hat{c}_k]^{\mathrm{T}}$ 后，可知目标运动的估计 $\hat{s}_k(t) = \hat{a}_k + \hat{b}_k t + \hat{c}_k t^2$。

(3) 用连续–离散滤波方程估计。

给定滤波初值 $\hat{\boldsymbol{X}}_{0|0}$，$\boldsymbol{P}_{0|0}$，可按以下方法进行状态估计。

考虑在 $(t_k,\ t_{k+1})$ 时段内无观测，也无修正，使用连续形式的滤波方程

$$\begin{aligned}&\frac{\mathrm{d}}{\mathrm{d}t}\hat{\boldsymbol{X}}(t)=\boldsymbol{F}\hat{\boldsymbol{X}}(t)\\&\frac{\mathrm{d}}{\mathrm{d}t}\boldsymbol{P}(t)=\boldsymbol{P}(t)\boldsymbol{F}^{\mathrm{T}}+\boldsymbol{F}\boldsymbol{P}(t)\end{aligned}\tag{4.151}$$

初值 $\hat{\boldsymbol{X}}(t_k)=\hat{\boldsymbol{X}}_{k|k}$，$\boldsymbol{P}(t_k)=\boldsymbol{P}_{k|k}$。

可解得 $(t_k,\ t_{k+1})$ 时间内的状态估计 $\hat{\boldsymbol{X}}(t)$ 及方差 $\boldsymbol{P}(t)$，以及 t_{k+1} 时刻的状态预测值和预测方差 $\hat{\boldsymbol{X}}_{k+1|k}=\hat{\boldsymbol{X}}(t_{k+1})$，$\boldsymbol{P}_{k+1|k}=\boldsymbol{P}(t_{k+1})$。

根据在 t_{k+1} 时刻观测，应用离散形式的 Kalman 滤波修正方程对 t_{k+1} 时刻的状态估计值进行修正：

$$\begin{aligned}\hat{\boldsymbol{X}}_{k+1|k+1}&=\hat{\boldsymbol{X}}_{k+1|k}+\boldsymbol{K}_{k+1}\left(z_{k+1}-\boldsymbol{H}\hat{\boldsymbol{X}}_{k+1|k}\right)\\\boldsymbol{K}_{k+1}&=\boldsymbol{P}_{k+1|k}\boldsymbol{H}^{\mathrm{T}}/\left(\boldsymbol{H}\boldsymbol{P}_{k+1|k}\boldsymbol{H}^{\mathrm{T}}+\sigma^2\right)\\\boldsymbol{P}_{k+1|k+1}&=\left(\boldsymbol{I}-\boldsymbol{K}_{k+1}\boldsymbol{H}\right)\boldsymbol{P}_{k+1|k}\\&=\left(\boldsymbol{I}-\boldsymbol{K}_{k+1}\boldsymbol{H}\right)\boldsymbol{P}_{k+1|k}\left(\boldsymbol{I}-\boldsymbol{K}_{k+1}\boldsymbol{H}\right)^{\mathrm{T}}+\sigma^2\boldsymbol{K}_{k+1}\boldsymbol{K}_{k+1}^{\mathrm{T}}\end{aligned}\tag{4.152}$$

即得到 t_{k+1} 时刻的实时估计 $\hat{\boldsymbol{X}}_{k+1|k+1}$ 与方差 $\boldsymbol{P}_{k+1|k+1}$。

以上过程递推进行下去，可以获得对目标运动的估计 $\hat{s}(t)=\hat{x}_1(t)$。

例 4.7　考虑下列一阶系统：

$$\begin{aligned}&\dot{x}(t)=-x(t)+w(t)\\&z(t)=x(t)+\varepsilon(t)\end{aligned}\tag{4.153}$$

其中，$w(t)$ 和 $\varepsilon(t)$ 为零均值不相关白噪声过程，且有 $\operatorname{cov}\{w(t),w(t+\tau)\}=2\alpha\delta(\tau)$，$\operatorname{cov}\{\varepsilon(t),\varepsilon(t+\tau)\}=\alpha\delta(\tau)$，试求稳态 Kalman 滤波器。

解　由连续滤波方程

$$\begin{aligned}&\frac{\mathrm{d}}{\mathrm{d}t}\hat{x}(t)=-\hat{x}(t)+k(t)[z(t)-\hat{x}(t)]\\&k(t)=P(t)/\alpha\\&\frac{\mathrm{d}}{\mathrm{d}t}P(t)=-2P(t)-P^2(t)/\alpha+2\alpha\end{aligned}\tag{4.154}$$

滤波达到稳态时，P 为常值，$\mathrm{d}P/\mathrm{d}t=0$。于是

$$-2P-P^2/\alpha+2\alpha^2=0\tag{4.155}$$

解得 $P=\left(\sqrt{3}-1\right)\alpha,\quad k\left(t\right)=\left(\sqrt{3}-1\right)$。

则稳态滤波器为 $\dfrac{\mathrm{d}}{\mathrm{d}t}\hat{x}(t)=-\hat{x}(t)+\left(\sqrt{3}-1\right)\left[z(t)-\hat{x}(t)\right]$,方差 $P=\left(\sqrt{3}-1\right)\alpha$。

4.7 基于贝叶斯估计的系统状态估计

4.7.1 贝叶斯估计基本概念

1. 极大后验估计

设 $\boldsymbol{X}$ 为随机向量，$\boldsymbol{Z}$ 是 $\boldsymbol{X}$ 的量测量，$p(\boldsymbol{x}|\boldsymbol{z})$ 为 $\boldsymbol{Z}=\boldsymbol{z}$ 条件下 $\boldsymbol{X}$ 的条件概率密度 (亦称 $\boldsymbol{X}$ 的后验概率密度)。如果估计值 $\hat{\boldsymbol{X}}_{\mathrm{MAP}}(\boldsymbol{z})$ 使下述指标满足:

$$p(\boldsymbol{x}|\boldsymbol{z})\big|_{\boldsymbol{x}=\hat{\boldsymbol{X}}_{\mathrm{MAP}}(\boldsymbol{z})}=\max \tag{4.156}$$

则 $\hat{\boldsymbol{X}}_{\mathrm{MAP}}(\boldsymbol{z})$ 称为 $\boldsymbol{X}$ 的极大后验估计，其中，$\boldsymbol{z}$ 为 $\boldsymbol{Z}$ 的某一实现。

由于 $\ln p(\boldsymbol{x}|\boldsymbol{z})$ 和 $p(\boldsymbol{x}|\boldsymbol{z})$ 在相同的 $\boldsymbol{x}$ 处取得极大值，所以式 (4.156) 又可改写为

$$\ln p(\boldsymbol{x}|\boldsymbol{z})\big|_{\boldsymbol{x}=\hat{\boldsymbol{X}}_{\mathrm{MAP}}(\boldsymbol{z})}=\max \tag{4.157}$$

定理 4.4 如果 $\boldsymbol{X}$ 和 $\boldsymbol{Z}$ 都服从正态分布,则 $\boldsymbol{X}$ 的极大后验估计 $\left(\hat{\boldsymbol{X}}_{\mathrm{MAP}}(\boldsymbol{Z})\right)$ 与 $\boldsymbol{X}$ 的最小方差估计 $\left(\hat{\boldsymbol{X}}_{\mathrm{MV}}(\boldsymbol{Z})\right)$ 相等，即

$$\hat{\boldsymbol{X}}_{\mathrm{MAP}}(\boldsymbol{Z})=\hat{\boldsymbol{X}}_{\mathrm{MV}}(\boldsymbol{Z}) \tag{4.158}$$

证明 由于 $\boldsymbol{X}$ 和 $\boldsymbol{Z}$ 都服从正态分布，根据式 (2.145)~ 式 (2.147) 得 $\boldsymbol{X}$ 的条件概率密度为

$$p(\boldsymbol{x}|\boldsymbol{z})=\frac{1}{(2\pi)^{\frac{n}{2}}\left|\boldsymbol{P}\right|^{\frac{1}{2}}}\exp\left\{-\frac{1}{2}\left[\boldsymbol{x}-\hat{\boldsymbol{X}}_{\mathrm{MV}}(\boldsymbol{z})\right]^{\mathrm{T}}\boldsymbol{P}^{-1}\left[\boldsymbol{x}-\hat{\boldsymbol{X}}_{\mathrm{MV}}(\boldsymbol{z})\right]\right\}$$

对上式两步求对数，得

$$\ln p(\boldsymbol{x}|\boldsymbol{z})=-\frac{n}{2}\ln(2\pi)-\frac{1}{2}\ln\left|\boldsymbol{P}\right|-\frac{1}{2}\left[\boldsymbol{x}-\hat{\boldsymbol{X}}_{\mathrm{MV}}(\boldsymbol{z})\right]^{\mathrm{T}}\boldsymbol{P}^{-1}\left[\boldsymbol{x}-\hat{\boldsymbol{X}}_{\mathrm{MV}}(\boldsymbol{z})\right]$$

要使上式达到最大值，必须有

$$\left.\frac{\partial\ln p(\boldsymbol{x}|\boldsymbol{z})}{\partial\boldsymbol{x}}\right|_{\boldsymbol{x}=\hat{\boldsymbol{X}}_{\mathrm{MAP}}(\boldsymbol{z})}=-\boldsymbol{P}^{-1}\left[\hat{\boldsymbol{X}}_{\mathrm{MAP}}(\boldsymbol{z})-\hat{\boldsymbol{X}}_{\mathrm{MV}}(\boldsymbol{z})\right]=\boldsymbol{0}$$

所以

$$\hat{\boldsymbol{X}}_{\mathrm{MAP}}(\boldsymbol{Z})=\hat{\boldsymbol{X}}_{\mathrm{MV}}(\boldsymbol{Z})$$

必须注意，只有当 $\boldsymbol{X}$ 和 $\boldsymbol{Z}$ 都服从正态分布时，式 (4.158) 才成立。如果 $\boldsymbol{X}$ 和 $\boldsymbol{Z}$ 并不满足正态分布，则极大后验估计必须根据式 (4.157) 求取。

2. 贝叶斯估计

前面介绍的最小方差估计和极大后验估计，实质上都是贝叶斯估计的特殊形式。设 $\boldsymbol{X}$ 为被估计量，$\boldsymbol{Z}$ 是 $\boldsymbol{X}$ 的量测量，$\hat{\boldsymbol{X}}(\boldsymbol{Z})$ 是根据 $\boldsymbol{Z}$ 给出的对 $\boldsymbol{X}$ 的估计值，$\tilde{\boldsymbol{X}}=\boldsymbol{X}-\hat{\boldsymbol{X}}(\boldsymbol{Z})$ 为估计误差，如果标量函数

$$L(\tilde{\boldsymbol{X}})=L[\boldsymbol{X}-\hat{\boldsymbol{X}}(\boldsymbol{Z})] \tag{4.159}$$

具有如下性质：

(1) 当 $\left\|\tilde{\boldsymbol{X}}_2\right\|\geqslant\left\|\tilde{\boldsymbol{X}}_1\right\|$ 时, $L(\tilde{\boldsymbol{X}}_2)\geqslant L(\tilde{\boldsymbol{X}}_1)\geqslant 0$；

(2) 当 $\left\|\tilde{\boldsymbol{X}}\right\|=0$ 时，$L(\tilde{\boldsymbol{X}})=0$。

则称 $L(\tilde{\boldsymbol{X}})$ 为 $\hat{\boldsymbol{X}}(\boldsymbol{Z})$ 对被估计量 $\boldsymbol{X}$ 的损失函数，也称代价函数，并称其期望值

$$B(\hat{\boldsymbol{X}})=E[L(\tilde{\boldsymbol{X}})] \tag{4.160}$$

为 $\hat{\boldsymbol{X}}(\boldsymbol{Z})$ 的贝叶斯风险。其中，$\left\|\tilde{\boldsymbol{X}}\right\|$ 为 $\tilde{\boldsymbol{X}}$ 的范数。

将式 (4.160) 中的数学期望写成积分形式

$$\begin{aligned}B(\hat{\boldsymbol{X}})&=\int_{-\infty}^{\infty}\int_{-\infty}^{\infty}L[\boldsymbol{x}-\hat{\boldsymbol{X}}(\boldsymbol{z})]p(\boldsymbol{x},\boldsymbol{z})\mathrm{d}\boldsymbol{x}\mathrm{d}\boldsymbol{z}\\&=\int_{-\infty}^{\infty}\left\{\int_{-\infty}^{\infty}L[\boldsymbol{x}-\hat{\boldsymbol{X}}(\boldsymbol{z})]p(\boldsymbol{x}|\boldsymbol{z})\mathrm{d}\boldsymbol{x}\right\}p_Z(\boldsymbol{z})\mathrm{d}\boldsymbol{z}\end{aligned}$$

如果估计量 $\hat{\boldsymbol{X}}_B(\boldsymbol{Z})$ 使贝叶斯风险

$$B(\hat{\boldsymbol{X}}_B)=E\left\{L[\boldsymbol{X}-\hat{\boldsymbol{X}}(\boldsymbol{Z})]\right\}_{\hat{\boldsymbol{X}}=\hat{\boldsymbol{X}}_B(\boldsymbol{Z})}=\min$$

则称 $\hat{\boldsymbol{X}}_B(\boldsymbol{Z})$ 为 $\boldsymbol{X}$ 的贝叶斯估计。

下面再分析贝叶斯估计与极大后验估计的关系。取估计量 $\hat{\boldsymbol{X}}$ 的损失函数为

$$L(\boldsymbol{X}-\hat{\boldsymbol{X}})=\begin{cases}0, & \left\|\boldsymbol{X}-\hat{\boldsymbol{X}}\right\|<\dfrac{\varepsilon}{2}\\ \dfrac{1}{\varepsilon}, & \left\|\boldsymbol{X}-\hat{\boldsymbol{X}}\right\|\geqslant\dfrac{\varepsilon}{2}\end{cases} \tag{4.161}$$

$\hat{\boldsymbol{X}}$ 的贝叶斯风险为

$$\begin{aligned}B(\hat{\boldsymbol{X}})=E[L(\boldsymbol{X}-\hat{\boldsymbol{X}})]&=\int_{-\infty}^{\infty}\left[\int_{\left\|\boldsymbol{X}-\hat{\boldsymbol{X}}\right\|\geqslant\frac{\varepsilon}{2}}\frac{1}{\varepsilon}p(\boldsymbol{x}|\boldsymbol{z})\mathrm{d}\boldsymbol{x}\right]p_Z(\boldsymbol{z})\mathrm{d}\boldsymbol{z}\\&=\int_{-\infty}^{\infty}\frac{1}{\varepsilon}\left[1-\int_{\left\|\boldsymbol{X}-\hat{\boldsymbol{X}}\right\|<\frac{\varepsilon}{2}}p(\boldsymbol{x}|\boldsymbol{z})\mathrm{d}\boldsymbol{x}\right]p_Z(\boldsymbol{z})\mathrm{d}\boldsymbol{z}\end{aligned}$$

设 $\hat{\boldsymbol{X}}_B(\boldsymbol{Z})$ 为 $\boldsymbol{X}$ 的贝叶斯估计，由上式知

$$B(\hat{\boldsymbol{X}})|_{\hat{\boldsymbol{X}}=\hat{\boldsymbol{X}}_B} = \min$$

等价于

$$\left.\int_{\|\boldsymbol{X}-\hat{\boldsymbol{X}}\|<\frac{\varepsilon}{2}} p(\boldsymbol{x}|\boldsymbol{z})\mathrm{d}\boldsymbol{x}\right|_{\hat{\boldsymbol{X}}=\hat{\boldsymbol{X}}_B} = \max$$

当 ε 足够小 $(\varepsilon > 0)$ 时，这又相当于要求

$$p(\boldsymbol{x}|\boldsymbol{z})|_{\boldsymbol{x}=\hat{\boldsymbol{X}}_B} = \max$$

此时 $\hat{\boldsymbol{X}}_B$ 又是 $\boldsymbol{X}$ 的极大后验估计 $\hat{\boldsymbol{X}}_{\mathrm{MAP}}$。因此，当损失函数为式 (4.161)，且 ε 足够小时，$\boldsymbol{X}$ 的贝叶斯估计就是 $\boldsymbol{X}$ 的极大后验估计。

4.7.2 Kalman 滤波的贝叶斯解释

下面给出利用贝叶斯公式推导 Kalman 滤波基本方程的方法，并且可以推广到更一般的情况。

记 $\boldsymbol{Z}^k = \{\boldsymbol{Z}_1, \cdots, \boldsymbol{Z}_k\}$ 为直到 t_k 时刻的观测集，要求确定在 $\boldsymbol{Z}^k$ 之下 $\boldsymbol{X}_k$ 的最小方差估计。假设条件和基本 Kalman 滤波的条件相同。推导的目标是得到 $\boldsymbol{X}_k$ 的后验概率密度函数 $\pi(\boldsymbol{X}_k|\boldsymbol{Z}^k)$，根据贝叶斯公式有

$$\begin{aligned}\pi(\boldsymbol{X}_k|\boldsymbol{Z}^k) &= \pi(\boldsymbol{X}_k|\boldsymbol{Z}^{k-1}, \boldsymbol{Z}_k) \propto \pi(\boldsymbol{X}_k|\boldsymbol{Z}^{k-1})f(\boldsymbol{Z}_k|\boldsymbol{X}_k, \boldsymbol{Z}^{k-1}) \\ &\propto \pi(\boldsymbol{X}_k|\boldsymbol{Z}^{k-1})f(\boldsymbol{Z}_k|\boldsymbol{X}_k)\end{aligned} \tag{4.162}$$

其中，

$$\begin{aligned}&f(\boldsymbol{Z}_k|\boldsymbol{X}_k) \sim N(\boldsymbol{H}_k\boldsymbol{X}_k, \boldsymbol{R}_k) \\ &\pi(\boldsymbol{X}_k|\boldsymbol{Z}^{k-1}) \sim N(\hat{\boldsymbol{X}}_{k|k-1}, \boldsymbol{P}_{k|k-1})\end{aligned} \tag{4.163}$$

经过简化计算有

$$\pi(\boldsymbol{X}_k|\boldsymbol{Z}^k) \sim N(\hat{\boldsymbol{X}}_{k|k}, \boldsymbol{P}_{k|k}) \tag{4.164}$$

基本 Kalman 滤波公式为

$$\begin{aligned}&\hat{\boldsymbol{X}}_{k|k} = \hat{\boldsymbol{X}}_{k|k-1} + \boldsymbol{K}_k[\boldsymbol{Z}_k - \boldsymbol{H}_k\hat{\boldsymbol{X}}_{k|k-1}] \\ &\hat{\boldsymbol{X}}_{k|k-1} = \boldsymbol{\Phi}_{k,k-1}\hat{\boldsymbol{X}}_{k-1|k-1} + \boldsymbol{\Gamma}_{k,k-1}\boldsymbol{U}_{k-1} \\ &\boldsymbol{P}_{k|k-1} = \boldsymbol{\Phi}_{k,k-1}\boldsymbol{P}_{k-1|k-1}\boldsymbol{\Phi}_{k,k-1}^{\mathrm{T}} + \boldsymbol{Q}_{k-1} \\ &\boldsymbol{K}_k = \boldsymbol{P}_{k|k-1}\boldsymbol{H}_k^{\mathrm{T}}(\boldsymbol{H}_k\boldsymbol{P}_{k|k-1}\boldsymbol{H}_k^{\mathrm{T}} + \boldsymbol{R}_k)^{-1} \\ &\boldsymbol{P}_{k|k} = (\boldsymbol{I} - \boldsymbol{K}_k\boldsymbol{H}_k)\boldsymbol{P}_{k|k-1}\end{aligned} \tag{4.165}$$

注意到上述过程利用了噪声的正态分布特性，事实上对于非正态分布的噪声，只要知道其分布，利用贝叶斯公式可同样处理，只不过此时需要采用数值计算方法，即为粒子滤波，这部分内容已超出本教材的范畴，感兴趣的同学可参阅相关文献。

习　题

4-1 试比较线性最小方差估计方程与 Kalman 滤波基本方程的异同。

4-2 试证明若 $\boldsymbol{R}_k$，$\boldsymbol{Q}_k$ 和 $\boldsymbol{P}_0$ 都扩大了 α 倍，则 Kalman 滤波基本方程中的增益矩阵 $\boldsymbol{K}_k$ 不变。

4-3 若定常连续系统噪声方差强度阵 $\boldsymbol{q}$ 和 $\boldsymbol{r}$ 都增加 α 倍，试证明稳态滤波器的增益 $\bar{K}$ 不变。

4-4 在实际应用中，测量方差矩阵 $\boldsymbol{R}_k$ 一般无法精确给出，试分析 $\boldsymbol{R}_k$ 偏大或偏小时对于滤波估计性能的影响。

第 5 章　Kalman 滤波的推广

本章将介绍 Kalman 滤波的推广形式。其中，5.1 节 ~ 5.3 节主要对 Kalman 滤波在非线性系统中的应用形式进行推导，包括扩展 Kalman 滤波和无迹 Kalman 滤波；5.4 节 ~ 5.6 节对滤波发散问题及抑制方法进行介绍，主要方法包括自适应 Kalman 滤波以及平方根滤波。

5.1　Kalman 滤波在非线性系统中的局限性

基本 Kalman 滤波方程给出了状态向量的线性、无偏和最小方差的递推估计，但在工程实践中遇到的问题往往不能满足基本 Kalman 滤波方程的假设条件，其估值优良性难以保证。下面以测轨和惯性导航问题为例加以说明。

1) 测轨问题

动力学模型：动力学模型建立时需要考虑航天器地心引力、大气阻力、地球扁率、日月引力等。

测量模型的测量量包括斜距、斜距变化率、高低角、方位角。

考虑二体问题的动力学模型

$$\begin{bmatrix} \dot{\boldsymbol{r}} \\ \dot{\boldsymbol{v}} \end{bmatrix} = \begin{bmatrix} \boldsymbol{v} \\ \boldsymbol{a} \end{bmatrix} \tag{5.1}$$

且

$$\boldsymbol{a} = -\mu_E \frac{\boldsymbol{r}}{r^3} \tag{5.2}$$

式中，$\boldsymbol{r} = [x, y, z]^{\mathrm{T}}$ 和 $\boldsymbol{v} = [v_x, v_y, v_z]^{\mathrm{T}}$分别是航天器相对地球质心的位置和速度矢量，$\boldsymbol{a}$ 为航天器的加速度，$r = \sqrt{x^2 + y^2 + z^2}$，$\mu_E$ 为地球引力常量。

引入状态向量

$$\boldsymbol{X} = [x, y, z, v_x, v_y, v_z]^{\mathrm{T}} \tag{5.3}$$

于是

$$\dot{\boldsymbol{X}} = \boldsymbol{f}(\boldsymbol{X}) \tag{5.4}$$

此处

$$\boldsymbol{f}^{\mathrm{T}} = [f_1\ f_2\ f_3\ f_4\ f_5\ f_6], \quad \begin{cases} f_1 = v_x \\ f_2 = v_y \\ f_3 = v_z \\ f_4 = -\dfrac{\mu x}{r^3} \\ f_5 = -\dfrac{\mu y}{r^3} \\ f_4 = -\dfrac{\mu z}{r^3} \end{cases} \tag{5.5}$$

式 (5.4) 为卫星在地心坐标系下的运动方程，不是 X 的线性方程。

观测模型：应用雷达测量，测量量为斜距、斜距变化率、高低角和方位角，记为

$$\boldsymbol{Z} = \begin{bmatrix} \rho \\ \dot{\rho} \\ h \\ A \end{bmatrix} = \boldsymbol{h}(\boldsymbol{X}) + \boldsymbol{\varepsilon} \tag{5.6}$$

也不是 $\boldsymbol{X}$ 的线性方程。

从上面例子可以看出，动力学模型和观测模型关于状态向量都是非线性的，不能直接利用 Kalman 滤波基本方程求解。

2) 惯性导航问题

假设某飞行器在地球表面沿着一条子午线运动，地球为球体，不考虑自转的影响，惯性测量数据由装在平台上的加速度表测得，如图 5.1 所示。假定加速度扰动具有指数衰减的自相关函数。平台由陀螺的信号指令和陀螺的漂移驱动，陀螺的漂移率在某一起始偏倚上发生随机游动。

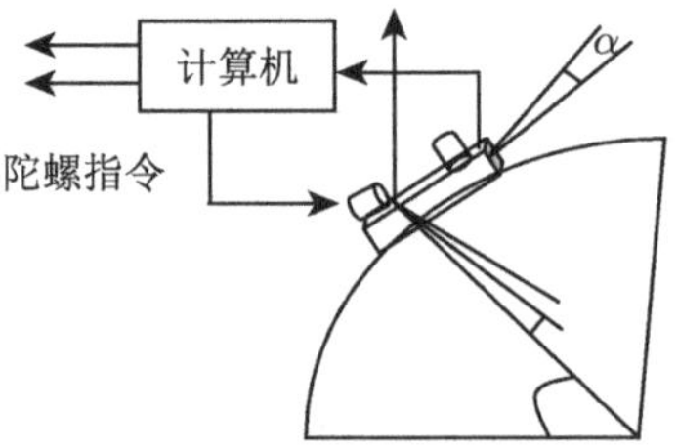

图 5.1　惯性导航问题示例

问题：通过加速度表测量确定飞行器的位置和速度。

引入状态向量 $\boldsymbol{X}=[a,V,L,\alpha,d]^{\mathrm{T}}$，于是动力学模型为

$$\begin{cases}\dot{a}=-\lambda a+n_a\\ \dot{V}=a\\ \dot{L}=V/R\\ \dot{\alpha}=V/R+d+\varepsilon\\ \dot{d}=n_d\end{cases} \tag{5.7}$$

测量模型为加速度表的测量值

$$m=a\cos\alpha+[g-V^2/R]\sin\alpha+n_m \tag{5.8}$$

此时动力学模型是线性的，测量模型是非线性的，无法采用 Kalman 滤波基本方程进行处理。

对于上述非线性滤波问题，必须首先线性化，将非线性滤波问题转化为基本 Kalman 滤波方程求解。

5.2 扩展 Kalman 滤波

扩展 Kalman 滤波的基本思想：在获得前一步滤波值之后，将动力学模型中的非线性函数在此近旁进行泰勒展开；将观测模型在预测值近旁线性化。考虑如下的非线性物理系统：

$$\dot{\boldsymbol{X}}(t)=\boldsymbol{f}[\boldsymbol{X}(t),t]+\boldsymbol{B}(t)\boldsymbol{u}(t)+\boldsymbol{G}(t)\boldsymbol{w}(t) \tag{5.9}$$

$$\boldsymbol{Z}(t)=\boldsymbol{h}\left[\boldsymbol{X}(t),t\right]+\boldsymbol{\varepsilon}(t) \tag{5.10}$$

5.2.1 围绕最优状态估计的线性化

围绕标称状态 $\boldsymbol{X}_k^n$ 或 $\boldsymbol{X}^n(t)$ 线性化是有严重缺点的，主要在于真轨迹与标称轨迹之间的状态偏差 $\Delta\boldsymbol{X}(t)$ 或 $\Delta\boldsymbol{X}_k$ 不能确保其足够小的要求。为此，扩展 Kalman 滤波采用围绕最优状态估计 $\hat{\boldsymbol{X}}(t)$ 或 $\hat{\boldsymbol{X}}_k$ 的线性化方法。现定义真轨迹与标称轨迹间的偏差为

$$\delta\boldsymbol{X}(t)=\boldsymbol{X}(t)-\hat{\boldsymbol{X}}^n(t) \tag{5.11}$$

$$\delta\boldsymbol{Z}(t)=\boldsymbol{Z}(t)-\hat{\boldsymbol{Z}}^n(t) \tag{5.12}$$

或

$$\delta\boldsymbol{X}_k=\boldsymbol{X}_k-\hat{\boldsymbol{X}}_k^n \tag{5.13}$$

$$\delta\boldsymbol{Z}_k=\boldsymbol{Z}_k-\hat{\boldsymbol{Z}}_k^n \tag{5.14}$$

$\hat{\boldsymbol{X}}^n(t)$ 或 $\hat{\boldsymbol{X}}_k^n$ 是标称值，且

$$\hat{\boldsymbol{X}}^n(t) = \boldsymbol{f}[\hat{\boldsymbol{X}}^n(t), t] + \boldsymbol{B}(t)\boldsymbol{u}(t) \tag{5.15}$$

当初始值用初始状态最优估计 $\hat{\boldsymbol{X}}(0)$ 代入时的解，或者初始值用初始状态最优估值 $\hat{X}_{k-1}$ 对式 (5.15) 进行数值求解所得的解。其中，$\hat{\boldsymbol{X}}_k^n$ 就是系统状态 $\boldsymbol{X}_k$ 的一步预测值，即

$$\hat{\boldsymbol{X}}_{k|k-1} = \hat{\boldsymbol{X}}_k^n \tag{5.16}$$

当时间从 t_{k-1} 至 t 变化时，按式 (5.15) 求出的标称值 $\hat{\boldsymbol{X}}^n(t)$ 轨迹将是一条逐段 (按每个采样段) 连续的曲线。由于初始状态最优估计 $\hat{\boldsymbol{X}}(0)$ 或 $\hat{\boldsymbol{X}}_{k-1}$ 比初始标称状态值 $\boldsymbol{X}^n(0)$ 或 $\boldsymbol{X}_{k-1}^n$ 更接近于真轨迹 $\boldsymbol{X}(t)$，所以标称轨迹 $\hat{\boldsymbol{X}}^n(t)$ 与真轨迹 $\boldsymbol{X}(t)$ 的偏差 $\delta\boldsymbol{X}(t)$ 一般均较原标称轨迹 $\boldsymbol{X}^n(t)$ 与真轨迹 $\boldsymbol{X}(t)$ 的偏差 $\Delta\boldsymbol{X}(t)$ 要小。又由于随时间积累的误差满足偏差 $\delta\boldsymbol{X}(t)$“足够小” 的条件，所以提高了泰勒级数一次近似展开式和系统线性化的精度。$\hat{\boldsymbol{Z}}^n(t)$ 或 $\hat{\boldsymbol{Z}}_k^n$ 也是用状态最优估计 $\hat{\boldsymbol{X}}(t)$ 或 $\hat{\boldsymbol{X}}_k$ 计算的标称量测值，其值为

$$\hat{\boldsymbol{Z}}^n(t) = \boldsymbol{h}[\hat{\boldsymbol{X}}(t), t] \tag{5.17}$$

或

$$\hat{\boldsymbol{Z}}_k^n = \boldsymbol{h}[\hat{\boldsymbol{X}}_k, k] \tag{5.18}$$

式 (5.18) 表明，求 $\hat{\boldsymbol{Z}}_k^n$ 时需要知道 $\hat{\boldsymbol{X}}_k$，而求 $\hat{\boldsymbol{X}}_k$ 时，却需要知道 $\hat{\boldsymbol{Z}}_k^n$，这显然在递推运算过程中是相互矛盾的。为了解决此矛盾，我们将 $\hat{\boldsymbol{X}}_k$ 改用与其十分接近的 $\hat{\boldsymbol{X}}_k^n$ 值，于是离散型标称量测值可用下面近似式计算:

$$\hat{\boldsymbol{Z}}_k^n = \boldsymbol{h}[\hat{\boldsymbol{X}}_k^n, k] \tag{5.19}$$

也就是

$$\hat{\boldsymbol{Z}}_k^n = \boldsymbol{h}[\hat{\boldsymbol{X}}_{k|k-1}, k] \tag{5.20}$$

因为 $\delta\boldsymbol{X}(t)$ 足够小，所以非线性物理系统式 (5.9) 和式 (5.10) 在状态最优估计附近展开成泰勒级数，并取其一次近似值，得

$$\begin{aligned}\dot{\boldsymbol{X}}(t) = & \ \boldsymbol{f}[\boldsymbol{X}(t), t]|_{\boldsymbol{X}(t)=\hat{\boldsymbol{X}}(t)} + \left.\frac{\partial \boldsymbol{f}[\boldsymbol{X}(t), t]}{\partial \boldsymbol{X}^{\mathrm{T}}(t)}\right|_{\boldsymbol{X}(t)=\hat{\boldsymbol{X}}(t)} \\ & \times[\boldsymbol{X}(t) - \hat{\boldsymbol{X}}^n(t)] + \boldsymbol{B}(t)\boldsymbol{u}(t) + \boldsymbol{G}(t)\boldsymbol{w}(t)\end{aligned} \tag{5.21}$$

$$\boldsymbol{Z}(t)=\boldsymbol{h}\left[\boldsymbol{X}(t),t\right]\Big|_{\boldsymbol{X}(t)=\hat{\boldsymbol{X}}(t)}+\frac{\partial\boldsymbol{h}\left[\boldsymbol{X}(t),t\right]}{\partial\boldsymbol{X}^{\mathrm{T}}(t)}\cdot\Big|_{\boldsymbol{X}(t)=\hat{\boldsymbol{X}}(t)}\cdot\left[\boldsymbol{X}(t)-\hat{\boldsymbol{X}}(t)\right]+\boldsymbol{\varepsilon}(t)\tag{5.22}$$

考虑标称状态值

$$\hat{\boldsymbol{X}}(t)=\boldsymbol{f}\left[\boldsymbol{X}(t),t\right]\Big|_{\boldsymbol{X}(t)=\hat{\boldsymbol{X}}(t)}+\boldsymbol{B}(t)\boldsymbol{u}(t)\tag{5.23}$$

$$\hat{\boldsymbol{Z}}^{n}(t)=\boldsymbol{h}\left[\boldsymbol{X}(t),t\right]\Big|_{\boldsymbol{X}(t)=\hat{\boldsymbol{X}}(t)}\tag{5.24}$$

以及式 (5.11) 和式 (5.12)，则式 (5.21) 和式 (5.22) 可改写成

$$\delta\dot{\boldsymbol{X}}(t)=\boldsymbol{F}(t)\delta\boldsymbol{X}(t)+\boldsymbol{G}(t)\boldsymbol{w}(t)\tag{5.25}$$

$$\delta\boldsymbol{Z}(t)=\boldsymbol{H}(t)\delta\boldsymbol{X}(t)+\boldsymbol{\varepsilon}(t)\tag{5.26}$$

式中，

$$\begin{aligned}\boldsymbol{F}(t)&=\frac{\partial\boldsymbol{f}[\boldsymbol{X}(t),t]}{\partial\boldsymbol{X}^{\mathrm{T}}(t)}\Bigg|_{\boldsymbol{X}(t)=\hat{\boldsymbol{X}}(t)}\\&=\begin{bmatrix}\dfrac{\partial f_1[\boldsymbol{X}(t),t]}{\partial x_1(t)}&\dfrac{\partial f_1[\boldsymbol{X}(t),t]}{\partial x_2(t)}&\cdots&\dfrac{\partial f_1[\boldsymbol{X}(t),t]}{\partial x_n(t)}\\\dfrac{\partial f_2[\boldsymbol{X}(t),t]}{\partial x_1(t)}&\dfrac{\partial f_2[\boldsymbol{X}(t),t]}{\partial x_2(t)}&\cdots&\dfrac{\partial f_2[\boldsymbol{X}(t),t]}{\partial x_n(t)}\\\vdots&\vdots&&\vdots\\\dfrac{\partial f_n[\boldsymbol{X}(t),t]}{\partial x_1(t)}&\dfrac{\partial f_n[\boldsymbol{X}(t),t]}{\partial x_2(t)}&\cdots&\dfrac{\partial f_n[\boldsymbol{X}(t),t]}{\partial x_n(t)}\end{bmatrix}_{\boldsymbol{X}(t)=\hat{\boldsymbol{X}}(t)}\end{aligned}\tag{5.27}$$

$$\begin{aligned}\boldsymbol{H}(t)&=\frac{\partial\boldsymbol{h}[\boldsymbol{X}(t),t]}{\partial\boldsymbol{X}^{\mathrm{T}}(t)}\Bigg|_{\boldsymbol{X}(t)=\hat{\boldsymbol{X}}(t)}\\&=\begin{bmatrix}\dfrac{\partial h_1[\boldsymbol{X}(t),t]}{\partial x_1(t)}&\dfrac{\partial h_1[\boldsymbol{X}(t),t]}{\partial x_2(t)}&\cdots&\dfrac{\partial h_1[\boldsymbol{X}(t),t]}{\partial x_n(t)}\\\dfrac{\partial h_2[\boldsymbol{X}(t),t]}{\partial x_1(t)}&\dfrac{\partial h_2[\boldsymbol{X}(t),t]}{\partial x_2(t)}&\cdots&\dfrac{\partial h_2[\boldsymbol{X}(t),t]}{\partial x_n(t)}\\\vdots&\vdots&&\vdots\\\dfrac{\partial h_m[\boldsymbol{X}(t),t]}{\partial x_1(t)}&\dfrac{\partial h_m[\boldsymbol{X}(t),t]}{\partial x_2(t)}&\cdots&\dfrac{\partial h_m[\boldsymbol{X}(t),t]}{\partial x_n(t)}\end{bmatrix}_{\boldsymbol{X}(t)=\hat{\boldsymbol{X}}(t)}\end{aligned}\tag{5.28}$$

式 (5.25) 和式 (5.26) 就是非线性系统的连续型线性干扰方程式。

5.2.2 连续型扩展 Kalman 滤波方程

对连续型非线性扩展 Kalman 滤波方程的推导，可采用一种直接的方法，具体来说，就是将泰勒级数展开式 (5.21) 和式 (5.22) 改写成

$$\dot{\boldsymbol{X}}(t)=\boldsymbol{F}(t)\boldsymbol{X}(t)+\boldsymbol{u}^{*}(t)+\boldsymbol{G}(t)\boldsymbol{w}(t) \tag{5.29}$$

$$\boldsymbol{Z}(t)=\boldsymbol{H}(t)\boldsymbol{X}(t)+\boldsymbol{Y}(t)+\boldsymbol{\varepsilon}(t) \tag{5.30}$$

式中，

$$\boldsymbol{u}^{*}(t)=\boldsymbol{f}[\hat{\boldsymbol{X}}(t),t]-\boldsymbol{F}(t)\hat{\boldsymbol{X}}(t)+\boldsymbol{B}(t)\boldsymbol{u}(t) \tag{5.31}$$

$$\boldsymbol{Y}(t)=\boldsymbol{h}[\hat{\boldsymbol{X}}(t),t]-\boldsymbol{H}(t)\hat{\boldsymbol{X}}(t) \tag{5.32}$$

因此，连续系统的扩展 Kalman 滤波方程为

$$\dot{\hat{\boldsymbol{X}}}(t)=\boldsymbol{F}(t)\hat{\boldsymbol{X}}(t)+\boldsymbol{u}^{*}(t)+\boldsymbol{K}(t)[\boldsymbol{Z}(t)-\boldsymbol{Y}(t)-\boldsymbol{H}(t)\hat{\boldsymbol{X}}(t)] \tag{5.33}$$

$$\boldsymbol{K}(t)=\boldsymbol{P}(t)\boldsymbol{H}^{\mathrm{T}}(t)\boldsymbol{r}^{-1}(t) \tag{5.34}$$

$$\begin{aligned}\dot{\boldsymbol{P}}(t)=&\ \boldsymbol{P}(t)\boldsymbol{F}^{\mathrm{T}}(t)+\boldsymbol{F}(t)\boldsymbol{P}(t)-\boldsymbol{P}(t)\boldsymbol{H}^{\mathrm{T}}(t)\boldsymbol{r}^{-1}(t)\boldsymbol{H}(t)\boldsymbol{P}(t)\\&+\boldsymbol{G}(t)\boldsymbol{q}(t)\boldsymbol{G}^{\mathrm{T}}(t)\end{aligned} \tag{5.35}$$

如果把式 (5.27)、式 (5.28)、式 (5.31) 和式 (5.32) 所表示的 $\boldsymbol{F}(t),\boldsymbol{H}(t),\boldsymbol{u}^{*}(t)$ 和 $\boldsymbol{Y}(t)$ 代入式 (5.33) $\sim$ 式 (5.35)，则连续型扩展 Kalman 滤波方程为如下形式：

$$\dot{\hat{\boldsymbol{X}}}(t)=\boldsymbol{f}[\hat{\boldsymbol{X}}(t),t]+\boldsymbol{B}(t)\boldsymbol{u}(t)+\boldsymbol{K}(t)\{\boldsymbol{Z}(t)-\boldsymbol{h}[\hat{\boldsymbol{X}}(t),t]\} \tag{5.36}$$

$$\boldsymbol{K}(t)=\boldsymbol{P}(t)\left\{\frac{\partial \boldsymbol{h}[\boldsymbol{X}(t),t]}{\partial \boldsymbol{X}^{\mathrm{T}}(t)}\right\}\Bigg|_{\boldsymbol{X}(t)=\hat{\boldsymbol{X}}(t)}^{\mathrm{T}}\cdot \boldsymbol{r}^{-1}(t) \tag{5.37}$$

$$\begin{aligned}\dot{\boldsymbol{P}}(t)=&\ \frac{\partial \boldsymbol{f}[\boldsymbol{X}(t),t]}{\partial \boldsymbol{X}^{\mathrm{T}}(t)}\Bigg|_{\boldsymbol{X}(t)=\hat{\boldsymbol{X}}(t)}\cdot \boldsymbol{P}(t)+\boldsymbol{P}(t)\left\{\frac{\partial \boldsymbol{f}[\boldsymbol{X}(t),t]}{\partial \boldsymbol{X}^{\mathrm{T}}(t)}\right\}\Bigg|_{\boldsymbol{X}(t)=\hat{\boldsymbol{X}}(t)}^{\mathrm{T}}\\&-\boldsymbol{P}(t)\left\{\frac{\partial \boldsymbol{h}[\boldsymbol{X}(t),t]}{\partial \boldsymbol{X}^{\mathrm{T}}(t)}\right\}\Bigg|_{\boldsymbol{X}(t)=\hat{\boldsymbol{X}}(t)}^{\mathrm{T}}\cdot \boldsymbol{r}^{-1}(t)\,\frac{\partial \boldsymbol{h}[\boldsymbol{X}(t),t]}{\partial \boldsymbol{X}^{\mathrm{T}}(t)}\Bigg|_{\boldsymbol{X}(t)=\hat{\boldsymbol{X}}(t)}\\&\times \boldsymbol{P}(t)+\boldsymbol{G}(t)\boldsymbol{q}(t)\boldsymbol{G}^{\mathrm{T}}(t)\end{aligned} \tag{5.38}$$

初始条件为

$$\hat{\boldsymbol{X}}(0)=E[\boldsymbol{X}(0)]=\boldsymbol{m}_{\boldsymbol{X}(0)},\quad \boldsymbol{P}(0)=\boldsymbol{C}_{\boldsymbol{X}(0)}$$

5.2.3 离散型扩展 Kalman 滤波方程

对先线性化后离散的扩展 Kalman 滤波方程的推导，采用间接的方法，也就是由下式：

$$\hat{\boldsymbol{X}}_k = \hat{\boldsymbol{X}}_k^n + \delta\hat{\boldsymbol{X}}_k \tag{5.39}$$

间接求解最优滤波值 $\hat{\boldsymbol{X}}_k$。具体说，直接采用连续系统线性化方程式 (5.25) 和式 (5.26)，即

$$\delta\dot{\boldsymbol{X}}(t) = \boldsymbol{F}(t)\delta\boldsymbol{X}(t) + \boldsymbol{G}(t)\boldsymbol{w}(t)$$

$$\delta\boldsymbol{Z}(t) = \boldsymbol{H}(t)\delta\boldsymbol{X}(t) + \boldsymbol{\varepsilon}(t)$$

对两式分别进行离散化，得离散型线性干扰方程为

$$\delta\boldsymbol{X}_k = \boldsymbol{\Phi}_{k,k-1}\delta\boldsymbol{X}_{k-1} + \boldsymbol{W}_{k-1} \tag{5.40}$$

$$\delta\boldsymbol{Z}_k = \boldsymbol{H}_k\delta\boldsymbol{X}_k + \boldsymbol{\varepsilon}_k \tag{5.41}$$

T 为小量时

$$\boldsymbol{\Phi}_{k,k-1} \approx \boldsymbol{I} + \boldsymbol{F}(t_{k-1})\cdot T$$

$$= \boldsymbol{I} + T\cdot\begin{bmatrix} \dfrac{\partial f_1[\boldsymbol{X}(t_{k-1}),t_{k-1}]}{\partial x_1(t_{k-1})} & \dfrac{\partial f_1[\boldsymbol{X}(t_{k-1}),t_{k-1}]}{\partial x_2(t_{k-1})} & \cdots & \dfrac{\partial f_1[\boldsymbol{X}(t_{k-1}),t_{k-1}]}{\partial x_n(t_{k-1})} \\ \dfrac{\partial f_2[\boldsymbol{X}(t_{k-1}),t_{k-1}]}{\partial x_1(t_{k-1})} & \dfrac{\partial f_2[\boldsymbol{X}(t_{k-1}),t_{k-1}]}{\partial x_2(t_{k-1})} & \cdots & \dfrac{\partial f_2[\boldsymbol{X}(t_{k-1}),t_{k-1}]}{\partial x_n(t_{k-1})} \\ \vdots & \vdots & & \vdots \\ \dfrac{\partial f_n[\boldsymbol{X}(t_{k-1}),t_{k-1}]}{\partial x_1(t_{k-1})} & \dfrac{\partial f_n[\boldsymbol{X}(t_{k-1}),t_{k-1}]}{\partial x_2(t_{k-1})} & \cdots & \dfrac{\partial f_n[\boldsymbol{X}(t_{k-1}),t_{k-1}]}{\partial x_n(t_{k-1})} \end{bmatrix}_{\boldsymbol{X}(t_{k-1})=\hat{\boldsymbol{X}}_{k-1}}$$

且

$$\boldsymbol{H}_k = \left.\frac{\partial \boldsymbol{h}\left[\boldsymbol{X}(t_k),t_k\right]}{\partial \boldsymbol{X}^{\mathrm{T}}(t_k)}\right|_{x(t_k)=\hat{\boldsymbol{X}}_k^n-\hat{\boldsymbol{X}}_{k|k-1}}$$

$$= \begin{bmatrix} \dfrac{\partial h_1[\boldsymbol{X}(t_k),t_k]}{\partial x_1(t_k)} & \dfrac{\partial h_1[\boldsymbol{X}(t_k),t_k]}{\partial x_2(t_k)} & \cdots & \dfrac{\partial h_1[\boldsymbol{X}(t_k),t_k]}{\partial x_n(t_k)} \\ \dfrac{\partial h_2[\boldsymbol{X}(t_k),t_k]}{\partial x_1(t_k)} & \dfrac{\partial h_2[\boldsymbol{X}(t_k),t_k]}{\partial x_2(t_k)} & \cdots & \dfrac{\partial h_2[\boldsymbol{X}(t_k),t_k]}{\partial x_n(t_k)} \\ \vdots & \vdots & & \vdots \\ \dfrac{\partial h_n[\boldsymbol{X}(t_k),t_k]}{\partial x_1(t_k)} & \dfrac{\partial h_n[\boldsymbol{X}(t_k),t_k]}{\partial x_2(t_k)} & \cdots & \dfrac{\partial h_n[\boldsymbol{X}(t_k),t_k]}{\partial x_n(t_k)} \end{bmatrix}_{\boldsymbol{X}(t_k)=\hat{\boldsymbol{X}}_{k|k-1}}$$

在离散型线性干扰方程式 (5.40) 和式 (5.41) 基础上，仿照线性 Kalman 滤波基本方程，不难导出偏差 $\delta\boldsymbol{X}_k$ 的 Kalman 滤波方程

$$\delta\hat{\boldsymbol{X}}_{k|k-1}=\boldsymbol{\Phi}_{k,k-1}\delta\hat{\boldsymbol{X}}_{k-1} \tag{5.42}$$

$$\delta\hat{\boldsymbol{X}}_k=\delta\hat{\boldsymbol{X}}_{k|k-1}+\boldsymbol{K}_k[\delta\boldsymbol{Z}_k-\boldsymbol{H}_k\delta\hat{\boldsymbol{X}}_{k|k-1}] \tag{5.43}$$

$$\boldsymbol{K}_k=\boldsymbol{P}_{k|k-1}\boldsymbol{H}_k^{\mathrm{T}}[\boldsymbol{H}_k\boldsymbol{P}_{k|k-1}\boldsymbol{H}_k^{\mathrm{T}}+\boldsymbol{R}_k]^{-1} \tag{5.44}$$

$$\boldsymbol{P}_{k|k-1}=\boldsymbol{\Phi}_{k,k-1}\boldsymbol{P}_{k|k-1}\boldsymbol{\Phi}_{k|k-1}^{\mathrm{T}}+\boldsymbol{Q}_{k-1} \tag{5.45}$$

$$\boldsymbol{P}_k=(\boldsymbol{I}-\boldsymbol{K}_k\boldsymbol{H}_k)\boldsymbol{P}_{k|k-1}(\boldsymbol{I}-\boldsymbol{K}_k\boldsymbol{H}_k)^{\mathrm{T}}+\boldsymbol{K}_k\boldsymbol{R}_k\boldsymbol{K}_k^{\mathrm{T}} \tag{5.46}$$

式中，

$$\delta\boldsymbol{Z}_k=\boldsymbol{Z}_k-\boldsymbol{h}[\hat{\boldsymbol{X}}_k^n,t_k]=\boldsymbol{Z}_k-\boldsymbol{h}[\hat{\boldsymbol{X}}_{k|k-1},t_k] \tag{5.47}$$

值得注意的是，由于在每次递推计算下一时刻的状态最优估计 $\hat{\boldsymbol{X}}_k$ 和标称状态值 $\hat{\boldsymbol{X}}_k^n$ 时，其初始值均采用状态最优估计的初始值，所以，初始时刻的状态偏差最优估计 $\delta\hat{\boldsymbol{X}}_{k-1}$ 恒等于零，即

$$\delta\hat{\boldsymbol{X}}_{k-1}=\hat{\boldsymbol{X}}_{k-1}-\hat{\boldsymbol{X}}_{k-1}^n=\boldsymbol{0} \tag{5.48}$$

从而使状态偏差的一步预测值

$$\delta\hat{\boldsymbol{X}}_{k|k-1}=\boldsymbol{0} \tag{5.49}$$

将式 (5.49) 代入式 (5.43)，求得离散型非线性扩展 Kalman 滤波方程

$$\hat{\boldsymbol{X}}_{k|k-1}=\hat{\boldsymbol{X}}_k^n=\hat{\boldsymbol{X}}_{k-1}+\{\boldsymbol{f}[\hat{\boldsymbol{X}}_{k-1},t_{k-1}]+\boldsymbol{B}(t_{k-1})\boldsymbol{u}(t_{k-1})\}T \tag{5.50}$$

$$\hat{\boldsymbol{X}}_k=\hat{\boldsymbol{X}}_{k|k-1}+\delta\hat{\boldsymbol{X}}_k \tag{5.51}$$

$$\delta\hat{\boldsymbol{X}}_k=\boldsymbol{K}_k\{\boldsymbol{Z}_k-\boldsymbol{h}[\hat{\boldsymbol{X}}_{k|k-1},t_k]\} \tag{5.52}$$

$$\boldsymbol{K}_k=\boldsymbol{P}_{k|k-1}\boldsymbol{H}_k^{\mathrm{T}}[\boldsymbol{H}_k\boldsymbol{P}_{k|k-1}\boldsymbol{H}_k^{\mathrm{T}}+\boldsymbol{R}_k]^{-1} \tag{5.53}$$

$$\boldsymbol{P}_{k|k-1}=\boldsymbol{\Phi}_{k,k-1}\boldsymbol{P}_{k-1}\boldsymbol{\Phi}_{k,k-1}^{\mathrm{T}}+\boldsymbol{Q}_{k-1} \tag{5.54}$$

$$\boldsymbol{P}_k=(\boldsymbol{I}-\boldsymbol{K}_k\boldsymbol{H}_k)\boldsymbol{P}_{k|k-1}(\boldsymbol{I}-\boldsymbol{K}_k\boldsymbol{H}_k)^{\mathrm{T}}+\boldsymbol{K}_k\boldsymbol{R}_k\boldsymbol{K}_k^{\mathrm{T}} \tag{5.55}$$

初始条件

$$\hat{\boldsymbol{X}}_0=E[\boldsymbol{X}_0]=\boldsymbol{m}_{\boldsymbol{X}_0},\quad \boldsymbol{P}_0=\boldsymbol{C}_{\boldsymbol{X}_0}$$

式 (5.50)～式 (5.55) 的计算流程，如图 5.2 所示。

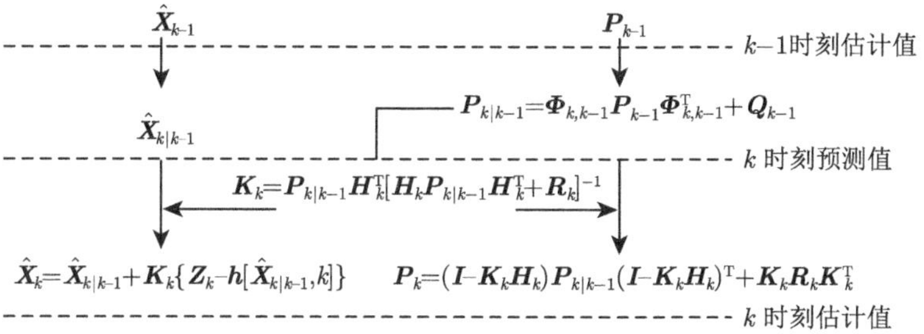

图 5.2 离散型扩展 Kalman 滤波计算流程图

5.2.4 线性化滤波中的估值偏倚问题

如果动力学模型和测量模型中非线性比较严重，则线性化滤波将出现较大的估值偏倚。记

$$\begin{aligned}\tilde{\boldsymbol{X}}_{k+1|k+1}&=\boldsymbol{X}_{k+1}-\hat{\boldsymbol{X}}_{k+1|k+1}\\ \tilde{\boldsymbol{X}}_{k+1|k}&=\boldsymbol{X}_{k+1}-\hat{\boldsymbol{X}}_{k+1|k}\end{aligned} \tag{5.56}$$

分析表明，估值偏倚主要由两方面的因素引起：一是由扩展 Kalman 滤波方法忽略了泰勒展开中的高阶项引起的；二是由计算方差矩阵造成的。

二阶偏导数较大决定的非线性偏倚称为“本质非线性偏倚”。估值误差方差阵不正确引起的偏倚称为“导出非线性偏倚”。因此，应用扩展 Kalman 滤波方法时，$\boldsymbol{P}_{0|0}$ 不能任意选取，如果 $\boldsymbol{P}_{0|0}$ 过大，将造成严重的非线性偏倚，此外，采样时间间隔也直接影响着非线性偏倚。

如果将非线性项直接展开到泰勒级数的二阶项，将减少由线性化所引起的偏倚，即所谓的二阶近似扩展 Kalman 次佳滤波方法。

5.2.5 应用举例

1. 弹道跟踪问题

设用一部雷达跟踪弹道目标，忽略地球自转、扁率及空气阻力的影响，目标相对雷达测量直角坐标系的平面运动方程为

$$\begin{cases}\dfrac{\mathrm{d}x}{\mathrm{d}t}=V_x\\ \dfrac{\mathrm{d}y}{\mathrm{d}t}=V_y\\ \dfrac{\mathrm{d}V_x}{\mathrm{d}t}=-\mu\dfrac{x}{r^3}\\ \dfrac{\mathrm{d}V_y}{\mathrm{d}t}=-\mu\dfrac{y+R}{r^3}\end{cases} \tag{5.57}$$

式中，$r=\sqrt{x^2+(y+R)^2}$。

雷达测量目标的斜距 ρ 及高低角 β

$$\begin{cases}\rho=\sqrt{x^2+y^2}+\varepsilon_\rho\\ \varepsilon=\operatorname{arctg}\dfrac{y}{x}+\varepsilon_\beta\end{cases}\tag{5.58}$$

且设 $\varepsilon_\rho,\varepsilon_\varepsilon$ 为零均值白噪声，方差分别为 $\sigma_\rho^2,\sigma_\beta^2$。

进行扩展 Kalman 滤波只需计算 $\boldsymbol{F},\boldsymbol{\Phi},\boldsymbol{H}$ 等矩阵即可。令 $\boldsymbol{X}=[x,y,V_x,V_y]^{\mathrm{T}}$，则

$$\begin{aligned}\frac{\mathrm{d}\boldsymbol{X}}{\mathrm{d}t}&=\boldsymbol{f}(\boldsymbol{X})\triangleq[f_1\ f_2\ f_3\ f_4]^{\mathrm{T}}\\&=\left[V_x\ V_y\ \ -\mu\frac{x}{r^3}\ \ -\mu\frac{y+R}{r^3}\right]^{\mathrm{T}}\end{aligned}\tag{5.59}$$

于是

$$\boldsymbol{F}(\hat{\boldsymbol{X}}_{k|k})=\left.\frac{\mathrm{d}\boldsymbol{f}}{\mathrm{d}\boldsymbol{X}^{\mathrm{T}}}\right|_{\boldsymbol{X}=\hat{\boldsymbol{X}}_{k|k}}=\begin{bmatrix}0&0&1&0\\0&0&0&1\\a_{11}(t)&a_{12}(t)&0&0\\a_{21}(t)&a_{22}(t)&0&0\end{bmatrix}_{\hat{\boldsymbol{X}}_{k|k}}\tag{5.60}$$

其中，

$$\begin{aligned}a_{11}&=\frac{\partial f_3}{\partial x}=-\frac{\mu}{r^3}+3\mu\frac{x^2}{r^5}\\a_{12}&=\frac{\partial f_3}{\partial y}=\frac{3\mu}{r^5}x(y+R)=a_{21}=\frac{\partial f_4}{\partial x}\\a_{22}&=\frac{\partial f_4}{\partial y}=-\frac{\mu}{r^3}+3\mu\frac{(y+R)^2}{r^5}\end{aligned}\tag{5.61}$$

计算 $\boldsymbol{\Phi}_{k+1,k}=\boldsymbol{I}+\boldsymbol{F}(\hat{\boldsymbol{X}}_{k|k})\Delta t=\begin{bmatrix}1&0&\Delta t&0\\0&1&0&\Delta t\\a_{11}\Delta t&a_{12}\Delta t&1&0\\a_{21}\Delta t&a_{22}\Delta t&0&1\end{bmatrix}_{\hat{\boldsymbol{X}}_{k|k}}$

观测方程

$$\boldsymbol{Z}=\boldsymbol{h}(\boldsymbol{X})+\boldsymbol{\varepsilon}=\begin{bmatrix}h_1(\boldsymbol{X})\\h_2(\boldsymbol{X})\end{bmatrix}+\begin{bmatrix}\boldsymbol{\varepsilon}_\rho\\\boldsymbol{\varepsilon}_\beta\end{bmatrix}\tag{5.62}$$

其中，

$$\begin{cases} h_1(\boldsymbol{X}) = \sqrt{x^2+y^2} \\ h_2(\boldsymbol{X}) = \mathrm{arctg}\dfrac{y}{x} \end{cases} \tag{5.63}$$

$$\begin{aligned} \boldsymbol{H}_{k+1} = \left.\frac{\mathrm{d}\boldsymbol{h}}{\mathrm{d}\boldsymbol{X}^{\mathrm{T}}}\right|_{\hat{\boldsymbol{X}}_{k+1|k}} &= \begin{bmatrix} \dfrac{\partial h_1}{\partial x} & \dfrac{\partial h_1}{\partial y} & \dfrac{\partial h_1}{\partial V_x} & \dfrac{\partial h_1}{\partial V_y} \\ \dfrac{\partial h_2}{\partial x} & \dfrac{\partial h_2}{\partial y} & \dfrac{\partial h_2}{\partial V_x} & \dfrac{\partial h_2}{\partial V_y} \end{bmatrix}_{\hat{\boldsymbol{X}}_{k+1|k}} \\ &= \begin{bmatrix} \dfrac{x}{\rho} & \dfrac{y}{\rho} & 0 & 0 \\ \dfrac{-y}{x^2+y^2} & \dfrac{x}{x^2+y^2} & 0 & 0 \end{bmatrix}_{\hat{\boldsymbol{X}}_{k+1|k}} \end{aligned} \tag{5.64}$$

$$\hat{\boldsymbol{X}}_{k+1|k} = \hat{\boldsymbol{X}}_{k|k} + \boldsymbol{f}(\hat{\boldsymbol{X}}_{k|k})\Delta t + \frac{1}{2}\boldsymbol{F}(\hat{\boldsymbol{X}}_{k|k})\cdot\boldsymbol{f}(\hat{\boldsymbol{X}}_{k|k})\Delta t^2 \tag{5.65}$$

$$\boldsymbol{R}_k = \boldsymbol{E}[\boldsymbol{\varepsilon}\cdot\boldsymbol{\varepsilon}^{\mathrm{T}}] = \begin{bmatrix} \sigma_\rho^2 & 0 \\ 0 & \sigma_\beta^2 \end{bmatrix} \tag{5.66}$$

2. 惯性导航问题

状态向量 $\boldsymbol{X} = [a\ V\ L\ \alpha\ d]^{\mathrm{T}}$，记

$$\boldsymbol{f} = [f_1\ f_2\ f_3\ f_4\ f_5] \tag{5.67}$$

其中，

$$\begin{aligned} &f_1 = -\lambda a \\ &f_2 = a \\ &f_3 = V/R \\ &f_4 = V/R + d + C \\ &f_5 = 0 \end{aligned} \tag{5.68}$$

于是

$$\boldsymbol{F} = \begin{bmatrix} -\lambda & 0 & 0 & 0 & 0 \\ 1 & 0 & 0 & 0 & 0 \\ 0 & R^{-1} & 0 & 0 & 0 \\ 0 & R^{-1} & 0 & 0 & 1 \\ 0 & 0 & 0 & 0 & 0 \end{bmatrix} \tag{5.69}$$

$$\boldsymbol{\Phi}_{k+1,k} = \boldsymbol{I} + \boldsymbol{F}\Delta t = \begin{bmatrix} 1-\lambda\Delta t & 0 & 0 & 0 & 0 \\ \Delta t & 1 & 0 & 0 & 0 \\ 0 & R^{-1}\Delta t & 1 & 0 & 0 \\ 0 & R^{-1}\Delta t & 0 & 1 & \Delta t \\ 0 & 0 & 0 & 0 & 1 \end{bmatrix} \tag{5.70}$$

观测方程

$$Z = m = h(X) = a\cos\alpha + \left[g - \frac{V^2}{R}\right]\sin\alpha + n_m \tag{5.71}$$

于是

$$\boldsymbol{H} = \left[\cos\alpha - 2(V/R)\sin\alpha 0 - a\sin\alpha + \left(g - \frac{V^2}{R}\right)\cos\alpha 0\right] \tag{5.72}$$

由于 α 很小

$$\boldsymbol{H} = [1\ 0\ 0\ g - \hat{V}^2/R\ 0],\ \boldsymbol{Q} = \begin{bmatrix} A & & & & \\ & 0 & & & \\ & & 0 & & \\ & & & 0 & \\ & & & & D \end{bmatrix}$$

其中，$E[n_a(t)n_a(\tau)] = A\delta(t-\tau), E[n_d(t)n_d(\tau)] = D\delta(t-\tau)$，观测噪声方差为 $R_m = E[n_m^2]$。

5.3 无迹 Kalman 滤波

Kalman 滤波是一种基于模型的线性最小方差估计，其标准离散型算法具有如下优点：递推计算、适用于计算机执行、适用于平稳或非平稳多维随机信号的估计。所以在随机信号处理中，特别是在组合导航设计中得到了广泛应用。但是标准 Kalman 滤波只适用于系统方程和量测方程均为线性的情况。尽管扩展 Kalman 滤波 (EKF) 可解决系统和量测为非线性时的估计，但必须对原系统和量测作泰勒级数展开且仅保留线性项，再用标准 Kalman 滤波算法对线性化后的系统方程和量测方程作处理，所以 EKF 本质上仍然是标准 Kalman 滤波。由于线性化过程中舍弃了二阶以上的高阶项，所以 EKF 只适用于弱非线性对象的估计，被估计对象的非线性越强，引起的估计误差就越大，甚至会引起滤波发散。为了解决强非线性条件下的估计问题，1995 年，S. J. Julier 和 J. K. Uhlmann 提出了无迹 Kalman 滤波 (UKF) 算法，用于解决强非线性对象的滤波问题，并由 E. A. Wan 和 R. Vander Merwe 进一步完善。

UKF 和标准 Kalman 滤波都属于线性最小方差估计，算法都基于线性模型，区别在于最佳增益阵的求取方法上。标准 Kalman 滤波确定最佳增益阵时，使用了量测量的先验信息和一步预测均方误差阵，并基于系统和量测均为线性的假设。而 UKF 则根据被估计量和观测量的协方差阵来确定最佳增益阵，协方差阵又根据复现的一倍 σ 样本点来计算，这些样本点则根据系统方程和量测方程来确定，所以在计算最佳增益阵的过程中，UKF 并未对系统方程和量测方程提出任何附加条件，算法既适用于线性对象，也适用于非线性对象。但是，UKF 是线性最小方差估计的一种近似形式，而标准 Kalman 滤波是精确的线性最小方差估计。所以只有在非线性条件下，UKF 才能充分显现出其优越性，非线性越强，优越性就越明显。而在线性条件下，标准 Kalman 滤波比 UKF 优越。

5.3.1 线性最小方差估计及其近似形式

设 $\boldsymbol{X}$ 为被估计随机向量，对 $\boldsymbol{X}$ 的量测为随机向量 $\boldsymbol{Z}$，$\boldsymbol{X}$ 基于 $\boldsymbol{Z}$ 的线性最小方差估计为

$$\hat{\boldsymbol{X}}_{\mathrm{MV}} = E\boldsymbol{X} + \boldsymbol{C}_{XZ}\boldsymbol{C}_{ZZ}^{-1}(\boldsymbol{Z} - E[\boldsymbol{Z}])$$

估计的均方误差阵为

$$\boldsymbol{P} = \boldsymbol{C}_{XX} - \boldsymbol{C}_{XZ}\boldsymbol{C}_{ZZ}^{-1}\boldsymbol{C}_{ZX}$$

上述两式对 $\boldsymbol{X}$ 和 $\boldsymbol{Z}$ 服从任意分布时都适用。当 $\boldsymbol{X}$ 和 $\boldsymbol{Z}$ 都服从正态分布时，所得的估计既是线性估计中的最高精度者，又是所有估计中的最高精度者，即也是最小方差估计。

设系统方程和量测方程具有离散形式

$$\boldsymbol{X}_k = \boldsymbol{f}\left(\boldsymbol{X}_{k-1}, \boldsymbol{u}_{k-1}\right) + \boldsymbol{W}_{k-1} \tag{5.73}$$

$$\boldsymbol{Z}_k = \boldsymbol{h}\left(\boldsymbol{X}_k\right) + \boldsymbol{\varepsilon}_k \tag{5.74}$$

式中，$\boldsymbol{f}$ 和 $\boldsymbol{h}$ 为非线性向量函数；$\boldsymbol{W}_{k-1}$ 和 $\boldsymbol{\varepsilon}_k$ 为不相关的零均值白噪声序列，其方差阵分别为 $\boldsymbol{Q}_k$ 和 $\boldsymbol{R}_k$；$\boldsymbol{u}_{k-1}$ 为确定性控制项。则 $\boldsymbol{X}_k$ 基于 $\boldsymbol{Z}_o^k = \{\boldsymbol{Z}_0, \boldsymbol{Z}_1, \boldsymbol{Z}_2, \cdots, \boldsymbol{Z}_k\}$ 的线性最小方差估计为

$$\hat{\boldsymbol{X}}_k = E^*\left[\boldsymbol{X}_k | \boldsymbol{Z}_o^k\right] = E^*\left[\boldsymbol{X}_k | \boldsymbol{Z}_o^{k-1}, \boldsymbol{Z}_k\right]$$

根据线性最小方差估计的线性性质，有

$$\begin{aligned}\hat{\boldsymbol{X}}_k &= E^*\left[\boldsymbol{X}_k | \boldsymbol{Z}_o^{t-1}\right] + E^*\left[\boldsymbol{X}_k | \boldsymbol{Z}_k\right] - E[\boldsymbol{X}_k] \\ &= \hat{\boldsymbol{X}}_{k|k-1} + E^*\left[\boldsymbol{X}_k | \boldsymbol{Z}_k\right] - E[\boldsymbol{X}]\end{aligned} \tag{5.75}$$

记 $\boldsymbol{X} = \boldsymbol{X}_k, \boldsymbol{Z} = \boldsymbol{Z}_k$，则

$$
\begin{aligned}
E^*[\boldsymbol{X}_k|\boldsymbol{Z}_k] &= E^*[\boldsymbol{X}|\boldsymbol{Z}] = E\boldsymbol{X} + \boldsymbol{C}_{XZ}\boldsymbol{C}_{ZZ}^{-1}(\boldsymbol{Z} - E[\boldsymbol{Z}]) \\
&= E[\boldsymbol{X}_k] + E[(\boldsymbol{X}_k - E[\boldsymbol{X}_k])(\boldsymbol{Z}_k - E[\boldsymbol{Z}_k])^{\mathrm{T}}] \\
&\quad \{E[(\boldsymbol{Z}_k - E[\boldsymbol{Z}_k])(\boldsymbol{Z}_k - E[\boldsymbol{Z}_k])^{\mathrm{T}}\}^{-1}(\boldsymbol{Z}_k - E[\boldsymbol{Z}_k]) \\
&\approx E[\boldsymbol{X}_k] + E[(\boldsymbol{X}_k - \hat{\boldsymbol{X}}_{k|k-1})(\boldsymbol{Z}_k - \boldsymbol{Z}_{k|k-1})^{\mathrm{T}}] \\
&\quad \{E[\boldsymbol{Z}_k - \hat{\boldsymbol{Z}}_{k|k-1})(\boldsymbol{Z}_k - \hat{\boldsymbol{Z}}_{k|k-1})^{\mathrm{T}}]\}^{-1}(\boldsymbol{Z}_k - \hat{\boldsymbol{Z}}_{k|k-1})
\end{aligned}
$$

上式中，均值近似取条件均值 $E[\boldsymbol{X}_k] \approx \hat{\boldsymbol{X}}_{k|k-1}, E[\boldsymbol{Z}_k] \approx \widehat{\boldsymbol{Z}}_{k|k-1}$。记

$$
\begin{aligned}
\boldsymbol{P}_{(XZ)_{k|k-1}} &= E[(\boldsymbol{X}_k - \hat{\boldsymbol{X}}_{k|k-1})(\boldsymbol{Z}_k - \hat{\boldsymbol{Z}}_{k|k-1})^{\mathrm{T}}] \\
\boldsymbol{P}_{(ZZ)_{k|k-1}} &= E[(\boldsymbol{Z}_k - \hat{\boldsymbol{Z}}_{k|k-1})(\boldsymbol{Z}_k - \hat{\boldsymbol{Z}}_{k|k-1})^{\mathrm{T}}] \\
\boldsymbol{K}_k &= \boldsymbol{P}_{(XZ)_{k|k-1}}\boldsymbol{P}_{(ZZ)_{k|k-1}}^{-1}
\end{aligned}
\tag{5.76}
$$

则

$$
E^*[\boldsymbol{X}_k|\boldsymbol{Z}_k] = E\boldsymbol{X}_k + \boldsymbol{K}_k(\boldsymbol{Z}_k - \hat{\boldsymbol{Z}}_{k|k-1})
$$

将上式代入式 (5.75)，得

$$
\hat{\boldsymbol{X}}_k = \hat{\boldsymbol{X}}_{k|k-1} + \boldsymbol{K}_k(\boldsymbol{Z}_k - \hat{\boldsymbol{Z}}_{k|k-1}) \tag{5.77}
$$

同理，用条件均值近似均值，即 $E[\boldsymbol{X}_k] \approx \hat{\boldsymbol{X}}_{k|k-1}, E[\boldsymbol{Z}_k] \approx \hat{\boldsymbol{Z}}_{k|k-1}$，可得

$$
\boldsymbol{P}_k = \boldsymbol{P}_{k|k-1} - \boldsymbol{P}_{(XZ)_{k|k-1}}\boldsymbol{P}_{(ZZ)_{k|k-1}}^{-1}\boldsymbol{P}_{(ZX)_{k|k-1}}
$$

考虑到 $\boldsymbol{P}_{(ZZ)_{k|k-1}}$ 为对称阵，$\boldsymbol{P}_{(ZX)_{k|k-1}} = \boldsymbol{P}_{(XZ)_{k|k-1}}^{\mathrm{T}}$，并根据式 (5.76)，得

$$
\begin{aligned}
\boldsymbol{P}_k &= \boldsymbol{P}_{k|k-1} - \boldsymbol{P}_{(XZ)_{k|k-1}}\boldsymbol{P}_{(ZZ)_{k|k-1}}^{-1}\boldsymbol{P}_{(ZZ)_{k|k-1}}\boldsymbol{P}_{(XZ)_{k|k-1}}^{-1} \\
&= \boldsymbol{P}_{k|k-1} - \boldsymbol{K}_k\boldsymbol{P}_{(ZZ)_{k|k-1}}\boldsymbol{K}_k^{\mathrm{T}}
\end{aligned}
\tag{5.78}
$$

式 (5.76) ~ 式 (5.78) 即为线性最小方差估计的一种近似形式，它们构成了 UKF 的核心。要确定出增益阵 $\boldsymbol{K}_k$，并使算法具有递推性，还需用无迹 (UT) 变换确定出 $\boldsymbol{P}_{(XZ)_{k|k-1}}$，$\boldsymbol{P}_{(ZZ)_{k|k-1}}$ 及一步预测值 $\hat{\boldsymbol{X}}_{k|k-1}$。

5.3.2　无迹变换

1. 无迹变换的基本流程

假设 n 维随机向量 $\boldsymbol{X}$ 经 $\boldsymbol{f}(\cdot)$ 非线性变换后形成 m 维随机向量 $\boldsymbol{Y}$，即

$$
\boldsymbol{Y} = \boldsymbol{f}(\boldsymbol{X})
$$

若已知 $\boldsymbol{X}$ 的均值 $\bar{\boldsymbol{X}}$ 和方差阵 $\boldsymbol{P}_{XX}$，则 $\boldsymbol{Y}$ 的均值 $\bar{\boldsymbol{Y}}$ 和方差阵 $\boldsymbol{P}_{YY}$ 可通过 UT 变换求取，具体步骤如下。

步骤 1：根据 $\bar{\boldsymbol{X}}$ 和 $\boldsymbol{P}_{XX}$ 复现出 $2n+1$ 个 $\boldsymbol{X}$ 的一倍 σ 样本点 (简称 σ 样本点)

$$\boldsymbol{\chi}^{(0)} = \bar{\boldsymbol{X}}$$

$$\boldsymbol{\chi}^{(i)} = \bar{\boldsymbol{X}} + \left(\sqrt{(n+\lambda)\boldsymbol{P}_{XX}}\right)_{(i)}, \quad i = 1, 2, \cdots, n$$

$$\boldsymbol{\chi}^{(i)} = \bar{\boldsymbol{X}} - \left(\sqrt{(n+\lambda)\boldsymbol{P}_{XX}}\right)_{(i-n)}, \quad i = n+1, n+2, \cdots, 2n$$

式中，$\left(\sqrt{(n+\lambda)\boldsymbol{P}_{XX}}\right)_{(i)}$ 表示矩阵 $(n+\lambda)\boldsymbol{P}_{XX}$ 的下三角分解平方根的第 i 列，为 n 维列向量。

步骤 2：计算非线性变换产生的样本点

$$\boldsymbol{Y}^{(i)} = f[\boldsymbol{\chi}^{(i)}], \quad i = 0, 1, 2, \cdots, 2n$$

步骤 3：确定权值

$$W_0^{(m)} = \frac{\lambda}{n+\lambda} \tag{5.79a}$$

$$W_0^{(c)} = \frac{\lambda}{n+\lambda} + 1 - \alpha^2 + \beta \tag{5.79b}$$

$$W_i^{(m)} = W_i^{(c)} = \frac{1}{2(n+\lambda)}, \quad i = 1, 2, \cdots, 2n \tag{5.79c}$$

上述诸式中，

$$\lambda = \alpha^2(n+\kappa) - n \tag{5.79d}$$

式中，α 是很小的正数，可取 $10^{-4} \leqslant \alpha \leqslant 1; \kappa = 3 - n; \beta$ 取值与 $\boldsymbol{X}$ 的分布形式有关，对于正态分布，$\beta = 2$ 为最优值。

步骤 4：确定映射的均值和方差阵

$$\bar{\boldsymbol{Y}} \approx \sum_{i=0}^{2n} W_i^{(m)} \boldsymbol{Y}^{(i)} \tag{5.80}$$

$$\boldsymbol{P}_{YY} \approx \sum_{i=0}^{2n} W_i^{(c)} \left[\boldsymbol{Y}^{(i)} - \bar{\boldsymbol{Y}}\right] \left[\boldsymbol{Y}^{(i)} - \bar{\boldsymbol{Y}}\right]^{\mathrm{T}} \tag{5.81}$$

2. 无迹变换的精度分析

1) 非线性映射的泰勒级数展开

对于非线性对象，EKF 将非线性方程作泰勒级数展开时只保留线性项，再按线性滤波方法求解被估计量，所以只适用于非线性较弱的情况。而 UKF 的核心算法 UT 变换所达到的精度，相当于保留泰勒级数三阶项所达到的精度，所以适用于强非线性对象的估计。

为叙述方便，将按非线性函数关系 $\boldsymbol{Y}=\boldsymbol{f}(\boldsymbol{X})$ 确定的映射称为真实映射，由 UT 变换实现 $\boldsymbol{Y}=\boldsymbol{f}(\boldsymbol{X})$ 的映射称为 UT 映射。

设有非线性向量函数

$$\boldsymbol{Y}=\boldsymbol{f}(x_1,x_2,\cdots,x_n)$$

则该函数在点 $(\bar{x}_1,\bar{x}_2,\cdots,\bar{x}_n)$ 的泰勒级数为

$$\begin{aligned}\boldsymbol{Y}=&f\left(\bar{x}_1,\bar{x}_2,\cdots,\bar{x}_n\right)+\sum_{i=1}^{\infty}\frac{1}{i!}\left(\delta x_1\frac{\partial}{\partial x_1}+\delta x_2\frac{\partial}{\partial x_2}+\cdots+\delta x_n\frac{\partial}{\partial x_n}\right)^i\\&\times\boldsymbol{f}\left(\bar{x}_1,\bar{x}_2,\cdots,\bar{x}_n\right)\end{aligned}\tag{5.82}$$

其中，$x_1=\bar{x}_1+\delta x_1,x_2=\bar{x}_2+\delta x_2,\cdots,x_n=\bar{x}_n+\delta x_n$。

记

$$\boldsymbol{X}=\begin{bmatrix}x_1\\x_2\\\vdots\\x_n\end{bmatrix},\quad\bar{\boldsymbol{X}}=\begin{bmatrix}\bar{x}_1\\\bar{x}_2\\\vdots\\\bar{x}_n\end{bmatrix},\quad\delta\boldsymbol{X}=\begin{bmatrix}\delta x_1\\\delta x_2\\\vdots\\\delta x_n\end{bmatrix},\quad\nabla=\begin{bmatrix}\dfrac{\partial}{\partial x_1}\\\dfrac{\partial}{\partial x_2}\\\vdots\\\dfrac{\partial}{\partial x_n}\end{bmatrix}\tag{5.83}$$

则式 (5.82) 可写成

$$\boldsymbol{Y}=\boldsymbol{f}(\bar{\boldsymbol{X}})+\sum_{i=1}\frac{1}{i!}(\delta\boldsymbol{X}\cdot\nabla)^i\boldsymbol{f}(\bar{\boldsymbol{X}})\tag{5.84}$$

式中，∇ 为偏微分算子向量，仅对函数 $\boldsymbol{f}$ 起作用，而对 $\delta\boldsymbol{X}$ 不起作用，$(\cdot)$ 为向量的点乘积。

记算子

$$\boldsymbol{D}_{\delta X}^i\boldsymbol{f}=(\delta\boldsymbol{X}\cdot\nabla)^i\boldsymbol{f}(\bar{\boldsymbol{X}})\tag{5.85}$$

则

$$\boldsymbol{Y}=\boldsymbol{f}(\boldsymbol{X})=\boldsymbol{f}(\bar{\boldsymbol{X}})+\boldsymbol{D}_{\delta x}\boldsymbol{f}+\frac{1}{2}\boldsymbol{D}_{\delta x}^2\boldsymbol{f}+\frac{1}{3!}\boldsymbol{D}_{\delta x}^3\boldsymbol{f}+\frac{1}{4!}\boldsymbol{D}_{\delta x}^4\boldsymbol{f}+\cdots\tag{5.86}$$

考察式 (5.86) 右侧第二项和第三项

$$\boldsymbol{D}_{\delta\boldsymbol{X}}\boldsymbol{f} = (\delta\boldsymbol{X}\cdot\nabla)\boldsymbol{f}(\bar{\boldsymbol{X}}) = \left(\delta x_1\frac{\partial\boldsymbol{f}}{\partial x_1} + \delta x_2\frac{\partial\boldsymbol{f}}{\partial x_2} + \cdots + \delta x_n\frac{\partial\boldsymbol{f}}{\partial x_n}\right)_{X=\overline{X}}$$
$$= \left[\begin{array}{cccc}\dfrac{\partial\boldsymbol{f}}{\partial x_1} & \dfrac{\partial\boldsymbol{f}}{\partial x_2} & \cdots & \dfrac{\partial\boldsymbol{f}}{\partial x_n}\end{array}\right]\Bigg|_{x=\bar{x}}\cdot\delta\boldsymbol{X}$$

根据矩阵间的微分关系式

$$\boldsymbol{D}_{\delta x}\boldsymbol{f} = \left.\frac{\partial\boldsymbol{f}}{\partial\boldsymbol{X}^{\mathrm{T}}}\right|_{\boldsymbol{X}=\boldsymbol{X}}\cdot\delta\boldsymbol{X} \tag{5.87}$$

其中，$\dfrac{\partial\boldsymbol{f}}{\partial\boldsymbol{X}^{\mathrm{T}}}$ 为 $\boldsymbol{f}$ 的雅可比矩阵，记为

$$\boldsymbol{F}(\bar{\boldsymbol{X}}) = \left.\frac{\partial\boldsymbol{f}}{\partial\boldsymbol{X}^{\mathrm{T}}}\right|_{\boldsymbol{X}=\boldsymbol{X}}$$

$$\begin{aligned}\frac{1}{2}\boldsymbol{D}_{\delta\boldsymbol{X}}^2\boldsymbol{f} &= \frac{1}{2}[(\delta\boldsymbol{X}\cdot\nabla)(\delta\boldsymbol{X}\cdot\nabla)]\boldsymbol{f}(\bar{\boldsymbol{X}})\\ &= \frac{1}{2}[(\delta\boldsymbol{X}^{\mathrm{T}}\nabla)^2]\boldsymbol{f}(\bar{\boldsymbol{X}})\\ &= \frac{1}{2}[(\delta\boldsymbol{X}^{\mathrm{T}}\nabla)^{\mathrm{T}}(\delta\boldsymbol{X}^{\mathrm{T}}\nabla)]\boldsymbol{f}(\bar{\boldsymbol{X}})\\ &= \frac{1}{2}(\nabla^{\mathrm{T}}\delta\boldsymbol{X}\delta\boldsymbol{X}^{\mathrm{T}}\nabla)\boldsymbol{f}(\bar{\boldsymbol{X}})\end{aligned} \tag{5.88}$$

所以式 (5.86) 可写成

$$\begin{aligned}\boldsymbol{Y} &= \boldsymbol{f}(\boldsymbol{X})\\ &= \boldsymbol{f}(\bar{\boldsymbol{X}}) + \boldsymbol{F}(\bar{\boldsymbol{X}})\delta\boldsymbol{X} + \frac{1}{2}(\nabla^{\mathrm{T}}\delta\boldsymbol{X}\delta\boldsymbol{X}^{\mathrm{T}}\nabla)\boldsymbol{f}(\bar{\boldsymbol{X}}) + \frac{1}{3!}\boldsymbol{D}_{\delta\boldsymbol{X}}^3\boldsymbol{f} + \frac{1}{4!}\boldsymbol{D}_{\delta\boldsymbol{X}}^4\boldsymbol{f} + \cdots\end{aligned} \tag{5.89}$$

式 (5.83) 定义的偏微分算子

$$\nabla^{\mathrm{T}} = \left[\begin{array}{cccc}\dfrac{\partial}{\partial x_1} & \dfrac{\partial}{\partial x_2} & \cdots & \dfrac{\partial}{\partial x_n}\end{array}\right]$$

在运算中视为向量，此处以式 (5.89) 中的第三项为例说明其正确性。

$$
\begin{aligned}
&\frac{1}{2}\left(\nabla^{\mathrm{T}}\delta\boldsymbol{X}\delta\boldsymbol{X}^{\mathrm{T}}\nabla\right)\boldsymbol{f}\\
&=\frac{1}{2}\left[\begin{bmatrix}\dfrac{\partial}{\partial x_1} & \dfrac{\partial}{\partial x_2} & \cdots & \dfrac{\partial}{\partial x_n}\end{bmatrix}\begin{bmatrix}\delta x_1\\ \delta x_2\\ \vdots\\ \delta x_n\end{bmatrix}\begin{bmatrix}\delta x_1 & \delta x_2 & \cdots & \delta x_n\end{bmatrix}\begin{bmatrix}\dfrac{\partial}{\partial x_1}\\ \dfrac{\partial}{\partial x_2}\\ \vdots\\ \dfrac{\partial}{\partial x_n}\end{bmatrix}\right]\boldsymbol{f}\\
&=\frac{1}{2}\left(\frac{\partial}{\partial x_1}\delta x_1+\frac{\partial}{\partial x_2}\delta x_2+\cdots+\frac{\partial}{\partial x_n}\delta x_n\right)^2\boldsymbol{f}
\end{aligned}
$$

该式正是向量多元函数泰勒级数展开式中的二次项，所以在计算式 (5.85) 时，可将 ∇ 视为向量

$$
\begin{aligned}
\boldsymbol{D}_{\delta\boldsymbol{X}}^{i}\boldsymbol{f}&=(\delta\boldsymbol{X}\nabla)^{i}\boldsymbol{f}(\bar{\boldsymbol{X}})\\
&=[(\nabla^{\mathrm{T}}\delta\boldsymbol{X})(\nabla^{\mathrm{T}}\delta\boldsymbol{X})\cdots(\nabla^{\mathrm{T}}\delta\boldsymbol{X})]\boldsymbol{f}(\bar{\boldsymbol{X}})\\
&=[(\delta\boldsymbol{X}^{\mathrm{T}}\nabla)(\delta\boldsymbol{X}^{\mathrm{T}}\nabla)\cdots(\delta\boldsymbol{X}^{\mathrm{T}}\nabla)]\boldsymbol{f}(\bar{\boldsymbol{X}})
\end{aligned}
$$

应用该结论，可计算出 $\boldsymbol{D}_{\delta\boldsymbol{X}}^{2}\boldsymbol{f}$ 的均值为

$$
\begin{aligned}
E(\boldsymbol{D}_{\delta\boldsymbol{X}}^{2}\boldsymbol{f})&=E\left[(\nabla^{\mathrm{T}}\delta\boldsymbol{X})(\delta\boldsymbol{X}^{\mathrm{T}}\nabla)\right]\boldsymbol{f}(\bar{\boldsymbol{X}})\\
&=\left[\nabla^{\mathrm{T}}E(\delta\boldsymbol{X}\delta\boldsymbol{X}^{\mathrm{T}})\nabla\right]\boldsymbol{f}(\bar{\boldsymbol{X}})\\
&=(\nabla^{\mathrm{T}}\boldsymbol{P}_{XX}\nabla)\boldsymbol{f}(\bar{\boldsymbol{X}})
\end{aligned}
\tag{5.90}
$$

2) 无迹变换的均值精度分析

设 $\boldsymbol{X}$ 为随机矢量，$\bar{\boldsymbol{X}}$ 为其均值，则 $\delta\boldsymbol{X}=\boldsymbol{X}-\bar{\boldsymbol{X}}$ 为随机矢量。如果 $\boldsymbol{X}$ 的概率密度相对 $\bar{\boldsymbol{X}}$ 对称，如正态分布，t 分布等，则 $\delta\boldsymbol{X}$ 的奇次阶矩为零，即

$$
E[\boldsymbol{D}_{\delta\boldsymbol{X}}^{2i-1}\boldsymbol{f}]=0,\quad i=1,2,\cdots
$$

所以由式 (5.89) 经非线性变换映射 $\boldsymbol{Y}=\boldsymbol{f}(\boldsymbol{X})$ 后获得的随机矢量 $\boldsymbol{Y}$ 即真实映射的均值为

$$
\begin{aligned}
E[\boldsymbol{Y}]=E[\boldsymbol{f}(\boldsymbol{X})]=\boldsymbol{f}(\bar{\boldsymbol{X}})&+\frac{1}{2}\left[\nabla^{\mathrm{T}}E\left(\delta\boldsymbol{X}\delta\boldsymbol{X}^{\mathrm{T}}\right)\nabla\right]\boldsymbol{f}(\bar{\boldsymbol{X}})\\
&+E\left[\frac{1}{4!}\boldsymbol{D}_{\delta\boldsymbol{X}}^{4}\boldsymbol{f}+\frac{1}{6!}\boldsymbol{D}_{\delta\boldsymbol{X}}^{6}\boldsymbol{f}+\cdots\right]
\end{aligned}
$$

注意到 $\boldsymbol{P}_{XX} = E(\delta\boldsymbol{X}\delta\boldsymbol{X}^{\mathrm{T}})$ 为 $\boldsymbol{X}$ 的自协方差阵，所以由 $\boldsymbol{Y} = \boldsymbol{f}(\boldsymbol{X})$ 实现的真实映射的均值为

$$\begin{aligned}\overline{\boldsymbol{Y}}_r &= E[\boldsymbol{Y}] \\ &= \boldsymbol{f}(\overline{\boldsymbol{X}}) + \frac{1}{2}\left[\nabla^{\mathrm{T}}\boldsymbol{P}_{XX}\nabla\right]\boldsymbol{f}(\overline{\boldsymbol{X}}) + E\left[\frac{1}{4!}\boldsymbol{D}_{\delta\boldsymbol{X}}^4\boldsymbol{f} + \frac{1}{6!}\boldsymbol{D}_{\delta\boldsymbol{X}}^6\boldsymbol{f} + \cdots\right]\end{aligned} \tag{5.91}$$

下面分析采用 UT 变换实现 $\boldsymbol{Y} = \boldsymbol{f}(\boldsymbol{X})$ 所获得的变换值即 UT 映射 $\boldsymbol{Y}_{\mathrm{UT}}$ 的均值。

在 UT 变换中，自变量 $\boldsymbol{X}$ 的 1 倍 σ 再现样本点为

$$\boldsymbol{\chi}_0 = \bar{\boldsymbol{X}} \tag{5.92a}$$

$$\boldsymbol{\chi}_i = \bar{\boldsymbol{X}} + \left(\sqrt{(n+\lambda)\boldsymbol{P}_{XX}}\right)_{(i)}, \quad i = 1, 2, \cdots, n \tag{5.92b}$$

$$\boldsymbol{\chi}_i = \bar{\boldsymbol{X}} - \left(\sqrt{(n+\lambda)\boldsymbol{P}_{XX}}\right)_{(i-n)}, \quad i = n+1, n+2, \cdots, 2n \tag{5.92c}$$

这些再现样本点的映射样本点为

$$\boldsymbol{y}_i = \boldsymbol{f}(\boldsymbol{\chi}_i), \quad i = 0, 1, 2, \cdots, 2n$$

映射的均值和协方差阵按下式近似计算：

$$\bar{\boldsymbol{Y}}_{\mathrm{UT}} = \sum_{i=0}^{2n} W_i^{(m)}\boldsymbol{y}_i$$

$$\boldsymbol{P}_{YY} = \sum_{i=0}^{2n} W_i^{(c)}\left(\boldsymbol{y}_i - \bar{\boldsymbol{Y}}_{\mathrm{UT}}\right)\left(\boldsymbol{y}_i - \bar{\boldsymbol{Y}}_{\mathrm{UT}}\right)^{\mathrm{T}}$$

其中，权值 W 按式 (5.79) 计算。

对 $\boldsymbol{y}_i$ 在 $\bar{\boldsymbol{X}}$ 点展开，记

$$\boldsymbol{\sigma}_i = \begin{cases}\left(\sqrt{(n+\lambda)\boldsymbol{P}_{XX}}\right)_{(i)}, & i = 1, 2, \cdots, n \\ \left(-\sqrt{(n+\lambda)\boldsymbol{P}_{XX}}\right)_{(i-n)}, & i = n+1, n+2, \cdots, 2n\end{cases}$$

则

$$\boldsymbol{y}_i = \boldsymbol{f}(\boldsymbol{\chi}_i) = \boldsymbol{f}(\bar{\boldsymbol{X}}) + \boldsymbol{D}_{\sigma_i}\boldsymbol{f} + \frac{1}{2}\boldsymbol{D}_{\sigma_i}^2\boldsymbol{f} + \frac{1}{3!}\boldsymbol{D}_{\sigma_i}^3\boldsymbol{f} + \frac{1}{4!}\boldsymbol{D}_{\sigma_i}^4\boldsymbol{f} + \cdots, \quad i = 1, 2, \cdots, 2n$$

$$\boldsymbol{y}_0 = \boldsymbol{f}(\boldsymbol{\chi}_0) = \boldsymbol{f}(\bar{\boldsymbol{X}})$$

所以

$$
\begin{aligned}
\bar{\boldsymbol{Y}}_{\mathrm{UT}} &= \frac{\lambda}{n+\lambda} f(\bar{\boldsymbol{X}}) + \frac{1}{2(n+\lambda)} \sum_{i=1}^{2n} \\
&\quad \times \left[\boldsymbol{f}(\bar{\boldsymbol{X}}) + \boldsymbol{D}_{\sigma i}\boldsymbol{f} + \frac{1}{2}\boldsymbol{D}_{\sigma i}^2 \boldsymbol{f} + \frac{1}{3!}\boldsymbol{D}_{\sigma i}^3 \boldsymbol{f} + \frac{1}{4!}\boldsymbol{v}_{\sigma i}^4 \boldsymbol{f} + \cdots \right] \\
&= \boldsymbol{f}(\bar{\boldsymbol{X}}) \left[\frac{\lambda}{n+\lambda} + \frac{1}{2(n+\lambda)} \sum_{i=1}^{2n} 1 \right] \\
&\quad + \frac{1}{2(n+\lambda)} \sum_{i=1}^{2n} \left(\boldsymbol{D}_{\sigma i}\boldsymbol{f} + \frac{1}{2}\boldsymbol{D}_{\sigma i}^2 \boldsymbol{f} + \frac{1}{3!}\boldsymbol{D}_{\sigma i}^3 \boldsymbol{f} + \frac{1}{4!}\boldsymbol{v}_{\sigma i}^4 \boldsymbol{f} + \cdots \right) \\
&= \boldsymbol{f}(\bar{\boldsymbol{X}}) + \frac{1}{2(n+\lambda)} \sum_{i=1}^{2n} \left(\boldsymbol{D}_{\sigma i}\boldsymbol{f} + \frac{1}{2}\boldsymbol{D}_{\sigma i}^2 \boldsymbol{f} + \frac{1}{3!}\boldsymbol{D}_{\sigma i}^3 \boldsymbol{f} + \frac{1}{4!}\boldsymbol{v}_{\sigma i}^4 \boldsymbol{f} + \cdots \right)
\end{aligned}
$$

由式 (5.92) 知 $\boldsymbol{X}$ 的再现样本点对 $\bar{\boldsymbol{X}}$ 是对称分布的，上式求和后，算子的奇次项互相抵消，如

$$
\begin{aligned}
&\sum_{i=1}^{2n} \boldsymbol{D}_{\sigma i}\boldsymbol{f} \\
&= \sum_{i=1}^{2n} \frac{\partial \boldsymbol{f}}{\partial \boldsymbol{X}^{\mathrm{T}}}\bigg|_{\boldsymbol{X}=\boldsymbol{X}} \boldsymbol{\sigma}_i = \sum_{i=1}^{n} \frac{\partial \boldsymbol{f}}{\partial \boldsymbol{X}^{\mathrm{T}}}\bigg|_{\boldsymbol{X}=\boldsymbol{X}} \boldsymbol{\sigma}_i + \sum_{i=n+1}^{2n} \frac{\partial \boldsymbol{f}}{\partial \boldsymbol{X}^{\mathrm{T}}}\bigg|_{\boldsymbol{X}=\boldsymbol{X}} \boldsymbol{\sigma}_i \\
&= \sum_{i=1}^{n} \frac{\partial \boldsymbol{f}}{\partial \boldsymbol{X}^{\mathrm{T}}}\bigg|_{\boldsymbol{X}=\boldsymbol{X}} \left(\sqrt{(n+\lambda)\boldsymbol{P}_{XX}}\right)_{(i)} - \sum_{j=1}^{n} \frac{\partial \boldsymbol{f}}{\partial \boldsymbol{X}^{\mathrm{T}}}\bigg|_{\boldsymbol{X}=\boldsymbol{X}} \left(\sqrt{(n+\lambda)\boldsymbol{P}_{XX}}\right)_{(j)} \\
&= 0
\end{aligned}
$$

所以

$$
\bar{\boldsymbol{Y}}_{\mathrm{UT}} = f(\bar{\boldsymbol{X}}) + \frac{1}{2(n+\lambda)} \sum_{i=1}^{2n} \left[\frac{1}{2}\boldsymbol{D}_{\sigma i}^2 \boldsymbol{f} + \frac{1}{4!}\boldsymbol{D}_{\sigma i}^4 \boldsymbol{f} + \cdots \right] \tag{5.93}
$$

由式 (5.88) 可知

$$
\begin{aligned}
\frac{1}{2(n+\lambda)} \sum_{i=1}^{2n} \frac{1}{2}\boldsymbol{D}_{\sigma i}^2 \boldsymbol{f} &= \frac{1}{2(n+\lambda)} \sum_{i=1}^{2n} \frac{1}{2} \left(\nabla^{\mathrm{T}} \boldsymbol{\sigma}_i \boldsymbol{\sigma}_i^{\mathrm{T}} \nabla\right) \boldsymbol{f}(\bar{\boldsymbol{X}}) \\
&= \frac{1}{2(n+\lambda)} \left[\frac{1}{2} \nabla^{\mathrm{T}} \sum_{i=1}^{2n} (n+\lambda)(\boldsymbol{P}_{XX})_{(i)}(\boldsymbol{P}_{XX})_{(i)}^{\mathrm{T}} \nabla \right] \boldsymbol{f}(\bar{\boldsymbol{X}}) \\
&= \frac{1}{2} \left[\frac{1}{2} \nabla^{\mathrm{T}} \cdot 2 \sum_{i=1}^{n} (\boldsymbol{P}_{XX})_{(i)}(\boldsymbol{P}_{XX})_{(i)}^{\mathrm{T}} \nabla \right] \boldsymbol{f}(\bar{\boldsymbol{X}}) \\
&= \frac{1}{2} \left[\nabla^{\mathrm{T}} \boldsymbol{P}_{XX} \nabla \right] \boldsymbol{f}(\bar{\boldsymbol{X}})
\end{aligned}
$$

将上式代入式 (5.93)，得

$$\bar{\boldsymbol{Y}}_{\mathrm{UT}}=f(\bar{\boldsymbol{X}})+\frac{1}{2}\left(\nabla^{\mathrm{T}}\boldsymbol{P}_{XX}\nabla\right)\boldsymbol{f}(\bar{\boldsymbol{X}})+\frac{1}{2(n+\lambda)}\sum_{i=1}^{2n}\left(\frac{1}{4!}\boldsymbol{D}_{\sigma i}^{4}\boldsymbol{f}+\frac{1}{6!}\boldsymbol{D}_{\sigma i}^{6}\boldsymbol{f}+\cdots\right) \tag{5.94}$$

比较式 (5.91) 和式 (5.94) 可看出，采用 UT 变换计算的映射均值与映射的真实均值仅在泰勒级数的四阶项起不一样，而零阶项至三阶项完全相同。而如果对非线性函数只作线性化处理，则在对称分布的情况下，映射的均值只含有真实均值的零阶项。

3) 无迹变换的协方差阵分析

由 $\boldsymbol{Y}=\boldsymbol{f}(\boldsymbol{X})$ 确定的真实映射的协方差分析如下。

$$\begin{aligned}(\boldsymbol{P}_{YY})_r&=E\left[\left(\boldsymbol{Y}-\bar{\boldsymbol{Y}}_r\right)\left(\boldsymbol{Y}-\bar{\boldsymbol{Y}}_r\right)^{\mathrm{T}}\right]=E\left[\boldsymbol{Y}\boldsymbol{Y}^{\mathrm{T}}\right]-E\left[\boldsymbol{Y}\bar{\boldsymbol{Y}}_r^{\mathrm{T}}\right]-E\left[\bar{\boldsymbol{Y}}_r\boldsymbol{Y}^{\mathrm{T}}\right]\\&\quad+\bar{\boldsymbol{Y}}_r\bar{\boldsymbol{Y}}_r^{\mathrm{T}}=E\left[\boldsymbol{Y}\boldsymbol{Y}^{\mathrm{T}}\right]-\overline{\boldsymbol{Y}}_r\overline{\boldsymbol{Y}}_r^{\mathrm{T}}\end{aligned}$$

式 (5.86) 和式 (5.91) 代入上式

$$\begin{aligned}&(\boldsymbol{P}_{YY})_r\\&=E\left\{\left[\boldsymbol{f}(\bar{\boldsymbol{X}})+\boldsymbol{D}_{\delta\boldsymbol{X}}\boldsymbol{f}+\frac{1}{2}\boldsymbol{D}_{\delta\boldsymbol{X}}^{2}\boldsymbol{f}+\frac{1}{3!}\boldsymbol{D}_{\delta\boldsymbol{X}}^{3}\boldsymbol{f}+\frac{1}{4!}\boldsymbol{D}_{\delta\boldsymbol{X}}^{4}\boldsymbol{f}+\cdots\right]\right.\\&\quad\times\left[\boldsymbol{f}^{\mathrm{T}}(\bar{\boldsymbol{X}})+(\boldsymbol{D}_{\delta\boldsymbol{X}}\boldsymbol{f})^{\mathrm{T}}+\frac{1}{2}\left(\boldsymbol{D}_{\delta\boldsymbol{X}}^{2}\boldsymbol{f}\right)^{\mathrm{T}}+\frac{1}{3!}\left(\boldsymbol{D}_{\delta\boldsymbol{X}}^{3}\boldsymbol{f}\right)^{\mathrm{T}}+\frac{1}{4!}\left(\boldsymbol{D}_{\delta\boldsymbol{X}}^{4}\boldsymbol{f}\right)^{\mathrm{T}}+\cdots\right]\\&\quad-\left[\boldsymbol{f}(\bar{\boldsymbol{X}})+\frac{1}{2}\left(\nabla^{\mathrm{T}}\boldsymbol{P}_{XX}\nabla\right)\boldsymbol{f}(\overline{\boldsymbol{X}})+E\left(\frac{1}{4!}\boldsymbol{D}_{\delta\boldsymbol{X}}^{4}\boldsymbol{f}+\frac{1}{6!}\boldsymbol{D}_{\delta\boldsymbol{X}}^{6}\boldsymbol{f}+\cdots\right)\right]\\&\quad\left.\times\left[\boldsymbol{f}^{\mathrm{T}}(\bar{\boldsymbol{X}})+\frac{1}{2}[(\nabla^{\mathrm{T}}\boldsymbol{P}_{XX}\nabla)\boldsymbol{f}(\bar{\boldsymbol{X}})]^{\mathrm{T}}+E\left(\frac{1}{4!}\boldsymbol{D}_{\delta\boldsymbol{X}}^{4}\boldsymbol{f}+\frac{1}{6!}\boldsymbol{D}_{\delta\boldsymbol{X}}^{6}\boldsymbol{f}+\cdots\right)^{\mathrm{T}}\right]\right\}\end{aligned}$$

考虑到 $\boldsymbol{X}$ 对称分布时，$\delta\boldsymbol{X}$ 的奇次阶矩为零，并利用式 (5.87)

$$\begin{aligned}(\boldsymbol{P}_{YY})_r&=\boldsymbol{F}(\bar{\boldsymbol{X}})\boldsymbol{P}_{XX}\boldsymbol{F}^{\mathrm{T}}(\bar{\boldsymbol{X}})-\frac{1}{4}\left[\left(\nabla^{\mathrm{T}}\boldsymbol{P}_{XX}\nabla\right)\boldsymbol{f}(\bar{\boldsymbol{X}})\right]\\&\quad\times\left[\left(\nabla^{\mathrm{T}}\boldsymbol{P}_{XX}\nabla\right)\boldsymbol{f}(\bar{\boldsymbol{X}})\right]^{\mathrm{T}}+E\sum_{i=2}^{n}\sum_{j=2}^{n}\left(\boldsymbol{D}_{\delta\boldsymbol{X}}^{i}\boldsymbol{f}\right)\left(\boldsymbol{D}_{\delta\boldsymbol{X}}^{j}\boldsymbol{f}\right)^{\mathrm{T}}\\&\quad-E\left[\sum_{i=1}^{n}\sum_{j=1}^{n}\frac{1}{(2i)!(2j)!}\left(\boldsymbol{D}_{\delta\boldsymbol{X}}^{2i}\boldsymbol{f}\right)\left(\boldsymbol{D}_{\delta\boldsymbol{X}}^{2j}\boldsymbol{f}\right)^{\mathrm{T}}\right]\end{aligned} \tag{5.95}$$

$\boldsymbol{Y}=\boldsymbol{f}(\boldsymbol{X})$ 由 UT 变换确定的计算映射的协方差阵分析如下：

$$(\boldsymbol{P}_{YY})_{\mathrm{UT}}=E\left[\left(\boldsymbol{Y}-\bar{\boldsymbol{Y}}_{\mathrm{UT}}\right)\left(\boldsymbol{Y}-\bar{\boldsymbol{Y}}_{\mathrm{UT}}\right)^{\mathrm{T}}\right]$$

根据式 (5.86) 和式 (5.94)

$$
\begin{aligned}
\boldsymbol{Y}-\bar{\boldsymbol{Y}}_{\mathrm{UT}}=&\ \boldsymbol{f}(\bar{\boldsymbol{X}})+\boldsymbol{D}_{\delta \boldsymbol{X}}\boldsymbol{f}+\frac{1}{2}\boldsymbol{D}_{\delta \boldsymbol{X}}^{2}\boldsymbol{f}+\frac{1}{3!}\boldsymbol{D}_{\delta \boldsymbol{X}}^{3}\boldsymbol{f}+\cdots-\boldsymbol{f}(\bar{\boldsymbol{X}})\\
&-\frac{1}{2}\left(\nabla^{\mathrm{T}}\boldsymbol{P}_{XX}\nabla\right)\boldsymbol{f}(\bar{\boldsymbol{X}})-\frac{1}{2(n+\lambda)}\sum_{i=1}^{2n}\left(\frac{1}{4!}\boldsymbol{D}_{\delta \boldsymbol{X}}^{1}\boldsymbol{f}+\frac{1}{6!}\boldsymbol{D}_{\delta \boldsymbol{X}}^{6}\boldsymbol{f}+\cdots\right)\\
=&\ \boldsymbol{F}(\bar{\boldsymbol{X}})\delta\boldsymbol{X}-\frac{1}{2}\left(\nabla^{\mathrm{T}}\boldsymbol{P}_{XX}\nabla\right)\boldsymbol{f}(\bar{\boldsymbol{X}})+\frac{1}{2}\boldsymbol{D}_{\delta \boldsymbol{X}}^{2}\boldsymbol{f}+\frac{1}{3!}\boldsymbol{D}_{\delta \boldsymbol{X}}^{3}\boldsymbol{f}\\
&+\cdots-\frac{1}{2(n+\lambda)}\sum_{i=1}^{2n}\left(\frac{1}{4!}\boldsymbol{D}_{\sigma i}^{4}\boldsymbol{f}+\frac{1}{6!}\boldsymbol{D}_{\sigma i}^{6}\boldsymbol{f}+\cdots\right)
\end{aligned}
$$

$$
\begin{aligned}
&(\boldsymbol{P}_{YY})_{\mathrm{UT}}\\
=&\ E\left\{\left[\boldsymbol{F}(\bar{\boldsymbol{X}})\delta\boldsymbol{X}-\frac{1}{2}\left(\nabla^{\mathrm{T}}\boldsymbol{P}_{XX}\nabla\right)\boldsymbol{f}(\bar{\boldsymbol{X}})+\frac{1}{2}\boldsymbol{D}_{\delta X}^{2}\boldsymbol{f}+\frac{1}{3!}\boldsymbol{D}_{\delta X}^{3}\boldsymbol{f}\right.\right.\\
&\left.+\cdots-\frac{1}{2(n+\lambda)}\sum_{k=1}^{\infty}\sum_{i=1}^{2n}\frac{1}{(2k)!}\boldsymbol{D}_{\sigma_i}^{2k}\boldsymbol{f}\right]\cdot\left[\delta\boldsymbol{X}^{\mathrm{T}}\boldsymbol{F}^{\mathrm{T}}(\bar{\boldsymbol{X}})-\frac{1}{2}\left(\left(\nabla^{\mathrm{T}}\boldsymbol{P}_{XX}\nabla\right)\boldsymbol{f}(\bar{\boldsymbol{X}})\right)^{\mathrm{T}}\right.\\
&\left.\left.+\frac{1}{2}\left(\boldsymbol{D}_{\delta \boldsymbol{X}}^{2}\boldsymbol{f}\right)^{\mathrm{T}}+\frac{1}{3!}\left(\boldsymbol{D}_{\delta \boldsymbol{X}}^{3}\boldsymbol{f}\right)^{\mathrm{T}}+\cdots-\frac{1}{2(n+\lambda)}\sum_{k=1}^{\infty}\sum_{i=1}^{2n}\frac{1}{(2k)!}\left(\boldsymbol{D}_{\sigma_i}^{2k}\boldsymbol{f}\right)^{\mathrm{T}}\right]\right\}\\
=&\ \boldsymbol{F}(\bar{\boldsymbol{X}})\boldsymbol{P}_{XX}\boldsymbol{F}^{\mathrm{T}}(\bar{\boldsymbol{X}})+\frac{1}{4}\left(\nabla^{\mathrm{T}}\boldsymbol{P}_{XX}\nabla\right)\boldsymbol{f}(\bar{\boldsymbol{X}})\left[\left(\nabla^{\mathrm{T}}\boldsymbol{P}_{XX}\nabla\right)\boldsymbol{f}(\bar{\boldsymbol{X}})\right]^{\mathrm{T}}\\
&-\frac{1}{4}\left(\nabla^{\mathrm{T}}\boldsymbol{P}_{XX}\nabla\right)\boldsymbol{f}(\bar{\boldsymbol{X}})E\left(\boldsymbol{D}_{\delta X}^{2}\boldsymbol{f}\right)^{\mathrm{T}}-\frac{1}{4}E\left(\boldsymbol{D}_{\delta X}^{2}\boldsymbol{f}\right)\left[\left(\nabla^{\mathrm{T}}\boldsymbol{P}_{XX}\nabla\right)\boldsymbol{f}(\bar{\boldsymbol{X}})\right]^{\mathrm{T}}\\
&+\frac{1}{4}E\left[\left(\boldsymbol{D}_{\delta \boldsymbol{X}}^{2}\boldsymbol{f}\right)\left(\boldsymbol{D}_{\delta \boldsymbol{X}}^{2}\boldsymbol{f}\right)^{\mathrm{T}}\right]+\frac{1}{2\times 3!}E\left[\left(\boldsymbol{D}_{\delta \boldsymbol{X}}^{2}\boldsymbol{f}\right)\left(\boldsymbol{D}_{\delta \boldsymbol{X}}^{3}\boldsymbol{f}\right)^{\mathrm{T}}\right]+\cdots
\end{aligned}
$$

记上式第 5 项起的和式为 $\Delta\Sigma(\delta\boldsymbol{X},\boldsymbol{\sigma})$，该和式是泰勒级数展开式中关于 $\delta\boldsymbol{X}$ 和 $\boldsymbol{\sigma}$ 高于四次的项，是高次项和。将式 (5.90) 代入上式，得

$$
\begin{aligned}
(\boldsymbol{P}_{YY})_{\mathrm{UT}}=&\ \boldsymbol{F}(\bar{\boldsymbol{X}})\boldsymbol{P}_{XX}\boldsymbol{F}^{\mathrm{T}}(\bar{\boldsymbol{X}})-\frac{1}{4}\left(\nabla^{\mathrm{T}}\boldsymbol{P}_{XX}\nabla\right)\boldsymbol{f}(\bar{\boldsymbol{X}})\\
&\times\left[\left(\nabla^{\mathrm{T}}\boldsymbol{P}_{XX}\nabla\right)\boldsymbol{f}(\bar{\boldsymbol{X}})\right]^{\mathrm{T}}+\boldsymbol{\Delta}_{\Sigma}(\delta\boldsymbol{X},\boldsymbol{\sigma})
\end{aligned}
\tag{5.96}
$$

比较式 (5.95) 和式 (5.96)，可以看出，由 UT 确定的计算映射的协方差阵与真实映射的协方差阵前两项相同。而当 EKF 仅取线性项时

$$
\begin{aligned}
\boldsymbol{Y}_L&=\boldsymbol{f}(\bar{\boldsymbol{X}})+\boldsymbol{F}(\bar{\boldsymbol{X}})\delta\boldsymbol{X}\\
\bar{\boldsymbol{Y}}_L&=\boldsymbol{f}(\bar{\boldsymbol{X}})\\
(\boldsymbol{P}_{YY})_L&=E\left[\left(\boldsymbol{Y}-\bar{\boldsymbol{Y}}_L\right)\left(\boldsymbol{Y}-\bar{\boldsymbol{Y}}_L\right)^{\mathrm{T}}\right]
\end{aligned}
\tag{5.97}
$$

将式 (5.86)、式 (5.97) 代入上式，并应用式 (5.87)，得

$$
\begin{aligned}
(\boldsymbol{P}_{YY})_L = & E\left\{\left[\boldsymbol{D}_{\delta \boldsymbol{X}}\boldsymbol{f} + \frac{1}{2}\boldsymbol{D}_{\delta \boldsymbol{X}}^2\boldsymbol{f} + \frac{1}{3!}\boldsymbol{D}_{\delta \boldsymbol{X}}^3\boldsymbol{f} + \cdots\right]\right. \\
& \left.\times\left[(\boldsymbol{D}_{\delta \boldsymbol{X}}\boldsymbol{f})^{\mathrm{T}} + \frac{1}{2}\left(\boldsymbol{D}_{\delta \boldsymbol{X}}^2\boldsymbol{f}\right)^{\mathrm{T}} + \frac{1}{3!}\left(\boldsymbol{D}_{\delta \boldsymbol{X}}^3\boldsymbol{f}\right)^{\mathrm{T}} + \cdots\right]\right\} \\
= & \boldsymbol{F}(\bar{\boldsymbol{X}})\boldsymbol{P}_{XX}\boldsymbol{F}^{\mathrm{T}}(\bar{\boldsymbol{X}}) + \frac{1}{4}E\left[\left(\boldsymbol{D}_{\delta \boldsymbol{X}}^2\boldsymbol{f}\right)\left(\boldsymbol{D}_{\delta \boldsymbol{X}}^2\boldsymbol{f}\right)^{\mathrm{T}}\right] \\
& + \frac{1}{(3!)^2}E\left[\left(\boldsymbol{D}_{\delta \boldsymbol{X}}^3\boldsymbol{f}\right)\left(\boldsymbol{D}_{\delta \boldsymbol{X}}^3\boldsymbol{f}\right)^{\mathrm{T}}\right] + \cdots
\end{aligned}
$$

该式说明：$(\boldsymbol{P}_{YY})_L$ 至少为 $\boldsymbol{F}(\bar{\boldsymbol{X}})\boldsymbol{P}_{XX}\boldsymbol{F}^{\mathrm{T}}(\bar{\boldsymbol{X}})$，而 UT 变换对应的 $(\boldsymbol{P}_{YY})_{\mathrm{UT}}$ 不会超过该值。所以，当对象为非线性系统时，UT 变换的精度优于线性化精度，非线性越强，精度的差异越明显。

5.3.3 无迹 Kalman 滤波算法

1. 可加性噪声条件下的无迹 Kalman 滤波算法

可加性噪声条件下的系统方程和量测方程分别如式 (5.73) 和式 (5.74) 所示。

由式 (5.76) 知，计算增益的关键是确定出 $\boldsymbol{P}_{(XZ)_{k|k-1}}$ 和 $\boldsymbol{P}_{(ZZ)_{k|k-1}}$，该两协方差阵由 UT 变换完成计算，具体计算步骤如下。

步骤 1：选定滤波初值。

$$\hat{\boldsymbol{X}}_0 = E[\boldsymbol{X}_0] \tag{5.98a}$$

$$\boldsymbol{P}_0 = E\left[\left(\boldsymbol{X}_0 - \hat{\boldsymbol{X}}_0\right)\left(\boldsymbol{X}_0 - \hat{\boldsymbol{X}}_0\right)^{\mathrm{T}}\right] \tag{5.98b}$$

对 $k = 1, 2, 3, \cdots$，执行如下步骤。

步骤 2：计算 $k-1$ 时刻的 $2n+1$ 个 σ 样本点。

$$\tilde{\boldsymbol{\chi}}_{k-1}^{(0)} = \hat{\boldsymbol{X}}_{k-1} = E[\boldsymbol{X}_0] \tag{5.99a}$$

$$\tilde{\boldsymbol{\chi}}_{k-1}^{(i)} = \hat{\boldsymbol{X}}_{k-1} + \gamma\left(\sqrt{\boldsymbol{P}_{k-1}}\right)_{(i)}, \quad i = 1, 2, \cdots, n \tag{5.99b}$$

$$\tilde{\boldsymbol{\chi}}_{k-1}^{(i)} = \hat{\boldsymbol{X}}_{k-1} - \gamma\left(\sqrt{\boldsymbol{P}_{k-1}}\right)_{(i-n)}, \quad i = n+1, n+2, \cdots, 2n \tag{5.99c}$$

式中，$\gamma = \sqrt{n+\lambda}, \lambda$ 的确定见式 (5.79d)。

步骤 3：计算 k 时刻的一步预测模型值。

$$\boldsymbol{\chi}_{k|k-1}^{*(i)} = \boldsymbol{f}\left[\tilde{\boldsymbol{\chi}}_{k-1}^{(i)}, \boldsymbol{u}_{k-1}\right], \quad i = 0, 1, 2, \cdots, 2n \tag{5.100a}$$

$$\hat{\boldsymbol{X}}_{k-1}=\sum_{i=0}^{2n}W_i^{(m)}\boldsymbol{\chi}_{k|k-1}^{*(i)} \tag{5.100b}$$

$$\boldsymbol{P}_{k|k-1}=\sum_{i=0}^{2n}W_i^{(c)}\left[\boldsymbol{\chi}_{k|k-1}^{*(i)}-\hat{\boldsymbol{X}}_{k|k-1}\right]\left[\boldsymbol{\chi}_{k|k+1}^{*(i)}-\hat{\boldsymbol{X}}_{k|k-1}\right]^{\mathrm{T}}+\boldsymbol{Q}_{k-1} \tag{5.100c}$$

步骤 4：计算 k 时刻的一步预测增广样本点。

$$\boldsymbol{\chi}_{k|k-1}^{(i)}=\boldsymbol{\chi}_{k|k-1}^{*(i)},\quad i=0,1,2,\cdots,2n \tag{5.101a}$$

$$\boldsymbol{\chi}_{k|k-1}^{(i)}=\boldsymbol{\chi}_{k|k-1}^{(0)}+\gamma\left(\sqrt{\boldsymbol{Q}_{k-1}}\right)_{(i-2n)},\quad i=2n+1,2n+2,\cdots,3n \tag{5.101b}$$

$$\boldsymbol{\chi}_{k|k-1}^{(i)}=\boldsymbol{\chi}_{k|k-1}^{(0)}-\gamma\left(\sqrt{\boldsymbol{Q}_{k-1}}\right)_{(i-3n)},\quad i=3n+1,3n+2,\cdots,4n \tag{5.101c}$$

$$\mathbb{Z}_{k|k-1}^{(i)}=\boldsymbol{h}\left[\boldsymbol{\chi}_{k|k-1}^{(i)}\right],\quad i=0,1,\cdots,4n \tag{5.101d}$$

$$\hat{\boldsymbol{Z}}_{k|k-1}=\sum_{i=0}^{4n}W_i^{(m)}\mathbb{Z}_{k|k-1}^{(i)} \tag{5.101e}$$

式中，$W_i^{(m)}=\dfrac{1}{2(2n+\lambda)},i=1,2,3,\cdots,4n;W_0^{(m)}=\dfrac{\lambda}{2n+\lambda}$。

步骤 5：计算 $\boldsymbol{P}_{(XZ)_{k|k-1}},\boldsymbol{P}_{(ZZ)_{k|k-1}}$。

$$\boldsymbol{P}_{(XZ)_{k|k-1}}=\sum_{i=0}^{4n}W_i^{(c)}\left[\boldsymbol{\chi}_{k|k-1}^{(i)}-\hat{\boldsymbol{X}}_{k|k-1}\right]\left[\mathbb{Z}_{k|k-1}^{(i)}-\hat{\boldsymbol{Z}}_{k|k-1}\right]^{\mathrm{T}} \tag{5.102a}$$

$$\boldsymbol{P}_{(ZZ)_{k|k-1}}=\sum_{i=0}^{4n}W_i^{(c)}\left[\mathbb{Z}_{k|k-1}^{(i)}-\hat{\boldsymbol{Z}}_{k|k-1}\right]\left[\mathbb{Z}_{k|k-1}^{(i)}-\hat{\boldsymbol{Z}}_{k|k-1}\right]^{\mathrm{T}}+\boldsymbol{R}_k \tag{5.102b}$$

式中，$W_i^{(c)}=\dfrac{1}{2(2n+\lambda)},i=1,2,3,\cdots,4n;W_0^{(c)}=\dfrac{\lambda}{2n+\lambda}+1-\alpha^2+\beta$。

步骤 6：计算增益矩阵。

$$\boldsymbol{K}_k=\boldsymbol{P}_{(XZ)_{k|k-1}}\boldsymbol{P}_{(ZZ)_{k|k-1}}^{-1} \tag{5.103a}$$

步骤 7：计算滤波值。

$$\hat{\boldsymbol{X}}_k=\hat{\boldsymbol{X}}_{k|k-1}+\boldsymbol{K}_k\left[\boldsymbol{Z}_k-\hat{\boldsymbol{Z}}_{k|k-1}\right] \tag{5.103b}$$

$$\boldsymbol{P}_k=\boldsymbol{P}_{k|k-1}-\boldsymbol{K}_k\boldsymbol{P}_{(ZZ)_{k|k-1}},\boldsymbol{K}_k^{\mathrm{T}} \tag{5.103c}$$

如果在计算步骤 4 和步骤 5 中对一步预测样本点不作增广，则只需将步骤 4 和步骤 5 改写成如下形式。

步骤 4′：计算 k 时刻的一步预测样本点。

$$\boldsymbol{\chi}_{k|k-1}^{(0)} = \hat{\boldsymbol{X}}_{k|k-1} \tag{5.104a}$$

$$\boldsymbol{\chi}_{k|k-1}^{(i)} = \hat{\boldsymbol{X}}_{k|k-1} + \gamma\left(\sqrt{\boldsymbol{P}_{k|k-1}}\right)_{(i)}, \quad i = 1, 2, \cdots, n \tag{5.104b}$$

$$\boldsymbol{\chi}_{k|k-1}^{(i)} = \hat{\boldsymbol{X}}_{k|k-1} - \gamma\left(\sqrt{\boldsymbol{P}_{k|k-1}}\right)_{(i-n)}, \quad i = n+1, n+2, \cdots, 2n \tag{5.104c}$$

步骤 5′：计算 $\boldsymbol{P}(XZ)_{k|k-1}, \boldsymbol{P}(ZZ)_{k|k-1}$。

$$\boldsymbol{P}_{(XZ)_{k|k-1}} = \sum_{i=0}^{2n} W_i^{(c)} \left[\boldsymbol{\chi}_{k|k-1}^{(i)} - \hat{\boldsymbol{X}}_{k|k-1}\right]\left[\mathbb{Z}_{k|k-1}^{(i)} - \hat{\boldsymbol{Z}}_{k|k-1}\right]^{\mathrm{T}} \tag{5.105a}$$

$$\boldsymbol{P}_{(ZZ)_{k|k-1}} = \sum_{i=0}^{2n} W_i^{(c)} \left[\mathbb{Z}_{k|k-1}^{(i)} - \hat{\boldsymbol{Z}}_{k|k-1}\right]\left[\mathbb{Z}_{k|k-1}^{(i)} - \hat{\boldsymbol{Z}}_{k|k-1}\right]^{\mathrm{T}} + \boldsymbol{R}_k \tag{5.105b}$$

式中，

$$\mathbb{Z}_{k|k-1}^{(i)} = \boldsymbol{h}\left[\boldsymbol{\chi}_{k|k-1}^{(i)}\right], \quad i = 0, 1, 2, \cdots, 2n \tag{5.106a}$$

$$\hat{\boldsymbol{Z}}_{k|k-1} = \sum_{i=0}^{2n} W_i^{(m)} \mathbb{Z}_{k|k-1}^{(i)} \tag{5.106b}$$

$W_i^{(m)}$ 和 $W_i^{(c)}$ 按式 (5.79) 计算。

按步骤 4′ 和 5′ 计算的一步预测样本点比按步骤 4 和 5 计算的少一半，这对降低计算量是有利的，但丢弃了原复现样本所包含的奇阶矩信息。

2. 非可加性噪声条件下的无迹 Kalman 滤波算法

设系统方程和量测方程具有一般形式

$$\boldsymbol{X}_k = \boldsymbol{f}\left(\boldsymbol{X}_{k-1}, \boldsymbol{u}_{k-1}, \boldsymbol{W}_{k-1}\right) \tag{5.107}$$

$$\boldsymbol{Z}_k = \boldsymbol{h}\left(\boldsymbol{X}_k, \boldsymbol{\varepsilon}_k\right) \tag{5.108}$$

式中，$\boldsymbol{W}_k$ 和 $\boldsymbol{\varepsilon}_k$ 为零均值不相关的高斯白噪声，方差阵分别为 $\boldsymbol{Q}_k$ 和 $\boldsymbol{R}_k$。设 $\boldsymbol{X}_k, \boldsymbol{W}_k, \boldsymbol{\varepsilon}_k$ 的维数分别为 n, q, p。

记增广状态

$$\boldsymbol{X}_k^a = \begin{bmatrix} \boldsymbol{X}_k \\ \boldsymbol{W}_k \\ \boldsymbol{\varepsilon}_k \end{bmatrix}, \quad \boldsymbol{P}_k^a = \begin{bmatrix} \boldsymbol{P}_k & 0 & 0 \\ 0 & \boldsymbol{Q}_k & 0 \\ 0 & 0 & \boldsymbol{R}_k \end{bmatrix}$$

则执行 UKF 滤波计算的步骤如下。

步骤 1：确定滤波初值。

由于 $E[\boldsymbol{W}_k]=\mathbf{0}, E[\boldsymbol{\varepsilon}_k]=\mathbf{0}, E\left[\boldsymbol{W}_k\boldsymbol{W}_k^{\mathrm{T}}\right]=\boldsymbol{Q}_k, E\left[\boldsymbol{\varepsilon}_k\boldsymbol{\varepsilon}_k^{\mathrm{T}}\right]=\boldsymbol{R}_k$，所以滤波初值取为

$$\hat{\boldsymbol{X}}_0^a=\begin{bmatrix}\hat{\boldsymbol{X}}_0\\ \mathbf{0}\\ \mathbf{0}\end{bmatrix},\quad \boldsymbol{P}_0^a=\begin{bmatrix}\boldsymbol{P}_0 & \mathbf{0} & \mathbf{0}\\ \mathbf{0} & \boldsymbol{Q}_0 & \mathbf{0}\\ \mathbf{0} & \mathbf{0} & \boldsymbol{R}_0\end{bmatrix}$$

式中，$\hat{\boldsymbol{X}}_0=E[\boldsymbol{X}_0], \boldsymbol{P}_0=E\left[(\boldsymbol{X}_0-E\boldsymbol{X}_0)(\boldsymbol{X}_0-E\boldsymbol{X}_0)^{\mathrm{T}}\right]$。

对 $k=1,2,3,\cdots$，执行如下步骤。

步骤 2：计算 1 倍 σ 样本点。

$$\boldsymbol{\chi}_{k-1}^{a(0)}=\hat{\boldsymbol{X}}_{k-1}^a \tag{5.109a}$$

$$\boldsymbol{\chi}_{k-1}^{a(i)}=\hat{\boldsymbol{X}}_{k-1}^a+\gamma\left(\sqrt{\boldsymbol{P}_{k-1}^a}\right)_{(i)},\quad i=1,2,\cdots,L \tag{5.109b}$$

$$\boldsymbol{\chi}_{k-1}^{a(i)}=\hat{\boldsymbol{X}}_{k-1}^a-\gamma\left(\sqrt{\boldsymbol{P}_{k-1}^a}\right)_{(i-L)},\quad i=L+1,L+2,\cdots,2L \tag{5.109c}$$

其中，

$$L=n+q+p$$

$$\gamma=\sqrt{L+\lambda}$$

$$\boldsymbol{\chi}_{k-1}^{a(i)}=\begin{bmatrix}\boldsymbol{\chi}_{k-1}^{\boldsymbol{X}(i)}\\ \boldsymbol{\chi}_{k-1}^{\boldsymbol{W}(i)}\\ \boldsymbol{\chi}_{k-1}^{\boldsymbol{\varepsilon}(i)}\end{bmatrix},\quad i=1,2,\cdots,2L$$

$$\boldsymbol{P}_{k-1}^a=\begin{bmatrix}\boldsymbol{P}_{k-1} & \mathbf{0} & \mathbf{0}\\ \mathbf{0} & \boldsymbol{Q}_{k-1} & \mathbf{0}\\ \mathbf{0} & \mathbf{0} & \boldsymbol{R}_{k-1}\end{bmatrix}$$

步骤 3：时间更新。

$$\boldsymbol{\chi}_{k|k-1}^{\boldsymbol{X}(i)}=f\left[\boldsymbol{\chi}_{k-1}^{\boldsymbol{X}(i)},\boldsymbol{u}_{k-1},\boldsymbol{\chi}_{k-1}^{\boldsymbol{W}(i)}\right],\quad i=0,1,\cdots,2L \tag{5.110a}$$

$$\hat{\boldsymbol{X}}_{k|k-1}=\sum_{i=0}^{2L}W_i^{(m)}\boldsymbol{\chi}_{k|k-1}^{\boldsymbol{X}(i)} \tag{5.110b}$$

$$\boldsymbol{P}_{k|k-1}=\sum_{i=0}^{2L}W_i^{(c)}\left(\boldsymbol{\chi}_{k|k-1}^{\boldsymbol{X}(i)}-\hat{\boldsymbol{X}}_{k|k-1}\right)\left(\boldsymbol{\chi}_{k|k-1}^{\boldsymbol{X}(i)}-\hat{\boldsymbol{X}}_{k|k-1}\right)^{\mathrm{T}} \tag{5.110c}$$

$$\mathbb{Z}_{k|k-1}^{(i)}=\boldsymbol{h}\left[\boldsymbol{\chi}_{k|k-1}^{\boldsymbol{X}(i)},\boldsymbol{\chi}_{k|k-1}^{\boldsymbol{\varepsilon}(i)}\right],\quad i=0,1,\cdots,2L \tag{5.110d}$$

$$\hat{\boldsymbol{Z}}_{k|k-1}=\sum_{i=0}^{2L}\boldsymbol{W}_i^{(m)}\mathbb{Z}_{k|k-1}^{(i)} \tag{5.110e}$$

其中，

$$W_0^{(m)}=\frac{\lambda}{L+\lambda}$$

$$W_0^{(c)}=\frac{\lambda}{L+\lambda}+1-\alpha^2+\beta$$

$$W_i^{(m)}=W_i^{(c)}=\frac{1}{2(L+\lambda)},\quad i=1,2,\cdots,2L$$

步骤 4：量测更新。

$$\boldsymbol{P}_{(ZZ)_{k|k-1}}=\sum_{i=0}^{2L}W_i^{(c)}\left[\mathbb{Z}_{k|k-1}^{(i)}-\hat{\boldsymbol{Z}}_{k|k-1}\right]\left[\mathbb{Z}_{k|k-1}^{(i)}-\hat{\boldsymbol{Z}}_{k|k-1}\right]^{\mathrm{T}} \tag{5.111a}$$

$$\boldsymbol{P}_{(XZ)_{k|k-1}}=\sum_{i=0}^{2L}W_i^{(c)}\left[\boldsymbol{\chi}_{k|L-1}^{X(i)}-\hat{\boldsymbol{X}}_{k|k-1}\right]\left[\mathbb{Z}_{k|k-1}^{(i)}-\hat{\boldsymbol{Z}}_{k|k-1}\right]^{\mathrm{T}} \tag{5.111b}$$

$$\boldsymbol{K}_k=\boldsymbol{P}_{(XZ)_{k|k-1}}\boldsymbol{P}_{(ZZ)_{k|k-1}}^{-1} \tag{5.111c}$$

$$\hat{\boldsymbol{X}}_k=\hat{\boldsymbol{X}}_{k|k-1}+\boldsymbol{K}_k\left[\boldsymbol{Z}_k-\hat{\boldsymbol{Z}}_{k|k-1}\right] \tag{5.111d}$$

$$\boldsymbol{P}_k=\boldsymbol{P}_{k|k-1}-\boldsymbol{K}_k\boldsymbol{P}_{(ZZ),k-1}\boldsymbol{K}_k^{\mathrm{T}} \tag{5.111e}$$

3. 无迹 Kalman 滤波的基本特点

从上述分析可得出如下结论：

(1) UKF 本质上是线性最小方差估计的一种近似算法。近似体现在：用随机量的条件均值代替均值，使用被估计量和量测量的再现样本点计算两者的自协方差阵和互协方差阵。

(2) 若系统噪声、量测噪声和被估计量的初值都服从正态分布，则 UKF 又是最小方差估计的一种近似算法。

(3) 由于被估计量和量测量的再现样本点可直接根据系统方程和量测方程计算，所以 UKF 不必对系统方程和量测方程作线性化处理，与 EKF 相比，其优点是：避免了雅可比矩阵的求解；EKF 只是非线性对象的一阶近似，二阶 EKF 是非线性对象的二阶近似，而 UKF 至少达到二阶近似，所以当系统方程和量测方程呈现强非线性时，EKF 的线性化处理将引起严重的截断误差，导致滤波发散，而 UKF 无此问题，所以 UKF 能适用于强非线性条件下的估计，EKF 只适用于弱非线性对象的估计。

(4) 由于 UKF 是线性最小方差估计的一种近似算法。而标准 Kalman 滤波是精确算法，所以，在非线性系统的估计中宜采用 UKF，非线性越强，算法的优势就越明显；若系统的非线性较弱，则可采用 EKF 算法；而在线性系统估计中应采用标准 Kalman 滤波算法。

顺便对 UKF 中的 Unscented 的理解提出浅识供参考。在 UT 变换中需选定三个参数：α，β，κ。尽管很多文献给出了选定这些参数的特定方法，如当状态变量服从正态分布时，选择 $\beta=2$，但这些参数的最佳值完全取决于所研究对象的具体特殊情况，其中的定量关系至今还未被完全理解和研究透，所以从这点上看，Unscented 具有无踪和无线索的含意。

5.4　滤波模型与实际系统的一致性识别及滤波发散问题

5.4.1　新息序列

滤波是将工程技术问题转化为滤波所要求的数学模型。但由于数学模型的近似性和模型噪声统计特性不确定等原因，最佳滤波技术并不总是能获得最佳估值。下面引入新息序列的概念，研究其性质，并利用这些性质进行估值偏倚补偿和滤波发散的识别，当滤波发散时，采用自适应滤波技术加以抑制。

考虑系统

$$\begin{aligned}\boldsymbol{X}_k &= \boldsymbol{\Phi}_{k,k-1}\boldsymbol{X}_{k-1}+\boldsymbol{W}_{k-1}\\ \boldsymbol{Z}_k &= \boldsymbol{H}_k\boldsymbol{X}_k+\boldsymbol{\varepsilon}_k\end{aligned} \tag{5.112}$$

记 $\boldsymbol{v}_k=\boldsymbol{Z}_k-\boldsymbol{H}_k\hat{\boldsymbol{X}}_{k|k-1}$，则 $\{\boldsymbol{v}_k\}$ 就是新息序列。

新息序列 $\{\boldsymbol{v}_k\}$ 的其他表示形式有

$$\begin{aligned}\boldsymbol{v}_k &= \boldsymbol{H}_k\boldsymbol{X}_k+\boldsymbol{\varepsilon}_k-\boldsymbol{H}_k\hat{\boldsymbol{X}}_{k,k-1}\\ &= \boldsymbol{H}_k\tilde{\boldsymbol{X}}_{k,k-1}+\boldsymbol{\varepsilon}_k\end{aligned} \tag{5.113}$$

$$\begin{aligned}\boldsymbol{v}_k &= \boldsymbol{H}_k(\boldsymbol{\Phi}_{k,k-1}\boldsymbol{X}_{k-1}+\boldsymbol{W}_{k-1})+\boldsymbol{\varepsilon}_k-\boldsymbol{H}_k\boldsymbol{\Phi}_{k,k-1}\hat{\boldsymbol{X}}_{k-1|k-1}\\ &= \boldsymbol{H}_k\boldsymbol{\Phi}_{k,k-1}\tilde{\boldsymbol{X}}_{k-1|k-1}+\boldsymbol{H}_k\boldsymbol{W}_{k-1}+\boldsymbol{\varepsilon}_k\end{aligned} \tag{5.114}$$

性质 1　$\boldsymbol{Z}_k$ 可以表示为 $\hat{\boldsymbol{X}}_{0|0},v_1,\cdots,v_k$ 的线性组合，反之，$\boldsymbol{v}_k$ 也可以表示为 $\hat{\boldsymbol{X}}_{0|0},Z_1,\cdots,Z_k$ 的线性组合。

注意到

$$\boldsymbol{Z}_k=\boldsymbol{H}_k\hat{\boldsymbol{X}}_{k|k-1}+\boldsymbol{v}_k \tag{5.115}$$

$$
\begin{aligned}
\hat{\boldsymbol{X}}_{k|k-1} &= \boldsymbol{\Phi}_{k,k-1}\hat{\boldsymbol{X}}_{k-1|k-1} \\
&= \boldsymbol{\Phi}_{k,k-1}(\hat{\boldsymbol{X}}_{k-1|k-2} + \boldsymbol{k}_{k-1}\boldsymbol{v}_{k-1}) \\
&= \boldsymbol{\Phi}_{k,k-1}(\boldsymbol{\Phi}_{k-1,k-2}\hat{\boldsymbol{X}}_{k-2|k-2} + \boldsymbol{k}_{k-1}\boldsymbol{v}_{k-1}) \\
&= \boldsymbol{\Phi}_{k,k-2}\hat{\boldsymbol{X}}_{k-2|k-2} + \boldsymbol{\Phi}_{k,k-1}\boldsymbol{k}_{k-1}\boldsymbol{v}_{k-1} \\
&= \cdots \\
&= \boldsymbol{\Phi}_{k,0}\hat{\boldsymbol{X}}_{0|0} + \sum_{i=1}^{k-1}\boldsymbol{\Phi}_{k,i}\boldsymbol{k}_i\boldsymbol{v}_i
\end{aligned} \tag{5.116}
$$

因此

$$
\boldsymbol{Z}_k = \boldsymbol{H}_k\left[\boldsymbol{\Phi}_{k,0}\hat{\boldsymbol{X}}_{0|0} + \sum_{i=1}^{k-1}\boldsymbol{\Phi}_{k,i}\boldsymbol{k}_i\boldsymbol{v}_i\right] + \boldsymbol{v}_k
$$

$$
\boldsymbol{v}_1 = \boldsymbol{Z}_1 - \boldsymbol{H}_1\hat{\boldsymbol{X}}_{1|0} = \boldsymbol{Z}_1 - \boldsymbol{H}_1\boldsymbol{\Phi}_{1,0}\hat{\boldsymbol{X}}_{0|0} \tag{5.117}
$$

$$
\begin{aligned}
\boldsymbol{v}_2 &= \boldsymbol{Z}_2 - \boldsymbol{H}_2\boldsymbol{\Phi}_{2,1}\hat{\boldsymbol{X}}_{1|1} \\
&= \boldsymbol{Z}_2 - \boldsymbol{H}_2\boldsymbol{\Phi}_{2,1}[\hat{\boldsymbol{X}}_{1|0} + \boldsymbol{K}_1\boldsymbol{v}_1] \\
&= \boldsymbol{Z}_2 - \boldsymbol{H}_2\boldsymbol{\Phi}_{2,1}\hat{\boldsymbol{X}}_{1|0} - \boldsymbol{H}_2\boldsymbol{\Phi}_{2,1}\boldsymbol{K}_1(\boldsymbol{Z}_1 - \boldsymbol{H}_1\hat{\boldsymbol{X}}_{1|0}) \\
&= \boldsymbol{Z}_2 - \boldsymbol{H}_2\boldsymbol{\Phi}_{2,1}\boldsymbol{K}_1\boldsymbol{Z}_1 - \boldsymbol{H}_2\boldsymbol{\Phi}_{2,1}(\boldsymbol{I} - \boldsymbol{K}_1\boldsymbol{H}_1)\boldsymbol{\Phi}_{1,0}\hat{\boldsymbol{X}}_{0|0}
\end{aligned} \tag{5.118}
$$

由数学归纳法知 $\boldsymbol{v}_k$ 可表示为 $\hat{\boldsymbol{X}}_{0|0}, \boldsymbol{Z}_1, \cdots, \boldsymbol{Z}_k$ 的线性组合。从线性估计的范畴，$\{\boldsymbol{v}_1, \cdots, \boldsymbol{v}_k\}$ 和 $\{\boldsymbol{Z}_1, \cdots, \boldsymbol{Z}_k\}$ 所包含的信息是相同的。

性质 2 对于标准情况下的 Kalman 滤波，有

$$
\begin{aligned}
&E[\boldsymbol{v}_k] = 0 \\
&R_v(k,j) \triangleq \mathrm{cov}(\boldsymbol{v}_k, \boldsymbol{v}_j) = E[\boldsymbol{v}_k\boldsymbol{v}_j^{\mathrm{T}}] = (\boldsymbol{H}_k\boldsymbol{P}_{k|k-1}\boldsymbol{H}_k^{\mathrm{T}} + \boldsymbol{R}_k)\delta_{k,j}
\end{aligned} \tag{5.119}
$$

即 $\{\boldsymbol{v}_k\}$ 是零均值的白噪声向量序列。

1. 扩展新息序列的概念

记 $\boldsymbol{Z}^{(k)} = \{\boldsymbol{Z}_1, \cdots, \boldsymbol{Z}_{k-1}, \boldsymbol{Z}_k\}$，$\boldsymbol{v}_{k+l}^* = \boldsymbol{Z}_{k+l} - E[\boldsymbol{Z}_{k+l}|\boldsymbol{Z}^{(k)}]$, $\quad l = 1, \cdots, N$ 称为 l 步预测剩余。则

$$
E[\boldsymbol{Z}_{k+l}|\boldsymbol{Z}^{(k)}] = \boldsymbol{H}_{k+l}\boldsymbol{\Phi}_{k+l,k}\hat{\boldsymbol{X}}_{k|k} \tag{5.120}
$$

为 t_{k+l} 时刻观测的最佳预测值，和动力学模型直接相关。

性质 3 在 $\{\boldsymbol{W}_k\}, \{\boldsymbol{\varepsilon}_k\}, \boldsymbol{X}_0 - \hat{\boldsymbol{X}}_{0|0}$ 正态性假设下，可知 $\boldsymbol{v}_{k+l}^*$ 也是正态的，其均值为零，方差阵为

$$
\begin{aligned}
\boldsymbol{V}_{l,l} = &\boldsymbol{H}_{k+l}\boldsymbol{\Phi}_{k+l,k}\boldsymbol{P}_{k|k}\boldsymbol{\Phi}_{k+l,k}^{\mathrm{T}}\boldsymbol{H}_{k+l}^{\mathrm{T}} + \boldsymbol{R}_{k+l} \\
&+\boldsymbol{H}_{k+l}\left[\sum_{i=1}^{l}\boldsymbol{\Phi}_{k+l,k+i}\boldsymbol{Q}_{k+i-1}\boldsymbol{\Phi}_{k+l,k+i}^{\mathrm{T}}\right]\boldsymbol{H}_{k+l}^{\mathrm{T}}
\end{aligned} \tag{5.121}
$$

即 $\boldsymbol{v}_{k+l}^{*} \sim N(0, \boldsymbol{V}_{ll})$。

2. 新息序列的均值检验

滤波处于最佳状态，新息序列具有特定的理论性质。如果滤波过程中获得的实际统计特性和理论特性不符合，则表明滤波没有处于最佳状态。假定 $\boldsymbol{X}_0, \hat{\boldsymbol{X}}_{0|0}$ 是正态向量，$\{\boldsymbol{W}_k\}, \{\varepsilon_k\}$ 是正态白噪声序列，且相互不相关。下面讨论新息序列的均值检验问题。

$$H_0 : E[\boldsymbol{v}_k] = 0 \leftrightarrow H_1 : E[\boldsymbol{v}_k] \neq 0 \tag{5.122}$$

在原假设之下有 $\boldsymbol{v}_k \sim N(0, \boldsymbol{\Sigma}_{\boldsymbol{v}_k})$

$$\boldsymbol{\Sigma}_{\boldsymbol{v}_k} = \boldsymbol{H}_k \boldsymbol{P}_{k|k-1} \boldsymbol{H}_k^{\mathrm{T}} + \boldsymbol{R}_k \tag{5.123}$$

当 $\boldsymbol{\Sigma}_{\boldsymbol{v}_k}$ 已知时，$\boldsymbol{v}_k^{\mathrm{T}} \boldsymbol{\Sigma}_{\boldsymbol{v}_k}^{-1} \boldsymbol{v}_k \sim \boldsymbol{\chi}_m^2$。

令

$$P\{\boldsymbol{v}_k^{\mathrm{T}} \boldsymbol{\Sigma}_{\boldsymbol{v}_k}^{-1} \boldsymbol{v}_k > \boldsymbol{\chi}_m^2(\alpha) | H_0\} = \alpha \tag{5.124}$$

在显著性水平 α 下，当 $\boldsymbol{v}_k^{\mathrm{T}} \boldsymbol{\Sigma}_{\boldsymbol{v}_k}^{-1} \boldsymbol{v}_k > \boldsymbol{\chi}_m^2(\alpha)$ 时，拒绝 H_0，即滤波不是处于最佳状态。

为提高检验效率 (power) 方法可采用 $\boldsymbol{v}_k$ 的一系列采样值 $\boldsymbol{v}_{k-i}, i = 0, 1, \cdots, N-1$，在 H_0 为真的条件下

$$\sum_{i=0}^{N-1} (\boldsymbol{v}_{k-i}^{\mathrm{T}} \boldsymbol{\Sigma}_{\boldsymbol{v}_{k-i}}^{-1} \boldsymbol{v}_{k-i}) \sim \boldsymbol{\chi}_{mN}^2 \tag{5.125}$$

如果 $\boldsymbol{\Sigma}_{\boldsymbol{v}_k}$ 未知，在 $t_{k-(N-1)}$ 至 t_k 可以认为常值矩阵，可以利用 $\boldsymbol{v}_k$ 的样本方差阵 $\boldsymbol{S}$ 代替 $\boldsymbol{\Sigma}_{\boldsymbol{v}_k}$，引进 Hotelling T^2 统计量

$$T^2 = N \bar{\boldsymbol{v}}^{\mathrm{T}} \boldsymbol{S}^{-1} \bar{\boldsymbol{v}} \tag{5.126}$$

其中，

$$\begin{aligned} \bar{\boldsymbol{v}} &= \frac{1}{N} \sum_{i=0}^{N-1} \boldsymbol{v}_{k-i} \\ \boldsymbol{S} &= \frac{1}{N-1} \sum_{i=0}^{N-1} (\boldsymbol{v}_{k-i} - \bar{\boldsymbol{v}})(\boldsymbol{v}_{k-i} - \bar{\boldsymbol{v}})^{\mathrm{T}} \end{aligned} \tag{5.127}$$

则当 $H_0 : E[\boldsymbol{v}_j] = 0, j = k, \cdots, k-(N-1)$ 为真时

$$\frac{T^2}{N-1} \cdot \frac{N-m}{m} \sim F_{m,N-m} \tag{5.128}$$

令

$$P\left\{\frac{T^2}{N-1}\cdot\frac{N-m}{m}>F_{m,N-m}|H_0\right\}=\alpha \tag{5.129}$$

即当 $\frac{T^2}{N-1}\cdot\frac{N-m}{m}>F_{m,N-m}$ 时拒绝原假设，否则采纳原假设。

上面讨论仅从均值的角度，事实上还可以从新息序列的非白性以及其方差阵 $\boldsymbol{\Sigma}_{\boldsymbol{v}_k}$ 来考察。

3. 新息序列均值不为零时的估值补偿

当新息序列均值不为零时，滤波并非最佳，此时需要进行补偿，即在滤波过程中建立相应的模型，利用最小二乘方法估计得到偏倚估值并进行补偿。

当 $E[\boldsymbol{v}_k]\neq 0$ 时，状态估计是有偏的，此时有

$$\begin{aligned}\mu_{\boldsymbol{v}_k}&=E[\boldsymbol{v}_k]=E[\boldsymbol{Z}_k-\boldsymbol{H}_k\hat{\boldsymbol{X}}_{k|k-1}]\\&=E[\boldsymbol{H}_k(\boldsymbol{\Phi}_{k,k-1}\boldsymbol{X}_{k-1}+\boldsymbol{W}_{k-1})+\boldsymbol{\varepsilon}_k-\boldsymbol{H}_k\boldsymbol{\Phi}_{k,k-1}\hat{\boldsymbol{X}}_{k-1|k-1}]\\&=E[\boldsymbol{H}_k\boldsymbol{\Phi}_{k,k-1}\tilde{\boldsymbol{X}}_{k-1|k-1}]=\boldsymbol{H}_k\boldsymbol{\Phi}_{k,k-1}E[\tilde{\boldsymbol{X}}_{k-1|k-1}]\end{aligned} \tag{5.130}$$

记

$$\begin{aligned}&\delta\bar{\boldsymbol{X}}_{k-1|k-1}=E[\tilde{\boldsymbol{X}}_{k-1|k-1}]\\&\hat{\boldsymbol{X}}^*_{k-1|k-1}=\hat{\boldsymbol{X}}_{k-1|k-1}+\delta\bar{\boldsymbol{X}}_{k-1|k-1}\end{aligned} \tag{5.131}$$

则

$$E[\boldsymbol{X}_{k-1}-\hat{\boldsymbol{X}}^*_{k-1|k-1}]\triangleq E[\tilde{\boldsymbol{X}}^*_{k-1|k-1}]=0 \tag{5.132}$$

经过修正，$\hat{\boldsymbol{X}}^*_{k-1|k-1}$ 为 $\boldsymbol{X}_{k-1}$ 的无偏估计。

问题是如何估计 $\delta\bar{\boldsymbol{X}}_{k-1|k-1}$？记新的新息序列为 $\{\boldsymbol{v}_k^*\}$，如下

$$\boldsymbol{v}_k^*=\boldsymbol{Z}_k-\boldsymbol{H}_k\boldsymbol{\Phi}_{k,k-1}\hat{\boldsymbol{X}}^*_{k-1|k-1} \tag{5.133}$$

则

$$E[\boldsymbol{v}_k^*]=0 \tag{5.134}$$

$\hat{\boldsymbol{X}}^*_{k|k}=\hat{\boldsymbol{X}}^*_{k|k-1}+\boldsymbol{K}_k\boldsymbol{v}_k^*$ 为 $\boldsymbol{X}_k$ 的无偏估计

$$\begin{aligned}\hat{\boldsymbol{X}}^*_{k|k}&=\boldsymbol{\Phi}_{k,k-1}[\hat{\boldsymbol{X}}_{k-1|k-1}+\delta\bar{\boldsymbol{X}}_{k-1|k-1}]\\&\quad+\boldsymbol{K}_k(\boldsymbol{Z}_k-\boldsymbol{H}_k\boldsymbol{\Phi}_{k,k-1}\hat{\boldsymbol{X}}^*_{k-1|k-1})\\&=\hat{\boldsymbol{X}}_{k|k-1}+\boldsymbol{\Phi}_{k,k-1}\delta\bar{\boldsymbol{X}}_{k-1|k-1}\\&\quad+\boldsymbol{K}_k[\boldsymbol{Z}_k-\boldsymbol{H}_k\boldsymbol{\Phi}_{k,k-1}(\hat{\boldsymbol{X}}_{k-1|k-1}+\delta\bar{\boldsymbol{X}}_{k-1|k-1})]\\&=\hat{\boldsymbol{X}}_{k|k-1}+\boldsymbol{K}_k\boldsymbol{v}_k+[\boldsymbol{I}-\boldsymbol{K}_k\boldsymbol{H}_k]\boldsymbol{\Phi}_{k,k-1}\delta\bar{\boldsymbol{X}}_{k-1|k-1}\\&=\hat{\boldsymbol{X}}_{k|k}+[\boldsymbol{I}-\boldsymbol{K}_k\boldsymbol{H}_k]\boldsymbol{\Phi}_{k,k-1}\delta\bar{\boldsymbol{X}}_{k-1|k-1}\end{aligned} \tag{5.135}$$

记

$$\hat{\boldsymbol{X}}^*_{k|k} = \hat{\boldsymbol{X}}_{k|k} + \delta\bar{\boldsymbol{X}}_{k|k} \tag{5.136}$$

则

$$\delta\bar{\boldsymbol{X}}_{k|k} = [\boldsymbol{I} - \boldsymbol{K}_k\boldsymbol{H}_k]\boldsymbol{\Phi}_{k,k-1}\delta\bar{\boldsymbol{X}}_{k-1|k-1} \tag{5.137}$$

注意

$$\boldsymbol{\mu}_{\boldsymbol{v}_k} = \boldsymbol{H}_k\boldsymbol{\Phi}_{k,k-1}\delta\bar{\boldsymbol{X}}_{k-1|k-1} \tag{5.138}$$

可以证明

$$\boldsymbol{\mu}_{\boldsymbol{v}_{k+l}} = \boldsymbol{H}_{k+l}\boldsymbol{\Phi}_{k+l,k+l-1}\delta\bar{\boldsymbol{X}}_{k+l-1|k+l-1} \tag{5.139}$$

$$\delta\bar{\boldsymbol{X}}_{k+l|k+l} = \left[\prod_i(\boldsymbol{I} - \boldsymbol{K}_{k+i}\boldsymbol{H}_{k+i})\boldsymbol{\Phi}_{k+i,k+i-1}\right]\delta\bar{\boldsymbol{X}}_{k-1|k-1} \tag{5.140}$$

于是

$$\begin{cases} \boldsymbol{\mu}_{\boldsymbol{v}_k} = \boldsymbol{H}_k\boldsymbol{\Phi}_{k,k-1}\delta\bar{\boldsymbol{X}}_{k-1|k-1} \\ \boldsymbol{\mu}_{\boldsymbol{v}_{k+1}} = \boldsymbol{H}_{k+1}\boldsymbol{\Phi}_{k+1,k}\delta\bar{\boldsymbol{X}}_{k|k} \\ \qquad\quad = \boldsymbol{H}_{k+1}\boldsymbol{\Phi}_{k+1,k}[\boldsymbol{I} - \boldsymbol{K}_k\boldsymbol{H}_k]\boldsymbol{\Phi}_{k,k-1}\delta\bar{\boldsymbol{X}}_{k-1|k-1} \\ \qquad\qquad \vdots \\ \boldsymbol{\mu}_{\boldsymbol{v}_{k+N}} = \boldsymbol{H}_{k+N}\boldsymbol{\Phi}_{k+N,k+N-1} \\ \qquad \left[\prod_i(\boldsymbol{I} - \boldsymbol{K}_{k+i}\boldsymbol{H}_{k+i})\boldsymbol{\Phi}_{k+i,k+i-1}\right]\delta\bar{\boldsymbol{X}}_{k-1|k-1} \end{cases} \tag{5.141}$$

用$\boldsymbol{\mu}_{\boldsymbol{v}_k}, \boldsymbol{\mu}_{\boldsymbol{v}_{k+1}}, \cdots, \boldsymbol{\mu}_{\boldsymbol{v}_{k+N}}$ 的估计量 $\hat{\boldsymbol{\mu}}_{\boldsymbol{v}_k}, \hat{\boldsymbol{\mu}}_{\boldsymbol{v}_{k+1}}, \cdots, \hat{\boldsymbol{\mu}}_{\boldsymbol{v}_{k+N}}$ 代入上述方程组，得到估计 $\delta\bar{\boldsymbol{X}}_{k-1|k-1}$ 作为修正量。

事实上，给出 $\hat{\boldsymbol{\mu}}_{\boldsymbol{v}_k}, \hat{\boldsymbol{\mu}}_{\boldsymbol{v}_{k+1}}, \cdots, \hat{\boldsymbol{\mu}}_{\boldsymbol{v}_{k+N}}$ 是困难的，只能获得 $\boldsymbol{v}_k, \boldsymbol{v}_{k+1}, \cdots, \boldsymbol{v}_{k+N}$ 的样本值

$$\begin{cases} \boldsymbol{v}_k = \boldsymbol{\mu}_{\boldsymbol{v}_k} + \varepsilon_k = \boldsymbol{H}_k\boldsymbol{\Phi}_{k,k-1}\delta\bar{\boldsymbol{X}}_{k-1|k-1} + \varepsilon_k \\ \boldsymbol{v}_{k+1} = \boldsymbol{H}_{k+1}\boldsymbol{\Phi}_{k+1,k}[\boldsymbol{I} - \boldsymbol{K}_k\boldsymbol{H}_k]\boldsymbol{\Phi}_{k,k-1}\delta\bar{\boldsymbol{X}}_{k-1|k-1} + \varepsilon_{k+1} \\ \qquad\qquad \vdots \\ \boldsymbol{v}_{k+N} = \boldsymbol{H}_{k+N}\boldsymbol{\Phi}_{k+N,k+N-1} \qquad\qquad (5.142) \\ \qquad \left[\prod_i(\boldsymbol{I} - \boldsymbol{K}_{k+i}\boldsymbol{H}_{k+i})\boldsymbol{\Phi}_{k+i,k+i-1}\right]\delta\bar{\boldsymbol{X}}_{k-1|k-1} + \varepsilon_{k+N} \end{cases} \tag{5.143}$$

以 $\boldsymbol{v}_k, \boldsymbol{v}_{k+1}, \cdots, \boldsymbol{v}_{k+N}$ 作为观测量，式 (5.142) 为关于 $\delta\bar{\boldsymbol{X}}_{k-1|k-1}$ 的线性模型，利用 LS 方法给出 $\delta\bar{\boldsymbol{X}}_{k-1|k-1}$ 的估计 $\delta\hat{\bar{\boldsymbol{X}}}_{k-1|k-1}$，此时

$$\hat{\boldsymbol{X}}^*_{k-1|k-1} = \hat{\boldsymbol{X}}_{k-1|k-1} + \delta\hat{\bar{\boldsymbol{X}}}_{k-1|k-1} \tag{5.144}$$

5.4.2 一致性识别问题

Kalman 滤波工程实现中两个重要问题：一是滤波是否发散？这就需要对滤波模型和实际系统进行一致性识别；二是滤波出现发散如何处理？这就需要利用自适应技术加以抑制。

从预测剩余的角度来考察滤波异常问题。记

$$\boldsymbol{R}_{k,N}^{\mathrm{T}} = [\ \boldsymbol{v}_{k+1}^{*\mathrm{T}} \ \vdots \ \boldsymbol{v}_{k+2}^{*\mathrm{T}} \ \vdots \ \cdots \ \vdots \ \boldsymbol{v}_{k+N}^{*\mathrm{T}}\ ] \tag{5.145}$$

方差阵为

$$\begin{aligned}\boldsymbol{V}_{k,N} &= E[\boldsymbol{R}_{k,N}\boldsymbol{R}_{k,N}^{\mathrm{T}}]\\ &= \begin{bmatrix} \boldsymbol{V}_{11} & \boldsymbol{V}_{12} & \cdots & \boldsymbol{V}_{1N}\\ \boldsymbol{V}_{21} & \boldsymbol{V}_{22} & \cdots & \boldsymbol{V}_{2N}\\ \vdots & \vdots & \ddots & \vdots\\ \boldsymbol{V}_{N1} & \boldsymbol{V}_{N2} & \cdots & \boldsymbol{V}_{NN}\end{bmatrix} \triangleq [\boldsymbol{V}_{ij}], \quad i,j = 1,2\cdots,N\end{aligned} \tag{5.146}$$

其中，

$$\begin{aligned}\boldsymbol{V}_{l,m} &\triangleq \mathrm{cov}(\boldsymbol{v}_{k+l}^*, \boldsymbol{v}_{k+m}^*) = E[\boldsymbol{v}_{k+l}^*\boldsymbol{v}_{k+m}^{*\mathrm{T}}]\\ &= \boldsymbol{H}_{k+l}\boldsymbol{\Phi}_{k+l,k}\boldsymbol{P}_{k|k}\boldsymbol{\Phi}_{k+m,k}^{\mathrm{T}}\boldsymbol{H}_{k+m}^{\mathrm{T}} + \boldsymbol{R}_{k+l}\boldsymbol{\delta}_{l,m}\\ &\quad + \boldsymbol{H}_{k+l}\left[\sum_{i=1}^{\min(l,m)} \boldsymbol{\Phi}_{k+l,k+i}\boldsymbol{Q}_{k+i-1}\boldsymbol{\Phi}_{k+m,k+i}^{\mathrm{T}}\right]\boldsymbol{H}_{k+m}^{\mathrm{T}}\end{aligned} \tag{5.147}$$

由 $\boldsymbol{R}_{k,N}$ 形成统计量，确定其分布，构成检验滤波是否处于最佳状态的准则。记

$$\boldsymbol{B}_{k,N} = \boldsymbol{R}_{k,N}^{\mathrm{T}}\boldsymbol{V}_{k,N}^{-1}\boldsymbol{R}_{k,N} \tag{5.148}$$

引理 如果随机向量 $\boldsymbol{Y} \sim N(0, \boldsymbol{I})$，则 $\boldsymbol{Y}^{\mathrm{T}}\boldsymbol{A}Y$ 为具有 N 个自由度的 χ^2-变量的充要条件为矩阵 $\boldsymbol{A}$ 是秩为 N 的幂等矩阵。

在 Kalman 滤波处于最佳状态下，$\boldsymbol{B}_{k,N}$ 为具有 M 个自由度的 χ^2–变量，M 为 $\boldsymbol{R}_{k,N}$ 的协方差矩阵 $\boldsymbol{V}_{k,N}$ 的秩。

此处 $\boldsymbol{Y} \sim N(0, \boldsymbol{V}_{k,N})$，由于 $\boldsymbol{V}_{k,N}$ 是对称阵，必存在 $\boldsymbol{C}$，使

$$\boldsymbol{C}^{\mathrm{T}}\boldsymbol{V}_{k,N}\boldsymbol{C}=\boldsymbol{I} \tag{5.149}$$

令

$$\boldsymbol{Z}=\boldsymbol{C}^{\mathrm{T}}\boldsymbol{Y}$$

于是

$$\boldsymbol{Z}\sim N(0,\boldsymbol{I})$$

$$\boldsymbol{R}_{k,N}^{\mathrm{T}}\boldsymbol{V}_{k,N}^{-1}\boldsymbol{R}_{k,N}=\boldsymbol{Y}^{\mathrm{T}}\boldsymbol{V}_{k,N}^{-1}\boldsymbol{Y}=\boldsymbol{Z}^{\mathrm{T}}[\boldsymbol{C}^{-1}\boldsymbol{V}_{k,N}^{-1}(\boldsymbol{C}^{\mathrm{T}})^{-1}]\boldsymbol{Z}$$

由于 $\boldsymbol{C}^{-1}\boldsymbol{V}_{k,N}^{-1}(\boldsymbol{C}^{\mathrm{T}})^{-1}=\boldsymbol{I}$ 是幂等，于是 $\boldsymbol{Z}^{\mathrm{T}}\boldsymbol{I}Z=\boldsymbol{B}_{k,N}$ 为具有 M 个自由度的 χ^2–变量。

$$P\{\boldsymbol{B}_{k,N}>\lambda_{\alpha}^{2}\}=\alpha \tag{5.150}$$

考虑两种特殊情况。

(1) $N=1$。

$$\boldsymbol{R}_{k,N}=\boldsymbol{R}_{k,1}=\boldsymbol{v}_{k+1} \tag{5.151}$$

$\boldsymbol{R}_{k,N}$ 的方差矩阵为

$$\boldsymbol{V}_{11}=\boldsymbol{H}_{k+1}\boldsymbol{P}_{k+1|k}\boldsymbol{H}_{k+1}^{\mathrm{T}}+\boldsymbol{R}_{k} \tag{5.152}$$

因此

$$\boldsymbol{R}_{k,1}\sim N(0,\boldsymbol{H}_{k+1}\boldsymbol{P}_{k+1|k}\boldsymbol{H}_{k+1}^{\mathrm{T}}+\boldsymbol{R}_{k}) \tag{5.153}$$

此时

$$\boldsymbol{B}_{k,1}=\boldsymbol{v}_{k+1}^{\mathrm{T}}\boldsymbol{V}_{k,1}^{-1}\boldsymbol{v}_{k+1}=\tilde{\boldsymbol{Z}}_{k+1|k}^{\mathrm{T}}\boldsymbol{V}_{11}^{-1}\tilde{\boldsymbol{Z}}_{k+1|k}\sim\chi_{m}^{2} \tag{5.154}$$

其中，

$$\tilde{\boldsymbol{Z}}_{k+1|k}=\boldsymbol{Z}_{k+1}-E[\boldsymbol{Z}_{k+1}|\boldsymbol{Z}^{(k)}]=\boldsymbol{Z}_{k+1}-\boldsymbol{H}_{k+1}\boldsymbol{\Phi}_{k+1,k}\hat{\boldsymbol{X}}_{k|k} \tag{5.155}$$

对于 $N=1$ 的情况，检验的施行特征 (OC) 函数不是良好的，可应用多步预测剩余。

(2) $Q_k=0$。

此时动力学模型

$$\boldsymbol{X}_{k+1}=\boldsymbol{\Phi}_{k+1,k}\boldsymbol{X}_{k} \tag{5.156}$$

$$\begin{aligned}&\boldsymbol{V}_{ij}=\boldsymbol{H}_{k+i}\boldsymbol{\Phi}_{k+i,k}\boldsymbol{P}_{k|k}\boldsymbol{\Phi}_{k+j}^{\mathrm{T}}\boldsymbol{H}_{k+j}^{\mathrm{T}}+\boldsymbol{R}_{k+i}\delta_{i,j},\quad i\leqslant j\\&\boldsymbol{V}_{ij}=\boldsymbol{V}_{ji},\quad i>j\end{aligned} \tag{5.157}$$

滤波容易发散，特别是在长时间情况下。

5.4.3 滤波发散问题

假定飞行器动力学模型为

$$h_k = h_{k-1} \tag{5.158}$$

测高仪对飞行器观测，$\Delta t = 1$，观测模型

$$Z_k = h_k + \varepsilon_k \tag{5.159}$$

其中，ε_k 是测量噪声，$E[\varepsilon_k] = 0, E[\varepsilon_k^2] = \sigma^2$。

在 $\hat{h}_{0|0}$ 和 $P_{0|0}$ 给定下，有

$$\begin{aligned}
\hat{h}_{k|k} &= \frac{\sigma^2}{\sigma^2 + KP_{0|0}}\hat{h}_{0|0} + \frac{P_{0|0}}{\sigma^2 + KP_{0|0}}(Z_k + \cdots + Z_1) \\
P_{k|k} &= \frac{P_{0|0}\sigma^2}{\sigma^2 + KP_{0|0}}
\end{aligned} \tag{5.160}$$

如果飞行器的真实高度是变化的，以等速率爬高，真实动力学模型为

$$h^*(t) = h_0^*(t_0) + \alpha t \tag{5.161}$$

离散化

$$h_k^* = h_{k-1}^* + \alpha, \quad k = 1, 2, \cdots \tag{5.162}$$

此时实际测得的高度为

$$Z_k = h_k^* + \varepsilon_k \tag{5.163}$$

实际的飞行高度为

$$h_k^* = h_0^* + k\alpha \tag{5.164}$$

应用最佳线性滤波

$$\begin{aligned}
\hat{h}_{k|k} &= \frac{\sigma^2}{\sigma^2 + kP_{0|0}}\hat{h}_{0|0} + \frac{P_{0|0}}{\sigma^2 + kP_{0|0}}\sum_{i=1}^{k}(h_i^* + \varepsilon_i) \\
&= \frac{\sigma^2}{\sigma^2 + kP_{0|0}}\hat{h}_{0|0} + \frac{P_{0|0}}{\sigma^2 + kP_{0|0}}\left[kh_0^* + \frac{k(k+1)}{2} + \sum_{i=1}^{k}\varepsilon_i\right]
\end{aligned} \tag{5.165}$$

实际的估值误差为

$$
\begin{aligned}
\Delta h_{k|k}^{*} &= h_{k}^{*} - \hat{h}_{k|k} \\
&= h_{0}^{*} + k\alpha - \hat{h}_{k|k} \\
&= \frac{\sigma^{2}}{\sigma^{2} + kP_{0|0}}\Delta h_{0}^{*} + \frac{k\sigma^{2} + \dfrac{k(k-1)}{2}P_{0|0}}{\sigma^{2} + kP_{0|0}}\alpha \\
&\quad - \frac{P_{0|0}}{\sigma^{2} + kP_{0|0}}\sum_{i=1}^{k} v_{i}
\end{aligned} \tag{5.166}
$$

如果在 0 时刻没有验前信息，令 $P_{0|0} = \infty$，则

$$
\begin{aligned}
P_{k|k} &= \frac{\sigma^{2}}{k} \\
\Delta h_{k|k}^{*} &= \frac{k-1}{2}\alpha - \bar{\varepsilon} \\
\bar{\varepsilon} &= \frac{1}{k}\sum_{i=1}^{k}\varepsilon_{i}
\end{aligned} \tag{5.167}
$$

当 $k \to \infty$ 时，估值误差方差越来越小，估值的真实误差越来越大。主要原因是滤波模型不正确计算出来的方差不能真实反映实际的估值误差的精确程度。

当 $k \gg 1$ 时，$K_{k} \ll 1$

$$
\hat{h}_{K|k} = (1 - K_{k})\hat{h}_{k|k-1} + K_{k}Z_{k} \approx \hat{h}_{k|k-1} \tag{5.168}
$$

滤波器对于新的测量数据是封闭的。

实际过程中，真实的动力学模型是未知的，因此用 $\boldsymbol{B}_{k,N}$ 检验滤波是否处于正常状态。

上述模型中，$\boldsymbol{H}_{k} = 1, \boldsymbol{\Phi}_{k+1} = 1, \boldsymbol{R}_{k+i} = \sigma^{2}, \boldsymbol{Q}_{k} = 0$，于是

$$
\boldsymbol{B}_{k,N} = \boldsymbol{R}_{k,N}^{\mathrm{T}}\boldsymbol{V}_{k,N}^{-1}\boldsymbol{R}_{k,N} \tag{5.169}
$$

其中，$\boldsymbol{R}_{k,N} = [v_{k+1}^{*} \cdots v_{k+N}^{*}]^{\mathrm{T}}$，且

$$
v_{k+l}^{*} = Z_{k+l} - E[\boldsymbol{Z}_{k+l}|\boldsymbol{Z}^{(k)}] = Z_{k+l} - \hat{h}_{k|k} \tag{5.170}
$$

在 t_{0} 时刻，$P_{0|0} = \infty$，于是

$$
\begin{aligned}
\hat{h}_{k|k} &= \frac{k-1}{k}\hat{h}_{k-1|k-1} + \frac{1}{k}Z_{k} \\
&= \frac{1}{k}\hat{h}_{1|1} + \frac{1}{k}[Z_{2} + \cdots + Z_{k}]
\end{aligned} \tag{5.171}
$$

其中，$\hat{h}_{1|1} = (\boldsymbol{H}_1^{\mathrm{T}}\boldsymbol{R}_1^{-1}\boldsymbol{H}_1)^{-1}\boldsymbol{H}_1^{\mathrm{T}}\boldsymbol{R}_1^{-1}\boldsymbol{Z} = \boldsymbol{Z}_1$，即

$$\hat{h}_{k|k} = \frac{1}{k}\sum_{i=1}^{k} Z_i \tag{5.172}$$

注意到 $V_{k,N}$ 为 $R_{k,N}$ 的方差阵，则

$$V_{k,N} = E[\boldsymbol{R}_{k,N}\boldsymbol{R}_{k,N}^{\mathrm{T}}] = [\boldsymbol{v}_{ij}^{(k)}], \quad i,j = 1,2,\cdots,N \tag{5.173}$$

$$\begin{aligned} v_{ij}^{(k)} &= \boldsymbol{H}_{k+i}\boldsymbol{\Phi}_{k+i,k}\boldsymbol{P}_{k|k}\boldsymbol{\Phi}_{k+j,k}^{\mathrm{T}}\boldsymbol{H}_{k+j}^{\mathrm{T}} + \boldsymbol{R}_{k+i}\delta_{i,j} \\ &= P_{k|k} + \sigma^2\delta_{i,j} = \frac{\sigma^2 P_{0|0}}{\sigma^2 + kP_{0|0}} + \sigma^2\delta_{i,j} \\ &= \frac{1}{k} + \sigma^2\delta_{i,j}, \quad i,j = 1,2,\cdots,N \end{aligned} \tag{5.174}$$

5.4.4 应用举例

设 $\sigma = 1, \alpha = 1, h_0 = 10$，用蒙特卡罗方法随机模拟观测数据

$$Z_i = h_i^* + \varepsilon_i = 10 + t_i + \varepsilon_i = 10 + i\Delta t + \varepsilon_i$$

十次观测数据如表 5.1 所示。

表 5.1 十次观测数据

i	1	2	3	4	5	6	7	8	9	10
Z_i	12.58	13.09	13.45	13.54	15.96	15.51	17.22	17.93	20.10	21.24

滤波估值如表 5.2 所示。

表 5.2 滤波估值

k	1	2	3	4	5	6	7	8	9	10
$\hat{h}_{k\|k}$	12.58	12.84	13.04	13.17	13.72	14.02	14.48	14.91	15.48	16.06

$B_{k,N}$ 计算过程中 $N = 1,2$，结果见表 5.3。

表 5.3 计算结果

K \ N	1	2	3	4	5	6	7	8	9
1	0.131	0.251	0.191	6.249	2.656	8.761	10.433	23.906	29.787
2	0.381	0.442	6.44	8.905	11.419	19.189	34.343	53.491	—

在滤波发散识别过程中，取 $\alpha = 0.01, 0.05$。当 $N = 1$ 时

$$\begin{aligned} \lambda_{0.01}^2 &= 6.635 \\ \lambda_{0.05}^2 &= 3.841 \end{aligned} \tag{5.175}$$

当 $N=2$ 时

$$\begin{aligned}\lambda_{0.01}^2 &= 9.210 \\ \lambda_{0.05}^2 &= 5.991\end{aligned} \tag{5.176}$$

如果 $B_{k,N} > \lambda_\alpha^2$，则滤波发散。

应用一步预测时，$\alpha = 0.01$，当 $K = 6$ 时发散被识别；应用两步预测时，$\alpha = 0.01$，当 $K = 5$ 时发散被识别。

5.5　自适应 Kalman 滤波

滤波发散的主要原因包括：

(1) 对研究的物理系统了解不深入，推导的数学模型和真实情况存在差异，或虽对物理系统有足够了解，但由数学模型较复杂，简化模型不当引起；

(2) 对系统动态噪声或测量噪声的统计特性缺乏了解，导致选取不合适；

(3) 递推计算在有限字长计算机上实现时，会存在舍入误差，从而使估计误差方差阵逐渐失去正定性，甚至失去对称性而导致发散现象的出现。

针对滤波发散问题，可以采用 Q 补偿法、有限记忆滤波、衰减记忆滤波、平方根滤波等自适应技术加以抑制。

5.5.1　Q 补偿

在滤波过程中，为了补偿模型误差，必须准确给出 $\boldsymbol{Q}_k$。当 $\boldsymbol{Q}_k$ 为常值矩阵情况时，假设滤波已至 t_k 时刻，假设关于动力学噪声的方差矩阵为 $\boldsymbol{Q}^{(0)}$，应用如下统计假设检验方法：

$$H_0 : \boldsymbol{Q} = \boldsymbol{Q}^{(0)} \tag{5.177}$$

如果 $B_{k,N} > \chi_M^2(\alpha)$，则认为 t_k 时刻应用的协方差矩阵 $\boldsymbol{Q}^{(0)}$ 不足以补偿模型误差。

令 $B_{k,N} = \chi_M^2(\alpha)$，从而确定 $\hat{\boldsymbol{Q}}$，以此作为动力学噪声补偿的方差阵，此时的滤波是自适应的。注意，$\boldsymbol{Q}_k$ 随不同 k 取不同值，计算是复杂的。

下面举例说明 Q 补偿法是如何抑制滤波发散的。假设系统模型为

$$\begin{aligned}X_k &= X_{k-1} + W_{k-1} \\ Z_k &= X_k + \varepsilon_k\end{aligned} \tag{5.178}$$

式中，W_{k-1} 为虚拟扰动噪声，其方差为 q^2，即 $E[W_k W_k] = q^2 = Q_k$；ε_k 为测量噪声，其方差为 σ^2，即 $E[\boldsymbol{\varepsilon}_k \boldsymbol{\varepsilon}_k] = \sigma^2$。

实际系统仍为

$$X_k = X_{k-1} + \alpha \tag{5.179}$$

应用 Kalman 滤波公式，计算出

$$P_{k|k-1} = P_{k-1|k-1} + q^2 \tag{5.180}$$

$$P_{k+1|k} = P_{k|k} + q^2 = \frac{\sigma^2 P_{k|k-1}}{\sigma^2 + P_{k|k-1}} + q^2 \tag{5.181}$$

当 $k \to \infty$ 时，稳态方差用 P_∞ 表示，有

$$\begin{aligned}
&P_\infty = \frac{\sigma^2 P_\infty}{\sigma^2 + P_\infty} + q^2 \\
&P_\infty^2 - q^2 P_\infty - \sigma^2 q^2 = 0 \\
&P_\infty = \frac{q^2 + \sqrt{q^4 + 4\sigma^2 q^2}}{2} \\
&K_\infty = P_\infty H (H P_\infty H + \sigma^2)^{-1} = \frac{P_\infty}{P_\infty + \sigma^2}
\end{aligned} \tag{5.182}$$

可见

$$0 < K_\infty < 1, \quad 1 - K_\infty < 1 \tag{5.183}$$

而状态估计为

$$\begin{aligned}
\hat{X}_{k|k} &= \hat{X}_{k|k-1} + K_k (Z_k - \hat{X}_{k|k-1}) = \hat{X}_{k|k-1}(1 - K_k) + K_k Z_k \\
&= \hat{X}_{k|k-1}(1 - K_k) + (X_{k-1} + \alpha + \varepsilon_k) K_k
\end{aligned} \tag{5.184}$$

相应地，状态估计误差为

$$\begin{aligned}
\tilde{X}_{k|k} &= X_k - \hat{X}_{k|k} = X_{k-1} + \alpha - [\hat{X}_{k|k-1}(1 - K_k) + (X_{k-1} + \alpha + \varepsilon_k) K_k] \\
&= \tilde{X}_{k-1|k-1}(1 - K_k) + \alpha(1 - K_k) - \varepsilon_k K_k
\end{aligned} \tag{5.185}$$

因为 $1 - K_k < 1 - K_\infty < 1$，所以

$$\left|\tilde{X}_{k|k}\right| \leqslant \left|\tilde{X}_{k-1|k-1}\right| (1 - K_\infty) + |\alpha| (1 - K_\infty) + K_\infty |\varepsilon_k| \tag{5.186}$$

$$\left|\tilde{X}_{k|k}\right| \leqslant \left|\tilde{X}_{k-1|k-1}\right| + |\alpha| + K_\infty |\varepsilon_k| \tag{5.187}$$

式 (5.187) 表明估计误差 $\left|\tilde{X}_{k|k}\right|$ 有上界，不会导致发散。

5.5.2 有限记忆滤波和衰减记忆滤波

如果动力学模型精确已知，且不考虑计算误差，随着时间的增长，观测资料不断积累，估值精度不断提高。此时估值误差的方差阵的范数不断减小，即新的观测数据对状态的修正作用逐渐减弱。

实际上一个精确的动力学模型是难于获得的，将近似模型当作精确模型进行滤波，计算的误差方差阵的范数随着时间增加不断减小，但实际的估值误差却可能不断增大，造成滤波发散。

当注意到新的观测资料含有动力学模型的较多信息时，总是设法增加这些观测资料对状态的修正作用，而时间太靠前的数据应该不起主要作用甚至应该丢弃。有限记忆滤波和衰减记忆滤波就是出于这种考虑而设计出来的一种控制滤波发散的方法。

有限记忆滤波是利用一个滑动窗来确定测量信息进行滤波，更早的测量信息则丢弃不用。而衰减记忆滤波是逐渐减小老数据的作用，加大新测量数据的权重。

滤波模型为

$$\begin{aligned}\boldsymbol{X}_k &= \boldsymbol{\Phi}_{k,k-1}\boldsymbol{X}_{k-1} + \boldsymbol{W}_{k-1} \\ \boldsymbol{Z}_k &= \boldsymbol{H}_k\boldsymbol{X}_k + \boldsymbol{\varepsilon}_k\end{aligned} \tag{5.188}$$

衰减记忆滤波与标准 Kalman 滤波不同之处在于 $\boldsymbol{P}_{k-1|k-1}$ 前面多加了一个衰减因子 $S(S>1)$，且有

$$\boldsymbol{P}^*_{k|k-1} > \boldsymbol{P}_{k|k-1}, \quad \boldsymbol{K}^*_k > \boldsymbol{K}_k \tag{5.189}$$

此外

$$\hat{\boldsymbol{X}}^*_{k|k} = (\boldsymbol{I} - \boldsymbol{K}^*_k\boldsymbol{H}_k)\hat{\boldsymbol{X}}^*_{k|k-1} + \boldsymbol{K}^*_k\boldsymbol{Z}_k \tag{5.190}$$

可以看出，滤波过程削弱了老数据对滤波值的影响，加强了当前数据 $\boldsymbol{Z}_k$ 的权系数矩阵。下面用例子说明衰减记忆滤波抑制发散的过程。

动力学模型为

$$\boldsymbol{X}_k = \boldsymbol{X}_{k-1} \tag{5.191}$$

测量模型为

$$\boldsymbol{Z}_k = \boldsymbol{X}_k + \varepsilon_k \tag{5.192}$$

真实的动力学模型为

$$\boldsymbol{X}_k = \boldsymbol{X}_{k-1} + a \tag{5.193}$$

注意到

$$\begin{aligned}&\boldsymbol{\Phi}_{k,k-1} = 1, \quad \boldsymbol{Q}_k = 0, \quad \boldsymbol{H}_k = 1, \quad \boldsymbol{R}_k = 1, \\ &\hat{\boldsymbol{X}}_{0|0} = E[X_0] = 0, \quad \boldsymbol{P}_{0|0} = \mathrm{var}(\boldsymbol{X}_0) = \infty\boldsymbol{I}\end{aligned} \tag{5.194}$$

采用衰减记忆滤波方法

$$
\begin{aligned}
\hat{X}^*_{k|k-1} &= \hat{X}^*_{k-1|k-1} \\
P^*_{k|k-1} &= SP^*_{k-1|k-1}, \quad S > 1 \\
K^*_k &= \frac{SP^*_{k-1|k-1}}{1 + SP^*_{k-1|k-1}} \\
P^*_{k|k} &= (1 - K^*_k) \cdot SP^*_{k-1|k-1}
\end{aligned}
\tag{5.195}
$$

因此

$$
P^*_{k|k} = \frac{1-q}{1-q^k}, \quad q = \frac{1}{S} < 1, \quad K^*_k = P^*_{k|k} = \frac{1-q}{1-q^k} \xrightarrow{k\to\infty} 1-q \tag{5.196}
$$

增益并不趋于零，说明滤波器对于新观测数据总是开放的，预报估值能得到不断修正。

考虑实际估值误差的方差阵，衰减记忆滤波估计为

$$
\begin{aligned}
\hat{\boldsymbol{X}}^*_{k|k} &= \hat{\boldsymbol{X}}^*_{k-1|k-1} + \boldsymbol{K}^*_k[\boldsymbol{Z}_k - \hat{\boldsymbol{X}}^*_{k-1|k-1}] \\
&= (1 - \boldsymbol{K}^*_k)\hat{\boldsymbol{X}}^*_{k-1|k-1} + \boldsymbol{K}^*_k\boldsymbol{Z}_k
\end{aligned}
\tag{5.197}
$$

反复运用式 (5.197)，则有

$$
\hat{\boldsymbol{X}}^*_{k|k} = \sum_{i=1}^{k} q^{k-i}\frac{1-q}{1-q^k} \cdot \boldsymbol{Z}_i \tag{5.198}
$$

注意到 $\boldsymbol{Z}_i = \boldsymbol{X}_0 + ia + \boldsymbol{\varepsilon}_i$，则

$$
\begin{aligned}
\hat{\boldsymbol{X}}^*_{k|k} &= \frac{1-q}{1-q^k}\sum_{i=1}^{k} q^{k-i} \cdot [\boldsymbol{X}_0 + ia + \varepsilon_i] \\
&= \boldsymbol{X}_0 + \frac{k-(k+1)q+q^{k+1}}{(1-q^k)(1-q)}a + \frac{1-q}{1-q^k}\sum_{i=1}^{k} q^{k-i}\varepsilon_i
\end{aligned}
\tag{5.199}
$$

滤波的实际误差为

$$
\begin{aligned}
\boldsymbol{X}_k - \hat{\boldsymbol{X}}^*_{k|k} &= X_0 + ka - \hat{X}^*_{k|k} \\
&= ka - \frac{k-(k+1)q+q^{k+1}}{(1-q^k)(1-q)}a - \frac{1-q}{1-q^k}\sum_{i=1}^{k} q^{k-i}\varepsilon_i \\
&= \left(\frac{q}{1-q} - \frac{kq^k}{1-q^k}\right)a - \frac{1-q}{1-q^k}\sum_{i=1}^{k} q^{k-i}\varepsilon_i
\end{aligned}
\tag{5.200}
$$

于是实际估值误差的均方差为

$$E[(\boldsymbol{X}_k-\hat{\boldsymbol{X}}^*_{k|k})^2]=\left(\frac{q}{1-q}-\frac{kq^k}{1-q^k}\right)^2a^2+\left(\frac{1-q}{1-q^k}\right)^2\cdot\frac{1-q^{2k}}{1-q^2} \tag{5.201}$$

当 $k\to\infty$ 时，实际估值误差的均方差趋于

$$\left(\frac{q}{1-q}\right)^2a^2+\frac{1-q}{1+q} \tag{5.202}$$

可见，衰减记忆滤波方法抑制了滤波发散现象，但是衰减因子 S 的确定需要实时自适应估计出来。

5.6 平方根滤波

平方根滤波主要解决由计算中的舍入误差所引起的滤波发散问题。

设动力学模型为

$$\boldsymbol{X}_k=\boldsymbol{\Phi}_{k,k-1}\boldsymbol{X}_{k-1} \tag{5.203}$$

观测模型为

$$\boldsymbol{Z}_k=\boldsymbol{H}_k\boldsymbol{X}_k+\boldsymbol{\varepsilon}_k \tag{5.204}$$

Kalman 滤波方程

$$\begin{aligned}
&\hat{\boldsymbol{X}}_{k|k}=\boldsymbol{\Phi}_{k,k-1}\hat{\boldsymbol{X}}_{k-1|k-1}+\boldsymbol{K}_k[\boldsymbol{Z}_k-\boldsymbol{H}_k\boldsymbol{\Phi}_{k,k-1}\hat{\boldsymbol{X}}_{k-1|k-1}]\\
&\boldsymbol{K}_k=\boldsymbol{P}_{k|k-1}\boldsymbol{H}_k^{\mathrm{T}}[\boldsymbol{H}_k\boldsymbol{P}_{k|k-1}\boldsymbol{H}_k^{\mathrm{T}}+\boldsymbol{R}_k]^{-1}\\
&\boldsymbol{P}_{k|k-1}=\boldsymbol{\Phi}_{k,k-1}\boldsymbol{P}_{k-1|k-1}\boldsymbol{\Phi}_{k,k-1}^{\mathrm{T}}\\
&\boldsymbol{P}_{k|k}=(\boldsymbol{I}-\boldsymbol{K}_k\boldsymbol{H}_k)\boldsymbol{P}_{k|k-1}(\boldsymbol{I}-\boldsymbol{K}_k\boldsymbol{H}_k)^{\mathrm{T}}+\boldsymbol{K}_k\boldsymbol{R}_k\boldsymbol{K}_k^{\mathrm{T}}\\
&\qquad\;=(\boldsymbol{I}-\boldsymbol{K}_k\boldsymbol{H}_k)\boldsymbol{P}_{k|k-1}
\end{aligned} \tag{5.205}$$

由于计算中存在舍入误差，可能使得 $\boldsymbol{P}_{k|k-1},\boldsymbol{P}_{k|k}$ 不是非负定对称阵。改变 $\boldsymbol{P}_{k|k-1},\boldsymbol{P}_{k|k}$ 的递推关系式为平方根的关系式，即为平方根滤波。

注意 $\boldsymbol{P}_{k-1|k-1}$ 为对称非负定阵，则

$$\boldsymbol{P}_{k-1|k-1}=\boldsymbol{S}_{k-1|k-1}\cdot\boldsymbol{S}_{k-1|k-1}^{\mathrm{T}} \tag{5.206}$$

其中，$\boldsymbol{S}_{k-1|k-1}$ 为下三角阵，于是

$$\begin{aligned}
\boldsymbol{P}_{k|k-1}&=\boldsymbol{\Phi}_{k,k-1}\boldsymbol{P}_{k-1|k-1}\boldsymbol{\Phi}_{k,k-1}^{\mathrm{T}}\\
&=\boldsymbol{\Phi}_{k,k-1}\boldsymbol{S}_{k-1|k-1}\boldsymbol{S}_{k-1|k-1}^{\mathrm{T}}\boldsymbol{\Phi}_{k,k-1}^{\mathrm{T}}\\
&\triangleq\boldsymbol{S}_{k|k-1}\cdot\boldsymbol{S}_{k|k-1}^{\mathrm{T}}
\end{aligned} \tag{5.207}$$

式中，$\boldsymbol{S}_{k|k-1}=\boldsymbol{\Phi}_{k,k-1}\boldsymbol{S}_{k-1|k-1}$ 为预测误差方差阵的平方根。据此即可建立平方根滤波方程。

习　题

5-1 设某连续非线性系统数学模型为

$$\begin{cases} \dot{x}(t) = -x(t) + u(t) + w(t) \\ z(t) = x^3(t) + \varepsilon(t) \end{cases}$$

式中 $x(t)$ 和 $z(t)$ 是标量函数，$E[x(0)] = -1$，$u(t) = 5$，$w(t)$ 和 $\varepsilon(t)$ 是白噪声过程，即有 $E[w(t)w(\tau)] = q\delta(t-\tau)$，$E[\varepsilon(t)\varepsilon(\tau)] = r\delta(t-\tau)$，$P(0) = C_{x_0} = 0$。试求 $x(t)$ 的线性化 Kalman 滤波方程。

5-2 设有一维离散系统

$$\begin{cases} x_k = ax_{k-1} + w_{k-1} \\ z_k = x_k + \varepsilon_k \end{cases}$$

其中 $\{w_{k-1}\}$ 和 $\{\varepsilon_k\}$ 是互不相关的, 并且是与初始状态 x_0 不相关的零均值白噪声序列。它们的方差分别是 Q_{k-1} 和 R_k。a 为未知参数。试通过量测值 z_k 同时进行滤波并估计参数 a。

5-3 若定常连续系统噪声方差强度阵 q 和 r 都增加 α 倍，试证明稳态滤波器的增益 $\bar{K}$ 不变。

5-4 分析扩展 Kalman 滤波对不同初始条件误差的敏感程度，讨论初始误差对滤波稳定性的影响。

5-5 试对扩展 Kalman 滤波和无迹 Kalman 滤波的计算复杂度进行比较。

参 考 文 献

[1] 张金槐, 蔡洪. 飞行器试验统计学 [M]. 长沙: 国防科技大学出版社, 1995.

[2] John L C, John L J. 动态系统最优估计 [M]. 2 版. 左斌, 吴亮, 李静, 译. 北京: 国防工业出版社, 2016.

[3] 付梦印, 邓志红, 张继伟. Kalman 滤波理论及其在导航系统中的应用 [M]. 北京: 科学出版社, 2003.

[4] 石章松，刘忠. 目标跟踪与数据融合理论及方法 [M]. 北京：国防工业出版社，2010.

[5] 秦永元, 张洪钺, 汪叔华. 卡尔曼滤波与组合导航原理 [M]. 3 版. 西安: 西北工业大学出版社, 2015.

[6] Kalman R E. A new approach to linear filtering and prediction problems[J]. Journal of Fluids Engineering, 1960, 82 (1): 35-45.

[7] 巫春玲, 韩崇昭. 用于弹道目标跟踪的有限差分扩展卡尔曼滤波算法 [J]. 西安交通大学学报, 2008, 42 (2): 143-146.

[8] Julier S J, Uhlmann J K. Unscented filtering and nonlinear estimation[J]. Proceedings of the IEEE, 2004, 92 (3): 401-422.

[9] 李桂芳, 孙勇成, 黄圣国. 粒子滤波理论综述 [J]. 控制工程, 2010, 17 (S2): 92-94.

[10] Wiener N. Extrapolation, Interpolation, and Smoothing of Stationary Time Series[M]. Cambridge: MIT Press, 1964.

[11] Kucera V. Discrete Linear Control: The Polynomial Equation Approach[M]. New York: John Wiley & Sons, Inc., 1979.

[12] Battin R H. Some funny things happened on the way to the moon[J]. Journal of Guidance, Control, and Dynamics, 2002, 25 (1): 1-7.

[13] Sunahara Y. An approximate method of state estimation for nonlinear dynamical systems[J]. Journal of Fluids Engineering, 1970, 92 (2): 385-393.

[14] Julier S J, Uhlmann J K. A new extension of the Kalman filter to nonlinear systems[C]. Int. symp. aerospace/defense sensing, simul. and controls, 1997, 3 (26): 182-193.

[15] Crassidis J L, Markley F L. Unscented filtering for spacecraft attitude estimation[J]. Journal of Guidance, Control, and Dynamics, 2003, 26 (4): 536-542.

[16] van der Merwe R, Wan E A. The square-root unscented Kalman filter for state and parameter-estimation[C]//Acoustics, Speech, and Signal Processing. International Conference on, IEEE, 2001, 6: 3461-3464.

[17] Pasha S A, Tuan H D, Vo B N. Nonlinear Bayesian filtering using the unscented linear fractional transformation model[J]. Signal Processing, IEEE Transactions on, 2010, 58 (2): 477-489.

[18] Julier S J, Uhlmann J K. Reduced sigma point filters for the propagation of means and covariances through nonlinear transformations[C]. American Control Conference, Proceedings of the 2002, IEEE, 2002, 2: 887-892.

[19] Chandra K P B, Gu D W, Postlethwaite I. Cubature Kalman filter based localization and mapping[C]. World Congress. 2011, 18 (1): 2121-2125.

[20] Havlicek M, Friston K J, Jan J, et al. Dynamic modeling of neuronal responses in fMRI using cubature Kalman filtering[J]. Neuroimage, 2011, 56 (4): 2109-2128.

[21] Jianjun H, Jiali Z, Feng J. A CKF based spatial alignment of radar and infrared sensors[C]. Signal Processing (ICSP), 2010 IEEE 10th International Conference on, IEEE, 2010: 2386-2390.

[22] Li P, Yu J, Wan M, et al. The augmented form of cubature Kalman filter and quadrature Kalman filter for additive noise[C]. Information, Computing and Telecommunication, 2009, YC-ICT'09, IEEE Youth Conference on, IEEE, 2009: 295-298.

[23] Wu Y X, Hu D W, Wu M P, et al. A numerical-integration perspective on Gaussian filters[J]. Signal Processing, IEEE Transactions on, 2006, 54 (8): 2910-2921.

[24] HandschinJ E, Mayne D Q. Monte Carlo techniques to estimate the conditional expectation in multi-stage non-linear filtering†[J]. International Journal of Control, 1969, 9 (5): 547-559.

[25] Zaritskii V S, Svetnik V B, Šimelevič L I. Monte-Carlo technique in problems of optimal information processing[J]. Avtomatika I Telemekhanika, 1975 (12): 95-103.

[26] Handschin J E. Monte Carlo techniques for prediction and filtering of non-linear stochastic processes[J]. Automatica, 1970, 6 (4): 555-563.

[27] Rosenbluth M N, Rosenbluth A W. Monte Carlo calculation of the average extension of molecular chains[J]. The Journal of Chemical Physics, 1955, 23 (2): 356-359.

[28] Akashi H, Kumamoto H. Construction of discrete-time nonlinear filter by Monte Carlo methods with variance-reducing techniques[J]. Systems and Control, 1975, 19 (4): 211-221.

[29] 王婷婷, 郭圣权. 粒子滤波算法的综述 [J]. 仪表技术, 2009, (6): 64-66.

[30] 王尔申, 蔡明, 庞涛. MCMC 粒子滤波的 GPS 定位数据处理算法 [J]. 数据采集与处理, 2013, 28 (2): 213-218.

[31] 蒋蔚. 粒子滤波改进算法研究与应用 [D]. 哈尔滨: 哈尔滨工业大学, 2010.

[32] 胡昌华, 张琪, 乔玉坤. 强跟踪粒子滤波算法及其在故障预报中的应用 [J]. 自动化学报, 2008, 34 (12): 1522-1528.

[33] 梁军. 粒子滤波算法及其应用研究 [D]. 哈尔滨: 哈尔滨工业大学, 2009.

[34] 张琪, 王鑫, 胡昌华, 等. 人工免疫粒子滤波算法的研究 [J]. 控制与决策, 2008, 23 (3): 293-296, 301.

[35] 莫以为, 萧德云. 进化粒子滤波算法及其应用 [J]. 控制理论与应用, 2005, 22 (2): 269-272.

[36] 杜正聪, 唐斌, 李可. 混合退火粒子滤波器 [J]. 物理学报, 2006, 55 (3): 999-1004.

[37] 方正, 佟国峰, 徐心和. 基于粒子群优化的粒子滤波定位方法 [J]. 控制理论与应用, 2008, 25 (3): 533-537.

[38] 邹国辉, 敬忠良, 胡洪涛. 基于优化组合重采样的粒子滤波算法 [J]. 上海交通大学学报, 2006,40 (7): 1135-1139.

[39] Wang Y F, Sun F C, Zhang Y A, et al. Central difference particle filter applied to transfer alignment for SINS on missiles[J]. Aerospace and Electronic Systems, IEEE Transactions on, 2012, 48 (1): 375-387.

[40] Georgy J, Noureldin A, Korenberg M J, et al. Low-cost three-dimensional navigation solution for RISS/GPS integration using mixture particle filter[J]. Vehicular Technology, IEEE Transactions on, 2010, 59 (2): 599-615.

[41] Doucet A, Gordon N J, Krishnamurthy V. Particle filters for state estimation of jump Markov linear systems[J]. Signal Processing, IEEE Transactions on, 2001, 49 (3): 613-624.

[42] Zhou S K, Chellappa R, Moghaddam B. Visual tracking and recognition using appearance-adaptivemodels in particle filters[J].Image Processing, IEEE Transactions on, 2004, 13 (11): 1491-1506.

[43] Herman S M. A particle filtering approach to joint passive radar tracking and target classification[R]. University of Illinois at Urbana-Champaign, 2002.

[44] Godsill S, Clapp T. Improvement Strategies for Monte Carlo Particle Filters[M]// Sequential Monte Carlo Methods in Practice. New York: Springer, 2001: 139-158.

[45] Gordon N J, Salmond D J, Smith A F M. Novel approach to nonlinear/non-Gaussian Bayesian state estimation[C]. IEE Proceedings F (Radar and Signal Processing), IET Digital Library, 1993, 140 (2): 107-113.

[46] Kong A, Liu J S, Wong W H. Sequential imputations and Bayesian missing data problems[J]. Journal of the American statistical association, 1994, 89 (425): 278-288.

[47] Ristic B, Arulampalam S, Gordon N. Beyond the Kalman Filter: Particle Filters for Tracking Applications[M]. Boston: Artech house, 2004.

[48] Chen Z. Bayesian filtering: From Kalman filters to particle filters, and beyond[J]. Statistics, 2003, 182 (1): 1-69.

[49] Carpenter J, Clifford P, Fearnhead P. Improved particle filter for nonlinear problems[J]. IEEE Proceedings-Radar, Sonar and Navigation, 1999, 146 (1): 2-7.

[50] Pitt M K, Shephard N. Filtering via simulation: Auxiliary particle filters[J]. Journal of the American Statistical Association, 1999, 94 (446): 590-599.

[51] Giremus A, Tourneret J Y, Djuric P M. An improved regularized particle filter for INS/GPS integration[C]. Signal Processing Advances in Wireless Communications, 2005 IEEE 6th Workshop on, IEEE, 2005: 1013-1017.

[52] Khan Z, Balch T, Dellaert F. A Rao-blackwellized particle filter for eigen tracking [C]//Computer Vision and Pattern Recognition, 2004, CVPR 2004, Proceedings of the 2004 IEEE Computer Society Conference onComputer Vision and Pattern Recognition, 2004, 2: 980-988.

[53] Krishnamurthy V. Stochastic sampling algorithms for state estimation of jump Markov linear systems[J]. IEEE Transactions on Automatic Control, 2000, 45 (2): 188-202.

[54] Doucet A, de Freitas N, Murphy K, et al. Rao-blackwellised particle filtering for dynamic Bayesian networks[C]. Proceedings of the Sixteenth Conference on Uncertainty in Artificial Intelligence,Morgan Kaufmann Publishers Inc., 2000: 176-183.

[55] Gustafsson F, Gunnarsson F, Bergman N, et al. Particle filters for positioning, navigation, and tracking[J]. Signal Processing, IEEE Transactions on, 2002, 50 (2): 425-437.

[56] van der Merwe R. Sigma-point Kalman filters for probabilistic inference in dynamic state-space models[D]. Oregon Health & Science University, 2004.

[57] Schon T, Gustafsson F, Nordlund P J. Marginalized particle filters for mixed linear/nonlinear state-space models[J]. Signal Processing, IEEE Transactions on, 2005, 53 (7): 2279-2289.

[58] Simandl M, Královec J, Soderstrom T. Anticipative grid design in point-mass approach to nonlinear state estimation[J]. Automatic Control, IEEE Transactions on, 2002, 47 (4): 699-702.

[59] Norgaard M, Poulsen N K, Ravn O. New developments in state estimation for nonlinear systems[J]. Automatica, 2000, 36 (11): 1627-1638.

[60] Arulampalam M S, Maskell S, Gordon N, et al. A tutorial on particle filters for online nonlinear/non-Gaussian Bayesian tracking[J]. Signal Processing, IEEE Transactions on, 2002, 50 (2): 174-188.

[61] Tanizaki H. Nonlinear Filters Based on Taylor Series Expansion[M]//Nonlinear Filters. Germany: Springer Berlin Heidelberg, 1993: 35-67.

[62] Ito K, Xiong K. Gaussian filters for nonlinear filtering problems[J]. Automatic Control, IEEE Transactions on, 2000, 45 (5): 910-927.

[63] Kotecha J H, Djuric P M. Gaussian particle filtering[J]. Signal Processing, IEEE Transactions on, 2003, 51 (10): 2592-2601.

[64] Carter C K, Kohn R. Markov chain Monte Carlo in conditionally Gaussian state space models[J]. Biometrika, 1996, 83 (3): 589-601.

[65] Fox D. Adapting the sample size in particle filters through KLD-sampling[J]. The International Journalof Robotics Research, 2003, 22 (12): 985-1003.

[66] Myers K A, Tapley B D. Adaptive sequential estimation with unknown noise statistics[J]. IEEE Transactions on Automatic Control, 1976, 21(4): 520-523.

[67] Wang H, Deng Z, Feng B, et al. An adaptive Kalman filter estimating process noise covariance[J]. Neurocomputing, 2017, 223: 12-17.

[68] Li W, Sun S, Jia Y, et al. Robust unscented Kalman filter with adaptation of process and measurement noise covariances[J]. Digital Signal Processing, 2016, 48(C): 93-103.

[69] Mehra R K. Approaches to adaptive filtering [J]. Automatic Control IEEE Transactions on, 1972, 17(5): 693-698.

[70] Zanni L, Le Boudec J, Cherkaoui R, et al. A prediction-error covariance estimator for adaptive Kalman filtering in step-varying processes: Application to power-system state estimation[J]. IEEE Transactions on Control Systems Technology, 2017, 25(5): 1683-1697.

[71] Ardeshiri T, Özkan E, Orguner U, et al. Approximate Bayesian smoothing with unknown process and measurement noise covariances[J]. IEEE Signal Processing Letters, 2015, 22(12): 2450-2454.

[72] Assa A, Plataniotinos K N. Adaptive Kalman filtering by covariance sampling [J]. IEEE Signal Processing Letters, 2017, 24(9):1288-1292.

[73] Hanlon P D, Maybeck P S. Multiple-model adaptive estimation using a residual correlation Kalman filter bank[J]. IEEE Transactions on Aerospace and Electronic Systems, 2000, 36(2): 393-406.

[74] Karasalo M, Hu X. An optimization approach to adaptive Kalman filtering[J]. Automatica, 2011, 47(8), 1785-1793.

[75] Särkkä S, Nummenmaa A. Recursive noise adaptive Kalman filtering by variational Bayesian approximations[J]. IEEE Transactions on Automatic Control, 2009, 54(3): 596-600.

[76] Huang Y L, Zhang Y G, Wu Z M, et al. A novel adaptive Kalman filter with inaccurate process and measurement noise covariance matrices[J]. IEEE Transactions on Automatic Control, 2018, 63(2): 594-601.

[77] Chang G. Kalman filter with both adaptivity and robustness[J]. Journal of Process Control, 2014, 24(3): 81-87.

[78] Yang Y, Gao W. An optimal adaptive Kalman filter [J]. Journal of Geodesy, 2006, 80 (4): 177-183.

[79] Ding W, Wang J, Rizos C, et al. Improving adaptive Kalman estimation in GPS/INS integration [J]. Journal of Navigation, 2007, 60(3): 517.

[80] Geng Y, Wang J. Adaptive estimation of multiple fading factors in Kalman filter for navigation applications[J]. GPS Solutions, 2008, 12(4): 273-279.

[81] Mohamed A H, Schwarz K P. Adaptive Kalman filtering for INS/GPS[J]. Journal of Geodesy, 1999, 73(4): 193-203.

[82] Feng B, Fu M, Ma H, et al. Kalman filter with recursive covariance estimation——sequentially estimating process noise covariance[J]. IEEE Transactions on Industrial Electronics, 2014, 61(11): 6253-6263.

[83] Wang Y, Zheng W, Sun S, et al. Robust information filter based on maximum correntropy criterion[J]. Journal of Guidance Control and Dynamics 2016, 39: 1124-1129.

[84] Wang Y, Sun S, Li L. Adaptively robust unscented Kalman filter for tracking a maneuvering vehicle[J]. Journal of Guidance Control and Dynamics 2014, 37: 1696-1701.

[85] Wang X, Gong D, Xu L, et al. Laser radar based relative navigation using improved adaptive Huber filter[J]. Acta Astronautica, 2011, 68: 1872-1880.

[86] Li X R, Jilkov V P. Survey of maneuvering target tracking. Part I. Dynamic models[J]. IEEE Transactions on Aerospace and Electronic Systems, 2004, 39(4): 1333-1364.

[87] Allerton D J, Jia H. Redundant multi-mode filter for a navigation system[J]. IEEE Transactions on Aerospace and Electronic Systems, 2007, 43 (1): 371-391.

[88] 钱伟行, 刘建业, 赖际舟, 等. 基于强跟踪滤波的旋转捷联惯导初始对准方法 [J]. 中国惯性

技术学报, 2010, 18 (3): 290-295.

[89] Liu H, Nassar S, El-Sheimy N. Two-filter smoothing for accurate INS/GPS land-vehicle navigation in urban centers[J]. Vehicular Technology, IEEE Transactions on, 2010, 59 (9): 4256-4267.

[90] Qi H, Moore J B. Direct Kalman filtering approach for INS/GPS integration[J]. Aerospaceand Electronic Systems, IEEE Transactions on, 2002, 38 (2): 687-693.

[91] Ristic B, Farina A, Benvenuti D, et al. Performance bounds and comparison of nonlinear filters for tracking a ballistic object on re-entry[C]. Radar, Sonar and Navigation, IEE Proceedings-. IET, 2003, 150 (2): 65-70.

[92] Farina A, Ristic B, Benvenuti D. Tracking a ballistic target: Comparison of several nonlinear filters[J]. Aerospace and Electronic Systems, IEEE Transactions on, 2002, 38 (3): 854-867.

[93] Lei M, van Wyk B J, Qi Y. Online estimation of the approximate posterior Cramer-Rao lower bound for discrete-time nonlinear filtering[J]. Aerospace and Electronic Systems, IEEE Transactions on, 2011, 47 (1): 37-57.

[94] Kim J, Vaddi S S, Menon P K, et al. Comparison between nonlinear filtering techniques for spiraling ballistic missile state estimation[J]. Aerospace and Electronic Systems, IEEE Transactions on, 2012, 48 (1): 313-328.

[95] 魏喜庆, 宋申民. 基于容积卡尔曼滤波的卫星姿态估计 [J]. 宇航学报, 2013, 34 (2): 193-200.

[96] 魏喜庆, 宋申民. 基于改进容积卡尔曼滤波的奇异避免姿态估计 [J]. 航空学报, 2013, 34 (3): 610-619.

[97] Abdelrahman M, Park S Y. Sigma-point Kalman filtering for spacecraft attitude and rate estimation using magnetometer measurements[J]. Aerospace and Electronic Systems, IEEE Transactions on, 2011, 47 (2): 1401-1415.

[98] Jia B, Xin M, Cheng Y. Sparse Gauss-Hermite quadrature filter with application to spacecraft attitude estimation[J]. Journal of Guidance, Control, and Dynamics, 2011, 34 (2): 367-379.

[99] Chen H, Shahbazpanahi S, Gershman A B. Filter-and-forward distributed beamforming for two-way relay networks with frequency selective channels[J]. Signal Processing, IEEE Transactions on, 2012, 60 (4): 1927-1941.

[100] Fong W, Godsill S J, Doucet A, et al. Monte Carlo smoothing with application to audio signal enhancement[J]. Signal Processing, IEEE Transactions on, 2002, 50 (2): 438-449.

[101 Anastasia D, Andreopoulos Y. Throughput-distortion computation of generic matrix multiplication: Toward a computation channel for digital signal processing systems[J]. Signal Processing, IEEE Transactions on, 2012, 60 (4): 2024-2037.

[102] Mandelshtam V A. FDM: The filter diagonalization method for data processing in NMR experiments[J]. Progress in Nuclear Magnetic Resonance Spectroscopy, 2001, 38 (2): 159-196.

[103] MacCormick J, Blake A. A probabilistic exclusion principle for tracking multiple ob-

jects[J]. International Journal of Computer Vision, 2000, 39 (1): 57-71.

[104] Liu J S, Chen R. Sequential Monte Carlo methods for dynamic systems[J]. Journal of the American Statistical Association, 1998, 93 (443): 1032-1044.

[105] Kitagawa G. Monte Carlo filter and smoother for non-Gaussian nonlinear state space models[J]. Journal of Computational and Graphical Statistics, 1996, 5 (1): 1-25.

[106] Kitagawa G, Gersch W. Smoothness Priors Analysis of Time Series[M]. New York: Springer, 1996.

[107] Doucet A, Gordon N J. Simulation-based optimal filter for maneuvering target tracking[C]//SPIE's International Symposium on Optical Science, Engineering, and Instrumentation. International Society for Optics and Photonics, 1999: 241-255.

[108] Casella G, Robert C P. Rao-Blackwellisation of sampling schemes[J]. Biometrika, 1996, 83 (1): 81-94.

[109] Andrieu C, Doucet A. Particle filtering for partially observed Gaussian state space models[J]. Journal of the Royal Statistical Society: Series B (Statistical Methodology), 2002, 64 (4): 827-836.

[110] Rabinowitz P, Richter N. Perfectly symmetric two-dimensional integration formulas with minimal numbers of points[J]. Mathematics of Computation, 1969, 23(108): 765-779.

[111] Athans M, Wishner R P, Bertolini A. Suboptimal state estimation for continuous-time nonlinear systems from discrete noisy measurements[J]. Automatic Control, IEEE Transactions on, 1968, 13 (5): 504-514.

飞行器试验统计学典型案例库说明

为了方便读者在实际工作中应用本教材中的方法，我们特意编制了这本案例库。案例库中的案例均选自于飞行器试验的常见场景和常见任务。具体的案例说明如下。

1. 制导工具误差分离

制导工具误差包含加速度计和陀螺仪的零偏、刻度因子误差等，建立制导工具误差引起的视速度偏差模型，利用遥测数据和外测数据计算视速度偏差，以此作为观测量估计制导工具误差。采用最小二乘方法对导弹上升段的视速度遥外差数据进行处理，估计出制导工具误差系数，实现制导工具误差分离。

2. 惯组测试标定

利用转台为惯组提供精确的姿态位置和转速，根据加速度计和陀螺仪的误差模型，利用最小二乘方法处理加速度计和陀螺仪测量数据，估计加速度计和陀螺仪的零偏、刻度因子等误差系数。

3. 惯性/卫星组合导航

利用惯性组合测量的加速度和角速度直接解算飞行器速度、位置和姿态，以此作为状态方程，以卫星定位系统输出的飞行器位置作为观测量，利用 Kalman 滤波方法实时估计飞行器的速度、位置和姿态。

4. 气动参数辨识

飞行器在飞行过程中的受力、运动参数以及气动参数、大气参数之间是相互联系的，以飞行器的气动参数、姿态角、角速度为状态量建立状态方程，以导航系统输出的加速度、速度、角速度、姿态角、位置作为观测量，利用 Kalman 滤波方法实时估计气动参数。

5. 弹道跟踪

已知目标的运动状态模型，利用雷达、经纬仪等设备测量目标相对观测设备的距离方位信息，利用扩展 Kalman 滤波方法估计目标的位置、速度等信息，实现对目标的跟踪。

A. 制导工具误差分离

A.1 概述

命中精度是弹道导弹的一项重要战技指标，它是指导弹在全程发射时标准状态下的落点偏差。影响导弹命中精度的因素有很多，如制导工具误差 (主要是惯导工具误差)、制导方法误差、引力异常、后效冲量、再入误差等，在这些因素中，惯导工具误差影响最大，约占整个命中精度的 60%～80%，所以惯性测量系统的标定与补偿在提高战略导弹打击精度中显得非常重要。从统计学意义上来说，应该有尽可能多的导弹全程飞行试验落点数据，以便评定导弹命中精度。由于受政治、经济及其他条件的限制，战略导弹飞行试验通常是特殊弹道，并不是需要评定的全程弹道，而且即使是特殊弹道飞行试验，试验次数通常很少。由于飞行试验目的不同，飞行程序也与全程弹道截然不同，飞行环境发生了变化，因此，这些特殊弹道的落点信息不能直接作为全程弹道的落点信息对待，实际中通常是将试验弹道中惯导系统误差系数通过测量数据估计出来，然后折合到全程弹道，形成全程弹道落点信息，这就是工具误差的分离与折合问题。

那么如何分析惯导工具误差呢？通常使用导弹飞行试验中的遥测信息与外测信息。遥测信息主要指通过遥测设备传到地面的导弹惯性导航系统测量得到的加速度、角速度信息。外测信息是指通过试验靶场的雷达、光电设备等测量得到的导弹位置、速度信息。遥测信息中包含有导弹工具误差，而外测信息由外部设备独立测量得到，一般认为只包含外测设备的系统误差与随机测量误差，与惯导工具误差无关。利用遥测数据与外测数据作差，就可以得到由于惯导工具误差引起的导弹速度、位置误差，但必须注意的是，遥测数据一般在惯性坐标系中测量得到，且不包含重力加速度，而外测信息一般在地理坐标系中测量得到，因此在计算遥外差时必须将两类数据转换到同一个坐标系下。

如果惯性器件没有误差，则制导坐标系和发射惯性系平行，测量准确。事实上惯性器件的误差造成制导坐标系和发射惯性系不平行，测量不准确，从而引起落点偏差，称为制导工具误差。

制导工具误差分离是对误差模型的系数 (称为误差系数) 进行辨识，在模型研究方面，平台式系统工具误差分离模型比较成熟。惯性系统的使用精度主要取决于加速度计与陀螺仪误差，通过对惯性器件的误差机理分析，可以建立非常详细的惯性系统误差模型，包括加速度计、陀螺仪及其他系统误差。

目前，提高惯性系统使用精度的方法一般来说有如下两种：一是不断提高陀螺仪及加速度计的精度，从硬件上保证惯性系统的精度；二是建立惯性系统准确的误差模型，采用简单实用的测试方法，快速准确地分离出各项误差系数，将分离的误差系数模型提供给系统进行补偿，提高使用精度。后一种方法，即通过分析惯性制导武器系统飞行试验数据，研究惯性系统工具误差分离模型与分离方法，是迅速提高惯性系统使用精度的经济而有效的技术途径。

本案例根据给定的遥测数据和外测数据，求出了速度域环境函数矩阵与发射惯性坐标系遥外差，并给出了误差系数估计。

A.2 制导工具误差模型

本案例以惯性平台为对象，加速度计和陀螺仪在惯性平台上的安装方位，如图 A.1 所示。

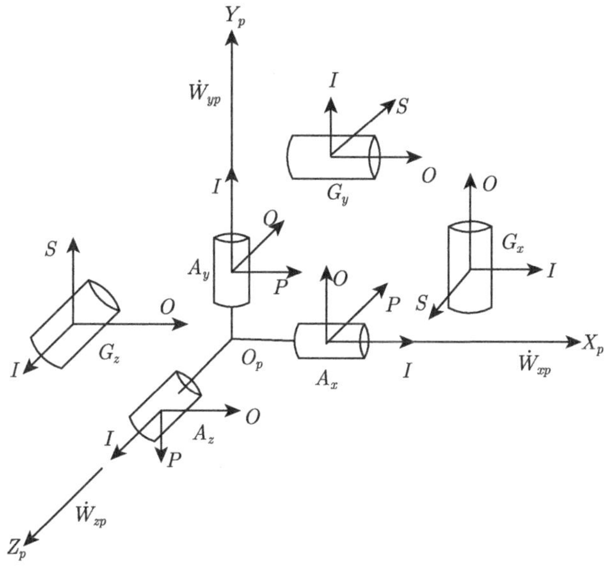

图 A.1 惯性平台器件安装方位示意图

图 A.1 中，O_p-$X_pY_pZ_p$ 表示平台坐标系，A_x, A_y, A_z 表示加速度计，G_x, G_y, G_z 表示陀螺仪，$\dot{W}_{xp}, \dot{W}_{yp}, \dot{W}_{zp}$ 表示导弹视加速度在平台坐标系中的分量。

平台坐标系相对于发射惯性系的漂移率完全由陀螺的漂移率确定，可表示为

$$\begin{bmatrix} \dot{\alpha}_{xp} \\ \dot{\alpha}_{yp} \\ \dot{\alpha}_{zp} \end{bmatrix} = \begin{bmatrix} k_{g0x} + k_{g11x}\dot{W}_{xp} + k_{g12x}\dot{W}_{yp} \\ k_{g0y} + k_{g11y}\dot{W}_{yp} + k_{g12y}\dot{W}_{xp} \\ k_{g0z} + k_{g11z}\dot{W}_{zp} + k_{g12z}\dot{W}_{yp} \end{bmatrix} \tag{A.1}$$

其中，$\dot{\alpha}_{xp}$、$\dot{\alpha}_{yp}$、$\dot{\alpha}_{zp}$ 分别为三轴方向陀螺仪漂移率，α_{xp}、α_{yp}、α_{zp} 分别为三轴方向陀螺仪漂移角，k_{g0x}、k_{g11x}、k_{g12x}、k_{g0y}、k_{g11y}、k_{g12y}、k_{g0z}、k_{g11z}、k_{g12z} 为陀螺仪的误差系数。

对上式积分得到三轴方向陀螺仪漂移角为

$$\begin{cases} \alpha_{xp} = k_{g0x}t + k_{g11x}W_{xp} + k_{g12x}W_{yp} \\ \alpha_{yp} = k_{g0y}t + k_{g11y}W_{yp} + k_{g12y}W_{xp} \\ \alpha_{zp} = k_{g0z}t + k_{g11z}W_{zp} + k_{g12z}W_{yp} \end{cases} \tag{A.2}$$

改写为

$$\begin{bmatrix} \alpha_{xp} \\ \alpha_{yp} \\ \alpha_{zp} \end{bmatrix} = \boldsymbol{S}_{Ag} \cdot \boldsymbol{D}_g \tag{A.3}$$

其中，

$$\boldsymbol{S}_{Ag} = \begin{bmatrix} t & W_{xp} & W_{yp} & 0 & 0 & 0 & 0 & 0 & 0 \\ 0 & 0 & 0 & t & W_{yp} & W_{xp} & 0 & 0 & 0 \\ 0 & 0 & 0 & 0 & 0 & 0 & t & W_{zp} & W_{yp} \end{bmatrix}$$

$$\boldsymbol{D}_g = [k_{g0x} \quad k_{g11x} \quad k_{g12x} \quad k_{g0y} \quad k_{g11y} \quad k_{g12y} \quad k_{g0z} \quad k_{g11z} \quad k_{g12z}]^{\mathrm{T}}$$

加速度计的误差可表示为

$$\begin{cases} \delta\dot{W}_{axA} = k_{a0x} + k_{a1x}\dot{W}_{xA} \\ \delta\dot{W}_{ayA} = k_{a0y} + k_{a1y}\dot{W}_{yA} \\ \delta\dot{W}_{azA} = k_{a0z} + k_{a1z}\dot{W}_{zA} \end{cases} \tag{A.4}$$

其中，$\delta\dot{W}_{axA}$、$\delta\dot{W}_{ayA}$、$\delta\dot{W}_{azA}$ 分别为发射惯性系三轴方向导弹视加速度的误差，$\dot{W}_{xA}$、$\dot{W}_{yA}$、$\dot{W}_{zA}$ 分别为导弹视加速度在发射惯性坐标系上的分量，k_{a0x}、k_{a1x}、k_{a0y}、k_{a1y}、k_{a0z}、k_{a1z} 为加速度计的误差系数。改写为矩阵形式为

$$\begin{bmatrix} \delta\dot{W}_{axA} \\ \delta\dot{W}_{ayA} \\ \delta\dot{W}_{azA} \end{bmatrix} = \boldsymbol{S}_{Aa} \cdot \boldsymbol{D}_a \tag{A.5}$$

其中，

$$\boldsymbol{S}_{Aa} = \begin{bmatrix} 1 & \dot{W}_{xA} & 0 & 0 & 0 & 0 \\ 0 & 0 & 1 & \dot{W}_{yA} & 0 & 0 \\ 0 & 0 & 0 & 0 & 1 & \dot{W}_{zA} \end{bmatrix}$$

$$\boldsymbol{D}_a = [k_{a0x} \quad k_{a1x} \quad k_{a0y} \quad k_{a1y} \quad k_{a0z} \quad k_{a1z}]^{\mathrm{T}}$$

注意到平台坐标轴的漂移量 $\alpha_{xp}, \alpha_{yp}, \alpha_{zp}$ 较小，则 $\dot{W}$ 沿发射惯性系的分量 $\dot{W}_{xA}, \dot{W}_{yA}, \dot{W}_{zA}$ 与沿平台坐标系的分量 $\dot{W}_{xp}, \dot{W}_{yp}, \dot{W}_{zp}$ 有如下关系：

$$\begin{bmatrix} \dot{W}_{xp} \\ \dot{W}_{yp} \\ \dot{W}_{zp} \end{bmatrix} = \begin{bmatrix} 1 & -\alpha_{zp} & \alpha_{yp} \\ \alpha_{zp} & 1 & -\alpha_{xp} \\ -\alpha_{yp} & \alpha_{xp} & 1 \end{bmatrix} \begin{bmatrix} \dot{W}_{xA} \\ \dot{W}_{yA} \\ \dot{W}_{zA} \end{bmatrix} \tag{A.6}$$

由陀螺仪引起的加速度计误差为

$$\begin{aligned} \begin{bmatrix} \delta\dot{W}_{gxA} \\ \delta\dot{W}_{gyA} \\ \delta\dot{W}_{gzA} \end{bmatrix} &= \begin{bmatrix} 1 & -\alpha_{zp} & \alpha_{yp} \\ \alpha_{zp} & 1 & -\alpha_{xp} \\ -\alpha_{yp} & \alpha_{xp} & 1 \end{bmatrix} \begin{bmatrix} \dot{W}_{xA} \\ \dot{W}_{yA} \\ \dot{W}_{zA} \end{bmatrix} - \begin{bmatrix} \dot{W}_{xA} \\ \dot{W}_{yA} \\ \dot{W}_{zA} \end{bmatrix} \\ &= \begin{bmatrix} 0 & \dot{W}_{zA} & -\dot{W}_{yA} \\ -\dot{W}_{zA} & 0 & \dot{W}_{xA} \\ \dot{W}_{yA} & -\dot{W}_{xA} & 0 \end{bmatrix} \begin{bmatrix} \alpha_{xp} \\ \alpha_{yp} \\ \alpha_{zp} \end{bmatrix} \\ &= \boldsymbol{S}_e \begin{bmatrix} \alpha_{xp} \\ \alpha_{yp} \\ \alpha_{zp} \end{bmatrix} \end{aligned} \tag{A.7}$$

其中，

$$\boldsymbol{S}_e = \begin{bmatrix} 0 & \dot{W}_{zA} & -\dot{W}_{yA} \\ -\dot{W}_{zA} & 0 & \dot{W}_{xA} \\ \dot{W}_{yA} & -\dot{W}_{xA} & 0 \end{bmatrix}$$

综合考虑加速度计本身的误差，则由平台系统误差引起的视加速度的总误差为

$$\begin{bmatrix} \delta\dot{W}_{xA} \\ \delta\dot{W}_{yA} \\ \delta\dot{W}_{zA} \end{bmatrix} = \begin{bmatrix} \delta\dot{W}_{gxA} \\ \delta\dot{W}_{gyA} \\ \delta\dot{W}_{gzA} \end{bmatrix} + \begin{bmatrix} \delta\dot{W}_{axA} \\ \delta\dot{W}_{ayA} \\ \delta\dot{W}_{azA} \end{bmatrix} = \boldsymbol{S}_e \cdot \boldsymbol{S}_{Ag}\boldsymbol{D}_g + \boldsymbol{S}_{Aa}\boldsymbol{D}_a \tag{A.8}$$

利用平台系中测量得到的视加速度代替惯性系中真实的视加速度，则上式中的系数可写为

$$\boldsymbol{S}_e = \begin{bmatrix} 0 & \dot{W}_{zp} & -\dot{W}_{yp} \\ -\dot{W}_{zp} & 0 & \dot{W}_{xp} \\ \dot{W}_{yp} & -\dot{W}_{xp} & 0 \end{bmatrix}$$

$$\boldsymbol{S}_{Aa} = \begin{bmatrix} 1 & \dot{W}_{xp} & 0 & 0 & 0 & 0 \\ 0 & 0 & 1 & \dot{W}_{yp} & 0 & 0 \\ 0 & 0 & 0 & 0 & 1 & \dot{W}_{zp} \end{bmatrix}$$

将式 (A.8) 写为矩阵形式可得

$$\delta\dot{\boldsymbol{W}}_A = \begin{bmatrix} \boldsymbol{S}_e \cdot \boldsymbol{S}_{Ag} & \boldsymbol{S}_{Aa} \end{bmatrix} \cdot \begin{bmatrix} \boldsymbol{D}_g \\ \boldsymbol{D}_a \end{bmatrix} = \boldsymbol{S}_A \cdot \boldsymbol{D} \tag{A.9}$$

其中，$S_A = \left[\begin{array}{cc} \boldsymbol{S}_e \cdot \boldsymbol{S}_{Ag} & \boldsymbol{S}_{Aa} \end{array}\right]$ 为视加速度环境函数矩阵，$\boldsymbol{D} = \left[\begin{array}{c} \boldsymbol{D}_g \\ \boldsymbol{D}_a \end{array}\right]$ 为工具误差系数向量。

对式 (A.8) 整理积分得到由制导工具误差引起的视速度偏差为

$$\delta \boldsymbol{W}(t) = \int_0^t \boldsymbol{S}_A(\tau)\mathrm{d}\tau \cdot \boldsymbol{D} = \boldsymbol{S}_V(t) \cdot \boldsymbol{D} + \boldsymbol{\varepsilon}_V \tag{A.10}$$

其中，视速度偏差 $\delta \boldsymbol{W}(t) = [\delta W_{xA}(t) \quad \delta W_{yA}(t) \quad \delta W_{zA}(t)]^{\mathrm{T}}$，$\boldsymbol{S}_V(t) = \int_0^t \boldsymbol{S}_A(\tau)\mathrm{d}\tau$ 为视速度环境函数矩阵，$\boldsymbol{\varepsilon}_V$ 为外测噪声。

因此，分离工具误差系数的基本模型是

$$\delta \boldsymbol{W} = \boldsymbol{S}_V \cdot \boldsymbol{D} + \boldsymbol{\varepsilon}_V \tag{A.11}$$

利用最小二乘法可估计出导弹的工具误差

$$\hat{\boldsymbol{D}} = (\boldsymbol{S}_V^{\mathrm{T}}\boldsymbol{S}_V)^{-1}\boldsymbol{S}_V^{\mathrm{T}}\delta \boldsymbol{W} \tag{A.12}$$

视速度偏差 $\delta \boldsymbol{W}$ 为导弹飞行时遥测视速度与外测视速度的差，简称遥外差。对于惯性平台系统，遥测数据为惯性平台上惯性器件的测量数据，在不计平台漂移的情况下为发射惯性系中的测量值，其中，加速度计输出的视加速度不含重力加速度。而外测数据为地面测量设备测量的导弹在发射系中的运动信息，通常有速度和位置，且包含重力加速度的影响。因此，在进行遥外差计算时需要将遥测和外测统一到同一个坐标系，本案例选择统一到发射惯性系。

A.3 发射惯性系中的遥外差

本案例中需要计算发射惯性系中式 (A.11) 的遥外视速度偏差 $\delta \boldsymbol{W}$，对于惯性平台系统，遥测为发射惯性系中的视加速度分量，假设速度和位置的初始状态全为 0，直接积分即可得到发射惯性系中遥测视速度 $\boldsymbol{W}_{\mathrm{yao}}$。而外测速度为发射系中的分量，且包含重力加速度的影响，因此需要将外测速度转换为发射惯性系中的外测视速度。

假设发射坐标系中外测速度为 $\boldsymbol{V}_g$、外测位置为 $\boldsymbol{\rho}_g$，则发射惯性系中的外测视速度为

$$\boldsymbol{W}_{\mathrm{out}} = \boldsymbol{C}_g^a \cdot \boldsymbol{V}_g + \boldsymbol{\omega}_e^a \times \left[\boldsymbol{C}_g^a \cdot (\boldsymbol{R}_0 + \boldsymbol{\rho}_g)\right] - \int_0^t \boldsymbol{g}_a(\tau)\mathrm{d}\tau - \boldsymbol{V}_{0a} \tag{A.13}$$

其中，第一项为发射惯性系中的外测速度，为发射系中的相对速度；第二项是发射系相对发射惯性系运动产生的牵连速度；第三项是重力加速度导致的速度增量；最后一项为发射惯性系中的初始速度，由于遥测视速度计算时初值为 0，因此要扣除导弹在发射惯性系中的初始速度。

利用发射惯性系中的遥测视速度减去外测视速度得到视速度遥外差

$$\delta \boldsymbol{W} = \boldsymbol{W}_{\text{yao}} - \boldsymbol{W}_{\text{out}} \tag{A.14}$$

根据视速度环境函数矩阵 $\boldsymbol{S}_V$ 的定义，利用平台系下的加速度计测量值 $\dot{W}_{xp}$, $\dot{W}_{yp}, \dot{W}_{zp}$ 可计算出 $\boldsymbol{S}_V$，因此可通过最小二乘法式 (A.12) 估计导弹的工具误差 $\hat{\boldsymbol{D}}$。

A.4 仿真算例

本案例以某型弹道导弹的上升段为对象，假设制导工具误差系数的真值为表 A.1 所示。

表 A.1 制导工具误差系数真值

误差系数	真值	单位	误差系数	真值	单位
k_{g0x}	0.5	(°)/h	k_{a0x}	−2.0	0.001m/s^2
k_{g11x}	−0.01	$((°)/\text{h})/(\text{m/s}^2)$	k_{a1x}	5.0	0.0001
k_{g12x}	−0.01	$((°)/\text{h})/(\text{m/s}^2)$	k_{a0y}	−2.0	0.001m/s^2
k_{g0y}	0.3	(°)/h	k_{a1y}	5.0	0.0001
k_{g11y}	0.01	$((°)/\text{h})/(\text{m/s}^2)$	k_{a0z}	1.0	0.001m/s^2
k_{g12y}	0.02	$((°)/\text{h})/(\text{m/s}^2)$	k_{a1z}	5.0	0.0001
k_{g0z}	−0.5	(°)/h			
k_{g11z}	0.01	$((°)/\text{h})/(\text{m/s}^2)$			
k_{g12z}	0.02	$((°)/\text{h})/(\text{m/s}^2)$			

外测得到的发射坐标系中的飞行轨迹，如图 A.2 所示。

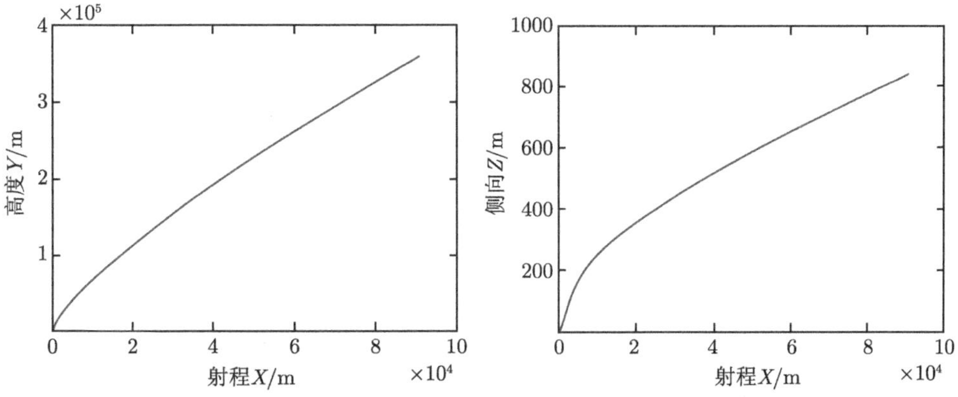

(a) 射程与高度关系图 (b) 射程与侧向位移关系图

图 A.2 飞行轨迹外测曲线

利用式 (A.13)、式 (A.14) 计算出发射惯性系中的视速度遥外差变化曲线，如图 A.3 所示。

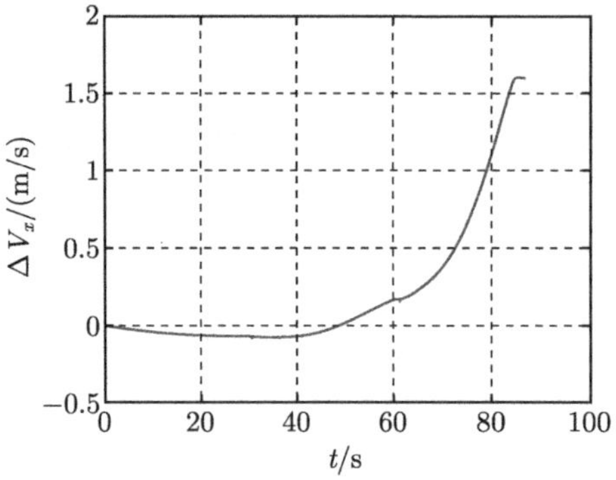

(a) X轴速度遥外差变化曲线

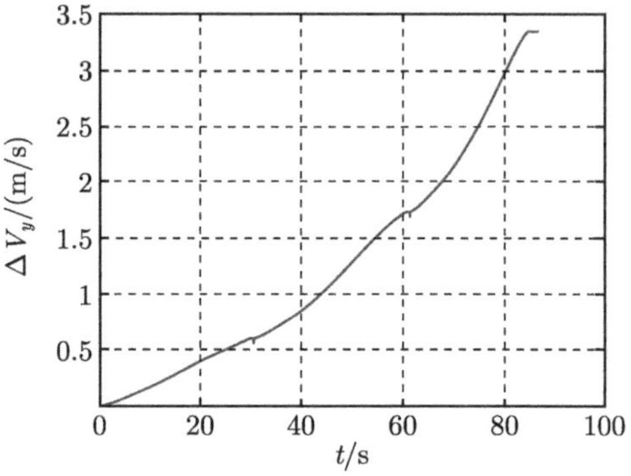

(b) Y轴速度遥外差变化曲线

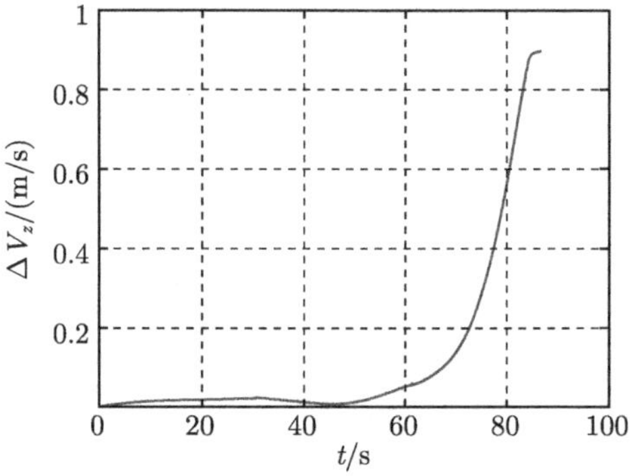

(c) Z轴速度遥外差变化曲线

图 A.3　发射惯性系中的视速度遥外差曲线

利用式 (A.12) 的最小二乘法可从视速度遥外差中分离出导弹的制导工具误差 $\hat{\boldsymbol{D}}$，与真值的对比见表 A.2。

表 A.2　制导工具误差分离结果

误差系数	真值	估计值	相对误差/%
k_{g0x}	2.42407×10^{-6} (rad/s)	2.41688×10^{-6} (rad/s)	0.30
k_{g0y}	1.45444×10^{-6} (rad/s)	1.343880×10^{-6} (rad/s)	7.60
k_{g0z}	-2.42407×10^{-6} (rad/s)	-2.43919×10^{-6} (rad/s)	0.62
k_{g11x}	-4.84814×10^{-8} $[(\mathrm{rad/s})/(\mathrm{m/s^2})]$	-4.82454×10^{-8} $[(\mathrm{rad/s})/(\mathrm{m/s^2})]$	0.49
k_{g11y}	4.84814×10^{-8} $[(\mathrm{rad/s})/(\mathrm{m/s^2})]$	5.25024×10^{-8} $[(\mathrm{rad/s})/(\mathrm{m/s^2})]$	8.29
k_{g11z}	4.84814×10^{-8} $[(\mathrm{rad/s})/(\mathrm{m/s^2})]$	1.152208×10^{-8} $[(\mathrm{rad/s})/(\mathrm{m/s^2})]$	76.23
k_{g12x}	-4.84814×10^{-8} $[(\mathrm{rad/s})/(\mathrm{m/s^2})]$	-4.84642×10^{-8} $[(\mathrm{rad/s})/(\mathrm{m/s^2})]$	0.04
k_{g12y}	9.69627×10^{-8} $[(\mathrm{rad/s})/(\mathrm{m/s^2})]$	8.82825×10^{-8} $[(\mathrm{rad/s})/(\mathrm{m/s^2})]$	8.95

续表

误差系数	真值	估计值	相对误差/%
k_{g12z}	9.69627×10^{-8} [(rad/s)/(m/s^2)]	9.71068×10^{-8} [(rad/s)/(m/s^2)]	0.15
k_{a0x}	−0.002 (m/s^2)	−0.001998 (m/s^2)	0.09
k_{a0y}	−0.002 (m/s^2)	−0.002002 (m/s^2)	0.08
k_{a0z}	0.001(m/s^2)	0.0009988(m/s^2)	0.11
k_{a1x}	0.0005	0.0005022	0.46
k_{a1y}	0.0005	0.0004994	0.11
k_{a1z}	0.0005	0.0004771	4.58

从表 A.2 可看出，利用最小二乘法可有效地从视速度遥外差中分离出制导工具误差，大部分误差系数估计的相对误差均小于 10%，但是估计 k_{g11z} 的相对误差为 76.23%，估计精度差，这种情况可采用主成分分析法进行改进。

A.5 小结

本案例采用最小二乘方法对导弹上升段的视速度遥外差数据进行处理，估计出制导工具误差系数，实现制导工具误差分离。仿真结果表明，利用发射惯性系下的视速度遥外差数据，通过最小二乘法可有效估计出制导工具误差，对于估计效果较差的工具误差系数，可采用主成分分析法进行改进。

B. 惯组测试标定

B.1 概述

惯组，全称惯性测量组合 (inertial measurement unit, IMU)，是惯性导航系统的核心敏感器件，通常由三个相互正交安装的加速度计和三个正交安装的陀螺仪组成，用于测量载体的加速度和角速度信息，作为载体的导航解算的测量数据。

惯性导航系统优点非常突出，即完全自主性、不受干扰性，但是惯性系统的缺点也比较明显，其导航误差随时间增加而增大，即导航时间越长，速度、姿态导航误差越大，这也是火箭或导弹通常采用组合导航方式的原因。按照误差产生来源，惯性导航系统误差可分为两部分：一部分是可以根据机理分析与数学分析获得其产生原因的误差，该误差可以根据确定性的数学模型获得；另一部分是各种不确定性因素引起的随机性漂移误差，该误差具有随机不确定性。惯导误差也称为工具误差，主要是指确定性误差，这类误差可以通过精密转台等设备进行标定，然后在应用中补偿，但是由于标定结果的不精确，以及惯性器件性能随时间的变化，虽然能够补偿大部分误差，但是并不能完全消除所有的误差。

影响惯性器件误差的因素很多，如过载、温度、角运动、电磁环境等，各种环境因素可以采取屏蔽或补偿措施，但与飞行器运动相关的参数，如过载、角速度等对惯性器件的影响不可避免，所以一般情况下惯性导航系统的误差模型描述为惯性器件输出与过载及角运动的关系，本案例以光纤陀螺仪和石英加速度计组成的惯组为例，进行惯性器件误差系数的测试标定实验。

B.2 模型

根据陀螺仪的测量原理，其输出数据受陀螺仪零偏、刻度因数、安装误差、载体视加速度的影响，可建立如下的陀螺仪误差模型：

$$\begin{cases} \omega_{Gx}=E_{x0}+E_{x1}\omega_x+E_{yx}\omega_y+E_{zx}\omega_z+D_{1x}a_x+D_{2x}a_y+D_{3x}a_z+\varepsilon_{Gx} \\ \omega_{Gy}=E_{y0}+E_{y1}\omega_y+E_{zy}\omega_z+E_{xy}\omega_x+D_{1y}a_x+D_{2y}a_y+D_{3y}a_z+\varepsilon_{Gy} \\ \omega_{Gz}=E_{z0}+E_{z1}\omega_z+E_{xz}\omega_x+E_{yz}\omega_y+D_{1z}a_x+D_{2z}a_y+D_{3z}a_z+\varepsilon_{Gz} \end{cases} \tag{B.1}$$

式中，ω_{Gx}、ω_{Gy}、ω_{Gz} 分别为 x、y、z 三个方向陀螺仪的输出；E_{x0}、E_{y0}、E_{z0} 分别为 x、y、z 三个方向陀螺仪零偏；E_{x1}、E_{y1}、E_{z1} 分别为 x、y、z 三个方向陀螺刻度因数。

E_{yx}、E_{zx} 分别表示 X 陀螺仪敏感轴相对于弹体坐标系 X 轴的安装误差；E_{xy}、E_{zy} 分别表示 Y 陀螺仪敏感轴相对于弹体坐标系 Y 轴的安装误差；E_{xz}、E_{yz} 分别表示 Z 陀螺仪敏感轴相对于弹体坐标系 Z 轴的安装误差。

D_{1x}、D_{1y}、D_{1z} 分别表示 x、y、z 三个陀螺仪输出与 X 方向视加速度相关的误差系数；D_{2x}、D_{2y}、D_{2z} 分别表示 x、y、z 三个陀螺仪输出与 Y 方向视加速度相关的误差系数；D_{3x}、D_{3y}、D_{3z} 分别表示 x、y、z 三个陀螺仪输出与 Z 方向视加速度相关的误差系数。

ε_{Gx}、ε_{Gy}、ε_{Gz} 分别为 x、y、z 三个陀螺仪测量的随机漂移。

在实际应用中，陀螺仪误差模型的确定通常与陀螺仪精度有关，精度越高的陀螺仪，其误差模型考虑得越详细，误差系数越多，甚至还会考虑与视加速度平方项和交叉乘积项相关的二次项误差系数，所以，不同陀螺仪误差模型并不是完全相同的，需要根据陀螺仪精度水平和应用背景取舍。

加速度计误差主要与飞行器过载有关，其输出模型可表示为

$$\begin{cases} A_{ax}=K_{ax0}+K_{ax1}\cdot a_x+K_{axy}\cdot a_y+K_{axz}\cdot a_z+K_{ax2}\cdot a_x^2+\varepsilon_{ax} \\ A_{ay}=K_{ay0}+K_{ay1}\cdot a_y+K_{ayx}\cdot a_x+K_{ayz}\cdot a_z+K_{ay2}\cdot a_y^2+\varepsilon_{ay} \\ A_{az}=K_{az0}+K_{az1}\cdot a_z+K_{azx}\cdot a_x+K_{azy}\cdot a_y+K_{az2}\cdot a_z^2+\varepsilon_{az} \end{cases} \tag{B.2}$$

式中，A_{ax}、A_{ay}、A_{az} 分别为 x、y、z 三个加速度计输出；K_{ax0}、K_{ay0}、K_{az0} 分别为 x、y、z 三个加速度计的零偏；K_{ax1}、K_{ay1}、K_{az1} 分别为 x、y、z 三个加速度计的刻度因数，与相应加速度计敏感轴方向的过载有关。

K_{axy}、K_{axz} 分别表示 X 加速度计敏感轴相对于弹体坐标系 X 轴的安装误差，用欧拉角描述；K_{ayx}、K_{ayz} 分别表示 Y 加速度计敏感轴相对于弹体坐标系 Y 轴的安装误差，用欧拉角描述；K_{azx}、K_{azy} 分别表示 Y 加速度计敏感轴相对于弹体坐标系 Y 轴的安装误差，用欧拉角描述。

K_{ax2}、K_{ay2}、K_{az2} 分别为 x、y、z 三个加速度计的二次项系数；

ε_{ax}、ε_{ay}、ε_{az} 分别为 x、y、z 三个加速度计测量的随机漂移。

在实际应用中，与陀螺仪类似，加速度计误差与其精度密切相关，需要根据其精度水平和应用背景取舍。

本案例中采用简化的误差模型，加速度计误差模型忽略高阶项，只考虑零偏项、刻度因数项和安装误差项

$$\begin{cases} A_{ax} = K_{ax0} + K_{ax1} \cdot a_x + K_{axy} \cdot a_y + K_{axz} \cdot a_z + \varepsilon_{ax} \\ A_{ay} = K_{ay0} + K_{ay1} \cdot a_y + K_{ayx} \cdot a_x + K_{ayz} \cdot a_z + \varepsilon_{ay} \\ A_{az} = K_{az0} + K_{az1} \cdot a_z + K_{azx} \cdot a_x + K_{azy} \cdot a_y + \varepsilon_{az} \end{cases} \tag{B.3}$$

本案例中采用光纤陀螺仪，其测量数据受载体加速度影响较小，可忽略与载体视加速度相关的误差项，简化为

$$\begin{cases} \omega_{Gx} = E_{x0} + E_{x1}\omega_x + E_{yx}\omega_y + E_{zx}\omega_z + \varepsilon_{Gx} \\ \omega_{Gy} = E_{y0} + E_{y1}\omega_y + E_{zy}\omega_z + E_{xy}\omega_x + \varepsilon_{Gy} \\ \omega_{Gz} = E_{z0} + E_{z1}\omega_z + E_{xz}\omega_x + E_{yz}\omega_y + \varepsilon_{Gz} \end{cases} \tag{B.4}$$

B.3 方法

本案例采用的惯组具有较高的精度，能够敏感到重力加速度和地球自转，因此，可在地面将惯组设置于不同的方位，通过敏感重力加速度和地球自转对惯组的误差系数进行标定。为了获得更多的测量数据，本案例采用多位置标定方案。

地面多位置标定是指以地球重力加速度和地球自转角速度为基准量，利用三轴精密转台给出惯性测量系统三轴指向与当地地平坐标系的精确的相对位置，从而得到地球重力加速度和地球自转角速度在惯性测量系统三轴上的分量，以此作为基准量，与惯性测量系统陀螺仪和加速度计输出量比较，估计其误差系数。所以三轴精密转台的作用是提供惯性测量系统三轴指向与当地地平坐标系之间的精确关系。

多位置标定方案是指根据需要标定的惯性测量系统 (陀螺仪和加速度计) 误差特性，设计多个不同位置组合，获得误差系数的估计。标定过程中惯性测量系统安装在三轴精密转台上，其三轴指向分别与精密转台外框轴、中框轴和内框轴平行，当转台旋转时，带动惯性测量系统一起转动，在每一个位置下停留一段时

间，静态条件下测量陀螺仪和加速度计输出，在每一个位置下，每个陀螺仪和加速度都有一个输出量，在多个位置组合下，利用最小二乘方法或其他参数估计方法估计惯性测量系统误差系数。

惯性测量系统体坐标系，三轴转台外框、中框、内框，与当地天东北坐标系之间的关系如图 B.1 所示。

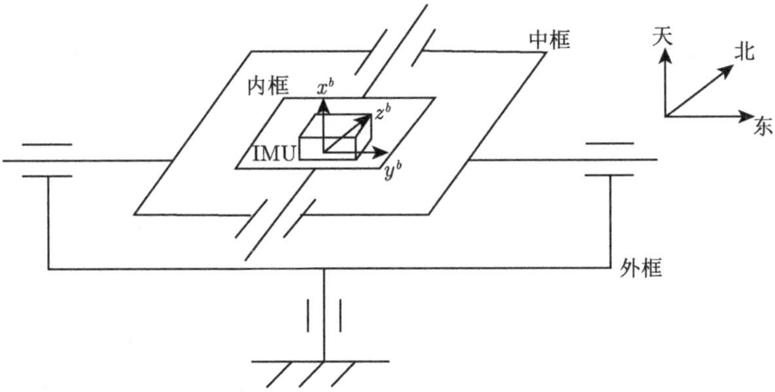

图 B.1　惯性测量系统、转台、当地天东北坐标系之间的关系

1. 加速度计标定方法

利用转台提供精确的方位，已知重力加速度对加速度计的激励值，转台保持静止，采样加速度计的测量数据。为了标定出所有的加速度计误差，需要将各加速度计敏感轴放置在竖直方向，让重力加速度充分激励，因此，设置惯组三轴 (X、Y、Z) 六位置依次为天北西、地西北、北天东、西地南、南东天、西南地，见表 B.1。

上述六个位置加速度计的激励为

$$\begin{cases} \boldsymbol{a}_1 = \begin{bmatrix} a_{x1} & a_{y1} & a_{z1} \end{bmatrix}^{\mathrm{T}} = \begin{bmatrix} 1 & 0 & 0 \end{bmatrix}^{\mathrm{T}} \\ \boldsymbol{a}_2 = \begin{bmatrix} a_{x2} & a_{y2} & a_{z2} \end{bmatrix}^{\mathrm{T}} = \begin{bmatrix} -1 & 0 & 0 \end{bmatrix}^{\mathrm{T}} \\ \boldsymbol{a}_3 = \begin{bmatrix} a_{x3} & a_{y3} & a_{z3} \end{bmatrix}^{\mathrm{T}} = \begin{bmatrix} 0 & 1 & 0 \end{bmatrix}^{\mathrm{T}} \\ \boldsymbol{a}_4 = \begin{bmatrix} a_{x4} & a_{y4} & a_{z4} \end{bmatrix}^{\mathrm{T}} = \begin{bmatrix} 0 & -1 & 0 \end{bmatrix}^{\mathrm{T}} \\ \boldsymbol{a}_5 = \begin{bmatrix} a_{x5} & a_{y5} & a_{z5} \end{bmatrix}^{\mathrm{T}} = \begin{bmatrix} 0 & 0 & 1 \end{bmatrix}^{\mathrm{T}} \\ \boldsymbol{a}_6 = \begin{bmatrix} a_{x6} & a_{y6} & a_{z6} \end{bmatrix}^{\mathrm{T}} = \begin{bmatrix} 0 & 0 & -1 \end{bmatrix}^{\mathrm{T}} \end{cases} \tag{B.5}$$

表 B.1 加速度计标定方案

位置	X 轴指向	Y 轴指向	Z 轴指向
1	天	北	西
2	地	西	北
3	北	天	东
4	西	地	南
5	南	东	天
6	西	南	地

将加速度计的误差模型改写为

$$\begin{cases} \boldsymbol{A}_{ax} = \begin{bmatrix} 1 & a_x & a_y & a_z \end{bmatrix} \cdot \begin{bmatrix} K_{ax0} & K_{ax1} & K_{axy} & K_{axz} \end{bmatrix}^{\mathrm{T}} = X_A \cdot \beta_x \\ \boldsymbol{A}_{ay} = \begin{bmatrix} 1 & a_x & a_y & a_z \end{bmatrix} \cdot \begin{bmatrix} K_{ay0} & K_{ayx} & K_{ay1} & K_{ayz} \end{bmatrix}^{\mathrm{T}} = X_A \cdot \beta_y \\ \boldsymbol{A}_{az} = \begin{bmatrix} 1 & a_x & a_y & a_z \end{bmatrix} \cdot \begin{bmatrix} K_{az0} & K_{azx} & K_{azy} & K_{az1} \end{bmatrix}^{\mathrm{T}} = X_A \cdot \beta_z \end{cases} \tag{B.6}$$

其中，β_x，β_y，β_z 为待标定的加速度计误差系数。得到六个位置的观测数据后，通过最小二乘可得到待标定的系数

$$\begin{cases} \beta_x = \left(\boldsymbol{H}_A^{\mathrm{T}} \boldsymbol{H}_A\right)^{-1} \boldsymbol{H}_A^{\mathrm{T}} \cdot A_{ax} \\ \beta_y = \left(\boldsymbol{H}_A^{\mathrm{T}} \boldsymbol{H}_A\right)^{-1} \boldsymbol{H}_A^{\mathrm{T}} \cdot A_{ay} \\ \beta_z = \left(\boldsymbol{H}_A^{\mathrm{T}} \boldsymbol{H}_A\right)^{-1} \boldsymbol{H}_A^{\mathrm{T}} \cdot A_{az} \end{cases} \tag{B.7}$$

其中，H_A 为由重力加速度激励构成的已知系数矩阵，对于本案例中的六个位置，由式 (B.5) 和式 (B.6) 可得系数矩阵 $\boldsymbol{H}$ 为

$$\boldsymbol{H}_A = \begin{bmatrix} X_{A1} \\ X_{A2} \\ \vdots \\ X_{A6} \end{bmatrix} = \begin{bmatrix} 1 & a_{x1} & a_{y1} & a_{z1} \\ 1 & a_{x2} & a_{y2} & a_{z2} \\ \vdots & \vdots & \vdots & \vdots \\ 1 & a_{x6} & a_{y6} & a_{z6} \end{bmatrix} = \begin{bmatrix} 1 & 1 & 0 & 0 \\ 1 & -1 & 0 & 0 \\ \vdots & \vdots & \vdots & \vdots \\ 1 & 0 & 0 & -1 \end{bmatrix} \tag{B.8}$$

利用加速度计误差系数对加速度计的输出进行补偿，可提高测量精度。补偿后的加速度计输出为

$$\begin{bmatrix} \hat{a}_x \\ \hat{a}_y \\ \hat{a}_z \end{bmatrix} = \begin{bmatrix} K_{ax1} & K_{axy} & K_{axz} \\ K_{ayx} & K_{ay1} & K_{ayz} \\ K_{azx} & K_{azy} & K_{az1} \end{bmatrix}^{-1} \cdot \begin{bmatrix} A_{ax} - K_{ax0} \\ A_{ay} - K_{ay0} \\ A_{az} - K_{az0} \end{bmatrix} \tag{B.9}$$

2. 陀螺仪标定方法

陀螺仪的标定需要转动激励，陀螺仪能够测量地球自转角速度，可作为标定的激励，但是地球自转角速度在东向也有分量，需要准确已知东向，增加了标定难度。本案例利用转台提供恒定的转速，围绕竖直方向转动，作为陀螺仪标定的激励，可以设置不同的转速，获得不同的测量数据。

分别将陀螺仪的敏感轴调整到竖直向上的方向，转台提供恒定角速度激励，设置正负两种转速，以 X 轴陀螺仪指天和指地两种情况为例，转台提供的转速为 ω_{Tx}，则施加的激励为

$$\begin{cases} \boldsymbol{\omega}_1 = \begin{bmatrix} \omega_{\mathrm{eu}} + \omega_{Tx} & 0 & 0 \end{bmatrix} \\ \boldsymbol{\omega}_2 = \begin{bmatrix} \omega_{\mathrm{eu}} - \omega_{Tx} & 0 & 0 \end{bmatrix} \end{cases} \tag{B.10}$$

其中，ω_{Tx} 为当地竖直向上方向的地球自转角速度分量。

将加速度计的误差模型改写为

$$\begin{cases} \omega_{Gx} = \begin{bmatrix} 1 & \omega_x & \omega_y & \omega_z \end{bmatrix} \cdot \begin{bmatrix} E_{x0} & E_{x1} & E_{xy} & E_{xz} \end{bmatrix}^{\mathrm{T}} = X_G \cdot \theta_x \\ \omega_{Gy} = \begin{bmatrix} 1 & \omega_x & \omega_y & \omega_z \end{bmatrix} \cdot \begin{bmatrix} E_{y0} & E_{yx} & E_{y1} & E_{yz} \end{bmatrix}^{\mathrm{T}} = X_G \cdot \theta_y \\ \omega_{Gz} = \begin{bmatrix} 1 & \omega_x & \omega_y & \omega_z \end{bmatrix} \cdot \begin{bmatrix} E_{z0} & E_{zx} & E_{zy} & E_{z1} \end{bmatrix}^{\mathrm{T}} = X_G \cdot \theta_z \end{cases} \tag{B.11}$$

其中，θ_x，θ_y，θ_z 为待标定的陀螺仪误差系数。将各陀螺仪的测量轴转到竖直方向测量不同的转速，利用最小二乘法可估计陀螺仪的误差系数

$$\begin{cases} \boldsymbol{\theta}_x = \left(\boldsymbol{H}_G^{\mathrm{T}} \boldsymbol{H}_G\right)^{-1} \boldsymbol{H}_G^{\mathrm{T}} \cdot \omega_{Gx} \\ \boldsymbol{\theta}_y = \left(\boldsymbol{H}_G^{\mathrm{T}} \boldsymbol{H}_G\right)^{-1} \boldsymbol{H}_G^{\mathrm{T}} \cdot \omega_{Gy} \\ \boldsymbol{\theta}_z = \left(\boldsymbol{H}_G^{\mathrm{T}} \boldsymbol{H}_G\right)^{-1} \boldsymbol{H}_G^{\mathrm{T}} \cdot \omega_{Gz} \end{cases} \tag{B.12}$$

其中，系数矩阵 $\boldsymbol{H}_G$ 由转台提供的角速度激励构成，假设转台在竖直方向给 X、Y、Z 陀螺仪施加的角速度激励分别为 ω_{Tx}、ω_{Ty}、ω_{Tz}，则系数矩阵 $\boldsymbol{H}_G$ 表示为

$$\boldsymbol{H}_G = \begin{bmatrix} X_{G1} \\ X_{G2} \\ X_{G3} \\ X_{G4} \\ X_{G5} \\ X_{G6} \end{bmatrix} = \begin{bmatrix} 1 & \omega_{\mathrm{eu}} + \omega_{Tx} & 0 & 0 \\ 1 & \omega_{\mathrm{eu}} - \omega_{Tx} & 0 & 0 \\ 1 & 0 & \omega_{\mathrm{eu}} + \omega_{Ty} & 0 \\ 1 & 0 & \omega_{\mathrm{eu}} - \omega_{Ty} & 0 \\ 1 & 0 & 0 & \omega_{\mathrm{eu}} + \omega_{Tz} \\ 1 & 0 & 0 & \omega_{\mathrm{eu}} - \omega_{Tz} \end{bmatrix} \tag{B.13}$$

如果陀螺仪的同一个方向施加多组加速度激励，则系数矩阵 $\boldsymbol{H}_G$ 需要进行相应的扩维，后面的实验中会有详细说明。

利用陀螺仪误差系数对加速度计的输出进行补偿，可提高测量精度。补偿后的陀螺仪输出为

$$\begin{bmatrix} \hat{\omega}_x \\ \hat{\omega}_y \\ \hat{\omega}_z \end{bmatrix} = \begin{bmatrix} E_{x1} & E_{xy} & E_{xz} \\ E_{yx} & E_{y1} & E_{yz} \\ E_{zx} & E_{zy} & E_{z1} \end{bmatrix}^{-1} \cdot \begin{bmatrix} \omega_{Gx} - E_{ax0} \\ \omega_{Gy} - E_{ay0} \\ \omega_{Gz} - E_{az0} \end{bmatrix} \tag{B.14}$$

B.4 标定实验

在本案例的实验中，主要实验设备包括光纤捷联惯组、三轴电动转台、测试计算机等。其中光纤捷联惯组、三轴电动转台提供关于重力加速度和地球自转角速度在惯性测量系统陀螺仪及加速度计敏感轴上的精确分量，多功能三轴电动转台如图 B.2 所示。测试计算机主要采集光纤陀螺仪的测量数据。

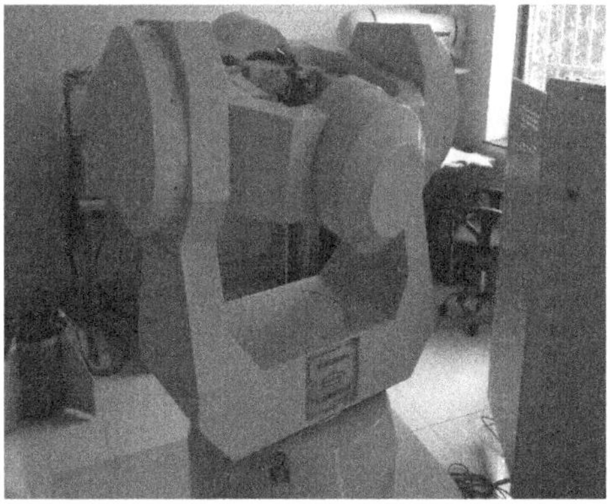

图 B.2 多功能三轴电动转台

1. 加速度计标定实验

采用如表 B.1 所示的六个姿态，采集加速度计的输出，截取平稳输出时 2min 内的数据，求平均后得到表 B.2 所示的平滑数据。

表 B.2 加速度计平滑输出值 (加速度)

位置	A_{ax}(X 轴，g)	A_{ay}(Y 轴，g)	A_{az}(Z 轴，g)
1	1.000257199009892	−0.005211945544554	−0.003408441419142
2	−0.999967020097346	0.004588346836238	0.003115371172869
3	0.005144426549536	0.999698948918174	0.005321439726696
4	−0.004690120119647	−1.000470195056672	−0.005659771568010
5	$1.976533928002540\times10^{-4}$	−0.005807702930870	0.999907966549857
6	−0.002990992644655	0.001844367767244	−1.000124485779663

通过求解式 (B.7) 可得到加速度计的误差系数，其中，加速度计的输出 (A_{ax}、A_{ay}、A_{az}) 由表 B.2 给出，则各轴加速度计的误差系数为

$$\begin{cases} \boldsymbol{\beta}_x = \begin{bmatrix} -0.000341 & 1.000112 & 0.004917 & 0.001594 \end{bmatrix}^{\mathrm{T}} \\ \boldsymbol{\beta}_y = \begin{bmatrix} -0.000893 & -0.004900 & 1.000085 & -0.003826 \end{bmatrix}^{\mathrm{T}} \\ \boldsymbol{\beta}_z = \begin{bmatrix} -0.000141 & -0.003262 & 0.005491 & 1.000016 \end{bmatrix}^{\mathrm{T}} \end{cases} \tag{B.15}$$

2. 陀螺仪标定实验

利用转台对惯组各轴的陀螺仪施加不同恒定转速 (角速度) 的激励，具体地，将陀螺仪敏感轴旋转到竖直方向，利用转台外框转动，对惯性组竖直方向上的陀螺仪施加恒定转速 (角速度) 的激励，实验顺序见表 B.3。

表 B.3　转台施加角速度激励的顺序　(单位：(°)/s)

序号	ω_{Tx}(X 轴)	ω_{Ty}(Y 轴)	ω_{Tz}(Z 轴)
1	−20	0	0
2	−40	0	0
3	−60	0	0
4	−80	0	0
5	20	0	0
6	40	0	0
7	60	0	0
8	80	0	0
9	0	−20	0
10	0	−40	0
11	0	−60	0
12	0	−80	0
13	0	20	0
14	0	40	0
15	0	60	0
16	0	80	0
17	0	0	−20
18	0	0	−40
19	0	0	−60
20	0	0	−80
21	0	0	20
22	0	0	40
23	0	0	60
24	0	0	80

实验室所在位置的纬度为北纬 $\varphi_{\mathrm{N}} = 28.209167°$，因此，转台竖直向上的地

球自转角速度为

$$\begin{aligned}\omega_{\text{eu}} = \omega_e \cdot \sin\varphi_N &= 4.178 \times 10^{-3} \cdot \sin(28.209167) \\ &= 1.975 \times 10^{-3}((^\circ)/\text{s})\end{aligned} \tag{B.16}$$

根据表 B.3 实验顺序，式 (B.12) 中的系数矩阵 $\boldsymbol{H}_G$ 应表示为

$$\boldsymbol{H}_G = \begin{bmatrix} 1 & \omega_{\text{eu}} - 20 & 0 & 0 \\ \vdots & \vdots & \vdots & \vdots \\ 1 & \omega_{\text{eu}} - 80 & \vdots & \vdots \\ 1 & \omega_{\text{eu}} + 20 & \vdots & \vdots \\ \vdots & \vdots & \vdots & \vdots \\ 1 & \omega_{\text{eu}} + 80 & 0 & 0 \\ 1 & 0 & \omega_{\text{eu}} - 20 & 0 \\ \vdots & \vdots & \vdots & \vdots \\ 1 & \vdots & \omega_{\text{eu}} - 80 & \vdots \\ 1 & \vdots & \omega_{\text{eu}} + 20 & \vdots \\ \vdots & \vdots & \vdots & \vdots \\ 1 & 0 & \omega_{\text{eu}} + 80 & 0 \\ 1 & 0 & 0 & \omega_{\text{eu}} - 20 \\ \vdots & \vdots & \vdots & \vdots \\ 1 & \vdots & \vdots & \omega_{\text{eu}} - 80 \\ 1 & \vdots & \vdots & \omega_{\text{eu}} + 20 \\ \vdots & \vdots & \vdots & \vdots \\ 1 & 0 & 0 & \omega_{\text{eu}} + 80 \end{bmatrix} \tag{B.17}$$

按照表 B.3 的实验顺序进行实验，每次实验待转台转速稳定后，采集陀螺仪输出，截取 2min 内的数据进行平均得到如表 B.4 所示的陀螺仪平滑输出值。

表 B.4 陀螺仪平滑输出值 (角速度) (单位：(°)/s)

编号	ω_{Gx}(X 轴)	ω_{Gy}(Y 轴)	ω_{Gz}(Z 轴)
1	−19.987805090923885	0.097305783731125	0.063062307030362
2	−39.977156599638995	0.195260950541517	0.126523982851986
3	−59.967900931406184	0.293137752480327	0.189955320047896
4	−79.957871048912070	0.390768531292125	0.253294218370885

续表

编号	ω_{Gx}(X 轴)	ω_{Gy}(Y 轴)	ω_{Gz}(Z 轴)
5	19.991884346660658	−0.097476391284816	−0.063203823899371
6	39.981785675482236	−0.195586078146749	−0.126553770133227
7	59.971579291936980	−0.293152714365152	−0.189753115106580
8	79.961735585329600	−0.390836424252437	−0.253062768544524
9	−0.101604568711446	−19.997694289239245	0.018349542666210
10	−0.202597985880250	−39.997061026452350	0.036524538695264
11	−0.304053871188887	−59.997086717842380	0.054691656323291
12	−0.405127039504519	−79.996797547706730	0.073086607130901
13	0.101634068181818	20.001538941186695	−0.018218532789729
14	0.202952645758355	40.000698669665830	−0.036529332647815
15	0.304105346686824	59.999790538422800	−0.054818938271605
16	0.405168405524322	79.999141094353220	−0.073101228550477
17	$-7.275032967032988\times10^{-4}$	−0.019311709340659	−19.999864926373643
18	−0.001535413427562	−0.038562891342756	−40.000878429917556
19	−0.001974124307863	−0.057961172757475	−60.004280440753170
20	−0.002524055348490	−0.077294359672009	−80.006857613865070
21	$4.898832777513099\times10^{-4}$	0.018762148165793	20.004516741305370
22	0.001161910824870	0.038577763438197	40.006919391379725
23	0.001895456400132	0.057784810134913	60.008545724909520
24	0.002573611449115	0.077084053926991	80.011048938052850

将式 (B.17) 和表 B.4 中的数据代入式 (B.12)，可计算出三个陀螺仪的误差系数为

$$\begin{cases} \boldsymbol{\theta}_x = \begin{bmatrix} 8.975\times10^{-6} & 0.999495 & 0.005067 & 3.217\times10^{-5} \end{bmatrix}^{\mathrm{T}} \\ \boldsymbol{\theta}_y = \begin{bmatrix} -1.961\times10^{-4} & -0.004885 & 0.999974 & 9.643\times10^{-4} \end{bmatrix}^{\mathrm{T}} \\ \boldsymbol{\theta}_z = \begin{bmatrix} 1.524\times10^{-4} & -0.003164 & -9.133\times10^{-4} & 1.000108 \end{bmatrix}^{\mathrm{T}} \end{cases} \tag{B.18}$$

B.5　小结

利用转台为惯组提供高精度的姿态和角速度激励，在 $1g$ 重力场内测量不同姿态下的加速度计输出和不同角速度下的陀螺仪输出，利用最小二乘法可估计出惯组加速度计和陀螺仪的零次项和一次项误差系数。

C.　惯性/卫星组合导航

C.1　概述

惯性导航是飞行器常用的导航方式，惯性导航系统的测量器件由三个相互正交安装的加速度计和三个正交安装的陀螺仪组成，可实时测量飞行器的加速度和

角速度，用于飞行器的导航解算。惯性导航具有完全自主的优点，但是惯性器件测量误差导致导航误差随时间积累，导航时间越长，惯性导航系统解算得到的位置、速度和姿态误差越大。通常采用两个思路解决惯性导航系统导航误差随时间漂移的问题，第一个是采用高精度的惯性器件，这种方法减小了惯性器件的测量误差，但是不可能完全消除惯性器件的测量误差，不能从根本上抑制导航误差的发散，只能保证相对长时间内的导航精度，如果时间持续增加，导航误差还是会逐渐增大，而且采用高精度的惯性器件会增加导航系统的成本和复杂度。第二个思路是引入与惯性导航系统相互独立的辅助导航设备，例如，无线电导航设备、卫星定位系统、雷达跟踪器等，形成组合导航系统，惯性导航系统测量数据具有短期稳定性好，长期稳定性差的特点，而辅助导航系统正好相反，利用两者误差传播性能的互补性抑制导航误差的发散，可有效提高导航系统的性能。

本案例以惯性导航系统和卫星定位系统的组合导航系统为例，惯性导航系统采用捷联模式，惯性导航系统的误差方程作为状态方程，卫星定位系统测量的位置组成测量方程，采用 Kalman 滤波方法实时估计惯性导航的误差，并用于修正惯性导航解算的位置、速度和姿态。

C.2 捷联惯导系统的误差方程

本案例不考虑地球自转，设东北天坐标系为导航坐标系，对于捷联惯性导航系统，需要实时解算飞行器体坐标系相对于导航坐标系的姿态，用于将加速度测量值分解到导航坐标系中，本案例中采用方向余弦阵表示飞行器姿态，其微分方程为

$$\dot{\boldsymbol{C}}_{\boldsymbol{b}}^{\boldsymbol{n}}=\boldsymbol{C}_{\boldsymbol{b}}^{\boldsymbol{n}}\cdot\boldsymbol{\Omega}_{\boldsymbol{nb}}^{\boldsymbol{b}} \tag{C.1}$$

其中，$\boldsymbol{C}_{\boldsymbol{b}}^{\boldsymbol{n}}$ 为载体系到导航系的转换矩阵，$\boldsymbol{\Omega}_{\boldsymbol{nb}}^{\boldsymbol{b}}$ 为载体相对于导航系的角速度 $\boldsymbol{\omega}_{\boldsymbol{nb}}^{\boldsymbol{b}}$ 构成的反对称阵

$$\boldsymbol{\Omega}_{\boldsymbol{nb}}^{\boldsymbol{b}}=\begin{bmatrix}0 & -\omega_{nbz}^{b} & \omega_{nby}^{b}\\ \omega_{nbz}^{b} & 0 & -\omega_{nbx}^{b}\\ -\omega_{nby}^{b} & \omega_{nbx}^{b} & 0\end{bmatrix} \tag{C.2}$$

忽略地球自转的情况下，导航坐标系可视为惯性系，有 $\boldsymbol{\omega}_{\boldsymbol{nb}}^{\boldsymbol{b}}=\boldsymbol{\omega}_{\boldsymbol{ib}}^{\boldsymbol{b}}$，$\boldsymbol{\omega}_{\boldsymbol{ib}}^{\boldsymbol{b}}$ 为载体相对于惯性系的转动角速度，由陀螺仪直接输出。因此，经过初始对准，已知初始时刻的 $\boldsymbol{C}_{\boldsymbol{b}}^{\boldsymbol{n}}(0)$ 和陀螺仪的实际输出 $\boldsymbol{\omega}_{\boldsymbol{ib}}^{\boldsymbol{b}}$，通过积分式 (C.1) 可得到当前时刻的 $\boldsymbol{C}_{\boldsymbol{b}}^{\boldsymbol{n}}(t)$。实际计算时，陀螺数据是离散的，按采样周期输出，相邻采样时刻间的方向余弦阵可按下式计算：

$$\boldsymbol{C}_{\boldsymbol{b}}^{\boldsymbol{n}}(k+1)=\boldsymbol{C}_{\boldsymbol{b}}^{\boldsymbol{n}}(k)\cdot\exp\left(\int_{t_k}^{t_{k+1}}\boldsymbol{\Omega}_{\boldsymbol{nb}}^{\boldsymbol{b}}\mathrm{d}t\right) \tag{C.3}$$

其中，k 表示离散的采样时刻。

假设在很短的采样时间间隔 $\Delta t = t_{k+1} - t_k$ 内，角速度 $\boldsymbol{\omega}_{nb}^{b}$ 保持不变，则上式的积分项可写为

$$\int_{t_k}^{t_{k+1}} \boldsymbol{\Omega}_{nb}^{b} \mathrm{d}t = [\boldsymbol{\sigma}\times] \tag{C.4}$$

其中，变量 $\boldsymbol{\sigma}$ 为角矢量，表示载体坐标系由 t_k 时刻转到 t_{k+1} 时刻的旋转矢量，在载体系中可表示为 $\boldsymbol{\sigma} = \begin{bmatrix} \sigma_x^b & \sigma_y^b & \sigma_z^b \end{bmatrix}^{\mathrm{T}}$，在相邻采样时间内 $\boldsymbol{\omega}_{nb}^{b}$ 保持不变的情况下，角矢量 $\boldsymbol{\sigma}$ 可按下式计算：

$$\boldsymbol{\sigma} = \begin{bmatrix} \sigma_x^b \\ \sigma_y^b \\ \sigma_z^b \end{bmatrix} = \begin{bmatrix} \displaystyle\int_{t_k}^{t_{k+1}} \omega_{nbx}^{b} \mathrm{d}t \\ \displaystyle\int_{t_k}^{t_{k+1}} \omega_{nby}^{b} \mathrm{d}t \\ \displaystyle\int_{t_k}^{t_{k+1}} \omega_{nbz}^{b} \mathrm{d}t \end{bmatrix} = \begin{bmatrix} \displaystyle\int_{t_k}^{t_{k+1}} \omega_{ibx}^{b} \mathrm{d}t \\ \displaystyle\int_{t_k}^{t_{k+1}} \omega_{iby}^{b} \mathrm{d}t \\ \displaystyle\int_{t_k}^{t_{k+1}} \omega_{ibz}^{b} \mathrm{d}t \end{bmatrix} \tag{C.5}$$

式 (E.4) 中的 $[\boldsymbol{\sigma}\times]$ 为角矢量 $\boldsymbol{\sigma}$ 的反对称矩阵

$$[\boldsymbol{\sigma}\times] = \begin{bmatrix} 0 & -\sigma_z^b & \sigma_y^b \\ \sigma_z^b & 0 & -\sigma_x^b \\ -\sigma_y^b & \sigma_x^b & 0 \end{bmatrix} \tag{C.6}$$

式中的指数项可展开为

$$\exp\left([\boldsymbol{\sigma}_{k+1}\times]\right) = \boldsymbol{I} + [\boldsymbol{\sigma}_{k+1}\times] + \frac{[\boldsymbol{\sigma}_{k+1}\times]^2}{2!} + \frac{[\boldsymbol{\sigma}_{k+1}\times]^3}{3!} + \cdots \tag{C.7}$$

根据 $[\boldsymbol{\sigma}\times]$ 的反对称性可将上式写成如下形式：

$$\exp\left([\boldsymbol{\sigma}_{k+1}\times]\right) = \boldsymbol{I} + \frac{\sin\sigma_{k+1}}{\sigma_{k+1}} [\boldsymbol{\sigma}_{k+1}\times] + \frac{1-\cos\sigma_{k+1}}{\sigma_{k+1}^2} \cdot [\boldsymbol{\sigma}_{k+1}\times]^2 \tag{C.8}$$

其中，σ_{k+1} 为角矢量 $\boldsymbol{\sigma}$ 的模值。

根据上述分析，方向余弦阵的递推更新公式可表示为

$$\boldsymbol{C}_{\boldsymbol{b}}^{\boldsymbol{n}}(k+1) = \boldsymbol{C}_{\boldsymbol{b}}^{\boldsymbol{n}}(k) \cdot \left(\boldsymbol{I} + \frac{\sin\sigma_{k+1}}{\sigma_{k+1}} [\boldsymbol{\sigma}_{k+1}\times] + \frac{1-\cos\sigma_{k+1}}{\sigma_{k+1}^2} \cdot [\boldsymbol{\sigma}_{k+1}\times]^2\right) \tag{C.9}$$

在本案例中，上式中的角矢量 $\boldsymbol{\sigma}_{k+1}$ 可由陀螺仪的测量数据计算，方向余弦阵的初始值 $\boldsymbol{C}_{\boldsymbol{b}}^{\boldsymbol{n}}(0)$ 由初始对准确定，因此通过求解上式可得到飞行器飞行过程中任意时刻的方向余弦阵，再根据转序可确定飞行器的姿态。

不考虑地球自转，飞行器的速度微分方程在导航坐标系中可建立为

$$\dot{\boldsymbol{v}}^n = \boldsymbol{C}_b^n \cdot \boldsymbol{f}^b + \boldsymbol{g}^n \tag{C.10}$$

其中，$\boldsymbol{f}^b$ 为载体系中测量的视加速度，由飞行器上的加速度直接输出，$\boldsymbol{g}^n$ 为导航系中的重力加速度。$\boldsymbol{C}_b^n$ 由式 (C.9) 求解。

不考虑地球自转，飞行器的位置微分方程在导航坐标系中可建立为

$$\dot{\boldsymbol{p}}^n = \boldsymbol{v}^n \tag{C.11}$$

根据上述分析，采用捷联惯性导航系统的飞行器可采用下式解算速度、位置和姿态

$$\begin{cases} \dot{\boldsymbol{C}}_b^n = \boldsymbol{C}_b^n \cdot \boldsymbol{\Omega}_{nb}^b \\ \dot{\boldsymbol{v}}^n = \boldsymbol{C}_b^n \cdot \boldsymbol{f}^b + \boldsymbol{g}^n \\ \dot{\boldsymbol{p}}^n = \boldsymbol{v}^n \end{cases} \tag{C.12}$$

实际上，加速度计和陀螺仪具有测量误差，其中陀螺仪测量误差导致实际的导航坐标相对于东北天坐标系偏移，产生姿态解算的误差，可表示为姿态误差角 $\boldsymbol{\Delta} = \begin{bmatrix} \delta_x & \delta_y & \delta_z \end{bmatrix}^{\mathrm{T}}$。由于不考虑地球自转，因此姿态误差角的微分方程可表示为

$$\dot{\boldsymbol{\Delta}} = -\boldsymbol{C}_b^n \cdot \boldsymbol{\delta\omega}_{ib}^b \tag{C.13}$$

其中，$\boldsymbol{\delta\omega}_{ib}^b$ 表示陀螺仪的误差。

加速度计的测量误差导致解算的速度与实际速度存在偏差，陀螺仪漂移导致导航坐标系偏离东北天坐标系，造成加速度测量值分解到东北天坐标系中产生误差，上述两个误差造成了飞行器速度的总误差 $\boldsymbol{\delta\dot{v}}$，简称速度误差，其微分方程可表示为

$$\boldsymbol{\delta\dot{v}} = [\boldsymbol{f}^n \times] \cdot \boldsymbol{\Delta} + \boldsymbol{C}_b^n \cdot \boldsymbol{\delta f}^b \tag{C.14}$$

其中，右边第一项为导航坐标系漂移导致的速度误差，$\boldsymbol{f}^n$ 表示导航坐标系中的视加速度，$\boldsymbol{f}^n = \boldsymbol{C}_b^n \cdot \boldsymbol{f}^b$；第二项为加速度计本身的误差导致的速度误差，$\boldsymbol{\delta f}^b$ 为加速度计测量误差。

速度误差导致位置误差

$$\boldsymbol{\delta\dot{p}} = \boldsymbol{\delta v} \tag{C.15}$$

定义飞行器的姿态误差 $\boldsymbol{\Delta}$、速度误差 $\boldsymbol{\delta v}$ 和位置误差 $\boldsymbol{\delta p}$ 为飞行器的解算值与真值的差，可构成误差向量 $\boldsymbol{\delta X}$

$$\boldsymbol{\delta X} = \begin{bmatrix} \boldsymbol{\Delta} \\ \boldsymbol{\delta v} \\ \boldsymbol{\delta p} \end{bmatrix} = [\delta_x, \delta_y, \delta_z, \delta v_x, \delta v_y, \delta v_z, \delta x, \delta y, \delta z]^{\mathrm{T}} \tag{C.16}$$

根据上述分析，误差向量 $\boldsymbol{\delta X}$ 的状态方程可写为

$$\boldsymbol{\delta \dot{X}} = \boldsymbol{F} \cdot \boldsymbol{\delta X} + \boldsymbol{w} \tag{C.17}$$

其中，$\boldsymbol{w}$ 为系统误差，包含陀螺仪和加速度计的测量误差。系数矩阵 $\boldsymbol{F}$ 可表示为

$$\boldsymbol{F} = \begin{bmatrix} \boldsymbol{0}_{3\times 3} & \boldsymbol{0}_{3\times 3} & \boldsymbol{0}_{3\times 3} \\ [\boldsymbol{f}^{\boldsymbol{n}}\times] & \boldsymbol{0}_{3\times 3} & \boldsymbol{0}_{3\times 3} \\ \boldsymbol{0}_{3\times 3} & \boldsymbol{I}_{3\times 3} & \boldsymbol{0}_{3\times 3} \end{bmatrix} \tag{C.18}$$

本案例采用卫星定位系统作为辅助导航系统，可得到飞行器的位置信息，利用卫星定位系统得到的飞行器位置减去惯导系统解算得到的飞行器位置作为误差向量 $\boldsymbol{\delta X}$ 的观测量，可建立如下观测方程：

$$\boldsymbol{\delta Z} = \boldsymbol{H} \cdot \boldsymbol{\delta X} + \boldsymbol{n} \tag{C.19}$$

其中，$\boldsymbol{\delta Z}$ 为卫星定位系统得到的飞行器位置与惯导系统解算得到的飞行器位置的差，$\boldsymbol{n}$ 为观测误差，观测矩阵 $\boldsymbol{H}$ 可表示为

$$\boldsymbol{H} = \begin{bmatrix} & -1 & 0 & 0 \\ \boldsymbol{0}_{3\times 6} & 0 & -1 & 0 \\ & 0 & 0 & -1 \end{bmatrix}_{3\times 9} \tag{C.20}$$

根据上述分析，由式 (C.17) 和式 (C.19) 构成飞行器状态误差 $\boldsymbol{\delta X}$ 估计的线性系统

$$\begin{cases} \boldsymbol{\delta \dot{X}} = \boldsymbol{F} \cdot \boldsymbol{\delta X} + \boldsymbol{w} \\ \boldsymbol{\delta z} = \boldsymbol{H} \cdot \boldsymbol{\delta X} + \boldsymbol{n} \end{cases} \tag{C.21}$$

离散化后得到

$$\begin{cases} \boldsymbol{\delta X}_{k+1} = \boldsymbol{\Phi}_k \cdot \boldsymbol{\delta X}_k + \boldsymbol{w}_k \\ \boldsymbol{\delta z}_{k+1} = \boldsymbol{H}_{k+1} \cdot \boldsymbol{\delta X}_{k+1} + \boldsymbol{n}_{k+1} \end{cases} \tag{C.22}$$

其中，下标表示时刻，$\boldsymbol{H}_{k+1}$ 为 $k+1$ 时刻的观测矩阵，$\boldsymbol{\Phi}_k$ 为 t_k 到 t_{k+1} 时刻的状态转移矩阵，可由下式计算：

$$\boldsymbol{\Phi}_k = \exp\left(\int_{t_k}^{t_{k+1}} \boldsymbol{F}(t)\,\mathrm{d}t\right) \tag{C.23}$$

假设系数矩阵 $\boldsymbol{F}$ 在采样间隔 (t_k, t_{k+1}) 内变化很小，可认为其在该时间间隔内保持不变，则状态转移矩阵可简化为

$$\boldsymbol{\Phi}_k = \exp\left(\boldsymbol{F}_k \cdot \Delta t\right) \tag{C.24}$$

在采样间隔保持恒定的情况下，$\Delta t = t_{k+1} - t_k$ 为常数。

当系统噪声 $\boldsymbol{w}$ 和观测噪声 $\boldsymbol{v}$ 为高斯白噪声时，采用 Kalman 滤波算法可得到飞行器状态误差 $\boldsymbol{\delta X}$ 的估计值，利用该估计值对惯导解算的方向余弦阵、速度和位置进行补偿，提高导航解算的精度。

Kalman 滤波算法的递推公式如下：

$$\begin{cases} \boldsymbol{\delta X}_{k+1|k} = \boldsymbol{\Phi}_k \cdot \boldsymbol{\delta X}_{k|k} \\ \boldsymbol{P}_{k+1|k} = \boldsymbol{\Phi}_k \cdot \boldsymbol{P}_{k|k} \cdot \boldsymbol{\Phi}_k^{\mathrm{T}} + \boldsymbol{Q}_k \\ \boldsymbol{K}_{k+1} = \boldsymbol{P}_{k+1|k} \cdot \boldsymbol{H}_{k+1}^{\mathrm{T}} \cdot \left[\boldsymbol{H}_{k+1} \cdot \boldsymbol{P}_{k+1|k} \cdot \boldsymbol{H}_{k+1}^{\mathrm{T}} + \boldsymbol{R}_{k+1}\right]^{-1} \\ \boldsymbol{\delta X}_{k+1|k+1} = \boldsymbol{\delta X}_{k+1|k} - \boldsymbol{K}_{k+1} \cdot \left[\boldsymbol{H}_{k+1} \cdot \boldsymbol{\delta X}_{k+1|k} - \boldsymbol{\delta z}_{k+1}\right] \\ \boldsymbol{P}_{k+1|k+1} = \boldsymbol{P}_{k+1|k} - \boldsymbol{K}_{k+1} \cdot \boldsymbol{H}_{k+1} \cdot \boldsymbol{P}_{k+1|k} \end{cases} \tag{C.25}$$

其中，$\boldsymbol{P}$ 为误差向量 $\boldsymbol{\delta X}$ 估计值的协方差阵，$\boldsymbol{Q}$ 和 $\boldsymbol{R}$ 分别为系统噪声 $\boldsymbol{w}$ 和观测噪声 $\boldsymbol{v}$ 的协方差阵。通过设置初始的误差向量 $\boldsymbol{\delta X}_0$ 和协方差阵 $\boldsymbol{P}_{0|0}$，可估计出后续时刻的误差向量 $\boldsymbol{\delta X}$，用于补偿惯导解算的方向余弦阵、速度和位置。方向余弦阵采用下式补偿：

$$\hat{\boldsymbol{C}}_{\boldsymbol{b}}^{\boldsymbol{n}}(k) = (I + [\boldsymbol{\Delta}_k \times]) \cdot \tilde{\boldsymbol{C}}_{\boldsymbol{b}}^{\boldsymbol{n}}(k) \tag{C.26}$$

其中，$\tilde{\boldsymbol{C}}_{\boldsymbol{b}}^{\boldsymbol{n}}(k)$ 为 k 时刻惯导解算的方向余弦阵，$\boldsymbol{\Delta}_k$ 为 k 时刻估计的姿态误差角，$\hat{\boldsymbol{C}}_{\boldsymbol{b}}^{\boldsymbol{n}}(k)$ 为修正后的方向余弦阵。

因为误差向量 $\boldsymbol{\delta X}$ 为惯导解算的状态减去真值，因此速度和位置采用下式补偿：

$$\begin{cases} \hat{\boldsymbol{v}} = \tilde{\boldsymbol{v}} - \boldsymbol{\delta v} \\ \hat{\boldsymbol{p}} = \tilde{\boldsymbol{p}} - \boldsymbol{\delta p} \end{cases} \tag{C.27}$$

C.3 仿真分析

假设飞行器在东北天坐标系中从坐标 (0, 0, 6000m) 出发，以恒定速度 100m/s 向北偏东 45° 方向飞行，陀螺测量误差服从零均值高斯白噪声，标准差为 5(°)/h，加速度计测量误差服从零均值高斯白噪声，标准差为 $0.005g$，假设初始时刻导航坐标系与东北天坐标系对齐，采用纯惯性导航和组合导航得到的飞行轨迹如图 C.1 所示。

本案例设计的飞行轨迹为水平面内的匀速直线运动，从图 C.1 可看出惯性导航解算出的飞行轨迹与真实轨迹的偏差较大，竖直方向 (Z 方向) 偏差大于 150m，由于 X、Y 方向的轨迹范围较大，这两个方向偏差在图中不明显，但是能够明显

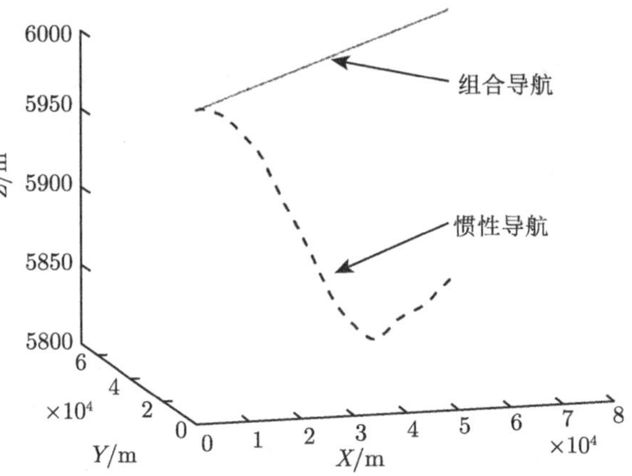

图 C.1　惯性导航和组合导航飞行轨迹对比图

看出惯性导航得到的轨迹为曲线，与实际的飞行轨迹不符。组合导航的轨迹为直线，与实际的飞行轨迹相符，为进一步分析导航解算的误差，图 C.2 给出了惯性导航和组合导航解算的速度及位置误差变化曲线。

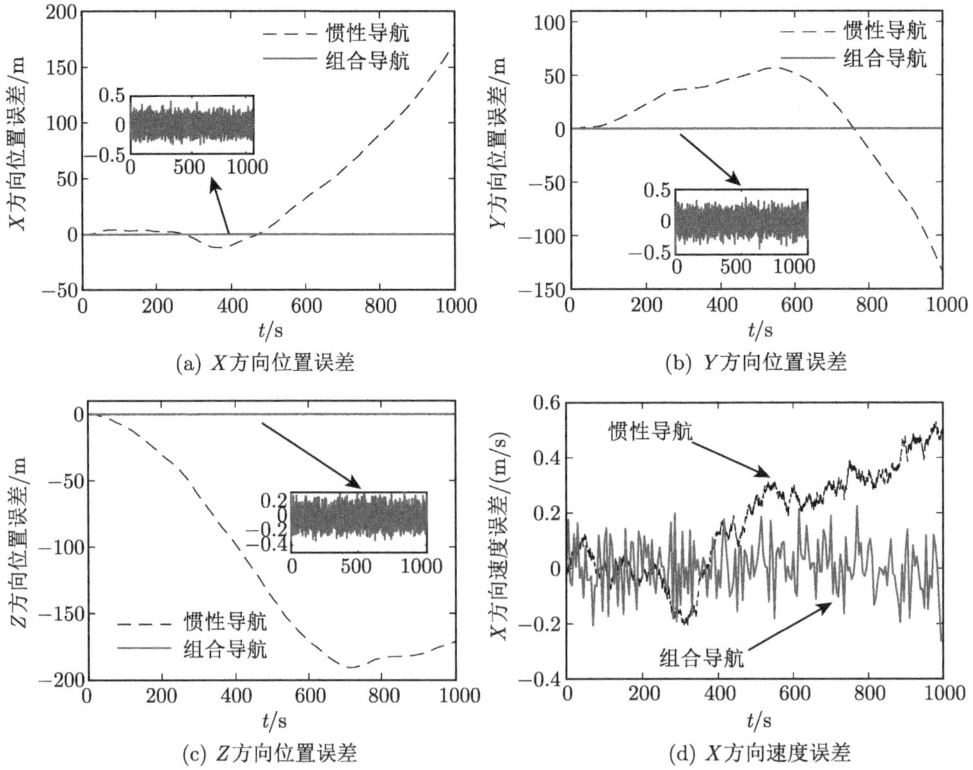

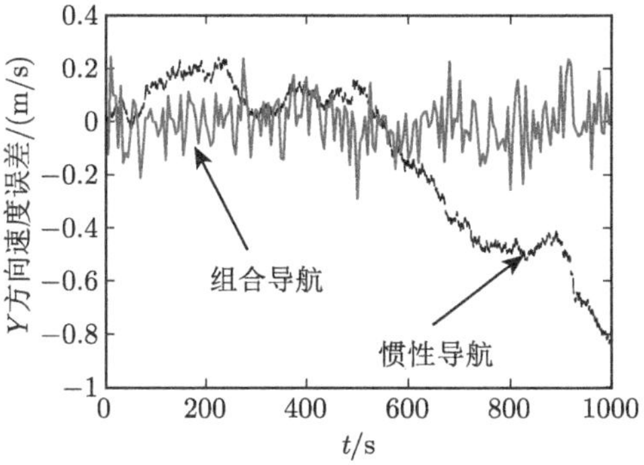

(e) Y方向速度误差

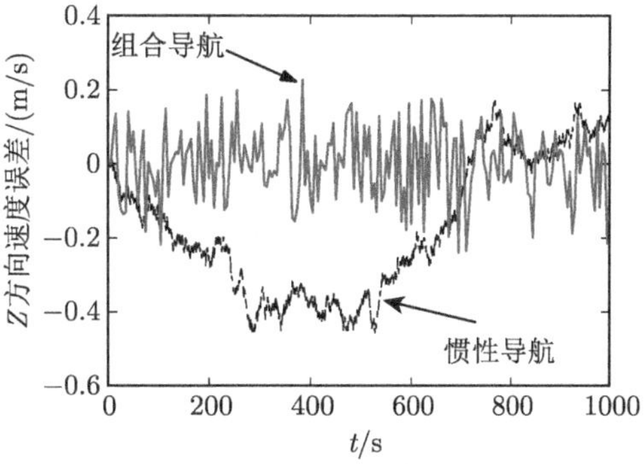

(f) Z方向速度误差

图 C.2 惯性导航和组合导航解算的速度及位置误差变化曲线

从图 C.2 可看出，惯性导航的速度偏差在 1m/s 以内，经过积分后产生的位置误差达到 150~200m，导航误差较大，利用卫星定位系统组合，以及利用 Kalman 滤波估计速度和位置误差，用于补偿惯性导航的速度和位置，修正后的速度和位置误差收敛到 0 附近，围绕 0 波动，且波动范围较小，速度误差波动范围小于 0.4m/s，位置误差波动范围小于 0.5m。

综上所述，利用 Kalman 滤波方法融合卫星定位信息与惯性导航解算结果，可有效提高导航的精度。

C.4 小结

本案例以捷联惯性导航系统和卫星定位系统构成的组合导航系统为对象，建立了捷联惯性导航系统的导航解算方程，推导了不考虑地球自转的捷联惯性导航误差方程，以卫星定位系统输出的飞行器位置为观测量建立了观测方程，以此为基础建立 Kalman 滤波方程。仿真算例中假设陀螺仪和加速度计的测量误差服从零均值高斯白噪声，仿真结果表明，卫星组合导航方式能够有效提高飞行器的导航精度。

本案例采用多种简化和假设，包括忽略地球自转，假设陀螺仪和加速度计的测量噪声为零均值的高斯白噪声，而这两种假设在实际情况下是不存在的。对于考虑地球自转的情况，需要建立新的误差模型，对于惯性器件的测量噪声不服从零均值的高斯白噪声的情况，可对测量噪声进行建模，模型中的确定性误差可利用扩展 Kalman 滤波方法进行估计。本案例是惯性导航系统和卫星定位系统的浅组合方式，直接使用卫星定位系统的定位结果，深组合的方式则需要在卫星信号层面进行信息融合，能够实现更优越的导航性能，感兴趣的同学可以查阅相关资料。

D. 气动参数辨识

D.1 概述

导弹在大气层内高速飞行，其气动特性相对标称值的偏差是制约飞行性能和打击精度的重要因素。气动偏差越大对制导方法的鲁棒性要求越高，制导系统的工作负荷也就越重。由于复杂的实际飞行环境导致标称的气动参数较真实值偏差过大，使飞行器动力学模型失真，导致制导控制系统稳定裕量不足，甚至导致飞行失稳，任务失败。因此，能否准确获取飞行过程中的气动参数直接关系着导弹制导飞行性能的好坏。本例以导弹高速滑翔段为研究对象，假设导弹控制系统能将导弹飞行轨迹约束在纵平面内，只对纵平面运动相关的气动参数进行辨识。假设气动参数在辨识阶段保持不变，采用扩展 Kalman 滤波方法对气动参数进行辨识。

D.2 模型

根据本例的假设条件，建立导弹滑翔段的动力学模型

$$\begin{cases}\dot{r} = V\sin\left(\varphi_T - \alpha\right) \\ \dot{\varphi}_T = \omega_z \\ \dot{V} = -\dfrac{D}{m} - g\sin\left(\varphi_T - \alpha\right) \\ \dot{\alpha} = \omega_z - \dfrac{L}{mV} - \left(\dfrac{V}{r} - \dfrac{g}{V}\right)\cos(\varphi_T - \alpha) \\ \dot{\omega}_z = M_z/I_z\end{cases} \tag{D.1}$$

其中，r 为导弹在竖直方向的位置，φ_T 为俯仰角，V 为速度，α 为攻角，ω_z 为俯仰角速度，I_z 为俯仰通道转动惯量。D、L、M_z 分别为气动阻力、升力和俯仰力矩。可由下式计算：

$$\begin{cases}D = \dfrac{1}{2}\rho V^2 S_{\text{ref}} C_D \\ L = \dfrac{1}{2}\rho V^2 S_{\text{ref}} C_L \\ M_z = \dfrac{1}{2}\rho V^2 S_{\text{ref}} l_k C_m\end{cases} \tag{D.2}$$

其中，S_{ref} 为导弹参考面积，l_k 为参考长度，C_D、C_L、C_m 分别为气动阻力系数、升力系数和俯仰力矩系数，为待辨识参数。但是，这些气动系数与飞行状态相关，在本例中，假设导弹在纵平面内高速滑翔，上述气动系数可认为只与与攻角 α、马

赫数 Ma 和俯仰舵偏角 δ_e 相关，可建立如下气动系数模型：

$$\left\{\begin{array}{l}C_D=C_{D0}+C_D^{\alpha}\alpha+C_D^{\alpha^2}\alpha^2+C_D^{Ma}Ma+C_D^{Ma^2}Ma^2+C_D^{\delta_e}\delta_e\\C_L=C_{L0}+C_L^{\alpha}\alpha+C_L^{\alpha^2}\alpha^2+C_L^{Ma}Ma+C_L^{Ma^2}Ma^2+C_L^{\delta_e}\delta_e\\C_m=C_{m0}+C_m^{\alpha}\alpha+C_m^{\alpha^2}\alpha^2+C_m^{Ma}Ma+C_m^{Ma^2}Ma^2+C_m^{\delta_e}\delta_e\end{array}\right. \tag{D.3}$$

上述模型中等式右边的系数为气动系数对各变量 (α、α^2、Ma、Ma^2、δ_e) 的导数，作为待辨识的气动参数，记为

$$\begin{aligned}\boldsymbol{\xi}=[&C_{D0},C_D^{\alpha},C_D^{\alpha^2},C_D^{Ma},C_D^{Ma^2},C_D^{\delta_e},\\&C_{L0},C_L^{\alpha},C_L^{\alpha^2},C_L^{Ma},C_L^{Ma^2},C_L^{\delta_e},\\&C_{m0},C_m^{\alpha},C_m^{\alpha^2},C_m^{Ma},C_m^{Ma^2},C_m^{\delta_e}]^{\mathrm{T}}\end{aligned} \tag{D.4}$$

气动参数 $\boldsymbol{\xi}$ 在辨识过程中可视为常数，因此有

$$\dot{\boldsymbol{\xi}}=0 \tag{D.5}$$

结合导弹的动力学模型，建立扩展的状态方程

$$\left\{\begin{array}{l}\dot{r}=V\sin\left(\varphi_T-\alpha\right)\\\dot{\varphi}_T=\omega_z\\\dot{V}=-\dfrac{D}{m}-g\sin\left(\varphi_T-\alpha\right)\\\dot{\alpha}=\omega_z-\dfrac{L}{mV}-\left(\dfrac{V}{r}-\dfrac{g}{V}\right)\cos\left(\varphi_T-\alpha\right)\\\dot{\omega}_z=M_z/I_z\\\dot{\xi}=0\end{array}\right. \tag{D.6}$$

设状态量为

$$\boldsymbol{X}=\left[\begin{array}{cccccc}r&\varphi_T&V&\alpha&\omega_z&\boldsymbol{\xi}^{\mathrm{T}}\end{array}\right]^{\mathrm{T}} \tag{D.7}$$

则状态方程可写为

$$\dot{\boldsymbol{X}}\left(t\right)=\boldsymbol{f}\left[\boldsymbol{X}\left(t\right),t\right]+\boldsymbol{w}\left(t\right) \tag{D.8}$$

其中，$\boldsymbol{w}$ 为动力学模型噪声，又称为系统噪声。

利用导弹上的惯性器件和导航系统可实时获得的导弹运动信息，建立辨识所需的观测模型

$$\begin{cases} N_{x1m} = \dfrac{L\sin\alpha - D\cos\alpha}{mg_0} + \varepsilon_{Nx1} \\ N_{y1m} = \dfrac{L\cos\alpha + D\sin\alpha}{mg_0} + \varepsilon_{Ny1} \\ h_m = h + \varepsilon_h \\ V_m = V + \varepsilon_V \\ \omega_{zm} = \omega_z + \varepsilon_{\omega z} \end{cases} \tag{D.9}$$

其中，N_{x1m}，N_{y1m}，h_m，V_m，ω_{zm} 分别为轴向过载、法向过载、高度、速度和俯仰角速度，ε 为相应的测量噪声。设观测量为

$$\boldsymbol{Z} = \begin{bmatrix} N_{x1m} & N_{y1m} & h_m & V_m & \omega_{zm} \end{bmatrix}^{\mathrm{T}} \tag{D.10}$$

则观测方程可写为

$$\boldsymbol{Z}(t) = \boldsymbol{h}[\boldsymbol{X}(t), t] + \boldsymbol{\varepsilon}(t) \tag{D.11}$$

其中，$\boldsymbol{\varepsilon}$ 为各观测量的测量噪声 ε 组成的向量，为观测噪声。

根据式 (D.8) 和式 (D.11) 可得气动参数辨识模型为

$$\begin{cases} \dot{\boldsymbol{X}}(t) = \boldsymbol{f}[\boldsymbol{X}(t), t] + \boldsymbol{w}(t) \\ \boldsymbol{Z}(t) = \boldsymbol{h}[\boldsymbol{X}(t), t] + \boldsymbol{\varepsilon}(t) \end{cases} \tag{D.12}$$

状态方程和观测方程均不是系统状态 $\boldsymbol{X}$ 的线性方程，因此采用扩展 Kalman 滤波方法估计系统状态，实现对气动参数 $\boldsymbol{\xi}$ 的辨识。

D.3 方法

对非线性的气动参数辨识模型进行线性化，在状态量的最优估计 $\hat{\boldsymbol{X}}(t)$ 处展开为泰勒级数取一阶项有

$$\begin{cases} \delta\dot{\boldsymbol{X}}(t) = \boldsymbol{F}(t)\delta\boldsymbol{X}(t) + \boldsymbol{w}(t) \\ \delta\boldsymbol{Z}(t) = \boldsymbol{H}(t)\delta\boldsymbol{X}(t) + \boldsymbol{\varepsilon}(t) \end{cases} \tag{D.13}$$

其中，$\boldsymbol{F}(t)$、$\boldsymbol{H}(t)$ 分别为状态方程和观测方程的雅可比矩阵，由下式计算：

$$\begin{cases} \boldsymbol{F}(t) = \left.\dfrac{\partial \boldsymbol{f}[\boldsymbol{X}(t), t]}{\partial \boldsymbol{X}^{\mathrm{T}}(t)}\right|_{\boldsymbol{X}(t)=\hat{\boldsymbol{X}}(t)} \\ \boldsymbol{H}(t) = \left.\dfrac{\partial \boldsymbol{h}[\boldsymbol{X}(t), t]}{\partial \boldsymbol{X}^{\mathrm{T}}(t)}\right|_{\boldsymbol{X}(t)=\hat{\boldsymbol{X}}(t)} \end{cases} \tag{D.14}$$

可得到离散扩展 Kalman 滤波方法方程

$$\hat{\boldsymbol{X}}_{k|k-1} = \hat{\boldsymbol{X}}_{k-1} + \boldsymbol{f}\left(\hat{\boldsymbol{X}}_{k-1}, t_{k-1}\right)\Delta T \tag{D.15}$$

$$\boldsymbol{P}_{k|k-1}=\boldsymbol{\Phi}_{k|k-1}\cdot\boldsymbol{P}_{k-1}\boldsymbol{\Phi}_{k|k-1}^{\mathrm{T}}+\boldsymbol{Q}_{k-1} \tag{D.16}$$

$$\hat{\boldsymbol{X}}_k=\hat{\boldsymbol{X}}_{k|k-1}+\boldsymbol{K}_k\left[\boldsymbol{Z}_k-\boldsymbol{h}\left(\hat{\boldsymbol{X}}_{k|k-1},t_k\right)\right] \tag{D.17}$$

$$\boldsymbol{K}_k=\boldsymbol{P}_{k|k-1}\boldsymbol{H}_k^{\mathrm{T}}[\boldsymbol{H}_k\boldsymbol{P}_{k|k-1}\boldsymbol{H}_k^{\mathrm{T}}+\boldsymbol{R}_k]^{-1} \tag{D.18}$$

$$\boldsymbol{P}_k=(\boldsymbol{I}-\boldsymbol{K}_k\boldsymbol{H}_k)\boldsymbol{P}_{k|k-1} \tag{D.19}$$

其中，ΔT 为滤波时间，$\boldsymbol{Q}_{k-1}$、$\boldsymbol{R}_k$ 分别为系统噪声和观测噪声的协方差阵。$\boldsymbol{\Phi}_{k|k-1}$ 为转移矩阵，可按下式计算：

$$\begin{aligned}
&\boldsymbol{\Phi}_{k|k-1}\\
=&\boldsymbol{I}+\boldsymbol{F}(t_{k-1})\cdot\Delta T\\
=&\boldsymbol{I}+\Delta T\\
&\times\begin{bmatrix}
\dfrac{\partial f_1[\boldsymbol{X}(t_{k-1}),t_{k-1}]}{\partial x_1(t_{k-1})} & \dfrac{\partial f_1[\boldsymbol{X}(t_{k-1}),t_{k-1}]}{\partial x_2(t_{k-1})} & \cdots & \dfrac{\partial f_1[\boldsymbol{X}(t_{k-1}),t_{k-1}]}{\partial x_n(t_{k-1})}\\
\dfrac{\partial f_2[\boldsymbol{X}(t_{k-1}),t_{k-1}]}{\partial x_1(t_{k-1})} & \dfrac{\partial f_2[\boldsymbol{X}(t_{k-1}),t_{k-1}]}{\partial x_2(t_{k-1})} & \cdots & \dfrac{\partial f_2[\boldsymbol{X}(t_{k-1}),t_{k-1}]}{\partial x_n(t_{k-1})}\\
\vdots & \vdots & & \vdots\\
\dfrac{\partial f_n[\boldsymbol{X}(t_{k-1}),t_{k-1}]}{\partial x_1(t_{k-1})} & \dfrac{\partial f_n[\boldsymbol{X}(t_{k-1}),t_{k-1}]}{\partial x_2(t_{k-1})} & \cdots & \dfrac{\partial f_n[\boldsymbol{X}(t_{k-1}),t_{k-1}]}{\partial x_n(t_{k-1})}
\end{bmatrix}_{\boldsymbol{X}(t_{k-1})=\hat{\boldsymbol{X}}_{k-1}}
\end{aligned} \tag{D.20}$$

D.4 仿真分析

根据导弹飞行的假设条件，设定气动系数模型为

$$\begin{cases}
C_D=0.428671+8.37802\alpha^2\\
C_L=6.79863\alpha+0.68723\delta_e\\
C_m=-0.570939\alpha-0.383074\delta_e
\end{cases} \tag{D.21}$$

所建模型中，马赫数范围为 4 ~ 6Ma，升力系数和力矩系数均为攻角 α 和舵偏角 δ_e 的线性函数，而阻力系数包括了攻角的非线性成分 α^2。则待辨识气动参数的真值为

$$\begin{cases}
C_{D0}=0.428671, & C_D^{\alpha^2}=8.37802\\
C_L^{\alpha}=6.79863, & C_L^{\delta_e}=0.68723\\
C_m^{\alpha}=-0.570939, & C_m^{\delta_e}=-0.383074
\end{cases} \tag{D.22}$$

仿真条件为：导弹纵平面内滑翔的初始高度为 25km，马赫数为 $5Ma$，攻角为 13.2°，俯仰角 12.5°，初始俯仰角速度取为 0。采用偶极方波形式的舵偏激励信号，如图 D.1 所示。

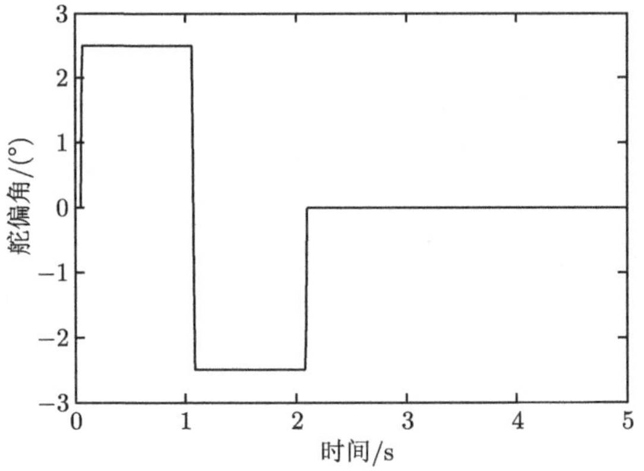

图 D.1　舵偏激励信号

采用扩展 Kalman 滤波方法对各气动模型参数进行在线辨识，参数辨识曲线如图 D.2～图 D.4 所示。

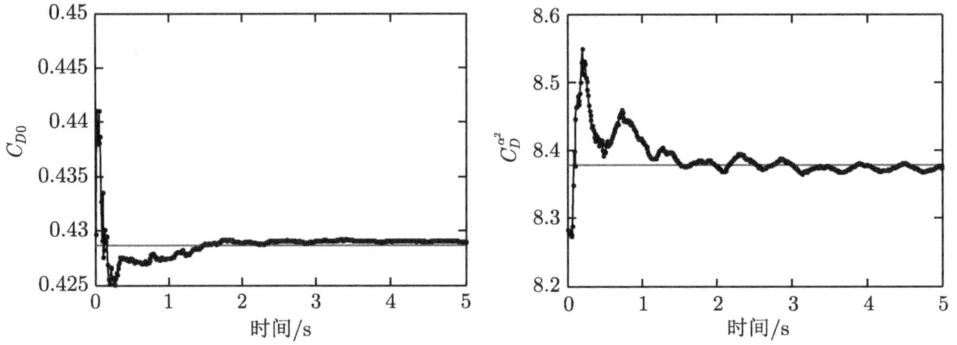

(a) C_{D0}辨识曲线　　(b) $C_D^{\alpha^2}$辨识曲线

图 D.2　气动阻力参数辨识结果

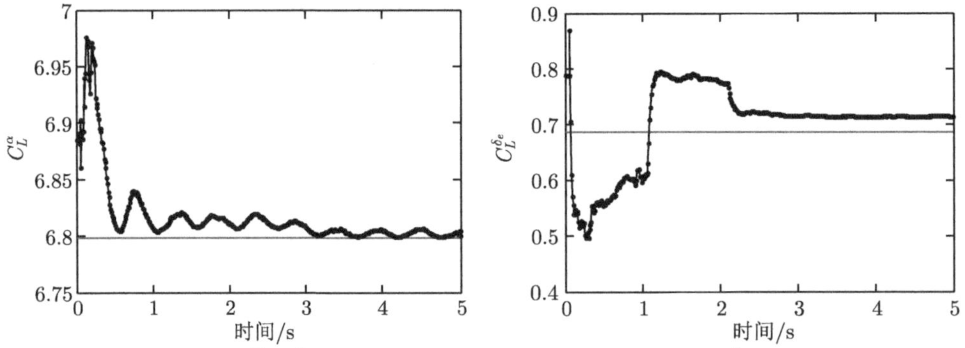

(a) C_L^α 辨识曲线　　(b) $C_L^{\delta_e}$辨识曲线

图 D.3　升力参数辨识结果

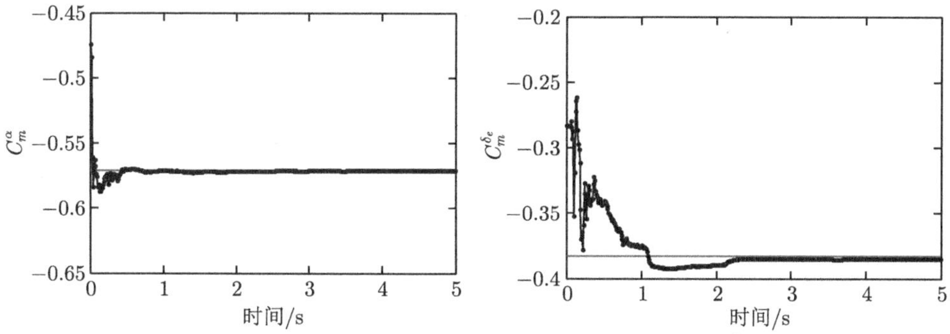

(a) C_m^α 辨识曲线　(b) $C_m^{\delta_e}$ 辨识曲线

图 D.4 俯仰力矩参数辨识结果

在阻力参数各项中，气动阻力系数零次项和静导数项 $C_D^{\alpha^2}\alpha^2$ 均能收敛到真值附近。阻力系数零次项 C_{D0} 为常值，收敛后波动较小，而由于攻角的变化，静导数项 $C_D^{\alpha^2}\alpha^2$ 存在较大波动。

导弹的升力主要由弹体在有攻角的情况下产生，升力系数的静导数项 $C_L^\alpha\alpha$ 在气动升力中起主要作用，控制导数项 $C_L^{\delta_e}\delta_e$ 表示舵偏产生的升力，起次要作用。在滤波过程中，舵偏角只设计了两次常值偏转，信息量较少，因此稳态误差较大。

导弹的姿态运动受攻角和舵偏影响较大，因此对力矩参数 C_m^α 和 $C_m^{\delta_e}$ 激励较充分，均能收敛到真值附近，导弹的姿态持续变化，攻角也随之变化，因此可持续激励，力矩参数 C_m^α 的辨识结果更逼近真值，而舵偏角在前 2s 变化后就恢复到 0，不再激励，因此 2s 以后 $C_m^{\delta_e}$ 的辨识结果不再变化，保持恒定的稳态误差。

EKF 稳态滤波值如表 D.1 所示。

表 D.1 EKF 稳态滤波值

辨识参数	真值	滤波值	相对误差
C_L^α	6.7986	6.8030	0.0636
$C_L^{\delta_e}$	0.6872	0.7148	4.0130
C_{D0}	0.4287	0.4290	0.0754
$C_D^{\alpha^2}$	8.3780	8.3756	0.0292
C_m^α	−0.5709	−0.5709	0.0017
$C_m^{\delta_e}$	−0.3831	−0.3849	0.4729

从表 D.1 可看出，式 (D.22) 中的气动参数均能在导弹滑翔过程中辨识出来，常值项参数 C_{D0} 和与攻角 α 相关的气动参数辨识精度较高，由于舵偏角变化较少，因此对与舵偏角相关的气动参数激励较小，辨识精度相对较低。综上所述，导弹在飞行过程中，纵平面内的相关气动参数可由扩展 Kalman 滤波方法实现在线辨识。

D.5 小结

本例以导弹在大气层中高速滑翔为背景，导弹高速滑翔的区域气动参数与数值计算和风洞实验的偏差较大，针对高速滑翔控制对环境气动参数的需求，本例利用扩展 Kalman 滤波方法在线实时估计导弹飞行环境中的气动系数。状态方程采用导弹滑翔段的动力学模型，观测方程采用导弹惯组测量的过载和导航解算得到的高度、速度及俯仰角速度。将待估计的气动参数扩展到系统状态中，仿真结果表明，扩展 Kalman 滤波能够有效估计气动系数。

E. 弹道跟踪

E.1 概述

近年来，飞行器的跟踪问题受到了越来越多的重视。利用扩展 Kalman 滤波对飞行器进行跟踪时，要求建立准确的飞行器动力学模型，并且已知动力学噪声和观测噪声的统计特性。但是对于导弹防御问题而言，进攻飞行器的精确动力学模型是未知的，为了组织有效的拦截，必须自适应地估计出飞行器的动力学模型(弹道系数)；对于导弹试验任务而言，地面试验可以确定其弹道系数，但是地面确定的弹道系数是否反映了导弹实际飞行时的弹道系数，即天地关系是否一致是一个关键问题，如果在飞行器再入过程中实时估计出弹道系数，这个问题就迎刃而解了。下面将基于上述问题对弹道导弹的跟踪问题作一个简要的讨论。

E.2 坐标系定义

(1) 地心惯性坐标系 (e 系：O_e-$X_eY_eZ_e$)。

e 系是轨道计算中所要用到的基本坐标系。坐标原点为地球质心 O_e，观测时刻的平轨道面为基本平面，O_eX_e 轴在基本平面由地球质心指向观测时刻的平春分点，O_eZ_e 轴为基本平面的法向，指向北极方向，O_eY_e 轴由右手法则确定，在该坐标系中，位置矢量用 $\boldsymbol{r}$ 表示，速度矢量用 $\boldsymbol{v}$ 表示。

(2) 发射坐标系 (O-XYZ)。

坐标原点与发射点固连，OX 轴在发射点水平面内，指向发射瞄准方向；OY 轴垂直于发射点水平面指向上方；OZ 轴与 XOY 面垂直并构成右手坐标系。由于发射点随地球一起旋转，所以发射坐标系为动坐标系。

(3) 测量站地平坐标系 (g 系：O_g -$X_gY_gZ_g$)。

g 系是一种观测站本地坐标系，以观测站的位置 O_g 为坐标原点，基本面为原点的大地水准面，O_gX_g 轴指向正东，O_gY_g 轴指向正北，O_gZ_g 轴指向与地表面垂直向上的方向，并与 O_gX_g、O_gY_g 轴构成右手法则，此坐标系又称为东北天坐标系。测量方程就是建立在东北天坐标系中。

(4) 测量站地平坐标系到地心惯性系的转换矩阵。

设 λ_g 和 ϕ 为 t 时刻观测站在地心惯性系中的大地经度和大地纬度，根据测量站地平坐标系的定义，通过两次旋转可转到地心惯性系，首先绕 X 轴转动 $-(90^\circ-\varphi)$，再绕 Z 轴转动 $-(90^\circ+\lambda_g)$，则测量站地平坐标系到地心惯性系的转换矩阵为

$$
\begin{aligned}
\boldsymbol{M}_{\mathrm{ge}} &= \boldsymbol{M}_3\left[-\left(90^\circ+\lambda_g\right)\right]\cdot\boldsymbol{M}_1\left[-\left(90^\circ-\varphi\right)\right] \\
&= \begin{bmatrix} -\sin\lambda_g & -\sin\varphi\cos\lambda_g & \cos\phi\cos\lambda_g \\ \cos\lambda_g & -\sin\varphi\sin\lambda_g & \cos\phi\sin\lambda_g \\ 0 & \cos\varphi & \sin\varphi \end{bmatrix}
\end{aligned} \tag{E.1}
$$

考虑到地球自转，观测站经度随时间变化，在实际滤波中，经度 λ_g 应写成

$$
\lambda_g = \lambda_I + \lambda_r + \omega_e t \tag{E.2}
$$

其中，λ_I 为地球格林尼治经度零点在地心惯性系中的经度，λ_r 为观测点在旋转地球上的经度，ω_e 为地球自转角速度，时间 t 从发射瞬时开始计算。

E.3 动力学模型

在地心惯性系中，令 x,y,z 为飞行器的位置，v_x,v_y,v_z 为飞行器的速度。定义飞行器状态量为 $\boldsymbol{X}=\begin{bmatrix} x & y & z & v_x & v_y & v_z\end{bmatrix}^{\mathrm{T}}$，考虑地球扁率和气动阻力的影响，则再入段动力学微分方程可表示为

$$
\begin{aligned}
\frac{\mathrm{d}\boldsymbol{X}}{\mathrm{d}t} &= f(\boldsymbol{X})+\boldsymbol{W} \\
&= \begin{bmatrix} f_1 & f_2 & f_3 & f_4 & f_5 & f_6 \end{bmatrix}^{\mathrm{T}} + \begin{bmatrix} w_1 & w_2 & w_3 & w_4 & w_5 & w_6 \end{bmatrix}^{\mathrm{T}}
\end{aligned} \tag{E.3}
$$

其中，

$$
\begin{cases}
f_1 = \dot{x} \\
f_2 = \dot{y} \\
f_3 = \dot{z} \\
f_4 = \dfrac{\mu x}{r^3}\left[-1+\dfrac{3}{2}J_2\left(\dfrac{a_e}{r}\right)^2\left(\dfrac{5z^2}{r^2}-1\right)\right]-\dfrac{g_0}{2\beta}\rho V v_x \\
f_5 = \dfrac{\mu y}{r^3}\left[-1+\dfrac{3}{2}J_2\left(\dfrac{a_e}{r}\right)^2\left(\dfrac{5z^2}{r^2}-1\right)\right]-\dfrac{g_0}{2\beta}\rho V v_y \\
f_6 = \dfrac{\mu z}{r^3}\left[-1+\dfrac{3}{2}J_2\left(\dfrac{a_e}{r}\right)^2\left(\dfrac{5z^2}{r^2}-3\right)\right]-\dfrac{g_0}{2\beta}\rho V v_z
\end{cases}
$$

式中，g_0 为重量对质量的转换系数，β 为弹道系数，ρ 为大气密度，V 为飞行器速度标量，μ 为地球的开普勒常量，a_e 为地球半径，J_2 为地球引力位 J_2 项系数。$\begin{bmatrix} w_1 & w_2 & w_3 & w_4 & w_5 & w_6 \end{bmatrix}$ 为动力学噪声。弹道系数 β 定义为

$$\beta = \frac{g_0}{C_D S} \tag{E.4}$$

弹道系数中含导弹的气动阻尼系数，可由地面实验测量得到，但是在导弹再入过程中，飞行环境与地面实验不一致，因此在弹道跟踪过程中可将其视为未知量进行估计，可用于与地面实验结果进行对比，验证弹道系数的天地一致性，也可以用于预测导弹的飞行轨迹。

大气密度 ρ 由下式计算：

$$\rho = \rho_0 \exp\left(\frac{-(r - r_0)}{H_0 + c(r - r_0)/2}\right) \tag{E.5}$$

式中，$c \approx 0.1$，一般 $c < 0.2$，ρ_0 是参考球面 $r = r_0$ 上的大气密度。

将动力学方程离散化，可得到

$$\begin{cases} x_{k+1} = x_k + v_{xk}\Delta T + \dfrac{1}{2}a_{xk}\Delta T^2 \\ y_{k+1} = y_k + v_{yk}\Delta T + \dfrac{1}{2}a_{yk}\Delta T^2 \\ z_{k+1} = z_k + v_{zk}\Delta T + \dfrac{1}{2}a_{zk}\Delta T^2 \\ v_{xk+1} = v_{xk} + a_{xk}\Delta T \\ v_{yk+1} = v_{yk} + a_{yk}\Delta T \\ v_{zk+1} = v_{yk} + a_{zk}\Delta T \end{cases} \tag{E.6}$$

其中，ΔT 为采样周期，且

$$\begin{cases} a_x = -\gamma\rho V v_x - \dfrac{\mu x}{r^3} + w_x \\ a_y = -\gamma\rho V v_y - \dfrac{\mu y}{r^3} + w_y \\ a_z = -\gamma\rho V v_z - \dfrac{\mu z}{r^3} + w_z \end{cases}$$

离散后的动力学方程可写成矩阵形式

$$\boldsymbol{X}_{k+1} = \boldsymbol{A}\boldsymbol{X}_k + \boldsymbol{B}\boldsymbol{U}_k + \boldsymbol{B}\boldsymbol{\eta}_k \tag{E.7}$$

式中，

$$\boldsymbol{A}=\begin{bmatrix} I & \Delta T\cdot I \\ 0 & I \end{bmatrix},\quad \boldsymbol{B}=\begin{bmatrix} \Delta T^2\cdot I/2 \\ \Delta T\cdot I \end{bmatrix}$$

$$\boldsymbol{U}_k=\begin{bmatrix} -\gamma_k\rho_k V_k v_{xk} \\ -\gamma_k\rho_k V_k v_{yk} \\ -\gamma_k\rho_k V_k v_{zk} \end{bmatrix}+\begin{bmatrix} -\dfrac{\mu x_k}{r_k^3} \\ -\dfrac{\mu y_k}{r_k^3} \\ -\dfrac{\mu z_k}{r_k^3} \end{bmatrix},\quad \boldsymbol{\eta}_k=\begin{bmatrix} w_{xk} \\ w_{yk} \\ w_{zk} \end{bmatrix},\quad \gamma=\frac{g_0}{2\beta} \tag{E.8}$$

E.4 测量模型

雷达的测量方程是在观测站地平坐标系下建立的，在进行 Kalman 滤波时，必须将观测站地平坐标系下的状态转换到地心惯性系下，以下各式中，带有下标 g 的变量表示是在观测站地平坐标系下的变量。

选取雷达对目标测量的距离 ρ_c、方位角 A_m 和高低角 E 作为观测量，建立如下测量方程：

$$\begin{aligned}\boldsymbol{Z}=&\begin{bmatrix} \rho_c & A_m & E \end{bmatrix}^{\mathrm{T}}=\boldsymbol{h}(\boldsymbol{X}_g)+\boldsymbol{\varepsilon}\\ =&\begin{bmatrix} h_1(\boldsymbol{X}_g) & h_2(\boldsymbol{X}_g) & h_3(\boldsymbol{X}_g) \end{bmatrix}^{\mathrm{T}}+\begin{bmatrix} \varepsilon_{\rho_c} & \varepsilon_A & \varepsilon_E \end{bmatrix}^{\mathrm{T}}\end{aligned} \tag{E.9}$$

其中，

$$\rho_c=h_1(\boldsymbol{X}_g)=\sqrt{x_g^2+y_g^2+z_g^2}$$

$$A_m=h_2(\boldsymbol{X}_g)=\arctan\left(\frac{y_g}{x_g}\right)$$

$$E=h_3(\boldsymbol{X}_g)=\arctan\left(\frac{z_g}{\sqrt{x_g^2+y_g^2}}\right)$$

且 $\boldsymbol{\varepsilon}=\begin{bmatrix} \varepsilon_{\rho_c} & \epsilon_A & \varepsilon_E \end{bmatrix}^{\mathrm{T}}$ 为零均值、协方差阵为 $\boldsymbol{R}_k$ 的高斯白噪声，$\boldsymbol{R}_k=\mathrm{diag}(\ \sigma_{\rho_c}^2\quad \sigma_A^2\quad \sigma_E^2\ )$，$\sigma_{\rho_c}$ 为雷达的斜距测量值的标准差，反映了雷达测量距离的精度，σ_A,σ_E 分别为方位角和俯仰角测量的标准差，反映出雷达测量角度的精度。

测量方程用于扩展 Kalman 滤波状态变量的偏导数在地心惯性系中表示为

$$\boldsymbol{H}(X)=\frac{\partial\boldsymbol{h}}{\partial\boldsymbol{X}}|_{\hat{X}}=\begin{bmatrix} c_{11} & c_{12} & c_{13} & 0 & 0 & 0 \\ c_{21} & c_{22} & c_{23} & 0 & 0 & 0 \\ c_{31} & c_{32} & c_{33} & 0 & 0 & 0 \end{bmatrix} \tag{E.10}$$

$\boldsymbol{H}(X)$ 中的各项可由下面各式求得

$$\begin{bmatrix} c_{11} \\ c_{12} \\ c_{13} \end{bmatrix} = \begin{bmatrix} \dfrac{\partial h_1}{\partial x} \\ \dfrac{\partial h_1}{\partial y} \\ \dfrac{\partial h_1}{\partial z} \end{bmatrix} = \boldsymbol{M}_{\text{ge}} \cdot \begin{bmatrix} \dfrac{\partial h_1}{\partial x_g} \\ \dfrac{\partial h_1}{\partial y_g} \\ \dfrac{\partial h_1}{\partial z_g} \end{bmatrix}$$

$$= \begin{bmatrix} -\dfrac{x_g}{\rho_c}\sin\lambda_g - \dfrac{y_g}{\rho_c}\sin\varphi\cos\lambda_g + \dfrac{z_g}{\rho_c}\cos\varphi\cos\lambda_g \\ \dfrac{x_g}{\rho_c}\cos\lambda_g - \dfrac{y_g}{\rho_c}\sin\varphi\sin\lambda_g + \dfrac{z_g}{\rho_c}\cos\varphi\sin\lambda_g \\ \dfrac{y_g}{\rho_c}\cos\varphi + \dfrac{z_g}{\rho_c}\sin\varphi \end{bmatrix}$$

$$\begin{bmatrix} c_{21} \\ c_{22} \\ c_{23} \end{bmatrix} = \begin{bmatrix} \dfrac{\partial h_2}{\partial x} \\ \dfrac{\partial h_2}{\partial y} \\ \dfrac{\partial h_2}{\partial z} \end{bmatrix} = \boldsymbol{M}_{\text{ge}} \cdot \begin{bmatrix} \dfrac{\partial h_2}{\partial x_g} \\ \dfrac{\partial h_2}{\partial y_g} \\ \dfrac{\partial h_2}{\partial z_g} \end{bmatrix} = \begin{bmatrix} \dfrac{1}{x_g^2+y_g^2}(y_g\sin\lambda_g - x_g\sin\varphi\cos\lambda_g) \\ \dfrac{1}{x_g^2+y_g^2}(-y_g\cos\lambda_g - x_g\sin\varphi\sin\lambda_g) \\ \dfrac{1}{x_g^2+y_g^2}x_g\cos\varphi \end{bmatrix}$$

$$\begin{bmatrix} c_{31} \\ c_{32} \\ c_{33} \end{bmatrix} = \begin{bmatrix} \dfrac{\partial h_3}{\partial x} \\ \dfrac{\partial h_3}{\partial y} \\ \dfrac{\partial h_3}{\partial z} \end{bmatrix} = \boldsymbol{M}_{\text{ge}} \cdot \begin{bmatrix} \dfrac{\partial h_3}{\partial x_g} \\ \dfrac{\partial h_3}{\partial y_g} \\ \dfrac{\partial h_3}{\partial z_g} \end{bmatrix}$$

$$= \begin{bmatrix} \dfrac{(x_g z_g\sin\lambda_g + y_g z_g\sin\varphi\cos\lambda_g + (x_g^2+y_g^2)\cos\varphi\cos\lambda_g)}{(x_g^2+y_g^2+z_g^2)\sqrt{x_g^2+y_g^2}} \\ \dfrac{(-x_g z_g\cos\lambda_g + y_g z_g\sin\varphi\sin\lambda_g + (x_g^2+y_g^2)\cos\varphi\sin\lambda_g)}{(x_g^2+y_g^2+z_g^2)\sqrt{x_g^2+y_g^2}} \\ \dfrac{(-y_g z_g\cos\varphi + (x_g^2+y_g^2)\sin\varphi)}{(x_g^2+y_g^2+z_g^2)\sqrt{x_g^2+y_g^2}} \end{bmatrix}$$

E.5　弹道系数估计

假设动力学噪声 σ^2 已知，弹道系数可用如下方式估计。

根据动力学方程式 (E.7)，动力学噪声可写为

$$\boldsymbol{\eta}_k = \left(\boldsymbol{B}^{\mathrm{T}}\boldsymbol{B}\right)^{-1}\boldsymbol{B}^{\mathrm{T}}\left(\hat{\boldsymbol{X}}_{k+1|k+1} - \boldsymbol{A}\hat{\boldsymbol{X}}_{k|k}\right) - \boldsymbol{U}_k \tag{E.11}$$

动力学噪声 $\{\boldsymbol{\eta}_k\}$ 为零均值高斯白噪声，将上式两边相加，得到

$$\begin{aligned}
&\sum_{j=0}^{k}\left(\boldsymbol{B}^{\mathrm{T}}\boldsymbol{B}\right)^{-1}\boldsymbol{B}^{\mathrm{T}}\left(\hat{\boldsymbol{X}}_{j+1|j+1} - \boldsymbol{A}\hat{\boldsymbol{X}}_{j|j}\right) - \sum_{j=0}^{k}\boldsymbol{U}_k \\
&= \sum_{j=0}^{k}\left(\boldsymbol{B}^{\mathrm{T}}\boldsymbol{B}\right)^{-1}\boldsymbol{B}^{\mathrm{T}}\left(\hat{\boldsymbol{X}}_{j+1|j+1} - \boldsymbol{A}\hat{\boldsymbol{X}}_{j|j}\right) - \sum_{j=0}^{k}\left(-\gamma\rho_j V_j \boldsymbol{v}_j + \boldsymbol{g}_j\right) \\
&= \sum_{j=0}^{k}\boldsymbol{\eta}_k \\
&= 0
\end{aligned} \tag{E.12}$$

其中，$\boldsymbol{v}_j = \begin{bmatrix} v_{x,j} & v_{y,j} & v_{z,j} \end{bmatrix}^{\mathrm{T}}$，$\boldsymbol{g}_j = \begin{bmatrix} -\dfrac{\mu x_j}{r^3} & -\dfrac{\mu y_j}{r^3} & -\dfrac{\mu z_j}{r^3} \end{bmatrix}^{\mathrm{T}}$。

由上式可得

$$\sum_{j=0}^{k}\gamma\rho_j V_j \boldsymbol{v}_j = -\sum_{j=0}^{k}\left(\boldsymbol{B}^{\mathrm{T}}\boldsymbol{B}\right)^{-1}\boldsymbol{B}^{\mathrm{T}}\left(\hat{\boldsymbol{X}}_{j+1|j+1} - \boldsymbol{A}\hat{\boldsymbol{X}}_{j|j}\right) + \sum_{j=0}^{k}\boldsymbol{g}_j \tag{E.13}$$

将三个方向计算得到的 γ 值取算术平均，可得到的第 $k+1$ 步 γ 的估计为

$$\hat{\gamma}_{k+1} = \frac{1}{3}\sum_{i=1}^{3}\frac{-\left[\displaystyle\sum_{j=0}^{k}\left(\boldsymbol{B}^{\mathrm{T}}\boldsymbol{B}\right)^{-1}\boldsymbol{B}^{\mathrm{T}}\left(\hat{\boldsymbol{X}}_{j+1|j+1} - \boldsymbol{A}\hat{\boldsymbol{X}}_{j|j}\right)\right]_i + \displaystyle\sum_{j=0}^{k} g_{j,i}}{\displaystyle\sum_{j=0}^{k}\rho_j V_j v_{j,i}} \tag{E.14}$$

其中，$i = 1, 2, 3$ 表示动力学噪声的三个方向。写成递推形式可得到

$$\hat{\gamma}_{k+1} = \frac{1}{3}\boldsymbol{M}_k\hat{\gamma}_k + \frac{1}{3}\sum_{i=1}^{3}\frac{-\left[\left(\boldsymbol{B}^{\mathrm{T}}\boldsymbol{B}\right)^{-1}\boldsymbol{B}^{\mathrm{T}}\left(\hat{\boldsymbol{X}}_{j+1|j+1} - \boldsymbol{A}\hat{\boldsymbol{X}}_{j|j}\right)\right]_i + g_{k,i}}{\displaystyle\sum_{j=0}^{k}\rho_j V_j v_{j,i}} \tag{E.15}$$

式中，

$$\boldsymbol{M}_k = \sum_{i=1}^{3}\frac{\displaystyle\sum_{j=0}^{k-1}\rho_i V_j v_{j,i}}{\displaystyle\sum_{j=1}^{k}\rho_j V_j v_{j,i}}$$

扩展 Kalman 滤波方程可写为

$$\hat{\boldsymbol{X}}_{k+1|k} = \boldsymbol{A}\hat{\boldsymbol{X}}_{k|k} + \boldsymbol{B}\boldsymbol{U}\left(\hat{\boldsymbol{X}}_{k|k}\right) \tag{E.16}$$

$$\boldsymbol{P}_{k+1|k} = \boldsymbol{A}\boldsymbol{P}_{k|k}\boldsymbol{A}^{\mathrm{T}} + \sigma^2\boldsymbol{B}\boldsymbol{B}^{\mathrm{T}} \tag{E.17}$$

$$\boldsymbol{G}_{k+1} = \boldsymbol{P}_{k+1|k}\boldsymbol{H}_{k+1}^{\mathrm{T}}\left[\boldsymbol{H}_{k+1}\boldsymbol{P}_{k+1|k}\boldsymbol{H}_{k+1}^{\mathrm{T}} + \boldsymbol{R}_{k+1}\right] \tag{E.18}$$

$$\boldsymbol{P}_{k+1|k+1} = \left[\boldsymbol{I} - \boldsymbol{G}_{k+1}\boldsymbol{H}_{k+1}\right]\boldsymbol{P}_{k+1|k} \tag{E.19}$$

$$\hat{\boldsymbol{X}}_{k+1|k+1} = \hat{\boldsymbol{X}}_{k+1|k} + \boldsymbol{G}_{k+1}\left[\boldsymbol{Z}_{k+1} - h(\hat{\boldsymbol{X}}_{k+1|k})\right] \tag{E.20}$$

$$\hat{\gamma}_{k+1} = \frac{1}{3}\boldsymbol{M}_{\boldsymbol{k}}\hat{\gamma}_k + \frac{1}{3}\sum_{i=1}^{3}\frac{-\left[\left(\boldsymbol{B}^{\mathrm{T}}\boldsymbol{B}\right)^{-1}\boldsymbol{B}^{\mathrm{T}}\left(\hat{\boldsymbol{X}}_{j+1|j+1} - \boldsymbol{A}\hat{\boldsymbol{X}}_{j|j}\right)\right]_i + g_{k,i}}{\displaystyle\sum_{j=0}^{k}\rho_j V_j v_{j,i}} \tag{E.21}$$

在已知动力学噪声 σ^2 的情况下，根据上述滤波方程可估计出 γ，从而得出弹道系数 β。

E.6　滤波初值的确定

在应用扩展 Kalman 滤波的过程中，$f(\boldsymbol{X})$ 需在初始估值 $\boldsymbol{X}_{k|k}$ 附近作泰勒级数展开，而 $h(\boldsymbol{X})$ 需在预估值 $\boldsymbol{X}_{k|k-1}$ 附近作泰勒级数展开。如果滤波初值误差较大，则将引入大的非线性偏差，使得滤波器容易发散。所以滤波初值 $\boldsymbol{X}_{0|0}$ 和 $\boldsymbol{P}_{0|0}$ 的选取对滤波性能有很大影响。

在弹道跟踪问题中，雷达观测时间较长，可以考虑用开始的一部分观测数据平滑产生滤波初值。

在雷达观测站地理坐标下，测得的数据是雷达至目标的斜距 ρ_c，以及方位角 A_m 和俯仰角 E，这里并不直接对此三者作平滑，而是将测量数据转换成目标位置后再作平滑，有

$$\begin{cases} x_g = \rho_c\cos E\cos A_m \\ y_g = \rho_c\cos E\sin A_m \\ z_g = \rho_c\sin E \end{cases} \tag{E.22}$$

此处，位置 (x_g, y_g, z_g) 的测量误差可以通过分别对 ρ_c、A_m、E 求偏导数求得，在观测站坐标系下

$$\begin{aligned} \mathrm{d}x_g &= \frac{\partial x_g}{\partial\rho_c}\mathrm{d}\rho_c + \frac{\partial x_g}{\partial A_m}\mathrm{d}A_m + \frac{\partial x_g}{\partial E}\mathrm{d}E \\ &= \cos E\cos A_m\mathrm{d}\rho_c - \rho_c\cos E\sin A_m\mathrm{d}A_m - \rho_c\sin E\cos A_m\mathrm{d}E \end{aligned} \tag{E.23}$$

$$\begin{aligned}\mathrm{d}y_g &= \frac{\partial y_g}{\partial \rho_c}\mathrm{d}\rho_c + \frac{\partial y_g}{\partial A_m}\mathrm{d}A_m + \frac{\partial y_g}{\partial E}\mathrm{d}E \\ &= \cos E \sin A_m \mathrm{d}\rho_c + \rho_c \cos E \cos A_m \mathrm{d}A_m - \rho_c \sin E \sin A_m \mathrm{d}E\end{aligned} \tag{E.24}$$

$$\begin{aligned}\mathrm{d}z_g &= \frac{\partial z_g}{\partial \rho_c}\mathrm{d}\rho_c + \frac{\partial z_g}{\partial A_m}\mathrm{d}A_m + \frac{\partial z_g}{\partial E}\mathrm{d}E \\ &= \sin E \mathrm{d}\rho_c + \rho_c \cos E \mathrm{d}E\end{aligned} \tag{E.25}$$

写为矩阵形式

$$\mathrm{d}\boldsymbol{X}_g = \boldsymbol{P}\mathrm{d}\boldsymbol{X}_s \tag{E.26}$$

其中，

$$\boldsymbol{X}_g = \begin{bmatrix} x_g & y_g & z_g \end{bmatrix}^{\mathrm{T}}, \boldsymbol{X}_s = \begin{bmatrix} \rho_c & A_m & E \end{bmatrix}^{\mathrm{T}}$$

$$\boldsymbol{P} = \begin{bmatrix} \cos E \cos A_m & -\rho_c \cos E \sin A_m & -\rho_c \sin E \cos A_m \\ \cos E \sin A_m & \rho_c \cos E \cos A_m & -\rho_c \sin E \sin A_m \\ \sin E & 0 & \rho_c \cos E \end{bmatrix}$$

其中，$\mathrm{d}\boldsymbol{X}_s = \begin{bmatrix} \mathrm{d}\rho_c & \mathrm{d}A_m & \mathrm{d}E \end{bmatrix}^{\mathrm{T}}$ 表示斜距、方位角和俯仰角的测量误差。

将测量量误差 $\mathrm{d}X_g = \begin{bmatrix} \mathrm{d}x_g & \mathrm{d}y_g & \mathrm{d}z_g \end{bmatrix}^{\mathrm{T}}$ 转换到地心惯性系下

$$\mathrm{d}X = M_{\mathrm{ge}}\mathrm{d}X_g = M_{\mathrm{ge}}P\mathrm{d}X_s \tag{E.27}$$

上式表示了地心惯性系下位置误差和测量误差之间的变换关系。

由于 $\mathrm{d}\rho_c$、$\mathrm{d}A_m$、$\mathrm{d}E$ 是统计独立的，对上式求方差，可得到

$$D(\boldsymbol{X}) = (\boldsymbol{M}_{\mathrm{ge}}\boldsymbol{P})D(\boldsymbol{X}_s)(\boldsymbol{M}_{\mathrm{ge}}\boldsymbol{P})^{\mathrm{T}} = \boldsymbol{M}_{\mathrm{ge}}\boldsymbol{P}D(\boldsymbol{X}_s)\boldsymbol{P}^{\mathrm{T}}\boldsymbol{M}_{\mathrm{ge}}^{\mathrm{T}} \tag{E.28}$$

其中，$D(\boldsymbol{X})$ 是状态 x、y、z 的协方差阵。$D(\boldsymbol{X}_s)$ 是雷达测量值的协方差，可以写成

$$D(\boldsymbol{X}_s) = \begin{bmatrix} \sigma_{\rho_c}^2 & 0 & 0 \\ 0 & \sigma_{A_m}^2 & 0 \\ 0 & 0 & \sigma_E^2 \end{bmatrix} \tag{E.29}$$

$\sigma_{\rho_c}, \sigma_{A_m}, \sigma_E$ 分别是雷达斜距、方位角和俯仰角测量值的标准差，代表雷达测量的精度。这样就得到了转换后的位置误差测量量以及对应的方差。下面取雷达测量值的前 N 个数据进行多项式平滑，以便确定滤波初值。平滑在 x, y, z 方向上分别进行，下面以 x 方向为例。

设状态变量$\boldsymbol{X} = \begin{bmatrix} x & \dot{x} & \ddot{x} \end{bmatrix}^{\mathrm{T}}$ 分别表示 x 方向上的位置、速度和加速度，则动力学方程可表示为

$$\boldsymbol{X}(k+1)=\boldsymbol{\Phi}(k+1,k)\boldsymbol{X}(k) \tag{E.30}$$

其中 $\boldsymbol{\Phi}(k+1,k)$ 是状态转移矩阵，且有

$$\boldsymbol{X}(k)=\boldsymbol{\Phi}(k,0)\boldsymbol{X}(0) \tag{E.31}$$

其中，$\boldsymbol{\Phi}(k,0)$ 表示从 0 时刻到 t_k 时刻的状态转移矩阵，可表示为

$$\boldsymbol{\Phi}(k,0)=\begin{bmatrix} 1 & t_k & t_k^2/2 \\ 0 & 1 & t_k \\ 0 & 0 & 1 \end{bmatrix} \tag{E.32}$$

测量方程为

$$z(k)=\boldsymbol{C}\boldsymbol{X}(k)+\varepsilon(k) \tag{E.33}$$

其中，$\boldsymbol{C}=\begin{bmatrix} 1 & 0 & 0 \end{bmatrix}^{\mathrm{T}}$，表示以 x 方向的位置为测量量。$\varepsilon(k)$ 是测量噪声，方差矩阵为 $\boldsymbol{R}$，单个时刻的方差由式 (E.28) 的 $D(\boldsymbol{X})$ 计算。

记前 N 个时刻的观测量为

$$\boldsymbol{Z}=\begin{bmatrix} z(1) & z(2) & \cdots & z(N) \end{bmatrix} \tag{E.34}$$

构建新的观测矩阵

$$\boldsymbol{H}=\begin{bmatrix} \boldsymbol{C}\boldsymbol{\Phi}(1,0) \\ \boldsymbol{C}\boldsymbol{\Phi}(2,0) \\ \vdots \\ \boldsymbol{C}\boldsymbol{\Phi}(N,0) \end{bmatrix}=\begin{bmatrix} 1 & t_1 & t_1^2/2 \\ 1 & t_2 & t_2^2/2 \\ & \vdots & \\ 1 & t_N & t_N^2/2 \end{bmatrix} \tag{E.35}$$

则测量方程可写为

$$\boldsymbol{Z}=\boldsymbol{H}\cdot\boldsymbol{X}(0)+\boldsymbol{\varepsilon}(k) \tag{E.36}$$

由给定的观测矢量 $\boldsymbol{Z}$ 估计系统的初值 $\boldsymbol{X}(0)$，由最小二乘法可得

$$\hat{\boldsymbol{X}}(0)=(\boldsymbol{H}^{\mathrm{T}}\boldsymbol{R}^{-1}\boldsymbol{H})^{-1}\boldsymbol{H}^{\mathrm{T}}\boldsymbol{R}^{-1}\boldsymbol{Z} \tag{E.37}$$

初值 $\boldsymbol{X}(0)$ 估计的方差阵为

$$\boldsymbol{P}(0|0)=(\boldsymbol{H}^{\mathrm{T}}\boldsymbol{R}^{-1}\boldsymbol{H})^{-1} \tag{E.38}$$

其中，$\boldsymbol{R}=\mathrm{diag}(\ \sigma_x^2(1) \quad \cdots \quad \sigma_x^2(N))$ ，$\sigma_x^2(i), i=1,2,\cdots,N$ 为各时刻 x 方向位置的测量方差，由式 (E.28) 计算。

y,z 方向采用相同的平滑方法可得到初始的位置、速度和加速度，以此作为滤波初值。

E.7 仿真算例

仿真中雷达的观测精度为：测距精度 10m，测角精度 0.05°。跟踪时间为 50s，每秒采样 2 个点。仿真中在理论曲线上加上高斯白噪声作为观测值。动力学噪声均方差设为 $\sigma^2=1(\mathrm{m/s})^2$。为说明滤波的稳定性，将初始位置参数偏差设置为 2000m，速度偏差设置为 50m/s，初始位置方差设置为 $4000000\mathrm{m}^2$，速度方差设置为 $2500(\mathrm{m/s})^2$。$g_0 = 10\mathrm{m/s}^2$，

取 γ 真实值分别为 0.02、0.01、0.002，对应的弹道系数 β 分别为 250、500、2500，γ 初值取为 0，在弹道跟踪过程中，γ 的滤波估计值变化情况如图 E.1 ~ 图 E.3 所示。

从图 E.1 ~ 图 E.3 可看出，γ 均能在跟踪时间内收敛到真值附近，且收敛速度较快。如果取 γ 不同的滤波初值，仿真 γ 滤波过程，可检验滤波初值对滤波过程和结果的影响，设置 γ 的真值为 0.02，初值分别取 0.01 和 0.1，滤波过程如图 E.4 和图 E.5 所示。

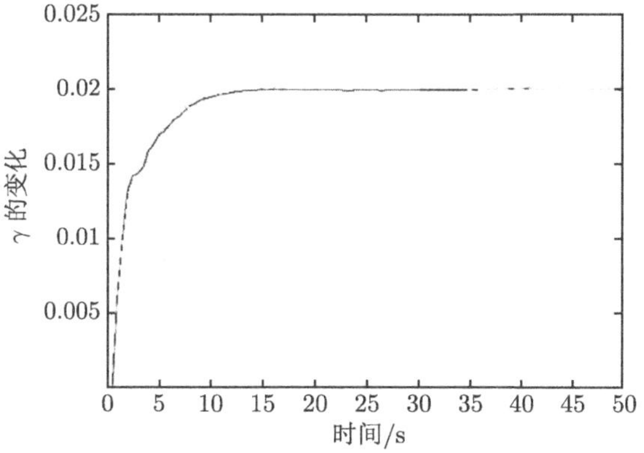

图 E.1　γ 的真实值为 0.02 时的滤波估值 (递推初值为 0)

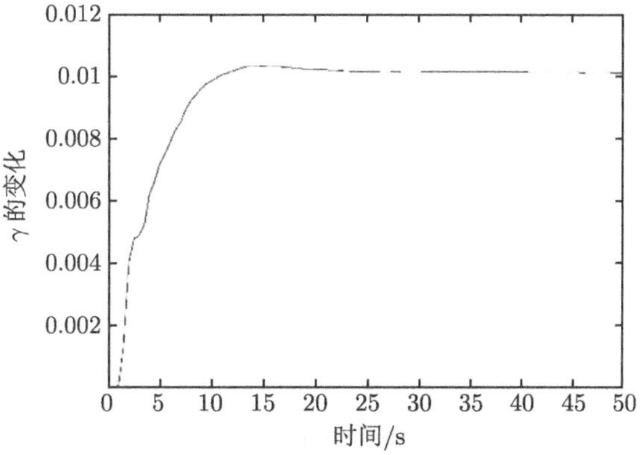

图 E.2　γ 的真实值为 0.01 时的滤波估值 (递推初值为 0)

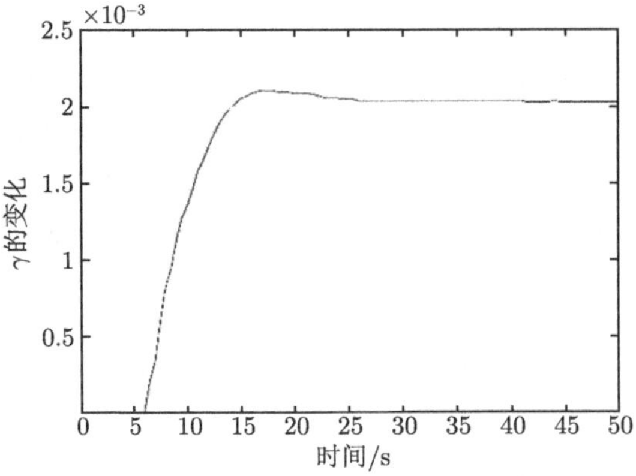

图 E.3　γ 的真实值为 0.002 时的滤波估值 (递推初值为 0)

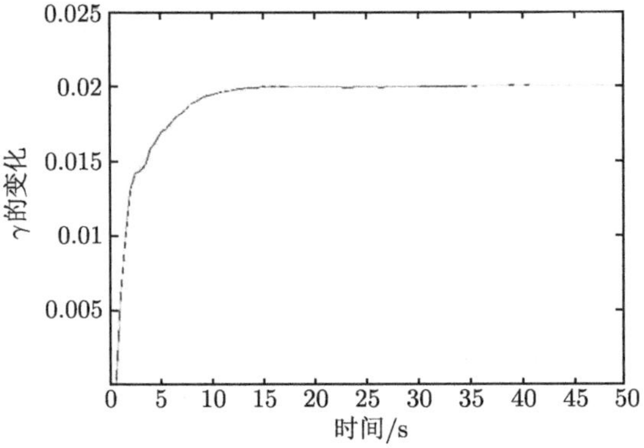

图 E.4　γ 的真实值为 0.02 时的滤波估值 (递推初值为 0.01)

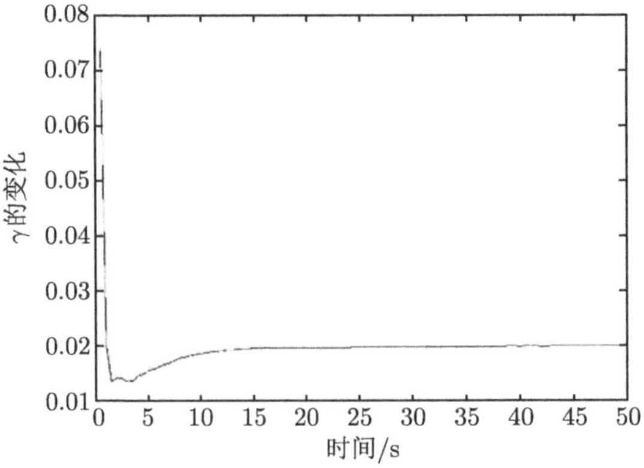

图 E.5　γ 的真实值为 0.02 时的滤波估值 (递推初值为 0.1)

从图 E.4 和图 E.5 可看出，滤波初值影响收敛过程，但不影响收敛结果，取不同的滤波初值，均能收敛到真值，而且收敛速度相近，收敛精度较高。

图 E.6 ~ 图 E.11 给出了 γ 真值为 0.01、初值为时 0 导弹状态的估计偏差。

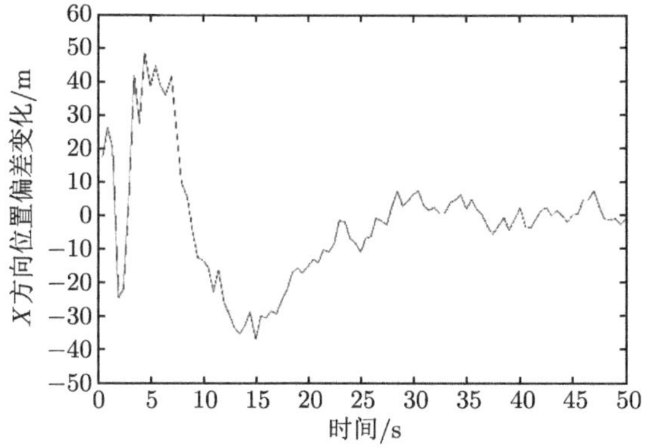

图 E.6 X 方向位置误差

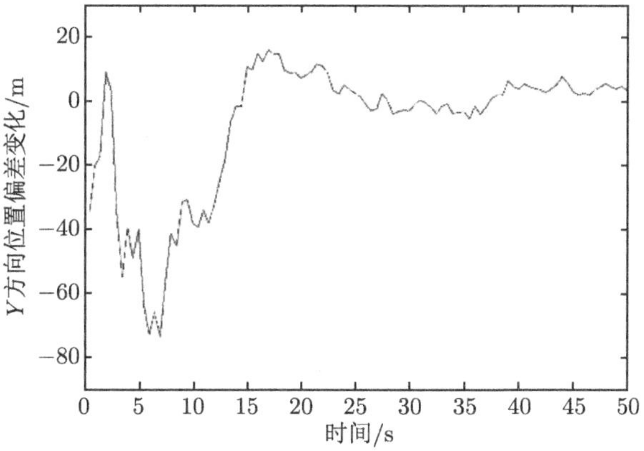

图 E.7 Y 方向位置误差

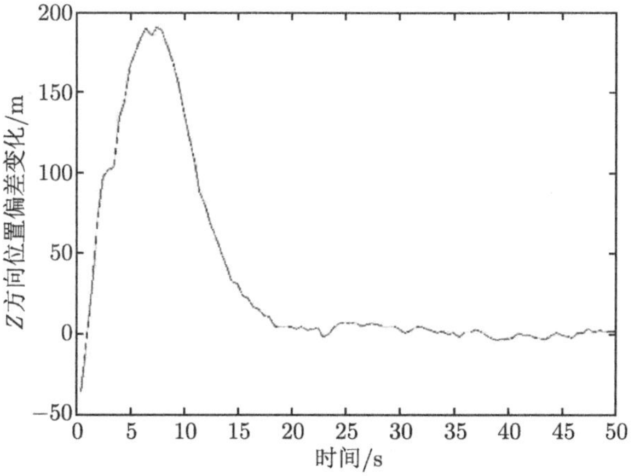

图 E.8 Z 方向位置误差

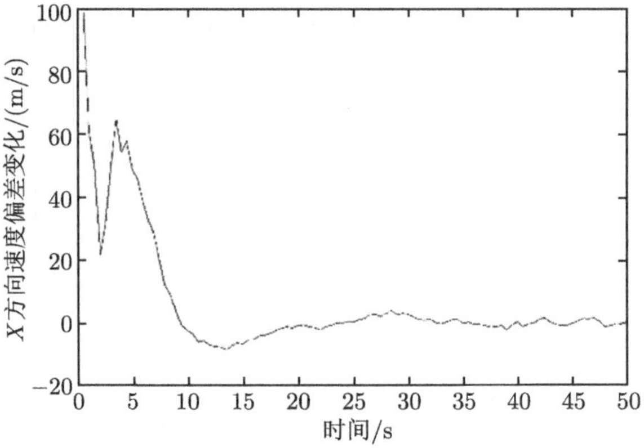

图 E.9　X 方向速度误差

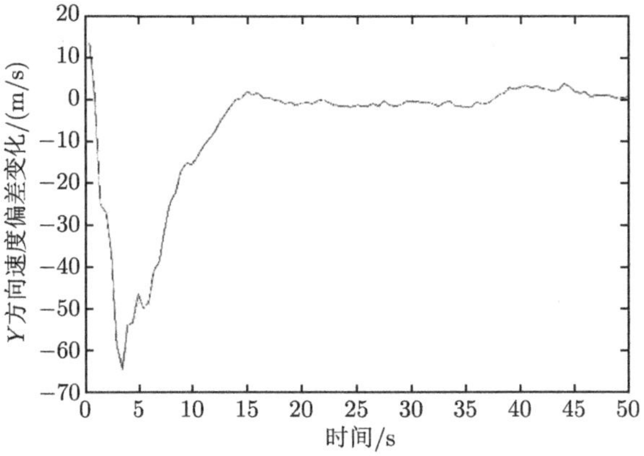

图 E.10　Y 方向速度误差

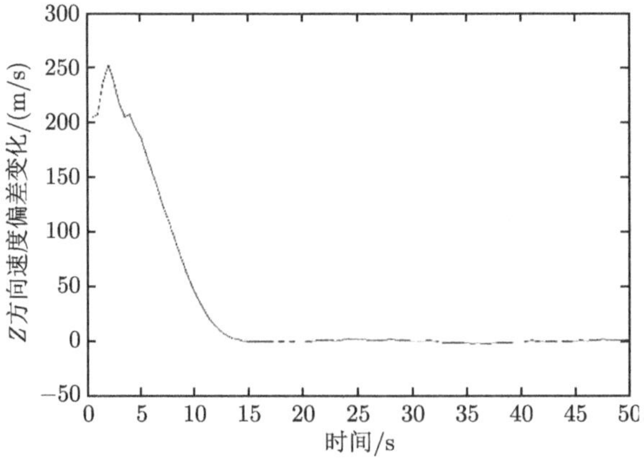

图 E.11　Z 方向速度误差

从图 E.6 ~ 图 E.11 可看出，在给出初始轨道位置误差为 2000m，速度误差为 50m/s 时，在 50s 的跟踪时间内，导弹的位置和速度经过滤波能够收敛在真实值附近，位置和速度误差能够快速收敛到 0 附近，对导弹的估计具有较高的精度。

E.8 小结

本例以导弹的再入段弹道跟踪为例，状态方程为导弹再入时的动力学模型，为线性方程，将气动力的作用表示为弹道系数 β(未知量)，在滤波过程中进行估计。测量量包括雷达对导弹跟踪的距离、方位角和高低角，因此测量方程为非线性方程，因此本例中采用扩展 Kalman 滤波方法估计导弹再入时的位置和速度，同时利用递推算法估计弹道系数。仿真结果表明，扩展 Kalman 滤波能够有效估计导弹再入时的位置、速度和弹道系数。